Technologiemanagement –
Wettbewerbsfähige Technologieentwicklung
und Arbeitsgestaltung

H.-J. Bullinger
Arbeitsgestaltung

Technologiemanagement – Wettbewerbsfähige Technologieentwicklung und Arbeitsgestaltung

Herausgegeben von
Univ.-Prof. Dr.-Ing. habil. Prof. e.h. Dr. h.c. Hans-Jörg Bullinger,
Stuttgart

Erfolgreiche Wettbewerbspositionen aufbauen und halten zu können, wird immer mehr eine Frage des adäquaten Technologieeinsatzes und der Gestaltung anthropozentrischer Arbeitsorganisation. Bei schrumpfenden Marktlebenszyklen und steigendem globalen Wettbewerb können nur Unternehmen gewinnen, die kundenorientiert Technologien schneller entwickeln, erschließen, einsetzen und rechtzeitig wieder verlassen können.

Um den technologischen Wandel mitgestalten zu können, muß Technologiekompetenz durch Managementkompetenz ergänzt werden. Aufgabengebiete wie Strategische Planung, Organisationsentwicklung, Arbeitssystemgestaltung, Aufbau- und Ablaufstruktur, Produktgestaltung, Prozeßgestaltung, Mitarbeiterführung und Arbeitsplatzgestaltung sind im Rahmen eines Integrierten Technologiemanagements ganzheitlich zu lösen.

In der Buchreihe *Technologiemanagement – Wettbewerbsfähige Technologieentwicklung und Arbeitsgestaltung* soll der internationale Stand der Modelle, Verfahren, Methoden und Hilfsmittel dieser Gebiete festgehalten und mit Blick auf die Aus- und Weiterbildung von Ingenieuren zugänglich gemacht werden. Die einzelnen Bände behandeln außer relevanten arbeitswissenschaftlichen Erkenntnissen, Technologien und Organisationsformen vor allem das Management der Entwicklung, des Einsatzes und des Transfers von Technologien.

Arbeitsgestaltung
Personalorientierte Gestaltung marktgerechter Arbeitssysteme

Von Univ.-Prof. Dr.-Ing. habil. Prof. e. h. Dr. h. c. Hans-Jörg Bullinger, Stuttgart
Institut für Arbeitswissenschaft und Technologiemanagement (IAT) der Universität Stuttgart und Fraunhofer-Institut für Arbeitswirtschaft und Organisation (IAO)

Unter Mitarbeit von Dipl.-Ing. Matthias Gommel, Dipl.-Ing. Claus-Ulrich Lott und Dipl.-Ing. Martin Schmauder,
Institut für Arbeitswissenschaft und Technologiemanagement (IAT) der Universität Stuttgart

Mit 353 Bildern

Springer Fachmedien Wiesbaden GmbH

Die Deutsche Bibliothek – CIP-Einheitsaufnahme

Bullinger, Hans-Jörg:
Arbeitsgestaltung : personalorientierte Gestaltung marktgerechter Arbeitssysteme / von Hans-Jörg Bullinger. Unter Mitarb. von Matthias Gommel ... – Stuttgart : Teubner, 1995
   (Technologiemanagement)
ISBN 978-3-663-07798-5   ISBN 978-3-663-07797-8 (eBook)
DOI 10.1007/978-3-663-07797-8

Einband: nach einem Entwurf von Heike und Kerstin Simsen, Stuttgart

Vorwort

Qualität, Flexibilität, Schnelligkeit und Innovation sind Herausforderungen, denen Unternehmen heute mehr denn je gerecht werden müssen. Konzepte wie Lean Production, Business Reengineering, Total Quality Management und Rapid Prototyping kennzeichnen die Aktivitäten, die wandelnden Marktbedingungen Rechnung tragen. Immer größere Bedeutung erlangt der Produktionsfaktor ›Mensch‹, dessen Anforderungen an persönlichkeitsförderliche und sozialverträgliche Arbeitssysteme zunehmend Berücksichtigung finden müssen. Für die Unternehmen bedeutet dies auf der einen Seite, Produktionsbedingungen zu schaffen, die der hohen Entwicklungsdynamik ihres Produktionsprogramms entsprechen und sie befähigen, bedarfsgerecht und termingerecht die Kundenanforderungen zu erfüllen. Auf der anderen Seite gilt es, Arbeitsstrukturen zu schaffen, die die Einbeziehung der Mitarbeiter ermöglichen und deren Kreativität fördern. Dies hat Auswirkungen auf die Technik, die Organisation und die Qualifikationsstruktur der Unternehmen und erfordert entsprechende Maßnahmen in diesen Bereichen.

Mit der Einführung neuer Organisationskonzepte hat sich in einigen Unternehmen bereits ein Wandel von stark arbeitsteiligen Produktions- und Verwaltungsprozessen hin zu hochintegrierten Arbeitssystemen vollzogen. Durch diese Ansätze wurden Wettbewerbsvorteile in Form von Zeit-, Kosten- und Qualitätsverbesserungen erzielt. Die Unternehmen müssen jedoch auch erkennen, daß die Einführung neuer Strukturen ein komplexer und vielschichtiger Prozeß ist. Es stellt sich immer mehr heraus, daß jede organisatorische Veränderung ein kontinuierlicher dynamischer Prozeß mit kleinen Iterationen bleibt. Es gilt, neue Arbeitsorganisationsstrukturen im betrieblichen Alltag sowohl zu stabilisieren als auch deren Flexibilität zu erhalten. Unter dem Oberbegriff ›Arbeitsgestaltung‹ werden die dazu erforderlichen Kompetenzen zusammengefaßt.

Zukunftsorientierte Arbeitsgestaltung berücksichtigt sowohl humane als auch wirtschaftliche Ziele gemeinsam in einem interdisziplinären Ansatz. Diese Zielsetzungen beziehen sich auf die Bildung menschengerechter Arbeitsbedingungen verbunden mit einer Unternehmensstruktur, die durch konsequente Markt- und Kundenorientierung auf wirtschaftlichen Erfolg ausgerichtet ist. Dieses Buch will dazu Hilfestellungen geben. Es deckt zusammen mit dem bereits in dieser Buchreihe erschienenen Band ›Ergonomie‹ das Gebiet ›Arbeitswissenschaft‹ innerhalb des Technologiemanagements ab. Im Vordergrund dieses Bandes stehen Grundlagen und Methoden der personalorientierten Arbeitsorganisation.

Vor diesem Hintergrund wurde der inhaltliche Rahmen dieses Bandes definiert. Ausgehend von der Beschreibung konventioneller Arbeitsstrukturen sowie einer Problemanalyse erfolgt ein Überblick über neue Organisationskonzepte. Diese werden anhand dezentraler Verantwortungsbereiche in der Fertigung und einer Vorgehensweise zur Bildung von flexiblen Montagesystemen näher erläutert. Im folgenden werden Grundlagen und Methoden des Projektmanagements und des Simultaneous Engineering vorgestellt. Im Anschluß daran werden Methoden und Verfahren der Arbeitsanalyse und der Arbeitsbewertung beschrieben, in deren Zusammenhang Fragen der Entlohnung eine zunehmend wichtige Bedeutung erlangen. Abhandlungen zur Arbeitszeitflexibilisierung und zur Personalqualifizierung runden das Wissen, die Methoden und die Hilfsmittel zur personalorientierten Arbeitsgestaltung ab.

Mit Hilfe von in der Praxis erfolgreich angewandten Konzepten und Methoden sollen interdisziplinäre und integrative Vorgehensweisen vermittelt werden, die bei der Planung und Gestaltung von Arbeitssystemen zu Lösungen unter dem Gesichtspunkt des Systemgedankens führen.

Mein Dank ergeht an die Herren Dipl.-Wirtsch.-Ing. (FH) Manfred Bender, Dipl.-Ing. Martin Manfred Lung, Dipl.-Ing. Wolfram Menrad, Dipl.-Psych. Kuno Moll, Dipl.-Ing. Peter Ohlhausen, Dipl.-Wirtsch.-Ing. Dieter Rieth und Dr. phil. Manfred Schlund für die Erarbeitung von Materialien und die Unterstützung bei der Erstellung des Manuskripts. Ebenso danke ich Frau Heike Simsen und Frau Kerstin Simsen für die Erstellung der Grafiken. An dieser Stelle ergeht auch ein Dank an Frau Birgit Dahl, die die Layout- und Umbrucharbeiten durchführte und die Druckvorlage erstellte.

Ein besonderer Dank auch an die Herren Dipl.-Ing. Matthias Gommel, Dipl.-Ing. Claus-Ulrich Lott und Dipl.-Ing. Martin Schmauder für die maßgebliche Mitarbeit an diesem Buch sowie Herrn Dr. Jens Schlembach vom Teubner-Verlag für seine aufgeschlossene und bewährte Zusammenarbeit.

Stuttgart, im März 1995   Hans-Jörg Bullinger

Inhaltsverzeichnis

1 Unternehmen im Wandel

Ausgehend von der Beschreibung konventioneller Arbeitsstrukturen und einer Analyse ihrer Probleme wird in diesem Kapitel ein erster Überblick über neue Organisationskonzepte gegeben. In den nachfolgenden Kapiteln werden dann die Methoden und Vorgehensweisen zur personalorientierten Gestaltung von marktgerechten Arbeitssystemen beschrieben. Prinzipiell gilt, daß neue Arbeitssysteme nicht isoliert geplant werden dürfen. Schnitt- und Nahtstellen zu anderen Arbeitssystemen müssen betrachtet bzw. definiert werden. Aus diesem Grund ist es wichtig, klar definierte Systemgrenzen festzulegen, innerhalb derer die in Bild 1.1 dargestellten Systemelemente gleichwertig betrachtet werden.

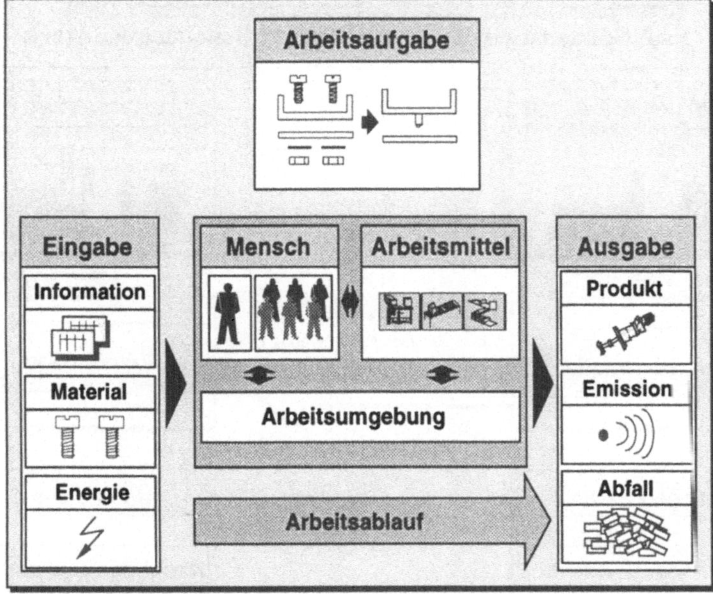

Bild 1.1   Prinzipielle Elemente eines Arbeitssystems

Παντα ρει (panta rhei – alles fließt), das stellte bereits der antike Philosoph Heraklit von Ephesos fest. Diese Aussage kann bei der Betrachtung des Unternehmensumfelds und auch der Unternehmen selbst in der Gegenwart bestätigt werden. In Bild 1.2 sind dazu schlagwortartig die zentralen Einflußfaktoren auf die Organisation und Gestaltung der Arbeit aufgelistet. Jeder Einflußfaktor für sich und erst recht alle zusammen erfordern Veränderungen der Unternehmensphilosophien. Letztendlich geht es um die

Gestaltung einer flexiblen Unternehmensorganisation, die fähig ist, ständige Veränderungen der Einfußfaktoren Mensch, Markt und Technik abzubilden und die damit ein wichtiger Bestandteil eines wettbewerbsfähigen Unternehmens ist.

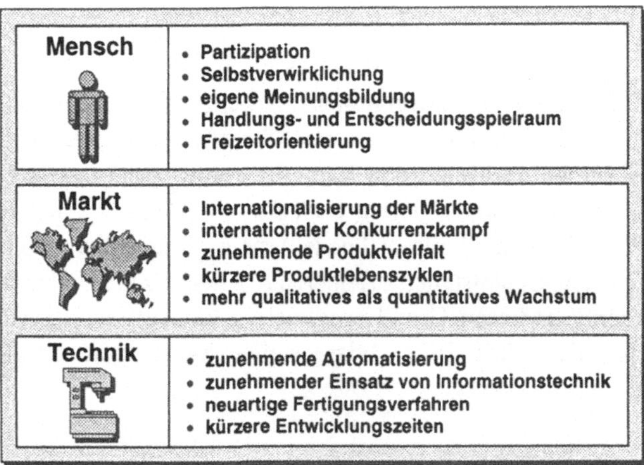

Bild 1.2   Einflußfaktoren auf die Organisation und Gestaltung der Arbeit

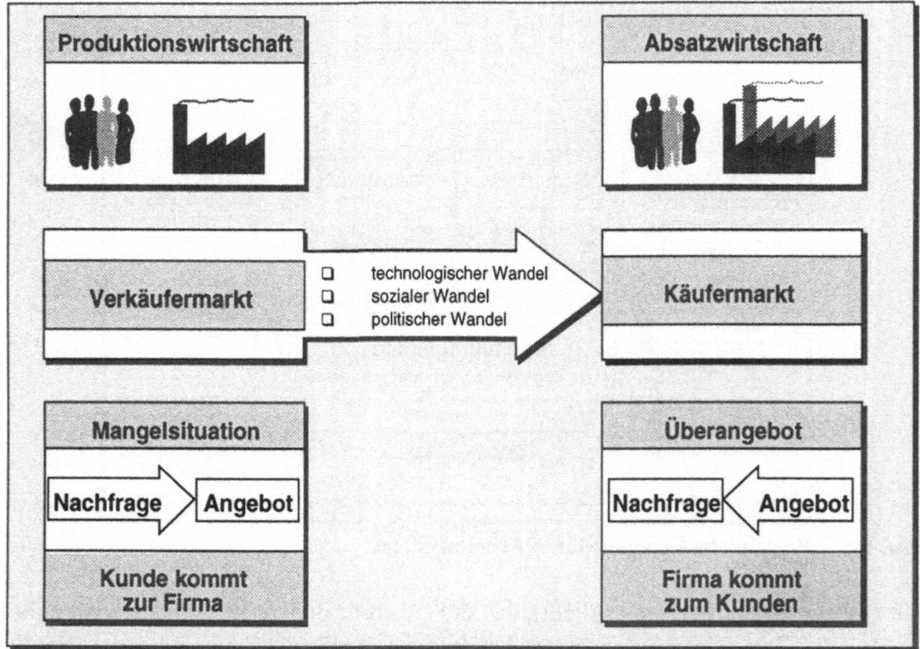

Bild 1.3   Übergang vom Verkäufer- zum Käufermarkt

Besonders die Einflüsse des Markts mit seiner wachsenden *Typen-* und *Varianten-vielfalt* bei gleichzeitig abnehmenden Losgrößen schaffen in vielen Betrieben Probleme. Wie in Bild 1.3 zu sehen ist, hat eine Verlagerung vom *Verkäufermarkt* hin zum *Käufermarkt* stattgefunden. Der Kunde will sein individuelles Produkt in kurzer, fest vereinbarter Zeit bei gleichzeitig hohem Qualitätsanspruch.

Parallel dazu haben sich die *Produktlebenszeiten* bei gleichzeitig steigenden *Amortisationszeiten* für Investitionen in neue Produkte verkürzt. Das Zeitfenster, das den Unternehmen bleibt, um Gewinne zu machen, wird immer kleiner. So hat sich z. B. bei den Produkten des allgemeinen Maschinenbaus in 10 Jahren die Produktlebenszeit um ca. 30 % verringert. Gleichzeitig kann der Trend festgestellt werden, daß sich die Amortisationszeit für neue Produkte verlängert. Das Zeitfenster für Unternehmensgewinne hat sich insgesamt sehr stark reduziert, was nicht unerhebliche Probleme nachsichzieht (vgl. IAO–Studie 1990).

Angesichts derartiger Entwicklungen reicht die Aussage, man müsse etwas schneller und motivierter arbeiten, nicht aus, sondern man wird sich die Frage stellen müssen, ob nicht einige Dinge grundsätzlich anders gemacht werden müssen als in der Vergangenheit. Es gilt die Punkte Produktqualität, Markteintrittszeiten und Produktkosten zu optimieren.

In der Bundesrepublik hat die Industrie erkannt, daß sie über die Reduzierung der Fertigungstiefe, über Verlagerungen der Produktion, über neue Formen der Arbeitsorganisation, über Produktqualitätssicherungsmechanismen und über Kostenreduktion in den indirekten Bereichen nachdenken muß. Mit dieser Erkenntnis mußte auch der Wunsch nach einer menschenleeren Fertigung, welche lange Zeit als das Idealbild der modernen Fabrik galt, ad acta gelegt werden. Dieser Wunsch förderte die Fertigungs- und Montageautomation im Sinne einer technozentrischen Arbeitsgestaltung. Der Mensch war in diesem Bild lediglich ein Störfaktor, den man nicht mehr überall ersetzen konnte.

1.1 Problembereiche konventioneller Arbeitsorganisationsformen

Viele Unternehmen müssen erkennen, daß die Grenzen der Leistungsfähigkeit ihrer Produktionsstrukturen erreicht sind. Die Ursachen hierfür liegen in den gestiegenen Anforderungen aus der Unternehmensumwelt an die interne Leistungserstellung im Unternehmen und im Wandel in der Fabrik selbst. Vor allem der bereits beschriebene Übergang vom Verkäufer- zum Käufermarkt zwingt die Unternehmen, stärker auf die Wünsche der Kunden nach maßgeschneiderten Produkten bei hoher Qualität und niedrigen Preisen sowie kurzen Lieferzeiten bei hoher Termintreue einzugehen. In Bild 1.4 sind die aktuellen internen und externen Anforderungen an Unternehmen stichwortartig aufgelistet.

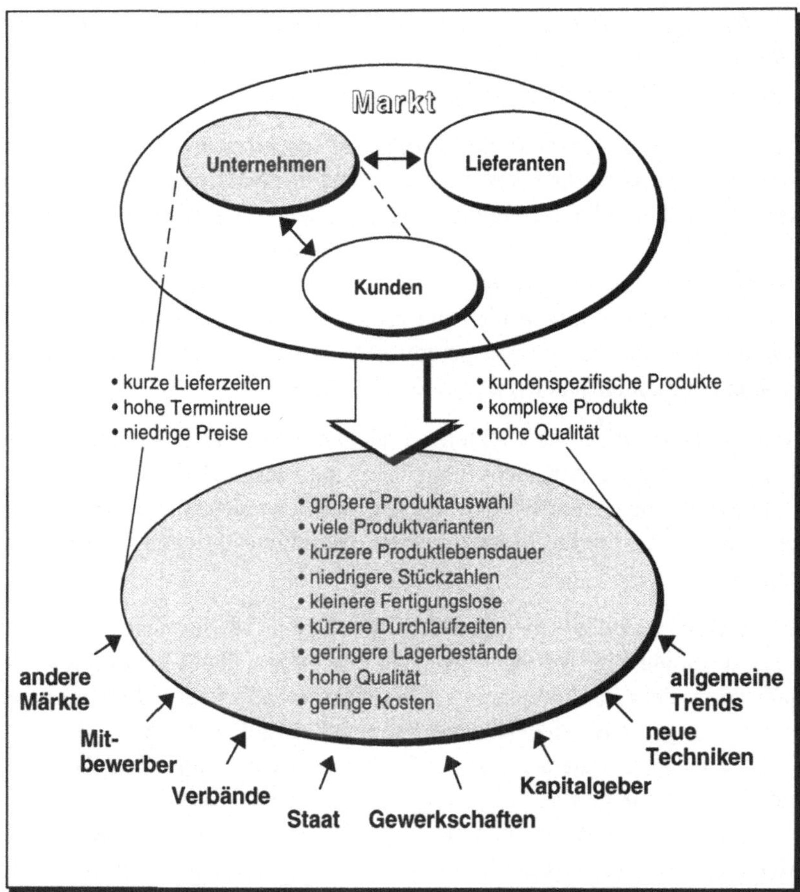

Bild 1.4   **Interne und externe Anforderungen an das Unternehmen**

Mit den heute noch weit verbreiteten zentral orientierten Organisationsstrukturen kann das Unternehmen – wenn überhaupt – nur sehr mühsam auf die neuen Anforderungen reagieren. Der Preis dafür ist sehr hoch:

❑ Großer Overhead (Wasserkopf) zur Verwaltung und Vorbereitung der Produktion;
❑ Große Durchlaufzeiten mit entsprechenden Beständen;
❑ Hohe Qualitätssicherungsaufwände;
❑ Ungenutzte Betriebsressourcen bei Mensch und Technik.

Die Ursachen hierfür sind vielfältig und nicht eindeutig einem der drei folgenden Faktoren zuzuordnen:

❑ Technik;
❑ Personal;
❑ Organisation.

Erfahrungen der Vergangenheit haben aber gezeigt, daß weniger die mangelnde Beherrschung der Technik oder eine zu geringe Qualifikation des Personals, sondern vielmehr das Beibehalten traditioneller, gewachsener Organisationsstrukturen und das Prinzip ›Technik vor Organisation‹ das Erreichen der Ziele behindert.

Die in den meisten Unternehmen anzutreffenden Organisationsstrukturen lassen sich auf die von Frederick Winslow Taylor (1856-1915) aufgestellten ›Grundsätze zur wissenschaftlichen Betriebsführung‹ zurückführen. Der tayloristische Ansatz war die notwendige Voraussetzung für das wirtschaftliche Wachstum in den 50er und 60er Jahren und auch der Siegeszug der Automatisierungstechnik basierte auf der starken Arbeitsteilung in der Massenproduktion. Die jahrzehntelange Anwendung dieser Prinzipien führte zu einer insgesamt hohen Arbeitsteilung im Arbeitsprozeß und starken unternehmensinternen Zentralisierungsbestrebungen. Das Resultat der konsequenten Umsetzung ist zwangsläufig eine scharfe Trennung zwischen *indirekt* und *direkt produktiven Bereichen.* Innerhalb der Bereiche läßt sich die gleiche ausgeprägte *Arbeitsteilung* von planenden, steuernden, kontrollierenden und ausführenden Funktionen erkennen, wie sie auch zwischen den Bereichen besteht.

Letztendlich kann als Folge der tayloristischen Organisationsstrukturen die Bildung von stark spezialisierten und auf ihrem Fachgebiet hochkompetenten Fachabteilungen beobachtet werden. Durch die Fachabteilungen wird der unternehmensinterne Auftragsabwicklungsprozeß in viele Bearbeitungsschritte ›abgeteilt‹. Es bilden sich Schnittstellen im Auftragsdurchlauf. Aus diesem Zusammenhang wird klar, daß der Ursprung des Begriffs ›Abteilung‹ im Wort ›abteilen‹ liegt. Wie schon angedeutet, stößt das tayloristische System an seine Grenzen, wenn geringe Stückzahlen den Wiederholcharakter der repetitiven Tätigkeiten abschwächen.

Gefordert ist heute eine Produktionsphilosophie, in der integratives, *dezentrales Systemdenken* mit *Generalisten-* statt *Spezialistentum* zur Vermeidung von Schnittstellen unter Berücksichtigung aller, d. h. sowohl technischer als auch personeller Unternehmensressourcen integriert ist. Eine Analyse konventioneller, stark arbeitsteiliger Organisationsstrukturen zeigt in vielen Unternehmen eine Reihe von typischen Problembereichen und Schwachstellen. Neben der Betrachtung der Durchlaufzeit und der Entwicklung der Beschäftigungsstruktur werden nachfolgend die Problembereiche Arbeitszeiten, Bilanzstruktur, Reibungsverluste und organisatorische Mängel sowie Produkt- und Produktionsplanung beleuchtet. Die aufgezählten Merkmale stellen Beispiele dar und erheben dabei keinen Anspruch auf Vollständigkeit.

1.1.1　Durchlaufzeit im Unternehmen

Der Festigkeit, mit der die konventionellen Organisationsstrukturen im Unternehmen verankert sind, steht ein rasanter technologischer, personeller und wirtschaftlicher Wandel innerhalb und außerhalb des Unternehmens gegenüber. Kennzeichnend für den

Wandel ist die stetige Zunahme der Durchlaufzeitanteile vor allem in den indirekt produktiven Bereichen. So fallen wie in Bild 1.5 zu sehen ist, heute bei Einzel- und Kleinserienfertigung häufig nur zwischen 20 und 40 % der Durchlaufzeit eines Auftrags in der Produktion an.

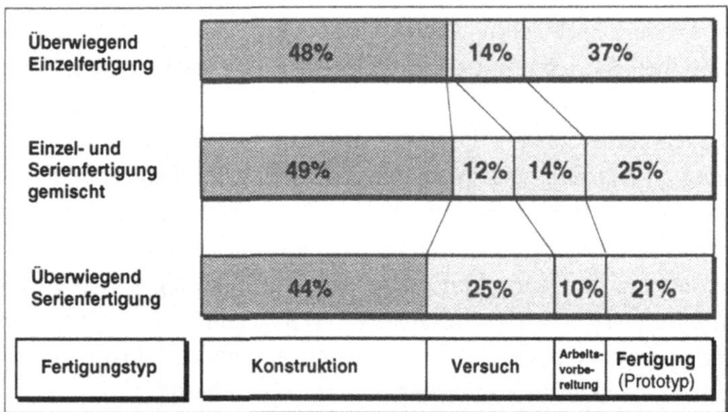

Bild 1.5   **Durchlaufzeitanteile verschiedener Unternehmensbereiche**
(nach Warnecke 1993)

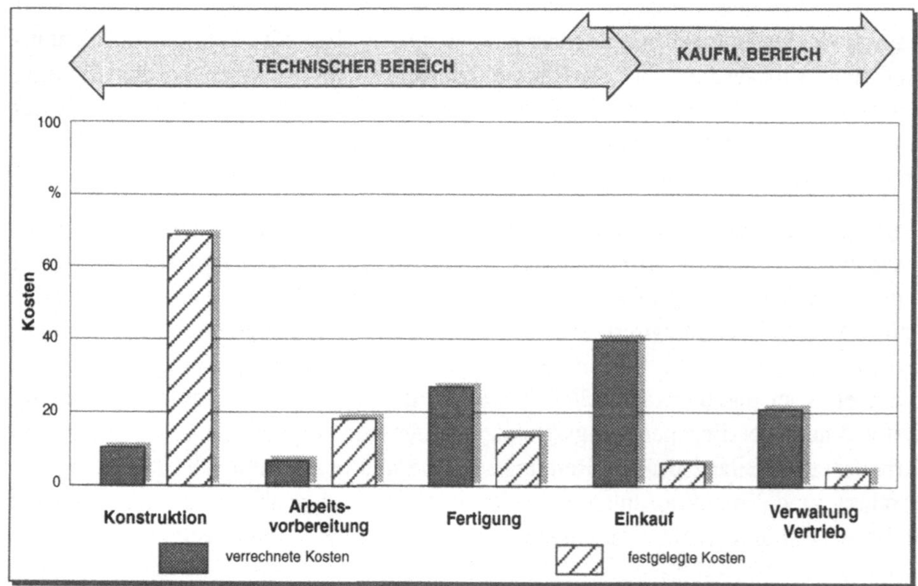

Bild 1.6   **Kostenfestlegung und -verrechnung**

Ein deutlich größerer Durchlaufzeitanteil entsteht in den der Fertigung vorgelagerten Bereichen wie Versuch, Konstruktion oder Arbeitsvorbereitung. Diese Bereiche bestimmen nicht nur einen großen Teil der Auftragsdurchlaufzeiten, sondern legen auch einen großen Teil der *Herstellungskosten* (z. B. die Konstruktion bei Vorgabe des Fertigungsverfahrens bzw. des Materials) eines Produkts fest. Die hierdurch in nachgelagerten Bereichen entstehenden Kosten (z. B. verfahrensbedingter Ausschuß, höhere Rüstzeiten, größerer Werkzeugverschleiß) werden aber wie zahlreiche andere, nicht direkt einem Arbeitsplatz in der Produktion zurechenbare Kosten, den *Gemeinkosten* zugeordnet. Sie sind damit nicht mehr nachvollziehbar. Das Bild 1.6 zeigt die Anteile der Kostenfestlegung und -verrechnung in den unterschiedlichen Betriebsbereichen.

1.1.2 Entwicklung der Beschäftigungsstruktur

Die Verschiebung von Durchlaufzeitanteilen aus den direkt in die indirekt produktiven Bereiche spiegelt sich auch in einer grundlegende Veränderung der *Personalstruktur* wider. In den zurückliegenden Jahren hat sich die Industrietätigkeit so verändert, daß sich immer mehr Mitarbeiter durch *Höherqualifizierung* von der direkten Ausführung der Arbeit am Produkt entfernt haben. Nicht zuletzt ist es auch die gesellschaftliche Entwicklung, die der indirekten Produktionstätigkeit ein höheres Ansehen verleiht, als der direkten Arbeit am Produkt. (Der ›white collar‹, d. h. der ›Weißkittel‹, genießt ein höheres Ansehen als der ›blue collar‹, der ›blaue Anton‹.)

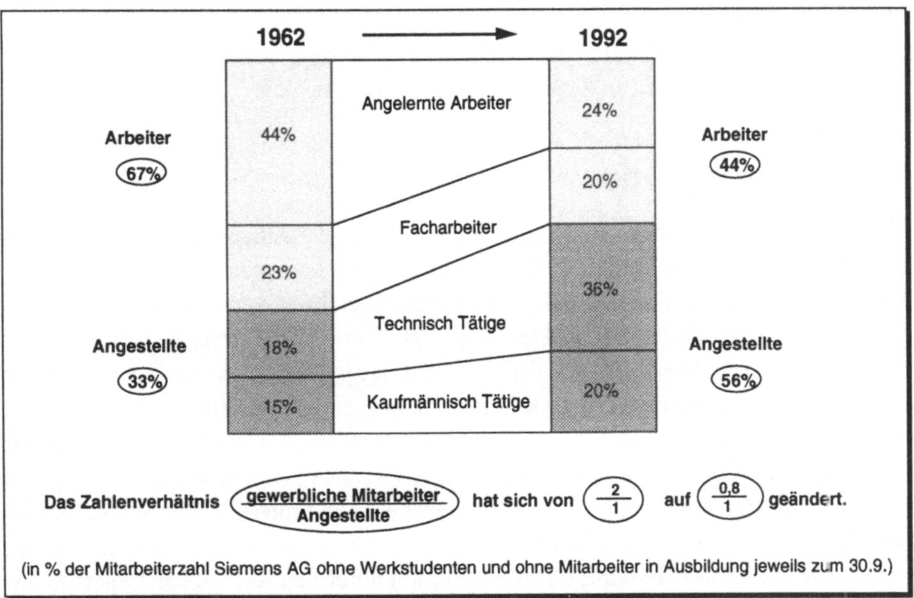

Bild 1.7   Veränderung der Beschäftigtenstruktur (Siemens 1992)

So zeigt z. B. der Auszug aus der Personalstatistik der Firma Siemens in Bild 1.7, daß in den letzten Jahren eine Verlagerung der Mitarbeiterzahl aus den direkten in die indirekten Bereiche stattgefunden hat. Es läßt sich eine Verschiebung von der Produktion hin zum Vertrieb feststellen. Die Gründe hierfür sind:

❑ die zunehmende Automatisierung,
❑ der Wandel vom Verkäufer- zum Käufermarkt,
❑ die mangelnde Attraktivität der Arbeitsplätze in der Fertigung und
❑ die zunehmende Arbeitsteilung zwischen Ausführen, Planen und Verantworten.

1.1.3 Veränderte Arbeitszeiten in der Produktion

Sowohl die Reduzierung als auch die Flexibilisierung der Arbeitszeit machen es erforderlich, auch in direkten Produktionsbereichen planerisch tätig zu werden. Möglichkeiten hierzu bieten sich bei der Gestaltung der Arbeitsorganisation an. Die Einführung neuer Arbeitszeitmodelle in der Fertigung bedroht bei kürzer werdender Arbeitszeit die ökonomischen Ziele durch Verringerung der Ausbringung bzw. der *Systemnutzungszeit*.

Die traditionelle Gleitzeit eignet sich kaum zur grundlegenden Flexibilisierung der Arbeitszeit. Deshalb sind auch hier neue organisatorische Lösungen zu schaffen, bei denen ein Arbeitssystem in der Lage sein muß, auch mit zeitweise verminderter Mitarbeiterzahl seine Funktion ökonomisch aufrecht zu erhalten. Starre Strukturen sind dazu kaum geeignet.

Bedingt durch die Tragweite der Arbeitszeitgestaltung, werden die Aspekte zur Gestaltung der Arbeitszeit in Kapitel 7 ausführlich behandelt.

1.1.4 Bilanzstruktur

Die typische Bilanzstruktur von Unternehmen des Maschinenbaus verdeutlicht, daß 30 bis 50 % des Kapitals in Form von Vorräten im *Umlaufvermögen* gebunden ist. Das auf diese Weise gebundene Kapital läßt sich nicht zur Erstellung wirtschaftlicher Leistungen nutzen. Es ist damit ›unproduktiv‹ angelegt. Das *Anlagevermögen* beträgt 20 bis 30 % des Bilanzvolumens. Dieser Teil des Vermögens führt direkt zur Erstellung von wirtschaftlichen Leistungen. Das Kapital arbeitet, es ist ›produktiv‹ angelegt. Ein Vergleich der Volumen von Umlauf- und Anlagevermögen in Bild 1.8 zeigt, daß der ›unproduktive‹ Teil des Kapitals wesentlich größer als der ›produktive‹ ist. Ursache hierfür ist, daß heute in den Unternehmen meist eine Optimierung des Anlagevermögens durchgeführt wird. Das erklärte Ziel ist eine annähernd 100 %ige Kapazitätsauslastung der Produktion. Flexibilität läßt sich so nur durch den Aufbau von Lagerbeständen erreichen. Das hat in der Vergangenheit zu einer, im Vergleich zum Anlagevermögen, hohen *Kapitalbindung* im Umlaufvermögen geführt.

Die Notwendigkeit, die Zielsetzung zu überdenken und die Lieferbereitschaft nicht ausschließlich durch Bestände sicherzustellen, ergibt sich aus den hohen Kapitalkosten, die das hohe Umlaufvermögen verursacht. Flexibilität sollte demnach mit Hilfe verkürzter Durchlaufzeiten und Investition in das Anlagevermögen (z. B. Betriebsmittel) erreicht werden. Im Zulieferbereich der Automobilindustrie werden solche Flexibilisierungsstrategien – genannt sei hier das Stichwort ›*Just-in-Time*‹ – bereits seit längerem erfolgreich durchgeführt, wobei zu beachten ist, daß das ›Just-in-Time‹-Konzept nicht ohne eigene Problematik (z. B. Verkehrsstau) ist.

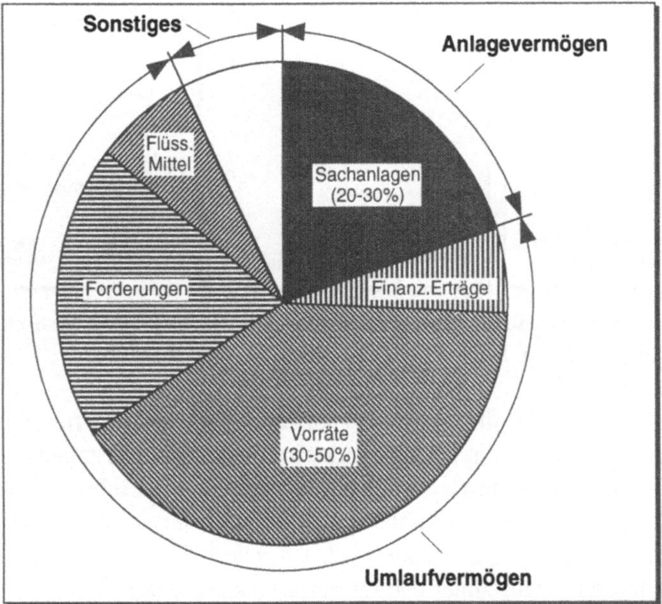

Bild 1.8   **Beispiel der typischen Bilanzstruktur von Unternehmen der Maschinenbaubranche**

1.1.5   Reibungsverluste

Die hohe *Arbeitsteilung* mit der ihr eigenen Trennung in planende, steuernde, kontrollierende und ausführende Funktionen erhöht zwangsläufig die Zahl der Schnittstellen im *Auftragsdurchlauf*. An den Schnittstellen entstehen Reibungsverluste, deren Folge lange Durchlaufzeiten durch Liege-, Warte-, Transportzeiten sowie Doppelarbeiten und nicht aufeinander abgestimmtes Arbeiten sind. *Abteilungsdenken* und mangelnde Koordination verstärken die Reibungsverluste zusätzlich.

Typische Kennzahlen für die Reibungsverluste in einer klassisch organisierten Produktion zeigt das Bild 1.9. Die effektive Maschinennutzung liegt bei 6 bis 10 %, die reine Bearbeitungszeit des Materials beträgt lediglich 5 % und die Nutzung der menschlichen Arbeitskraft schwankt zwischen 40 und 70 %. Die Prozentangaben beziehen sich jeweils auf das theoretische Leistungsvermögen von Maschine, Material und Mensch.

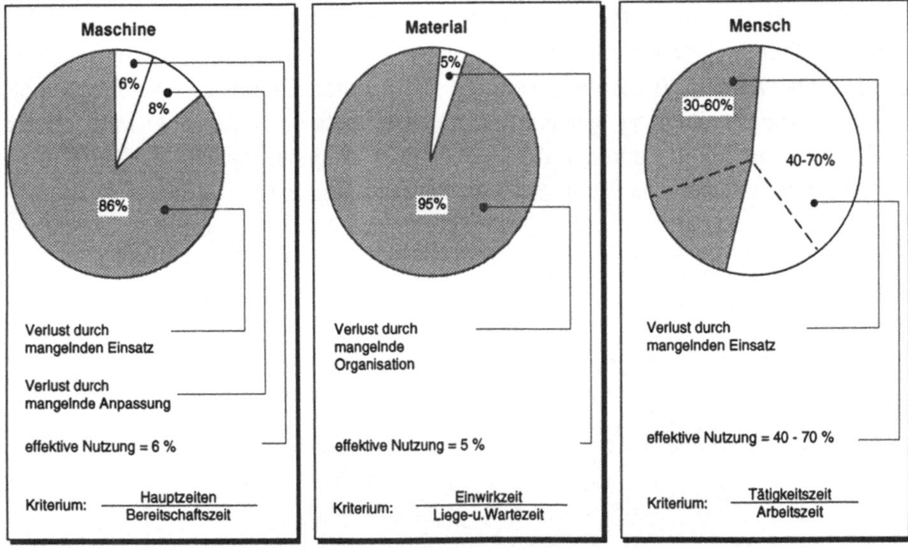

Bild 1.9   **Nutzungsverluste der Ressourcen Maschine, Material und Mensch**
(Quelle: Heller o. J.)

Die Kennzahlen zeigen, daß in klassisch organisierten Produktionsstrukturen lediglich die Ressource ›Mensch‹ – zumindest was den zeitlichen Aspekt angeht – zufriedenstellend genutzt wird. Daß durch die hohe Arbeitsteilung das Einbringen von spezifischem Mitarbeiter-Know-how behindert wird, ist dabei außer acht gelassen. Durch neue, verbesserte Produktionskonzepte würden sich deshalb zusätzliche Potentiale der Ressourcen ›Mensch‹, ›Maschine‹ und ›Material‹ erschließen lassen.

1.1.6   Organisatorische Mängel

Konventionelle, tayloristisch aufgebaute Organisationsstrukturen (vgl. Bild 1.10) sind unter anderem gekennzeichnet durch zentralisierte Planungs- und Steuerungssysteme, eine hohe *vertikale* und *horizontale Arbeitsteilung* und eine Verselbständigung von Fertigungshilfsstellen. Hieraus ergeben sich tendenziell Mängel wie geringe Transparenz des Betriebsablaufs, große Regelkreise, viele Schnittstellen, geringe Handlungs- und Entscheidungsspielräume und damit große organisatorische Reibungsverluste.

Organisatorische Mängel behindern aber nicht nur die mit Führungsaufgaben betrauten Mitarbeiter (z. B. Meister) dadurch in der Ausübung ihrer Arbeit, daß sie irgendwelche Schnittstellenprobleme lösen müssen. Auch die übrigen Mitarbeiter klagen häufig über Schwierigkeiten mit der Fertigungssteuerung und über Planungsunzulänglichkeiten. Die Auswirkung hiervon ist ein hoher Zeitdruck in der Fertigung, der zu einer starken persönlichen Beanspruchung der Mitarbeiter führt. Letztendlich zeigt es sich auch hier, daß trotz intensiver Planung nicht alle Vorgänge reibungslos ablaufen.

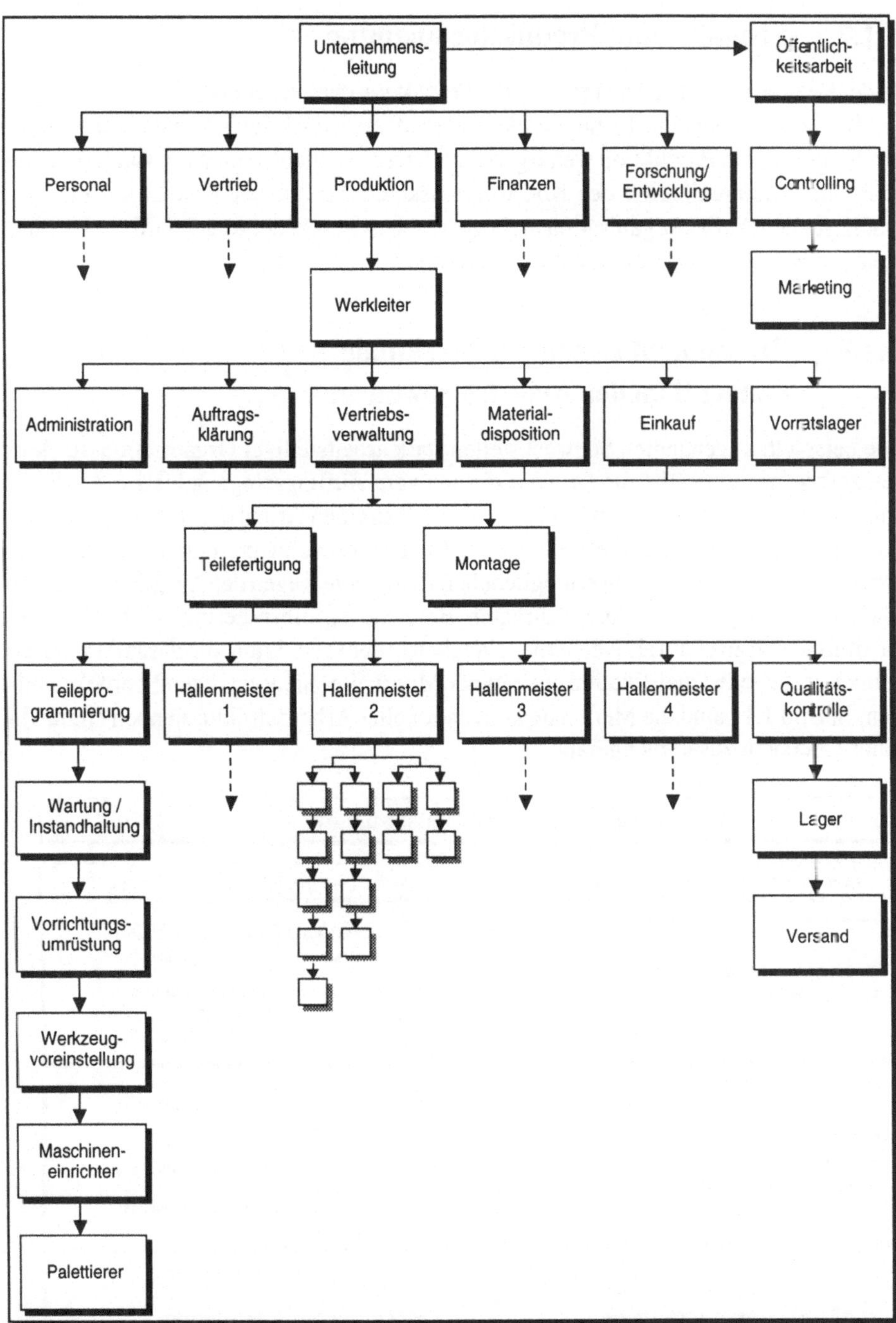

Bild 1.10 Traditionelle Aufbauorganisation in einer Werkstattfertigung

1.1.7   Produkt- und Produktionsplanung

In der Realität vieler Unternehmen ist die Produktion der Dienstleister aller vorgelagerten Bereiche. Außer dem Termindruck werden oft auch noch die Fehler der vorgelagerten Stellen an die Produktion weitergereicht. Dieses ist nicht weiter verwunderlich, da z. B. die Kommunikation der Konstruktionsabteilung mit der Produktion in einer traditionellen Aufbauorganisation nicht vorgesehen ist – in der Regel wird die Produktion erst am Ende der Produktentwicklungskette eingebunden.

1.1.8   Zusammenfassung der Merkmale konventioneller Arbeitsstrukturen

Die beispielhaft genannten Schwachstellen stark arbeitsteiliger Organisationsstrukturen zeigen, warum heute die *Durchlaufzeiten* vom Auftragseingang bis zur Auslieferung oft zu lang sind. Sie sind das Ergebnis der extremen Arbeitsteilung im Unternehmen. Die Arbeitsteilung, die den wirtschaftlichen Aufschwung der Bundesrepublik Deutschland nach dem Krieg ermöglicht hat, führt heute wegen der Ausgliederung von planenden Tätigkeiten in die indirekten Bereiche zu einer geringen Produktionsflexibilität und zu unattraktiven Arbeitsinhalten in der Produktion, die das in den letzten Jahren gestiegene Qualifikationsniveau der Mitarbeiter nicht genügend berücksichtigen. In Bild 1.11 sind die Merkmale konventioneller Arbeitsstrukturen noch einmal in einer Übersicht zusammengefaßt.

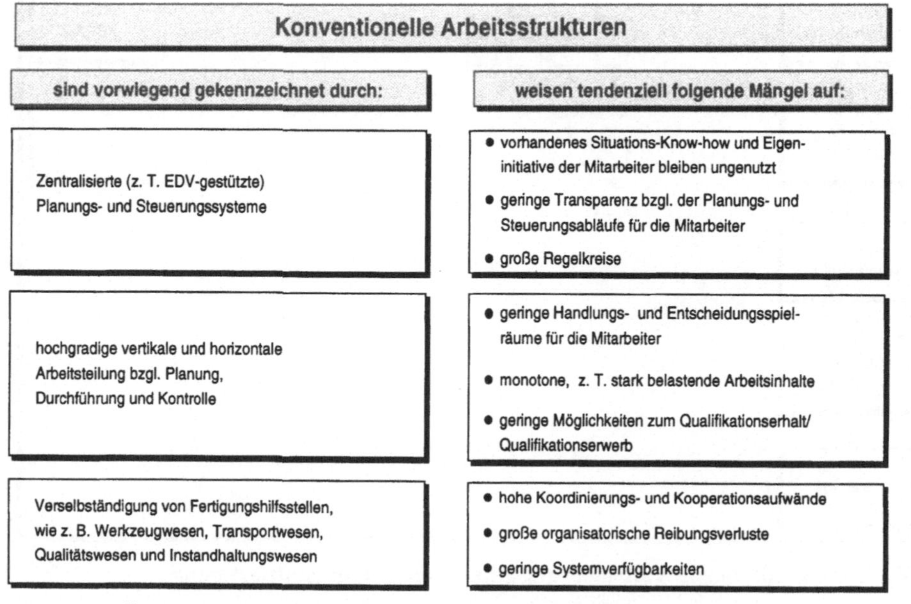

Bild 1.11   Übersicht der Merkmale konventioneller Arbeitsstrukturen

In stark arbeitsteiligen Prozessen werden häufig fehlende Kapazitätsabstimmungen und mangelndes Systemdenken durch überhöhte Bestände verdeckt. Um in dieser Situation den Anforderungen eines modernen Käufermarktes zu genügen, müssen folglich die Unternehmen ihre *Fertigungsphilosophie* ändern und neue Schwerpunkte bei den fertigungswirtschaftlichen Zielgrößen

❑ Wirtschaftlichkeit,
❑ Qualität und
❑ Lieferfähigkeit

setzen.

Das Bild 1.12 verdeutlicht diesen Zusammenhang.

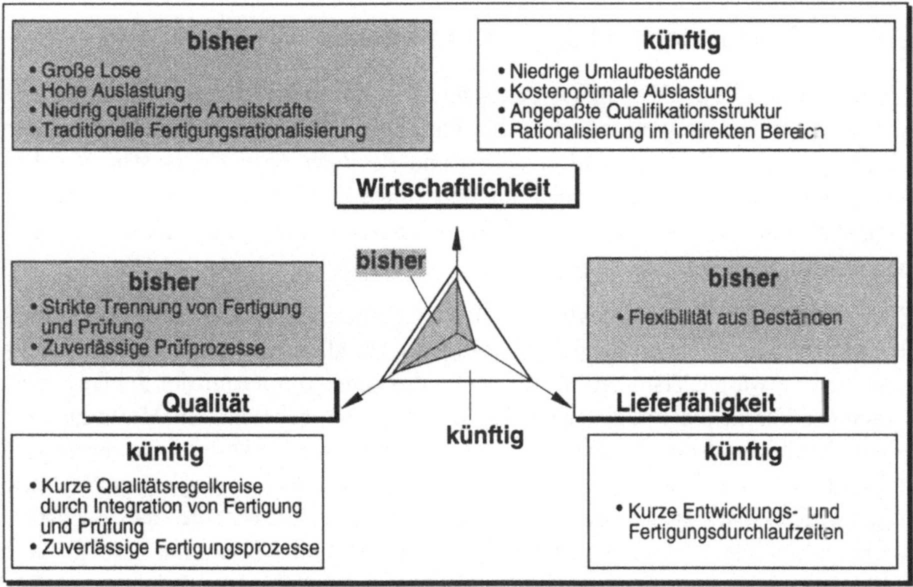

Bild 1.12   Neue Schwerpunkte bei den fertigungstechnischen Zielgrößen

1.2   Erste partielle Integrationskonzepte

Mit einer Fülle von Maßnahmen versuchten und versuchen die Unternehmen, die neuen Zielgrößen zu erreichen. Die wesentliche Gemeinsamkeit eines großen Teils der Maßnahmen ist der Integrationsansatz. Das Wort ›Integration‹ stammt aus dem Lateinischen und bedeutet die Wiederherstellung eines Ganzen, die Wiederherstellung einer Einheit aus Differenziertem, die Eingliederung in ein größeres Ganzes. Ihren Ursprung haben diese Integrationsmaßnahmen in den Programmen der Bundesregierung zur

›Humanisierung des Arbeitslebens (HdA)‹ ab 1974. Die bereits im Band ›Ergonomie‹ dieser Buchreihe im Kapitel ›Arbeitspsychologie‹ beschriebenen Grundprinzipien der Arbeitsstrukturierung wurden hier entwickelt. Umgesetzt wurden die Erkenntnisse zunächst vorwiegend bei der Produktion montageintensiver Produkte. Bedingt durch einen höheren Mechanisierungsgrad, was die Umsetzung von Arbeitsstrukturierungsmaßnahmen durch eine kapitalintensive und somit wichtige Planungsgröße beeinflußt, gestaltet sich der Integrationsansatz in der Teilefertigung aufwendiger. Erst durch eine Zunahme der Flexibilität der Maschinen wurde es möglich, auch hier neue Konzepte einzuführen, die nachfolgend exemplarisch beschrieben werden. Die vorerst letzte Stufe der Integration ist durch einen unternehmensweiten Ansatz gekennzeichnet, der auf das gesamte Unternehmensmanagement Einfluß nimmt. Einige Konzepte dazu werden am Ende des Kapitels beschrieben.

1.2.1   Integration technischer Funktionen

Ein erster, bereits in den achtziger Jahren begonnener Ansatz zur Lösung von Produktionsproblemen ist die Integration technischer Funktionen. Sie ist in *Bearbeitungszentren (BAZ)*, *flexiblen Fertigungszellen (FFZ)* und *flexiblen Fertigungssystemen (FFS)* umgesetzt worden. Voraussetzung für den sinnvollen Einsatz von Lösungen zur technischen Integration ist das Ziel, neben größeren Stückzahlen auch die ›Losgröße 1‹ wirtschaftlich fertigen zu können.

Zu Anfang der Entwicklung des technischen Integrationsgedankens wurde eine schnelle und umfassende Verbreitung der Lösungen – vor allem von flexiblen Fertigungssystemen – erwartet. Visionen zukünftiger Produktionen wurden mit den Schlagworten ›mannlose Fabrik‹ oder ›Geisterschicht‹ in Verbindung gebracht. Die Hoffnung, daß alle Probleme durch den Einsatz von Computern gelöst werden können, hat den Begriff ›CIM‹ (*Computer Integrated Manufacturing*) geprägt. Der anfänglichen Euphorie folgte einige Jahre später die Ernüchterung, als sich herausstellte, daß höchstens kleinere, flexible Fertigungssysteme mit maximal fünf Maschinen eine größere Verbreitung fanden. Großsysteme konnten sich im breiten Einsatz nicht behaupten. Die Entwicklung wurde vielmehr durch einen sprunghaften Anstieg von flexiblen Zellen und ›Klein-FFS‹ geprägt (Fix-Stern u. a. 1986).

Ein anderer Aspekt, der die vollständige und umfassende Einführung von technisch integrierten Produktionssystemen verhindert, ist der mit zunehmender Komplexität der Anlage steigende Kapitaleinsatz und das anwachsende Ausfallrisiko. So hat die Erfahrung gezeigt, daß eine Einzelmaschine zu ca. 90 % der Zeit verfügbar ist. Ein flexibles Fertigungssystem hingegen aufgrund der Störungsauswirkungen nur zu ca. 50 % (Milberg 1985). Nur durch die Sicherung der Verfügbarkeit von technisch integrierten Systemen kann damit auch in Zukunft eine weitere Verbreitung der Integrationskonzepte ermöglicht werden. Das kann durch den Einsatz zuverlässigerer

Einzelkomponenten, größerer Entkoppelung von einzelnen Arbeitsstationen und den Einsatz sich ersetzender Komponenten geschehen.

Erfahrungen haben außerdem gezeigt, daß bei der Einführung von technischen *Integrationskonzepten* umfangreiche organisatorische Umstellungen durchzuführen sind. Allein durch die organisatorischen Umstellungen im Vorfeld der Einführung flexibler, automatischer Fertigungseinrichtungen konnte häufig ein meßbarer wirtschaftlicher Nutzen verzeichnet werden. So wurde in einem Beispiel durch die beim Übergang von konventioneller Fertigung auf CNC-Bearbeitung durchgeführte Überarbeitung der Arbeitsplätze eine Reduzierung der Anzahl der Aufspannungen um 30 % erreicht sowie 350 verschiedene, im Einsatz befindliche Fingerfräser durch drei Größen ersetzt (Steinhilper und Kazmaier 1985). Diese Erfahrungen unterstreichen, daß die Organisationsplanung im Vergleich zur Technikplanung ein größeres Gewicht bekommen muß.

1.2.2   Datenintegration in CIM-Konzepten

Einer der nach den ersten maschinenorientierten Ansätzen am häufigsten diskutierten Integrationsansätze ist die – nicht zuletzt aus Eigeninteresse – von Hard- und Softwareherstellern forcierte Einführung von CIM und PPS (*Produktionsplanungs- und Steuerungssystem*). Wird den Versprechen der EDV-Hersteller geglaubt, dann sind durch eine Automatisierung des unternehmensinternen Informationsflusses alle Abwicklungsprobleme in den Griff zu bekommen. Die Papier- und Aktenflut wird abgebaut, die Transparenz deutlich erhöht. Durchlaufzeiten können gesenkt werden. Bestände lassen sich reduzieren. Entsprechend werden auch die angestrebten Ziele der EDV-Einführung gewichtet.

Ernüchterung tritt immer dann auf, wenn wie in Bild 1.13 den angestrebten die erreichten Ziele gegenübergestellt werden. Auf diese Weise bestehen gerade bei der Reduzierung der Bestände, der Verringerung von Durchlaufzeiten und der Steigerung der Termintreue deutliche Unterschiede zwischen Wunsch und Wirklichkeit. Auffallend in dieser Zielhierarchie ist die geringe Gewichtung des Faktors ›Mensch‹, hier umschrieben als ›Humanisierung der Arbeit‹. Das ist umso erstaunlicher, da insbesondere das Personal als wesentlicher Rahmenparameter angegeben wird, der den Grad der Zielerreichung bei der Realisierung von EDV-Konzepten beeinflußt. Zusätzlich zu der unbefriedigenden Zielerfüllung muß oft noch der betriebliche Ablauf an das EDV-System angepaßt werden.

Angesichts der Ergebnisse verwundert es nicht, daß die Vorteile von PPS- oder CIM-Systemen schon oft im Vorfeld der Einführung zunichte gemacht werden. Die Ursache hierfür ist im klassischen Denkmuster ›Technik vor Organisation‹ zu suchen. Erfahrungen haben gezeigt, daß EDV-Systeme keine Schwachstellen in der betrieblichen Organisation beseitigen. Das Gegenteil ist oft der Fall. Viele Mängel werden schonungslos offengelegt und deren Auswirkungen verstärkt. Ein Stolperstein für viele Unternehmen ist bereits die Aufbereitung der notwendigsten Stammdaten, ganz abgesehen von den Problemen, die mit dem Festlegen von bedarfs- oder verbrauchsbezogenen Teilen, von Mindestbeständen oder Lieferzeiten verbunden sind. Wurden diese Aufgaben vor der Einführung von EDV-gestützten Systemen noch gelöst, dann bereitet anschließend die Pflege der Daten den meisten Anwendern große Schwierigkeiten.

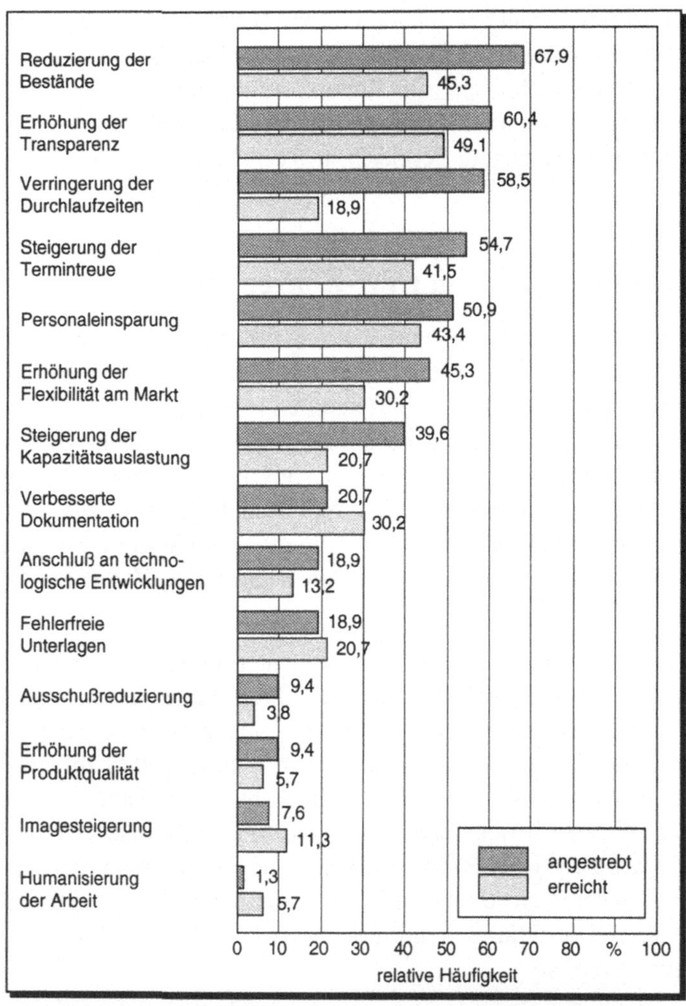

Bild 1.13: Ziele von PPS- oder CIM-Einführungen (nach FIR, in: Müller u. a 1992)

Eine PPS- oder CIM-Einführung als alleinige, isolierte Maßnahme setzt damit ebenfalls noch keine innerbetrieblichen Potentiale frei. Die EDV-Systeme haben lediglich den Charakter von Werkzeugen bzw. Hilfsmitteln. Sie unterstützen nur in Verbindung mit organisatorischen Konzepten die Ziele des Unternehmens. Auch hier muß die Organisationsplanung im Vergleich zur Technikplanung einen höheren Stellenwert erhalten.

1.2.3 Zusammenfassende Bewertung

Die Erfahrungen mit den klassischen, lediglich auf fertigungs- oder informationstechnischen *Integrationsansätzen* beruhenden Maßnahmen lassen deutlich erkennen, daß diese für sich betrachtet im Einzelfall sicher eine notwendige, nicht jedoch hinreichende Bedingung dafür sind, daß die Unternehmen den an sie gestellten Anforderungen gerecht werden und die gesteckten Ziele erreichen können. Das gilt insbesondere, weil

❑ neue Fertigungs- und Informationstechniken kapitalintensiv und störungsanfällig sind. Der Mensch stellt damit nach wie vor ein wichtiges Produktivitäts- und Flexibilitätspotential für deren effektive Nutzung dar,

❑ die Realisierung von Integrationstechniken in den überwiegend stark arbeitsteilig organisierten Betrieben mit erheblichen Schwierigkeiten verbunden ist,

❑ die informationstechnische Vernetzung wenig erfolgreich ist, wenn der Umfang der organisatorischen Schnittstellen im Auftragsdurchlauf nicht durch eine Reduzierung der Arbeitsteilung verringert und damit einem ganzheitlichen, nach Art eines Regelkreises funktionierenden Integrationskonzept Rechnung getragen wird und

❑ die Vorstellung, mit Hilfe der EDV die Planung des nicht Planbaren zu realisieren, ein Widerspruch in sich selbst ist.

Aus den Erkenntnissen lassen sich zwei Forderungen ableiten:

1. Probleme der Auftragsabwicklung in den Unternehmen – damit auch Fertigungsprobleme – müssen als integrierte und nicht als isolierte Probleme betrachtet werden. Sie sind nicht einfach dadurch lösbar, daß sie ausschließlich mit Fertigungs-, Montage- oder Informationstechnik angegangen werden.

2. Es gilt, Integrationsprozesse unter Berücksichtigung arbeits- und betriebsorganisatorischer sowie personeller Gesichtspunkte so zu gestalten, daß die Arbeitsteilung im Auftragsabwicklungsprozeß durch Dezentralisierung reduziert wird und damit Arbeitsinhalte mit planenden, ausführenden und kontrollierenden Elementen zu schaffen.

Der umfassende Charakter beider Forderungen zeigt, daß diese nur mit ganzheitlichen organisatorischen Lösungen erfüllbar sind. Es sind neue Organisationsstrukturen gefragt, durch deren Einsatz mehr Flexibilität in der Auftragsabwicklung erzielt werden kann. Erst in Verbindung mit einer Umstrukturierung der Organisation können deshalb fertigungs- und datentechnische Lösungen zu wirksamen Verbesserungen in der Auftragsabwicklung führen.

1.3   Dezentrale, integrierte Organisationskonzepte

Organisationsstrukturen, die den beschriebenen Anforderungen gerecht werden, werden im weiteren als ›dezentrale, integrierte Organisationskonzepte‹ bezeichnet. Integrierte, dezentrale Organisationskonzepte schaffen eine Zusammenfassung unterschiedlicher Tätigkeiten in einem organisatorischen Verantwortungsbereich. So werden beispielsweise Funktionen aus vorgelagerten Bereichen mit Funktionen der Werkstatt zu neuen Organisationseinheiten mit ganzheitlichen Arbeitsaufgaben vereinigt. Diese Verlagerung, weg von einer zentralen Planung und Steuerung hin zu dezentralen Verantwortlichkeiten ist das Neue an diesen Konzepten. Integrierte Organisationskonzepte reduzieren die Anzahl der Schnittstellen im Auftragsabwicklungsprozeß. Sie helfen, Durchlaufzeiten zu verringern, Bestände abzubauen und effizienter zu produzieren. Es ist allerdings festzustellen, daß bei der Komplexität der Auftragsabwicklung in einem modernen Industrieunternehmen sicherlich auch in Zukunft ein Mindestmaß an Arbeitsteilung nicht unterschritten werden kann.

1.3.1   Kennzeichen dezentraler, integrierter Organisationskonzepte

Die Zusammenfassung planender, ausführender und kontrollierender Tätigkeiten zu ganzheitlichen Arbeitsaufgaben ist ein wesentliches Merkmal integrierter Organisationskonzepte. Damit verbunden ist ein Prozeß der gezielten Veränderung von Arbeitsinhalten und Beziehungsstrukturen, bei dem gleichzeitig und gleichrangig technische, soziale und wirtschaftliche Gesichtspunkte zu berücksichtigen sind (vgl. ›Aufgabenorientierte Arbeitsgestaltung‹ im Band ›Ergonomie‹ dieser Buchreihe). Die Änderungen wirken sich sowohl unter dem Gesichtspunkt der Planung und Gestaltung als auch unter dem der Arbeitsausführung auf die *Prozeßorganisation* – d. h. die Organisation der Arbeit für die Betriebsmittel – und die *Arbeitsorganisation* – d. h. die Organisation der Arbeit für den Menschen – aus. Sowohl die Prozeß- als auch die Arbeitsorganisation bestehen aus einer aufbau- und einer ablauforientierten Komponente.

Wichtigstes Merkmal der *Aufbauorganisation* ist deren hierarchische Gliederung in sogenannte Organisationseinheiten mit unterschiedlicher Größe des Verantwortungsbereichs, wie z. B. Abteilung, Meisterbereich, Gruppe. In der *Ablauforganisation* sind die räumlich-zeitlichen Regeln festgelegt, die bestimmen, wo Tätigkeiten durchzuführen sind, wann und in welcher räumlichen bzw. zeitlichen Folge sie ausgeführt werden. Mit der Planung der Prozeßorganisation werden Ziele technischer und wirtschaftlicher Art wie die Erhöhung der Produktionsflexibilität, die Senkung der Fertigungskosten oder die Verbesserung des Materialflusses angestrebt. Das Erreichen organisatorischer oder personeller Ziele – wie die Erhöhung der Lieferbereitschaft, die Reduzierung von Beständen und die Erweiterung der Handlungsspielräume – wird durch die Aufgaben der Arbeitsorganisation festgelegt. Da sich sowohl die Ziele als auch die möglichen

Formen der Arbeits- und Prozeßorganisation gegenseitig beeinflussen, gilt es in der Prozeßorganisation technische Restriktionen, die eine personalorientierte Gestaltung der Arbeitsorganisation erschweren oder verhindern, zu minimieren.

Die Gestaltung der Arbeitsorganisation definiert das Zusammenspiel der Aufgabenträger (z. B. Meister, Einrichter, Maschinenbediener) im Produktionsablauf. Sie nimmt die Aufteilung der menschlichen Arbeit auf die unterschiedlichen Aufgabenträger vor und bestimmt den Sachmitteleinsatz für die Aufgabendurchführung (z. B. Werkzeuge, Meß- und Prüfmittel).

Werden die Fertigungs- und Informationstechniken entsprechend ihrer Flexibilitätspotentiale genutzt, so kann dieser Anspruch auch erfüllt werden. Dabei ist anzustreben, den technischen Ablauf und die vom Menschen auszuführende Arbeit sowohl bezüglich der Material- als auch der Informationsverarbeitung zeitlich und räumlich weitgehend zu entkoppeln.

Dezentrale, integrierte Organisationskonzepte, häufig auch als neue Formen der Arbeitsorganisation bezeichnet, lassen sich durch die geringe vertikale und horizontale Arbeitsteilung, den hohen Grad der Entkoppelung des Menschen vom eigentlichen Produktionsprozeß, der Arbeitsausführung in Teams und dem hohen Autonomiegrad der Mitarbeiter charakterisieren .

Neben den bereits beschriebenen Merkmalen – Reduzierung von Durchlaufzeiten und Beständen – liegen die Vorteile integrierter Organisationsstrukturen in:

❑ der Vergrößerung der Produktionsflexibilität,

❑ der frühzeitigeren Fehlererkennung durch kürzere Regelkreise,

❑ der besseren Nutzung von vorhandenem Mitarbeiter-Know-how und

❑ der Reduzierung von Stillstandskosten.

In Bild 1.14 werden neue Arbeitsstrukturen charakterisiert und in Bild 1.15 qualitativ beurteilt.

Die genannten wirtschaftlichen Vorteile sind allerdings nicht zum Nulltarif zu bekommen. Ihnen stehen vor allem höhere Investitionskosten für Maschinen und Qualifizierungsmaßnahmen gegenüber. Es wird also eine Investition in das Anlagevermögen vorgenommen, um das Umlaufvermögen zu senken. Es fällt auf (vgl. Bild 1. 14), daß durch die Entkoppelung von Mensch und Technik ein erhöhter Umlaufbestand und längere Durchlaufzeiten als Nachteile zu verzeichnen sind. Dieses ist auf die Mikrostruktur ›Arbeitsgruppe‹ bezogen richtig und der (unter Humangesichtspunkten gerechtfertigte) Preis für die Entkoppelung. Bezogen auf die Makrostruktur des Unternehmens werden durch die neuen Arbeitsstrukturen insgesamt aber trotzdem die Durchlaufzeiten und auch der Umlaufbestand reduziert.

Neue Arbeitsstrukturen	
Charakterisierung	
Schlüsselgrößen	**Signifikante Merkmale**
Arbeitsinhalt	Geringe vertikale und horizontale Arbeitsteilung • Bündelung von planenden, steuernden, ausführenden, administrativen und kontrollierenden Funktionen zu ganzheitlichen Arbeitsinhalten • große zeitliche Arbeitsumfänge • Reduzierung von psychophysischen Über- und Unterforderungen
Teilautonome Gruppen	Arbeiten im Team • personelle Integration unterschiedlicher Qualifikationen (Instandhalter, Disponenten usw.) • Reduzierung der Hierarchiestufen • kooperativer Führungsstil • kooperative Entlohnungsform Hoher Autonomiegrad • Kongruenz von Aufgaben, Kompetenz und Verantwortung • Erhöhung von Interaktionsspielräumen
Entkopplung Mensch / Technik	Hoher Entkopplungsgrad des Menschen vom eigentlichen Produktionsprozeß • räumliche Entkopplung (Wegfall / Reduzierung der Platzgebundenheit) • zeitliche Entkopplung (Wegfall / Reduzierung der Taktgebundenheit)

Bild 1.14   Charakterisierung neuer Arbeitsstrukturen

Neue Arbeitsstrukturen		
Qualitative Beurteilung		
Schlüsselgrößen	**Tendenzielle Vorteile**	**Tendenzielle Nachteile**
Arbeitsinhalt	• Erhöhung des Selbstwertgefühls für den Mitarbeiter • Größere Identifikation mit der Arbeit • Bessere Nutzung von vorhandenem Know-how • Frühzeitige Fehlererkennung durch schnelle Rückkopplung bzgl. des Arbeitsergebnisses • Reduzierung von Ausschuß und Nacharbeit • Geringerer Taktausgleich • Reduzierung einseitiger Belastungen • Vergrößerung der Produktionsflexibilität	• Höhere Anlernkosten • Höhere Lohnkosten • Höhere Investitionskosten pro Arbeitsplatz
Teilautonome Gruppen	• Integration in eine Gemeinschaft • Förderung des Verständnisses für die Arbeit der Kollegen • Förderung des Teamgeistes • Bildung einer Stammannschaft	• Höherer Aufwand bei der Personaleinsatzplanung • Festgelegte Gruppennormen verhindern Abweichungen in der Leistung nach "oben" • Gruppe stellt ein höheres Macht- und Durchsetzungspotential bei betriebl. Entscheidungsprozessen dar
Entkopplung Mensch / Technik	Ausgleich von : • Leistungsschwankungen und • Leistungsunterschieden Freie Disposition der • persönlichen Verteilzeit • Erholungspausen Senkung von Stillstandskosten, die anfallen durch: • Losgrößenänderung • typenbedingte Vorgabezeitunterschiede • typenbedingte Umrüstzeitunterschiede • unterschiedliches Ausbringverhalten	• Erhöhter Investitions- und Planungsaufwand • Erhöhter Platzbedarf • Erhöhter Umlaufbestand

Bild 1.15   Qualitative Beurteilung neuer Arbeitsstrukturen

Eine Gegenüberstellung von konventionellen und integrierten Organisationskonzepten zeigt deutlich die Potentiale auf, die in beiden Organisationsphilosophien vorhanden sind. So ist aus Bild 1.16 ersichtlich, daß – neben der bereits erwähnten Veränderung der Organisations- bzw. Fertigungsstruktur – große Umgestaltungsprozesse bezüglich Personal, Steuerung, Qualitätswesen, Materialwesen und Arbeitsplanung notwendig werden.

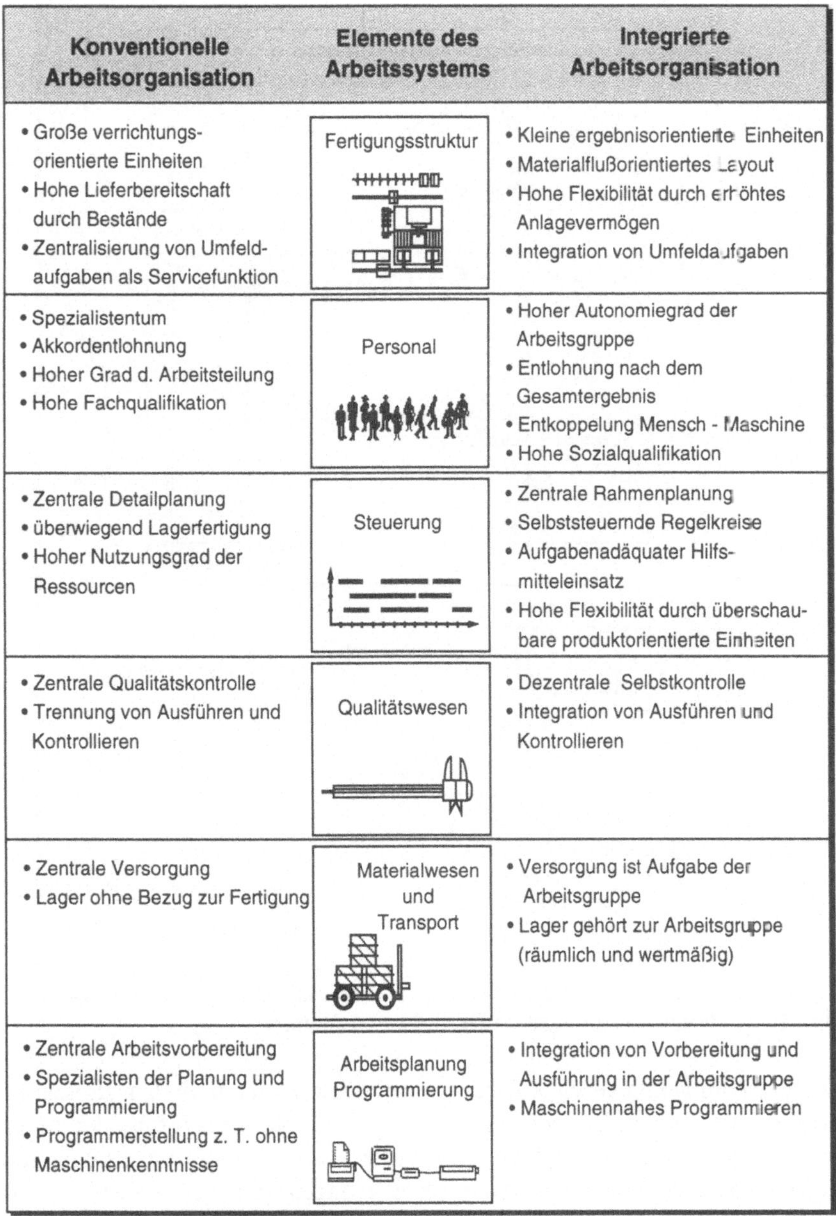

Bild 1.16   Veränderungen beim Übergang von einer konventionellen auf eine integrierte Arbeitsorganisation

Beispielhafte Organisationsstrukturen, in denen der Integrationsgedanke verwirklicht wurde, zeigt das Bild 1.17. In diesem Bild ist auch der Umfang der jeweiligen Aufgabenintegration ersichtlich.

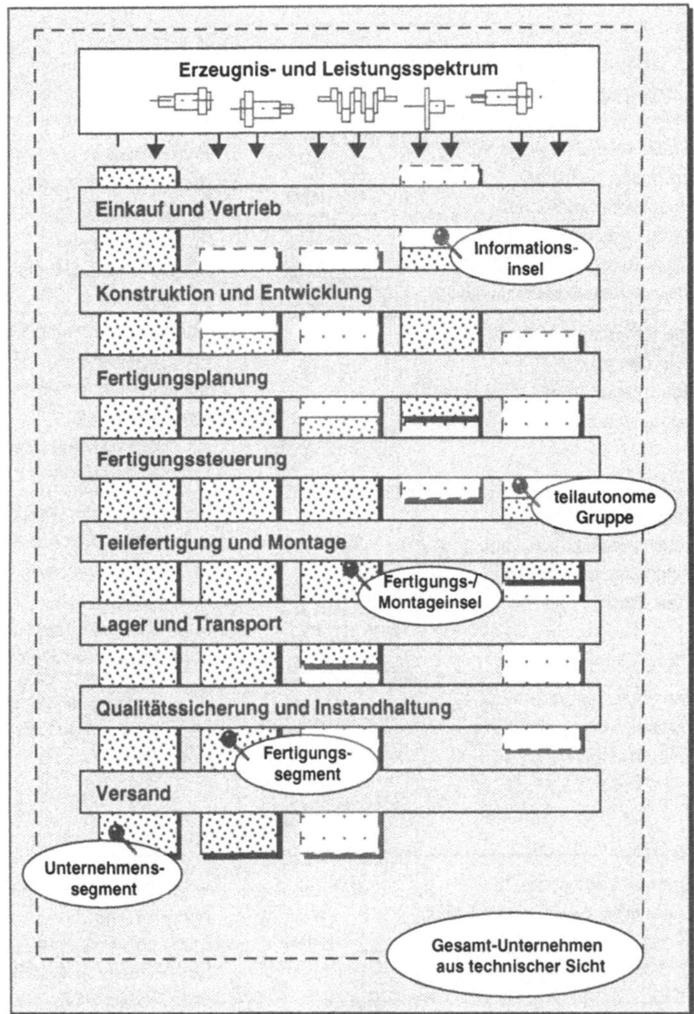

Bild 1.17   Dezentrale, integrierte Organisationsformen

Die Einführung von dezentralen Organisationsstrukturen nach dem strukturellen Ansatz bedeutet eine umfassende Reorganisation der Produktion. Infolge der strategischen Bedeutung der neuen Ausrichtung müssen die den dezentralen Organisationsstrukturen eigenen Ideen vor allem vom Management getragen werden. Gerade hier tut man sich mit integrierten, dezentralen Organisationsstrukturen schwer. Dabei spielen zwei Gründe eine wichtige Rolle.

Zum einen gibt es keine – und kann es auch nicht geben – mathematische Formel, die die Effizienz einer Umstrukturierung vorausberechnet. Die klassische Betriebswirtschaftsrechnung bietet kaum Möglichkeiten, die Veränderungen durch integrierte Strukturen zu erfassen. Weiterhin besteht kein Determinismus zwischen der Einführung integrierter Strukturen und genau zuzuordnenden Ergebnisveränderungen. Es können nur tendenzielle Entscheidungshilfen und Anregungen gegeben werden. Bei einer Überbetonung von Teilaspekten wird leicht der Blick für das Gesamtergebnis verloren.

Zum anderen müssen wesentliche Aufgaben mit ihrer Entscheidungskompetenz und Verantwortung vom planenden in den ausführenden Bereich delegiert werden. Sie werden damit in Bereiche verlagert, in denen die dafür notwendigen Qualifikationen und Kompetenzen nicht vermutet werden.

Eine Halbherzigkeit bei der Realisierung integrierter, dezentraler Strukturen trägt jedoch der strategischen Ausrichtung und tiefgreifenden strukturellen Veränderungen der Produktion nicht Rechnung. Meßbaren Erfolg hatte und hat nur der, der sich mit dem ganzheitlichen Ansatz identifiziert und ihn konsequent umsetzt. Die entscheidende Frage lautet also:
›Trauen wir uns und unseren Mitarbeitern dezentrale Organisationsstrukturen zu?‹

1.3.2 Unternehmensphilosophie

Der erste Schritt zu dezentralen Unternehmensstrukturen beginnt bei den Werten und Leitmotiven des Managements. Wie kann es dezentrale, flache *Hierarchien* geben, wenn ein Unternehmen durch einen patriarchalischen *Führungsstil* geprägt ist? Wie lassen sich technikzentrierte Produktionsplanung und teamorientierte Personalstrukturen vereinbaren? Wie verträgt sich eine möglichst lückenlose Kontrolle über den Fertigungsprozeß mit eigenverantwortlicher Teamarbeit? Wie wird der Mitarbeiter in der Produktion betrachtet – als Störfaktor oder als Ressource?

Das Management eines dezentralen Unternehmens hat andere Vorstellungen über seine Mitarbeiter, seine Ressourcen als das eines von tayloristischen Ideen geprägten Betriebes. *Corporate Identity* ist im kundenorientierten Produktionsmanagement keine Leerformel, sondern beinhaltet immer in der einen oder anderen Form den Grundsatz ›Der Mensch steht im Mittelpunkt‹, d. h. dieser Grundsatz muß auf allen Ebenen des Unternehmens gelebt werden. Die nachfolgenden Ausführungen sollen dies weiter verdeutlichen.

Mitarbeiterqualifikation

Der Mitarbeiter ist die wichtigste Ressource eines jeden Unternehmens, welcher mit seinem Know-how und seiner Verantwortung die Systemeffizienz wesentlich beeinflußt. Die Technik kann immer nur ein, wenn auch entscheidendes, Hilfsmittel sein. Die

Organisation muß so gestaltet sein, daß sich die Ressource Mensch optimal entfalten kann. Dies gilt insbesondere unter den Bedingungen eines Hochlohnlandes mit entsprechend hoch qualifizierten Mitarbeitern. Das *Mitarbeiterpotential* muß zu einem strategischen Wettbewerbsvorteil entwickelt werden. Ganzheitliche und überschaubare, dezentrale sowie eigenverantwortliche Strukturen bilden hierfür die Basis.

In den Teams werden Arbeitsaufgaben ganzheitlich durchgeführt. Das Team ist für die eigene Arbeitsdisposition innerhalb der vorgegebenen Grenzen zuständig. Erste Ansätze in diese Richtung waren bisher die Vertretungsregelungen, bei denen die Mitarbeiter im Bedarfsfall Tätigkeiten der Kollegen übernahmen. Erweitert man dieses Konzept für die Teamarbeit, so heißt dies, daß jede Aufgabe von meheren Mitarbeitern ausgeführt werden kann und daß jeder Mitarbeiter mehrere Tätigkeiten beherrscht.

Die Verantwortung für die Qualität der Arbeit obliegt dem Team. Innerhalb von Teams entstehen Redundanzen, so daß in Teamarbeit eine höhere ›Organisations-Verfügbarkeit‹ besteht als in hochgradig arbeitsteiligen Strukturen. In Gruppengesprächen werden die anstehenden Probleme besprochen, Maßnahmen zu deren Behebung ausgearbeitet und gemeinsam umgesetzt. Information schafft Sicherheit. Deshalb gilt auch die Regel:

Information als Produktionsfaktor behandeln!

Gruppendynamische Effekte verhindern das Entstehen von Bereichsegoismen. Erweiterte Qualifikation und ganzheitliche Bearbeitungsaufgaben schaffen attraktive und abwechslungsreiche Arbeitsplätze und in der Konsequenz hochmotivierte Mitarbeiter. Die Grundlagen der Personalqualifizierung werden deshalb in Kapitel 8 behandelt.

Qualitätsmanagement

Qualität ist die Aufgabe jedes Mitarbeiters und jeder Gruppe. In vielen Unternehmen gilt immer noch der ›Grundsatz des Mißtrauens‹. Hieraus wird ein umfangreiches Qualitätssicherungswesen mit aufwendigen Kontrollen abgeleitet, welches im Nachhinein Qualität prüfen soll. Ein modernes *Qualitätsmanagement* geht von der Annahme aus, daß Qualität erzeugt wird und Fehler unmittelbar korrigiert werden.

Gerade in der Auftragsbearbeitung und Fertigung ist es von entscheidener Bedeutung, daß von Anfang an die Qualität der Arbeitsaufgaben gesichert wird. Jeder Fehler in den ersten Phasen der Auftragsbearbeitung läßt sich später nur noch mit einem Vielfachen an Aufwand beheben. Deshalb müssen innerhalb der Organisation Mechanismen installiert werden, die eine eigenverantwortliche Qualitätssicherung von Beginn an unterstützen.

Ganz einfach lautet die Forderung, daß Qualität zu jedem Zeitpunkt des Auftragsbearbeitungsprozesses erzeugt wird. Dies heißt, Qualität zu konstruieren, Qualität zu

fertigen statt Qualität retrospektiv zu prüfen und durch teure Nacharbeit wiederherzu-
stellen. Eine retrospektive Qualitätssicherung kann immer nur Fehler feststellen, aber
nie einen stabilen Prozeß erzeugen.

Prozeßorganisation

Die konsequente Markt- und Kundenausrichtung führt intern zur organisatorischen
Ausrichtung am Endprodukt bzw. am Markt. Die Produktion kennt den Kunden. Ein
kundenorientiertes Produktionsmanagement versteht alle Schritte, die zum Endprodukt führen, als Elemente eines fließenden, integrierten Prozesses. Eine solche ergebnis-
orientierte Produktion kennt keine unnötigen Abteilungs- und Bereichsgrenzen. Ab-
lauf- und Aufbauorganisation sind konsequent auf diesen Prozeß auszurichten.

Alle Abteilungen müssen die Aufgaben mit der gleichen Zielsetzung und Priorität
angehen. Es findet eine Integration aller am *Wertschöpfungsprozeß* Beteiligten statt.
Das Werkstor darf hierbei keine hermetische Grenze darstellen.

Das Zusammenarbeiten über bisher bekannte Abteilungsgrenzen hinweg stellt das
Produkt und damit den gesamten Produktentstehungsprozeß in den Mittelpunkt des
Denkens und Handelns. Hier seien auch noch die Prinzipien Projektmanagement und
Simultaneous Engineering erwähnt, die in Kapitel 3 behandelt werden.

Funktionsintegration

Die Vorteile einer ablauforientierten Organisation liegen im hohen Kunden- und
Auftragsbezug. *Schnittstellenarme* Informationsflüsse bewirken verkürzte Durch-
laufzeiten und die Reduktion von Informationsverlusten. Die Schnittstellen in der
Auftragsbearbeitung müssen soweit wie möglich eliminiert werden. Notwendige
Schnittstellen sind gezielt zu gestalten.

Vereinfachte und schnittstellenarme Prozesse sind gleichbedeutend mit Funktionsintegration. Zusammenhängende Aufgaben werden an einer Arbeitsstation oder in
einer Arbeitsgruppe möglichst komplett bearbeitet. Die Zusammenfassung von Teilaufgaben zu einer ganzheitlichen Aufgabe erfolgt entsprechend den zugrundeliegenden
Prozessen.

Die Gesamtaufgabe der Gruppe setzt sich aus verschiedenen Einzelaufgaben zusammen. Die Grundfunktionen der Auftragsabwicklung sollen von allen Gruppenmitgliedern
beherrscht werden, so daß innerhalb der Gruppe Redundanzen entstehen. Im Rahmen
von Arbeitsbesprechungen werden die dispositiven Aufgaben der Gruppe gemeinsam
durchgeführt.

Planung und Steuerung des gesamten Auftragsdurchlaufs sowie der Fertigung und
Montage werden durch die Zusammenfassung von verschiedenen Tätigkeiten zu

Makroaufgaben deutlich vereinfacht. Die Feinsteuerung erfolgt innerhalb der Bereiche und Teams eigenverantwortlich. Damit werden u. a. die Kapitalbindungskosten reduziert, da eine dezentrale Arbeitsgruppe einen besseren Überblick hat, welches Material wann benötigt wird.

Die Trennung von Grob- und Feinsteuerung vereinfacht die Anforderungen an die jeweiligen Steuerungshilfsmittel und ermöglicht sehr schnelle Reaktionen bei Abweichungen von den Sollvorgaben oder bei Sonderaufgaben.

Integration von Umfeldaufgaben

Die Funktionsintegration beschränkt sich nicht nur auf die direkten Aufgaben. Vielmehr ist anzustreben, daß ein möglichst großer Teil von *indirekten Tätigkeiten* wieder integriert wird. Das Bild 1.18 gibt dazu Beispiele. Die Reintegration erlaubt somit eine transparente Aufwandszuordnung der indirekten Tätigkeiten.

Für die Gestaltung indirekter Funktionen muß der Grundsatz gelten, daß nur solche Funktionen sinnvoll sind, die zu einem höheren Nutzen im direkten, wertschöpfenden Bereich führen. Deshalb müssen die indirekten Funktionen immer wieder auf ihre Notwendigkeit und ihren Nutzen überprüft werden. Dort, wo solche indirekten Tätigkeiten notwendig sind, müssen diese wieder abrechenbar gemacht werden. Dies bedeutet in der Konsequenz die Einführung von Methoden der Zeitwirtschaft in den indirekten Bereichen.

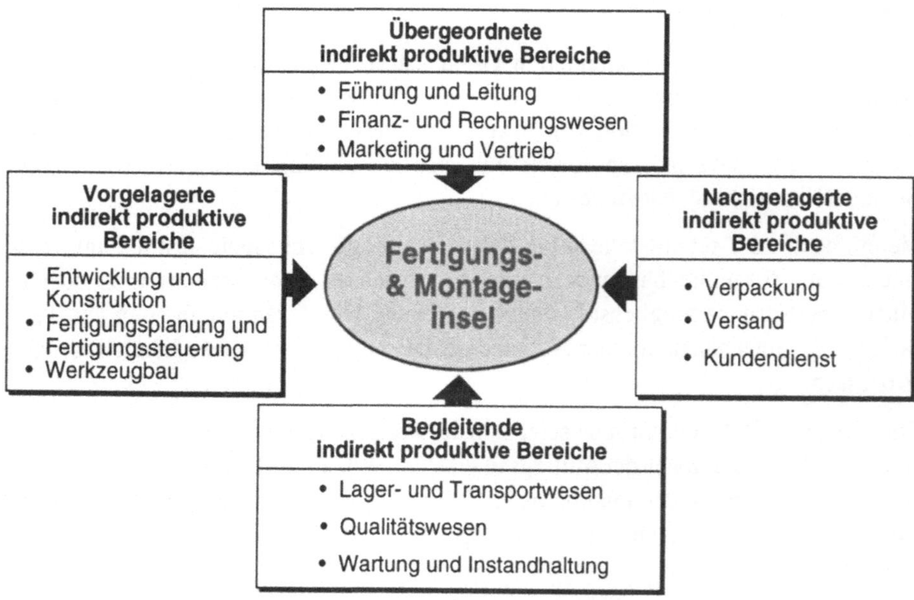

Bild 1.18   Generelle Aufgabenpotentiale für die Integration von Umfeldaufgaben – Aufbauorganisation

Die Veränderung und Anpassung der *Aufbauorganisation* stellt eine entscheidende Aufgabe dar, weil die Inseln Funktionen aus verschiedenen Fachbereichen integrieren und eine Kompetenzverschiebung im Unternehmen bedingen. Die optimale aufbauorganisatorische Zuordnung von dezentralen Auftragsabwicklungs- und Produktionsstrukturen gibt es allerdings ebenso wenig wie die ideale Organisationsstruktur. Für den Unternehmenserfolg ist nicht zuletzt ein ausgewogenes Spannungsfeld zwischen Vertriebs- und Produktionsinteressen ausschlaggebend. Dieses kann durch die aufbauorganisatorische Zuordnung der Inseln positiv beeinflußt werden. Erfahrungen zeigen, daß Gruppenarbeit auch dann erfolgreich eingeführt werden kann, wenn die Gruppenmitglieder in der Anfangsphase ihren ›ursprünglichen‹ Fachbereichen zugeordnet bleiben.

1.4 Managementansätze unter dem Gesichtspunkt ›Business Redesign‹

Altes Denken	Neues Denken
Unternehmen = Maschine	Unternehmen = Organismus
Technokratisches Denken	Systemhaftes, ganzheitliches Denken in Geschäftsprozessen
Denken in Funktionen u. Zuständigkeiten	Denken in Prozessen und Kundenzufriedenheiten als "Diener" des Kunden
Perfekte Organisation	Selbstorganisation und Verantwortung auf tiefstmöglicher Stufe
Ökonomisch-technische Rationalität	Ökonomisch-ökologisch-humane Rationalität
Tayloristisches Menschenbild	Human-Ressources-Management
Mensch als Systembediener	Mensch als Entscheider
Komplexität muß beherrscht werden	Komplexität muß geleitet werden
Jedem Mitarbeiter nur die Informationen, die er unbedingt braucht	Jedem Mitarbeiter den Zugriff auf die größtmögliche Datenmenge ermöglichen
Hohe Datenqualität	Umgang mit Unschärfen und Bandbreiten
Führungslaufbahn und Spezialisten	Führungs-, Fach,- Projekt- und Prozeßverantwortungslaufbahn
Wandel bedroht Status	Wandel fördert Dynamik

Bild 1.19   Paradigmenwechsel im Managementverständnis der Unternehmensorganisation

Bereits im Abschnitt 1.3 wurde festgestellt, daß zur erfolgreichen Einführung von neuen Arbeitsstrukturen eine – vom Management des Unternehmens geprägte – entsprechende *Unternehmensphilosophie* gehört. Deshalb werden nachfolgend am Beispiel von vier in den letzten Jahren verfolgten *Managementkonzepten* unter der

Überschrift ›Business Redesign‹ Kerninhalte von neuen Ansätzen kurz beschrieben. Insgesamt kann festgestellt werden, daß sich im Blick auf neue Formen der Arbeitsorganisation auch im Management ein *Paradigmenwechsel* vollzogen hat. Das Bild 1.19 stellt dazu alte und neue Denkweisen im Management von Unternehmen gegenüber. Nach Veränderungen bei Montagesystemen und in der Teilefertigung steht ein grundsätzliches Umdenken in bezug auf die Unternehmensorganisation an.

In Bild 1.20 werden die nachfolgend kurz beschriebenen Konzepte charakterisiert.

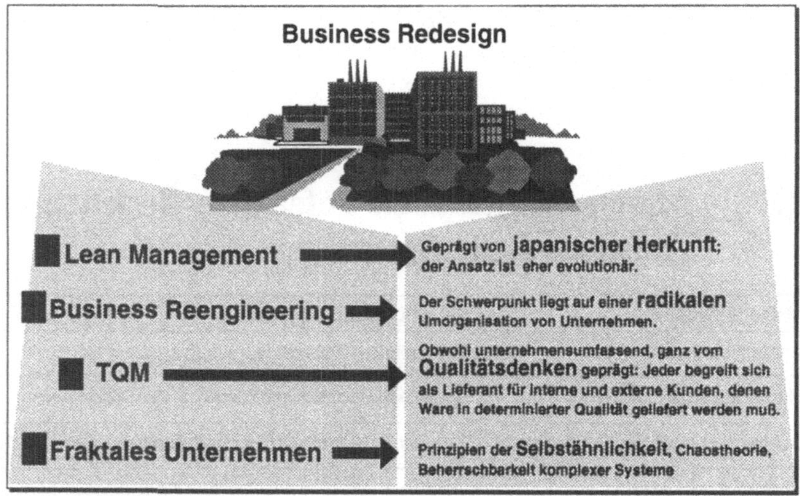

Bild 1.20   Business Redesign

1.4.1   Lean Management

Bild 1.21   Die Konzepte des Lean Management

Als Lean Production oder ›*schlanke Produktion*‹ werden die von Eiji Toyoda und Taiichi Ohno eingeführten Produktions- und Managementtechniken bei der Firma Toyota in Japan bezeichnet. Lean Production umfaßt alle Unternehmensbereiche, so daß der Ausdruck *Lean Management* zum Verständnis sicher geeigneter ist. Lean Management umfaßt sechs wesentliche Bereiche, die in Bild 1.21 dargestellt sind und im folgenden kurz erläutert werden.

❑ *Unternehmenssegmentierung durch dezentrale Strukturen*
Kleine, beherrschbare und kundenorientierte Einheiten müssen geschaffen werden.

❑ *Humanzentriertes Management*
Die zielgerichtete Einbeziehung der Mitarbeiter in die Problemlösungsprozesse ist das wesentliche Grundelement von Lean Management. Beispiele für ein humanzentriertes Lean Management liefern Konzepte wie soziale Netzwerke, Teamwork oder zwischenbetriebliche Kooperationen mit Lieferanten und Abnehmern im Rahmen strategischer Allianzen. Der Prozeß der kontinuierlichen Verbesserung (Kaizen) fördert dies gezielt .

❑ *Konzentration auf Kernkompetenzen*
Japanische Unternehmen verfolgen gerade im vorwettbewerblichen Bereich gemeinsame Strategien der Kosten- und Risikoteilung durch vielfältige Kooperations- und Partnerschaftsmodelle mit Kunden und Lieferanten. Sie teilen Wertschöpfungs- und Innovationskette zur Produktherstellung neu auf und senken dadurch nicht nur die Entwicklungskosten, sondern sichern sich darüber hinaus gegenseitig die technologische Systemkompetenz der Partner. Japanische Unternehmen sammeln außerdem in hohem Umfang systematisch Informationen, die Benutzung von Informationsdatenbanken ist selbstverständlich und strategische Informationen werden untereinander weitergegeben.

❑ *Geschäftsprozeßorientiertes Management*
Man ist bestrebt, neue marktorientierte Einheiten nach den Gestaltungsprinzipien Ganzheitlichkeit, Dezentralisierung, Rekursivität, Autonomie und Autarkie zu bilden. Jede marktorientierte Einheit soll sich als ›Unternehmen im Unternehmen‹ verstehen.

❑ *Regionalisierung, Internationalisierung und Mobilität*
Lean Management setzt in vielen Fällen eine räumliche Verteilung von Unternehmensaktivitäten voraus. Die unternehmensübergreifende Informationslogistik, d. h. die Bereitstellung von richtigen Informationen zum richtigen Zeitpunkt in der richtigen Form am richtigen Platz ist erfolgsentscheidend und erfordert damit den Aufbau standort- und unternehmensübergreifender Kommunikationsstrukturen.

❑ *Kundendominiertes Qualitätsmanagement*
Der erweiterte Qualitätsansatz im Sinne eines TQM (Total Quality Management, vgl. 1.4.3) betrachtet die Qualitätssicherung als umfassende Aufgabe aller am Wertschöpfungsprozeß beteiligten Parteien.

1.4.2   Business Reengineering

Business Reengineering ist das fundamentale Überdenken und radikale Redesign von
Unternehmen und wesentlichen Unternehmensprozessen, das zu deutlichen Verbesserungen in entscheidenden, heute wichtigen und meßbaren Leistungsgrößen in den
Bereichen Kosten, Qualität, Service und Zeit führt (Hammer und Champny 1994). Die
Notwendigkeit ergibt sich aus folgenden Überlegungen: Firmen sehen sich der Forderung ›echter‹ Kundenorientierung ausgesetzt. ›Der‹ Massenmarktkunde existiert nicht
mehr und ein ständig intensiverer Wettbewerb, z. B. durch die zunehmende Internationalisierung fordert die Unternehmen heraus und zwingt zur Institutionalisierung eines
permanenten Wandels. Das Bild 1.22 gibt die Definition und das Bild 1.23 die
Kennzeichen von Business Reengineering wider.

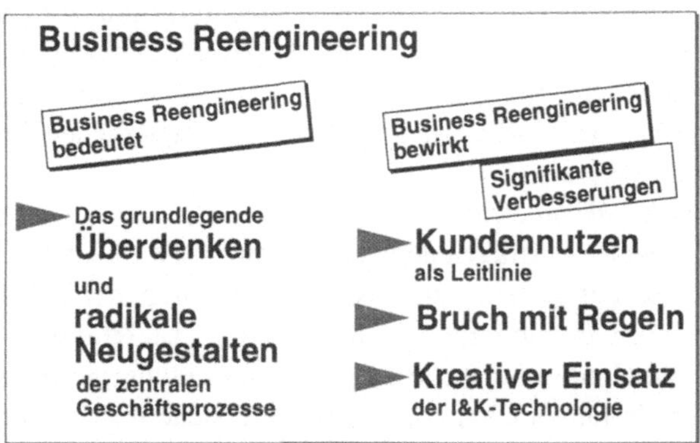

Bild 1.22   Definition von Business Reengineering (nach Hammer und Champny 1994)

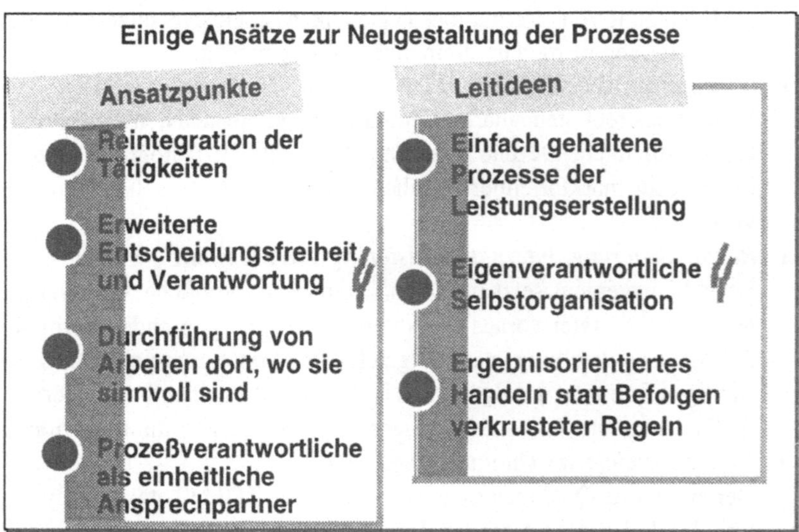

Bild 1.23   Kennzeichen von Business Reengineering

1.4.3   TQM – Total Quality Management

TQM soll eine unternehmensweite einheitliche Qualitätspolitik, deren originäres Ziel die Kundenzufriedenheit sein muß, umsetzen. Ein umfassendes (totales) Qualitätsmanagement bezieht sich auf das gesamte Unternehmen, alle Aktivitäten und Mitarbeiter. Es ist in diesem Sinne eine Führungsstrategie. Qualitätspolitik ist als Unternehmenspolitik zu verstehen. Qualitätsziele sind damit als oberste Ziele des Unternehmens zu verfolgen. Qualitätsplanung, -lenkung, -sicherung und -verbesserung stellen Entwicklungsinstrumente dar, um den Unternehmenserfolg langfristig zu sichern und zu vergrößern. Das Total Quality Management ist der Führungsstab, der in gleicher Weise auf die Fertigung, die Personalpolitik und die Organisation des Unternehmens wirkt. Damit steht die Führungsfähigkeit des Managements in einem direkten Verhältnis zur Qualitätsfähigkeit des Unternehmens.

Die Einführung eines funktionsfähigen Total Quality Management Systems (TQM-Systems) kommt durch qualitätsfähige und beherrschte Prozesse zum Ausdruck (Ablauforganisation). Im Sinne des umfassenden Qualitätsmanagements sind damit sowohl Führungs- als auch Geschäfts- und technische Prozesse zu verstehen. Die Einführung einer solchen Ablauforganisation kann aber nur dann gelingen, wenn auch die Aufbauorganisation entsprechend angepaßt wird. Merkmale einer solchen Aufbauorganisation sind flache Hierarchien und funktionsübergreifende Teamarbeit.

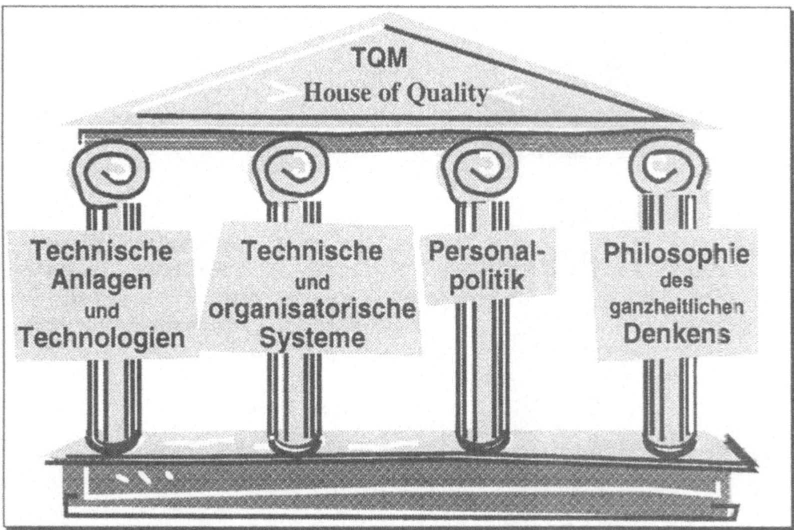

Bild 1.24   House of Quality

Zusammenfassend zeigt sich das anzustrebende Qualitätsgebäude im ›House of Quality‹ (vgl. Bild 1.24). Die erste Säule wird duch die Technologie des Unternehmens zur Erstellung ihrer Leistung gebildet. Die zweite Säule wird durch technische und organisatorische Systeme gebildet. Sie stellen eine unternehmensweite Infrastruktur für den Aufbau eines QM-Systems zur Verfügung. Als dritte Säule fungiert die Personalpolitik des Unternehmens, die für eine qualitätsbewußte, stabile Belegschaft Sorge trägt. Die Qualifikation der Mitarbeiter bzw. deren Mehrfachqualifikation hilft dabei, Zuständigkeitslücken zu schließen. Eine umfassende Qualitätsphilosophie, begleitet von einem ganzheitlichen Denken, gemeinsam am Qualitätserfolg des Unternehmens zu arbeiten, bildet die vierte Säule.

1.4.4   Fraktales Unternehmen

Die Gedanken des ›Fraktalen Unternehmens‹ stammen aus der Chaosforschung. Obwohl Systeme deterministisch beschrieben werden können, besteht trotzdem eine gewisse Unvorhersehbarkeit der Ereignisse, d. h. kleine Ursachen müssen nicht zwangsläufig kleine Wirkungen und große Ursachen große Wirkungen haben. Komplexe Systeme, wie es Unternehmen sind, können deshalb nicht mit herkömmlichen Methoden beherrscht werden. Es bietet sich an, Unternehmen nach den Regeln der ›Fraktale‹ zu organisieren. Durch diese Organisationsform kann das Unternehmen auf die Herausforderungen des Marktes flexibel reagieren. Das Bild 1.25 zeigt die Kennzeichen eines fraktalen Unternehmens.

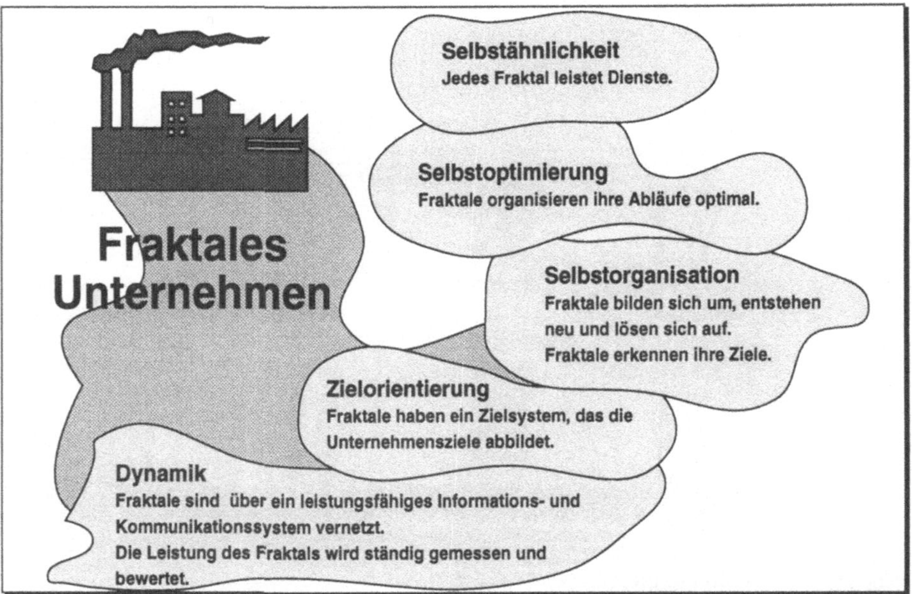

Bild 1.25   Kennzeichen von ›Fraktalen Unternehmen‹ (nach Warnecke 1993)

Im folgenden Bild 1.26 ist die herkömmliche und die fraktale Sicht des Unternehmens gegenübergestellt.

Herkömmliche Sicht	Fraktale Sicht
Das Unternehmen ist die Summe seiner Aktivitäten und strategischen Geschäftsbereiche.	Das Unternehmen ist ein ganzheitliches System mit all seinen Abläufen und Strukturen.
Das Unternehmen entwickelt sich in einer linearen, stabilen und voraussagbaren sowie kontrollier- und steuerbaren Art und Weise.	Das Unternehmen entwickelt sich nicht linear, sondern mit nach Wahrscheinlichkeitsgesetzen entstehenden Entwicklungssprüngen und Umwandlungen, die gesteuert, aber nicht vorausbestimmt werden können
Die Organisationsform ist die (Matrix-) Hierarchie.	Die Organisationsform ist eine übergeordnete, vernetzte Struktur, die den Rahmen für die Fabrik-Fraktale bildet.
Geschäftsbeziehungen mit Lieferanten, Vertrieb und Konkurrenten sind von der Art des 0-Summen-Spiels (was ich gewinne, verlierst du).	Alle Geschäftsbeziehungen sind tatsächlich oder potentiell auf gemeinsamen Gewinn ausgerichtet (zusammen gewinnen wir).
Es gibt klar definierte Grenzen sowohl innerhalb der Firmenbereiche, als auch zwischen dem Unternehmen und der Umwelt.	Grenzen sind unscharf (fuzzy) sowie durchlässig für Informationen und gekennzeichnet durch ablauffunktionale Verbindungen.
Informationen werden durch Hierarchie und momentane Notwendigkeit gezielt und arbeitsteilig aufbereitet (Bring-Prinzip).	Informationen sind für alle zugänglich und werden unter Gesichts-punkten des Nutzens eigenständig ausgewertet und aufbereitet (Hol-Prinzip).
Gewisse Abweichungen vom Plan werden periodisch durch weitere Planungen nachgefahren/korrigiert und durch Vorhalten von Ressourcenbeständen kompensiert.	Die Vorgabe/Ergebniserfüllungen werden nicht bis ins Detail geplant. Sich selbst organisierende, selbständig agierende Einheiten stellen die Zwischenergebnisse sicher.

Bild 1.26 Herkömmliche und fraktale Sicht des Unternehmens
(Kühnle und Spengler 1993)

1.4.5   Gemeinsamkeiten der Ansätze

Zusammenfassend kann festgestellt werden, daß allen Ansätzen mehr oder weniger folgendes gemeinsam ist:

❑ Das ganze Unternehmen soll weiterentwickelt werden, nicht nur Teilbereiche.
❑ Die Umsetzung benötigt folgende Elemente:
  • *Kundenorientierung*;
  • Neues, umfassendes *Qualitätsverständnis*;
  • *Prozeßorientierung*;
  • Einsatz neuartiger *Informationstechnik*;
  • *Mitarbeiterorientierung*.

Letztendlich schließt sich hier der Kreis, denn genau diese Gemeinsamkeiten der Managementansätze sind für die erfolgreiche Einführung der beschriebenen dezentralen, integrierten Organisationsstrukturen notwendig.

1.5 Wiederholungsfragen

1. Was unterscheidet den Verkäufer- vom Käufermarkt?
2. Welche Randbedingungen haben sich für die Unternehmen in den letzten Jahren geändert?
3. Was waren die Folgen der Arbeitsteilung?
4. Was beeinflußt die Produktdurchlaufzeit in einem Unternehmen?
5. Wo werden die meisten Kosten für ein Produkt festgelegt?
6. Wie hat sich die Beschäftigungsstruktur entwickelt?
7. Welchen Einfluß hat die Arbeitszeitregelung auf die Unternehmenssituation?
8. Wie ist in vielen Unternehmen das Betriebsvermögen aufgeteilt?
9. Was drückt der Begriff ›Schnittstellenproblematik‹ aus?
10. Durch was sind konventionelle Arbeitsstrukturen gekennzeichnet, und welche Mängel weisen sie auf?
11. Was sind ›erste partielle Integrationskonzepte‹?
12. Welche zwei Forderungen werden an neue Arbeitsstrukturen gestellt?
13. Was ist das Kennzeichnende an integrierten, dezentralen Organisationsstrukturen?
14. Welche Veränderungen sind notwendig, um von konventionellen zu ›neuen‹ Arbeitsstrukturen zu kommen?

2 Arbeitsstrukturierung

Der Begriff der Arbeitsstrukturierung bezeichnet die Regelung der Beziehungen der Arbeitssystemelemente zueinander, die zur Herstellung eines Produkts oder einer Dienstleistung unter Beachtung der humanen und wirtschaftlichen Zielsetzung miteinander verknüpft werden.

Im Band ›Ergonomie‹ dieser Buchreihe werden die Grundlagen der Arbeitsstrukturierung unter dem Gesichtspunkt der anthropozentrischen Gestaltung von Arbeitssystemen behandelt. Im Kapitel 4 ›Arbeitspsychologie‹ werden dort die folgenden fünf – bereits als ›klassisch‹ zu bezeichnenden – Maßnahmen der Arbeitsstrukturierung vorgestellt:

- ❑ Abbau von Zeitzwängen (Puffer);
- ❑ Job-rotation (Arbeitsplatzwechsel);
- ❑ Job-enlargement (Arbeitserweiterung);
- ❑ Job-enrichment (Arbeitsbereicherung);
- ❑ Teilautonome Gruppenarbeit.

Die Maßnahmen der Arbeitsstrukturierung zielen auf eine Vergrößerung des Handlungsspielraums der Mitarbeiter und auf deren Einbeziehung in die Arbeitsgestaltung ab. Hierbei muß auf die Übereinstimmung der jeweiligen Arbeitsinhalte mit den Fähigkeiten und Bedürfnissen der Mitarbeiter geachtet werden. Den Gesichtspunkten der Persönlichkeitsförderlichkeit, der Arbeitszufriedenheit und der Sozialverträglichkeit ist Rechnung zu tragen. Ganzheitliche Arbeitsinhalte sollen auf der einen Seite neben ausführenden auch vorbereitende, organisierende und kontrollierende Tätigkeiten beinhalten. Auf der anderen Seite berücksichtigen sie Anforderungen auf unterschiedlichen Ebenen der psychischen Regulation, d. h. unterschiedliche Denkaufgaben und Problemlösungsprozesse. Dies wird in den nachfolgend vorgestellten dezentralen Verantwortungsbereichen in der Teilefertigung und in komplexen Montagesystemen verwirklicht.

Eine allgemeingültige Vorgehensweise zur Planung und Einführung von unter dem Begriff ›neue Arbeitsstrukturen‹ subsummierten Arbeitssystemen kann und wird es aufgrund der jeweils spezifischen Unternehmenssituation nicht geben. Jede durchgeführte Restrukturierung wird deshalb ihre eigene Problematik und Ausprägung haben. Die beiden vorgestellten Konzepte zur Verwirklichung von neuen Arbeitsstrukturen sollen deshalb Anregungen und Hilfestellungen zur Gestaltung der Bereiche Technik, Organisation und Personal des Arbeitssystems geben.

2.1 Planung dezentraler Verantwortungsbereiche in der Teilefertigung (Fertigungsinseln)

Die Verwirklichung von neuen Arbeitsstrukturen in der Teilefertigung ist eine komplexe Aufgabe, da unter dem Gesichtspunkt der Gestaltung von humanen und wirtschaftlichen Arbeitssystemen technische, organisatorische und personelle Parameter berücksichtigt werden müssen. Zentrales Element von Arbeitssystemen der Teilefertigung sind die in zunehmendem Maße kostenintensiven Betriebsmittel. Die Planung von dezentralen Verantwortungsbereichen muß deshalb unter vielen anderen Aspekten vor allem die Maschinenauslastung berücksichtigen, ohne daß dabei das in der Fertigung notwendige Qualifikationsniveau der Mitarbeiter außer acht gelassen wird.

Dezentrale Verantwortungsbereiche werden nachfolgend als ›Fertigungsinseln‹ bezeichnet. Der Begriff ›Insel‹ verleitet zu der Annahme, daß eine Fertigungsinsel ein vom sonstigen Unternehmen isolierter Bereich sei. In der Realität ist jedoch das Gegenteil der Fall. Eine Fertigungsinsel ist ein dezentraler Verantwortungsbereich im Unternehmen, der in das Unternehmensnetzwerk eingebettet ist und viele Nahtstellen zu anderen Unternehmensbereichen/Fertigungsinseln hat. Da sich der Begriff ›Fertigungsinsel‹ inzwischen etabliert hat, wird er auch in diesem Buch immer im Sinne dezentraler Verantwortungsbereiche verwendet. In Bild 2.1 ist die weitverbreitete AWF- (Ausschuß für wirtschaftliche Fertigung e. V.) Definition des Begriffs ›Fertigungsinsel‹ wiedergegeben.

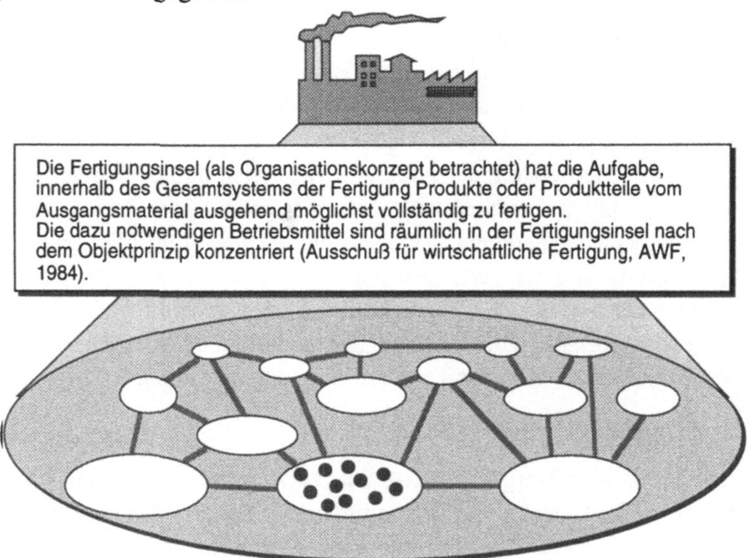

Bild 2.1   **Definition ›Fertigungsinsel‹** (nach AWF 1984)

Die Merkmale und Ziele der Organisationsstruktur ›Fertigungsinsel‹ sind in den Bildern 2.2 und 2.3 stichwortartig beschrieben.

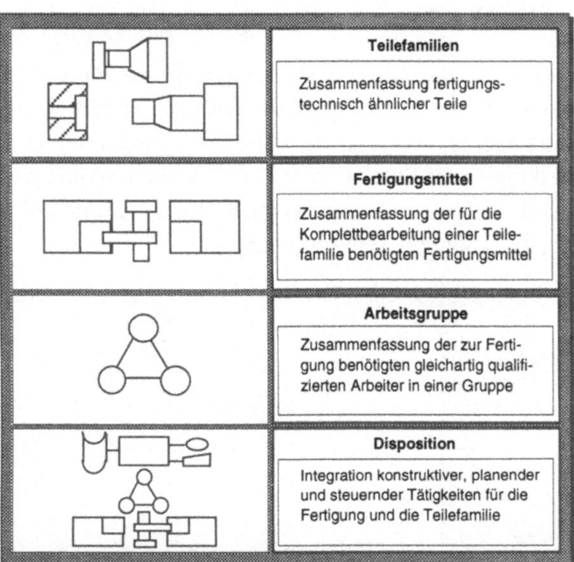

Bild 2.2   **Merkmale der Organisationstruktur ›Fertigungsinsel‹** (nach Brödner 1986)

Technische Ziele	• Verbesserung der Prozeßstabilität • Erhöhung der Produktionsflexibilität • Bedarfsgerechte Kapazitätsbereitstellung • Angepasster Automatisierungsgrad • Reduzierung der Fertigungsstationenzahl • Verbesserung des Materialflusses • Integration von Material- und Informationsverarbeitung
Organisatorische Ziele	• Bildung integrierter Verantwortungsbereiche • Reduzierung organisatorischer Schnittstellen • Entflechtung organisatorischer Abläufe • Verbesserung der Auftragsabwicklung • Erhöhung der Systemverfügbarkeit • Erhöhung der Lieferbereitschaft • Angepasster Organisationsmitteleinsatz • Systematische Betriebsdatenerfassung • Verbesserung von Information und Kommunikation • Kongruenz von Aufgabe, Kompetenz und Verantwortung
Personelle Ziele	• Erweiterung des Handlungsspielraums • Vermeidung von psycho-physischer Unter- und Überforderung • Sicherstellung von Qualifikationserhalt und -erwerb • Erhöhung der Arbeitssicherheit • Verbesserung der Entwicklungsmöglichkeiten • Verbesserung der Kooperations- und Kommunikationsbeziehungen
Wirtschaftliche Ziele	• Senkung des Arbeitsvorbereitungsaufwands • Senkung der Fertigungskosten • Senkung der Kapitalbindungskosten • Senkung der Ausschuß und Nacharbeitungskosten • Senkung der Einlernkosten • Senkung von Fluktuations- und Abwesenheitsraten

Bild 2.3   **Ziele der Organisationsstruktur ›Fertigungsinsel‹**

2.1.1   Traditionelle Werkstattfertigung

In Bild 2.4 ist die traditionelle, nach dem arbeitsteiligen *Verrichtungsprinzip* organisierte *Werkstattfertigung* beispielhaft dargestellt. Das zu fertigende Teil muß im Verlauf der Herstellung mehrere unterschiedliche Abteilungen bzw. Werkstätten durchlaufen. Jede Abteilung ist als Systemgrenze zu verstehen, so daß das Teil bis zu seiner Fertigstellung viele *Schnittstellen* überwinden muß. Die hierbei entstehende Problematik wurde bereits in Kapitel 1 beschrieben.

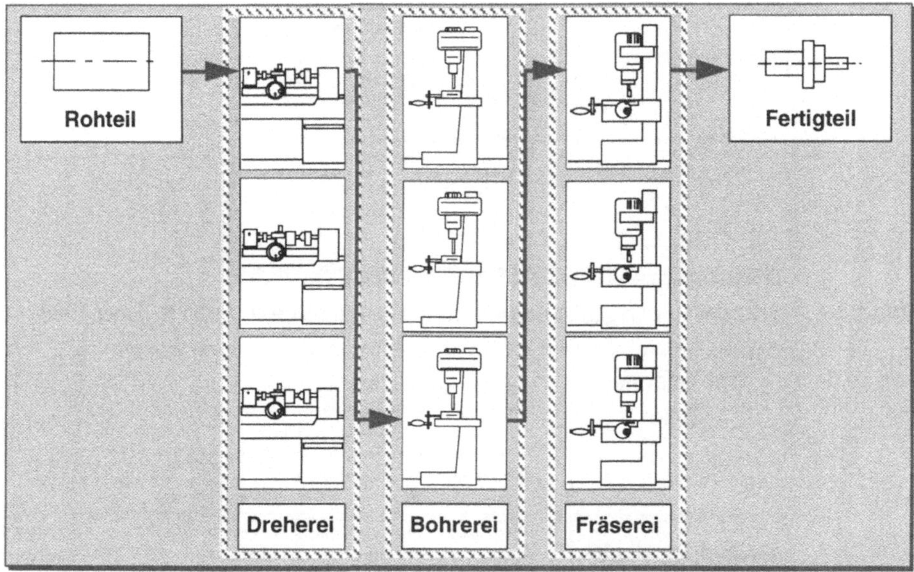

Bild 2.4   **Verrichtungsprinzip in der Werkstattfertigung**

2.1.2   Objektprinzip in Fertigungsinseln

Fertigungsinseln zeichnen sich durch die in Bild 2.5 vergleichend dargestellten spezifischen Formen der Prozeß- und Arbeitsorganisation aus. In der *Prozeßorganisation* werden die Ideen der *Gruppentechnologie* aufgegriffen, die in Deutschland Anfang der 60er Jahre unter dem Begriff ›*Teilefamilienbildung*‹ bekannt wurden. Das bedeutet, daß alle zur vollständigen Fertigung von fertigungsähnlichen Teilen notwendigen Einrichtungen räumlich-organisatorisch zusammengefaßt werden. Fertigungsinseln orientieren sich damit in ihrem Aufbau an Objekten wie Teilefamilien, Produkten oder Aufträgen. Die verrichtungsorientierte Werkstatt, die gekennzeichnet ist durch die Zusammenfassung von gleichen Maschinen und Verfahren, wird durch eine objektorientierte Organisation ersetzt, in der alle zu einer *Komplettbearbeitung* fertigungsähnlicher Teile notwendigen Maschinen vorhanden sind. Hierdurch wird eine große Flexibilität bezüglich des zu produzierenden Objekts erzeugt.

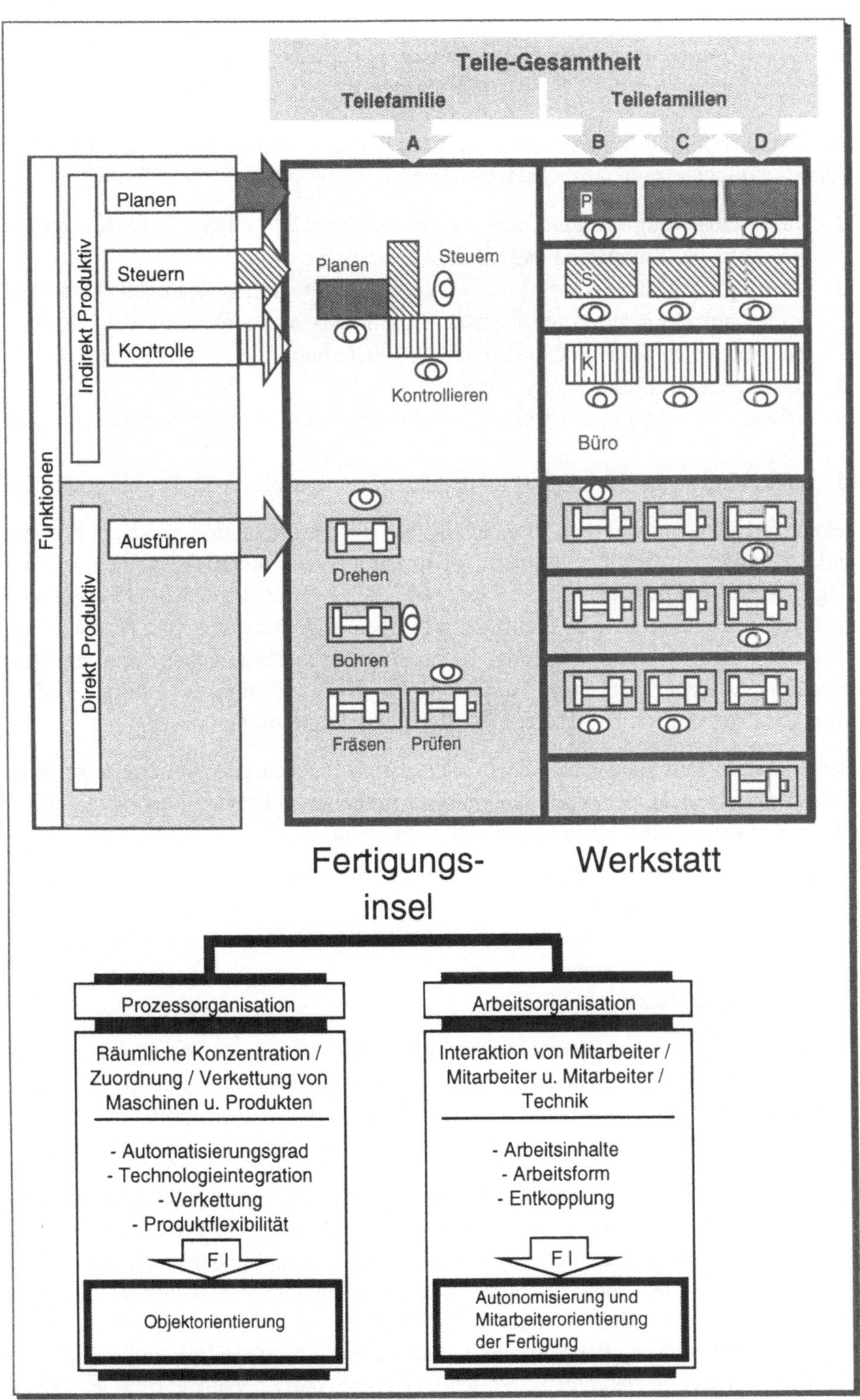

Bild 2.5   **Vergleich der Prozeß- und Arbeitsorganisation von Fertigungsinseln und Werkstattfertigung**

Aus arbeitsorganisatorischer Sicht werden mit Fertigungsinseln dezentrale, integrierte Verantwortungsbereiche installiert, die durch

❏ Dezentralisierung von Entscheidungskompetenz und Verantwortung (Kongruenz von Aufgabe, Kompetenz und Verantwortung),

❏ Übertragung geschlossener Arbeitspakete, d. h. Integration von planenden, steuernden, ausführenden, kontrollierenden und produktionsunterstützenden Tätigkeiten (geringe vertikale und horizontale Arbeitsteilung),

❏ hohe Autonomiegrade,

❏ Arbeiten im Team in überschaubaren Einheiten (4 – 10 Mitarbeiter pro Schicht) und

❏ hohe zeitliche und räumliche Entkoppelung des Menschen vom Fertigungsprozeß

gekennzeichnet sind. Hiervon ist nicht zuletzt auch die Interaktion zwischen Mensch und Maschine berührt. Die Automatisierungsmittel wie die EDV werden hier im Gegensatz zu den klassischen, technikzentrierten Ansätzen ergänzend in das Fertigungssystem eingebracht, so daß die gegensätzlichen Eigenschaften von Mensch und Maschine positiv vereinigt werden. Die routineorientierten, rechen- und zugriffsintensiven Aufgaben werden der Technik, die kreativen und impulsiven Aufgaben dem Menschen zugeordnet. Die Technik ist Werkzeug des Menschen.

Der Nutzen der Fertigungsinseln ist vor allem darin zu suchen, daß die Vorteile größerer Unternehmungen mit den Vorteilen kleinerer Einheiten in Einklang gebracht werden (›Fabrik in der Fabrik‹). Dies bewirkt unter anderem

❏ kürzere Durchlaufzeiten und geringere Lagerbestände,

❏ höhere Arbeitsproduktivität,

❏ größere Übersichtlichkeit bezüglich der Kostentransparenz, des Material- und Informationsflusses sowie

❏ hohe Arbeitsplatzattraktivität.

Es überrascht daher nicht, daß in bereits realisierten Fertigungsinselkonzepten in erster Linie die Reduzierung von Durchlaufzeiten im Vordergrund stand. Diese Ziele konnten durch die Vermeidung von organisatorischen Schnittstellen – d. h. durch Minimierung von kapazitiven Mehraufwänden und ›Totzeiten‹ – auch tatsächlich realisiert werden.

Den genannten Vorteilen wird in Fachkreisen sehr häufig entgegengehalten, daß Fertigungsinseln mit mangelnder kapazitiver Auslastung, geringer Flexibilität bei Störsituationen und starker Mitarbeiterorientierung zu kämpfen haben. Die Einwände relativieren sich aber sehr oft in der konkreten Unternehmenssituation. So muß beispielsweise zur Flexibilität angeführt werden, daß eine Systemflexibilität erst aus dem Zusammenwirken aller Faktoren – also Technik, Organisation und Personal – resultiert. Darüber hinaus zeigt die betriebliche Praxis, daß Engpaßkapazitäten in einer Fertigungsinsel-Organisation auch in einer Werkstatt-Organisation Engpässe darstellen würden. Schließlich sind Werkstätten für Engpaßverfahren häufig nur mit wenigen

Maschinen ausgerüstet und bieten selten eine Flexibilität, die es ermöglicht, ein bestimmtes Teil auf mehreren unterschiedlichen Maschinen zu bearbeiten.

Infolge der beschriebenen Eigenschaften ist das betriebliche Einsatzfeld von Fertigungsinseln sehr breit. Es wird aber erwartet, daß sich die Fertigungsinseln vor allem für die – z. B. für die Investitionsgüterindustrie typische – überwiegend auftragsgebundene Klein- und Mittelserienfertigung eignen.

Die große Einsatzbreite von integrierten Produktionsstrukturen läßt vermuten, daß es die typische Fertigungsinsel heute und morgen nicht geben wird. Vielmehr wird durch das betriebsspezifische Zusammenwirken von Prozeß- und Arbeitsorganisation eine Bandbreite möglicher Organisationsstrukturen definiert. So treten Fertigungsinseln in unterschiedlichen technischen, organisatorischen und personellen Varianten auf, da sowohl bei fixer Prozeßorganisation unterschiedliche Formen der Arbeitsorganisation als auch bei fixer Arbeitsorganisation unterschiedliche Formen der Prozeßorganisation variiert werden können.

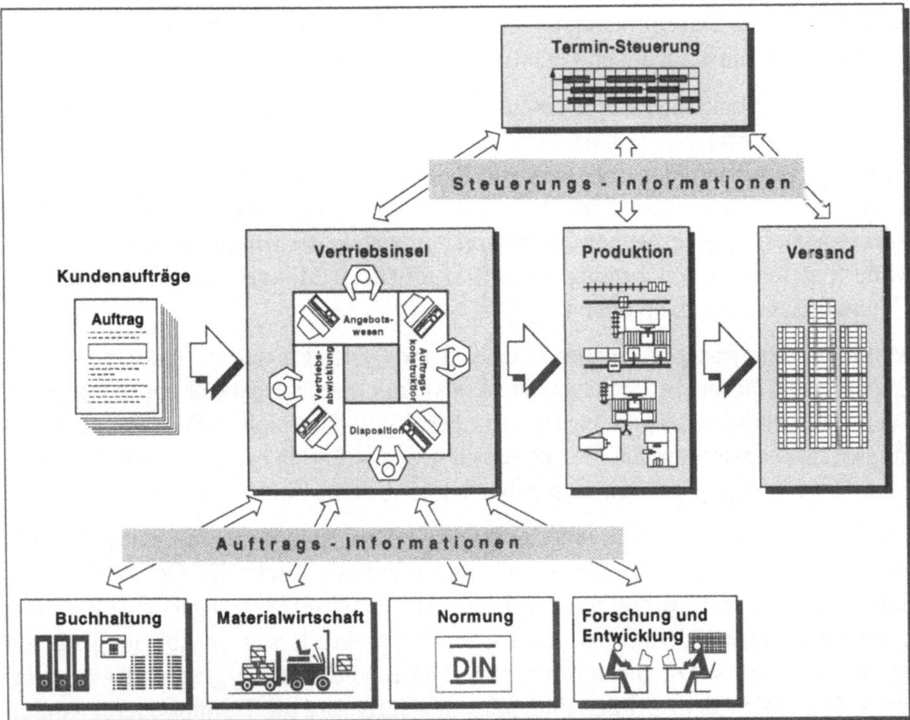

Bild 2.6   Vertriebsinselkonzept zur Kundenauftragsabwicklung

Beispielsweise können – in Verbindung mit einer sich am Fertigungsinselgedanken orientierenden Prozeßorganisation – flexible Fertigungssysteme auch als Fertigungsinseln betrieben werden, wenn die prozeßorganisatorischen Voraussetzungen gegeben sind. Fertigungsinseln sind somit vom Automatisierungs- und Technisierungsniveau weitgehend unabhängig. Möglich ist auch die Übertragung des Fertigungsinselkonzepts von der Produktion in die Auftragsabwicklung. Das Bild 2.6 zeigt dazu ein Beispiel.

In einem Unternehmen können eine oder mehrere parallele Vertriebsinseln existieren. Jede dieser Inseln verfolgt die ihnen zugeteilten Kundenaufträge eigenverantwortlich von der Anfrage bis zur Auslieferung. Deshalb sind die tagesaktuell arbeitenden, auftragsbezogenen Funktionen aus den einzelnen Fachbereichen – z. B. Auftragsannahme, Auftragsklärung, Einkauf, Auftragskonstruktion und Arbeitsplanung – in einer gemeinsamen organisatorischen Einheit zusammengefaßt. Die Anzahl der Schnittstellen im Auftragsdurchlauf wird so reduziert. Doppelarbeiten, verursacht durch Defizite im Informationsfluß sowie das Einarbeiten vieler Mitarbeiter in den gleichen Auftrag werden ebenso abgebaut wie Übergangs- und Liegezeiten.

Die Aufteilung der Auftragsverantwortlichkeit erfolgt unternehmensspezifisch. Neben marktorientierten (z. B. Absatzgebiet, Kundenkreis) können produkt- (z. B. Volumen), herstellungs- (z. B. Sonderkonstruktion) oder auftragsstrukturbedingte (z. B. Großserie, Kleinserie, Einzelprodukt) Kriterien eine Rolle spielen. Wichtig ist nur, daß jeder Vertriebsinsel ein eindeutiger Verantwortungsbereich zugeteilt ist.

Drei bis zehn Mitarbeiter, die in einem gemeinsamen Büro zusammenarbeiten, bilden eine Vertriebsinsel. Die gruppendynamischen Effekte, die durch die räumliche Nähe auftreten, verhindern das Entstehen von Bereichsegoismen und ermöglichen eine an ganzheitlichen Zielen orientierte Auftragsabwicklung. Eine angepaßte Entlohnung in Form einer leistungsbezogenen Gruppenprämie, welche die Mitarbeiter am Erfolg bzw. Mißerfolg ihrer Arbeit beteiligt, schafft zusätzliche Motivation, die angestrebten Unternehmensziele zu erreichen.

Mittel- und langfristige Aufgaben sind ebenso wie auftragsneutrale Funktionen – z. B. Buchhaltung, Normung, Forschung und Entwicklung – nicht in die Gruppen integriert. Diese Aufgaben verlangen fachspezifisches Know-how und sollen von Routinetätigkeiten entlastet werden. Sie verbleiben in den weiterhin existierenden Fachbereichen, um wichtiges Spezialwissen gebündelt im Unternehmen zu halten.

Die Terminsteuerung der Kundenaufträge wird im Unternehmen zentral für alle Fachbereiche durchgeführt. Sie ist als Linienfunktion direkt der Geschäftsleitung unterstellt und hat sowohl Informations- als auch Durchsetzungskompetenz. Die Terminplanung erfolgt in einem verhältnismäßig groben Raster. In Abhängigkeit von der unternehmensspezifischen Auftragsstruktur ist eine stunden-, tage- oder wochenweise Einplanung der Aufträge sinnvoll. Unterstützt wird die Terminsteuerung durch eine fachbereichsübergreifende Zeitwirtschaft. Hierdurch ist eine fundierte Kapazitätsüberwachung möglich.

Die Terminsteuerung koordiniert die Vertriebsinseln untereinander und regelt bei kapazitiven Engpässen variabel die Auftragszuständigkeit. Auslastungsschwankungen lassen sich so im Sinne eines Störungsmanagements meistern. Voraussetzung für das Funktionieren eines solchen Störungsmanagements ist, daß nur eine 70 – 80 %ige Verplanung der Kapazitäten stattfindet. Der Einsatz der so gebildeten Kapazitätsreserven dient dann gezielt zur Reaktion auf unvorhersehbare Ereignisse.

Die Erprobung des Vertriebsinselkonzepts in der Industrie hat gezeigt, daß neben einer deutlichen Verbesserung der Lieferbereitschaft eine erhebliche Reduzierung der Durchlaufzeiten und des Umlaufvermögens erreicht werden kann. Vertriebsinseln können sowohl in nach Materialfluß-Gesichtspunkten strukturierten Unternehmen der Konsumgüterbranche (›Logistikinseln‹) wie auch in Unternehmen der Investitionsgüterbranche, in denen der schnittstellenarme Informationsfluß ein wichtiger Erfolgsfaktor ist (›Informationsinseln‹), erfolgreich eingesetzt werden. Das Konzept läßt sich somit flexibel der spezifischen Situation des Unternehmens anpassen.

2.1.3   Ganzheitliche Unternehmensstrukturierung

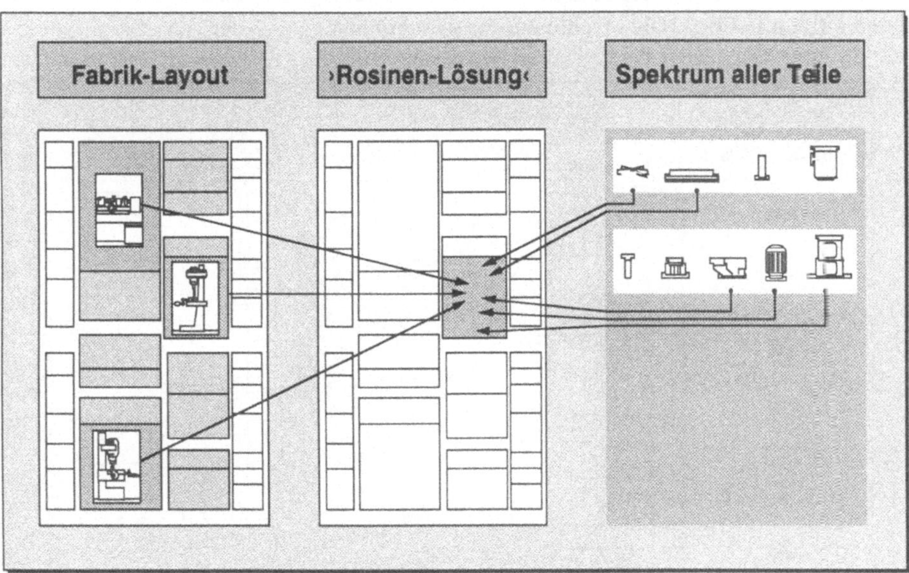

Bild 2.7   Planung von Fertigungsinseln ›Rosinen-Lösung‹

Die meisten der bisher realisierten, integrierten Organisationsstrukturen wurden in der Regel weder systematisch noch unternehmensweit geplant. Sie beschränkten sich meist auf die Produktion und angrenzende indirekt produktive Bereiche. Vor allem wirtschaftliche Zwänge bei der Einführung von neuen Fertigungssystemen haben dazu geführt, daß überhaupt Arbeitssysteme mit einer hohen Arbeitsteilung zur Diskussion gestellt wurden bzw. bereits bei der Planung neuer Systeme alternative Formen der Arbeitsteilung Berücksichtigung fanden. Hierbei fanden bis auf wenige Ausnahmen nur die Planung und Realisierung von einzelnen, prototypenhaften Fertigungsinseln statt, indem wie in Bild 2.7 gezeigt wird, nur ein kleiner Bereich der Produktion umstrukturiert wurde. Auf eine ganzheitliche Umgestaltung des Unternehmens wurde verzichtet.

Die Vorgehensweise stellt eine ›Rosinen-Lösung‹ dar. Es wird nur für eine eng begrenzte Teilefamilie eine einzelne Fertigungsinsel aufgebaut. Der weitaus größere Teil der Teile und der Fertigung bleibt davon unberührt. Aufgrund des ›Herauspickens‹ geeigneter Teile (z. B. hohe Stückzahl) bereitet die kapazitive Auslastung der Fertigungsinsel keinerlei Schwierigkeiten. Durch den geringen planerischen Aufwand bei der Einführung entstehen zudem keine hohen Anforderungen an die Planung und insbesondere an die Teilefamilienbildung.

Die Rosinenlösung hat den großen Nachteil, daß eine umfassende Verbesserung der Organisation nicht erreicht werden kann, weil sich unternehmensweite, ganzheitliche Visionen nicht umsetzen lassen. Ihr Rationalisierungspotential ist daher sehr eingeschränkt. Viel besser ist der Einsatz der in Bild 2.8 gezeigten strukturellen Lösung, mit deren Hilfe alle Potentiale erschlossen werden können.

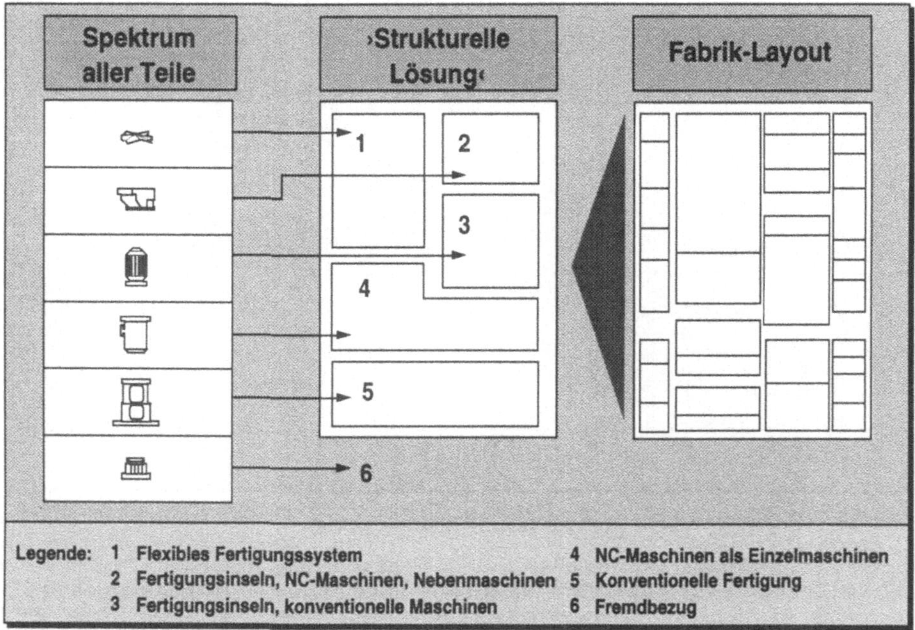

Bild 2.8   Planung von Fertigungsinseln ›Strukturelle-Lösung‹

Die Einführung von Fertigungsinseln nach dem strukturellen Ansatz bedeutet eine umfassende Umorganisation der Produktion. Infolge der strategischen Bedeutung der neuen Ausrichtung müssen die der Fertigungsinsel eigenen Ideen vor allem vom

Management getragen werden. Gerade hier tut man sich mit Fertigungsinseln zum Teil sehr schwer.

Da integrierte Organisationsstrukturen bisher fast ausschließlich in den direkt produktiven Bereichen verwirklicht wurden, soll in den nachfolgenden Abschnitten nur der Produktionsbereich beleuchtet werden. Die aufgezeigten Ansätze lassen sich in modifizierter Form auch auf die indirekt produktiven Bereiche, z. B. bei der Einführung von Vertriebsinseln, übertragen. Zur anschaulicheren Darstellung integrierter Organisationsstrukturen wird zudem im folgenden ausschließlich von Fertigungsinseln die Rede sein, wobei beachtet werden muß, daß der Fertigungsinselansatz nur einer der möglichen Ansätze ist, um dezentrale, integrierte Organisationsstrukturen einzuführen.

2.1.4   Planung von Fertigungsinseln

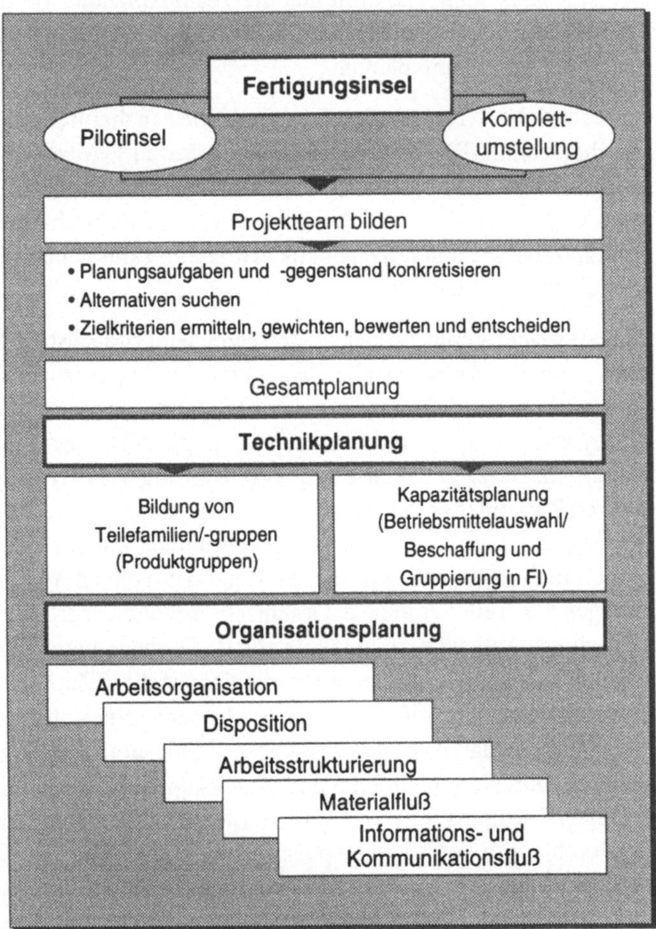

Bild 2.9   Vorgehensweise zur Fertigungsinselplanung

Fertigungsinseln entstehen nicht von selbst. Geht man davon aus, daß im Sinne einer strategischen Neuausrichtung in Form von Fertigungsinseln die gesamte Produktion von der Umstrukturierung betroffen ist, so bedarf es vielmehr einer umfassenden und systematischen Planung der neuen Produktionsstrukturen. Dies um so mehr, weil unter dem Begriff ›Fertigungsinseln‹ eine breite Palette unterschiedlicher Organisationsformen subsummiert wird, wobei deren einzige gemeinsame Komponente die Objektorientierung und der Mitarbeiterbezug ist. Es ist deshalb eine Vorgehensweise erforderlich, mit deren Hilfe die Planung aller Ausprägungen objektorientierter, dezentraler Produktionsstrukturen ermöglicht wird.

In Bild 2.9 ist eine Vorgehensweise aufgezeigt, die die zwei Schwerpunkte
❑ *Technikplanung* und
❑ *Organisationsplanung*

beinhaltet. Dabei ist festzustellen, daß zwar hier die Technikplanung vor der Organisationsplanung behandelt wird, aber letztendlich die Organisationsplanung aufwendiger und langwieriger ist als die Technikplanung.

Die nachfolgend beschriebene Technikplanung erlaubt die ganzheitliche Produktionsstrukturierung. In die Technik-Planungssystematik sind bewährte Methodenbausteine gemeinsam mit neu konzipierten Planungs- und Analyseverfahren aufgenommen worden. Die Erprobung der vom Fraunhofer-Institut für Arbeitswirtschaft und Organisation (IAO), Stuttgart, entwickelten Systematik erfolgte in zahlreichen Forschungs- und Beratungsprojekten in der Industrie.

Damit die *Planungssystematik* eingeordnet werden kann, wird zunächst ein Methodenrückblick gegeben. Die Basisarbeiten aller bekannten Methoden zur Planung von Fertigungsinseln stammen aus dem angelsächsischen Raum. Dabei steht unter dem Gesichtspunkt *Teilefamilienbildung* die Zusammenfassung bearbeitungsähnlicher Einzelteile im Vordergrund. Durch eine künstliche Vergrößerung der Fertigungslose soll eine Reduzierung von Rüstzeiten erzielt werden. Die bearbeitungsähnlichen Teile bzw. Produkte werden über *Klassifizierungssysteme* gefunden, die geometrie- oder technologieorientiert aufgebaut sind. Mit diesen Methoden können aber noch keine direkten Zuordnungen von Teilefamilien zu Organisationseinheiten erfolgen, d. h. die Bildung von Fertigungsinseln wird nicht unterstützt. Deshalb wurde in weiteren Entwicklungsschritten versucht, Methoden zu erarbeiten, die diese Zuordnung ermöglichen. Ziel dieser Ansätze ist die Komplettbearbeitung eines Teiles in einer Organisationseinheit und der damit verbundene Abbau organisatorischer Schnittstellen im Produktionsablauf. Durch die räumliche und organisatorische Zusammenfassung aller zur vollständigen Fertigung von Teilefamilien notwendigen Maschinen sollen Verlustzeiten im Durchlauf in Form von Doppelarbeiten, Liege- und Transportzeiten vermieden werden. Im Gegensatz zu den Klassifizierungssystemen setzen diese Verfahren, die sich entweder am Fertigungsablauf oder an der Kombinationen von Maschinen im Arbeitsplan orientieren, auf den Arbeitsplanbestand auf.

In den aus Materialflußüberlegungen abgeleiteten fertigungsablauforientierten Verfahren wird versucht, Teile mit ähnlichen Maschinenfolgen (Bearbeitungssequenzen) zusammenzufassen. Dazu werden aufgrund der wichtigsten, nach Stückzahlhäufigkeit bzw. Fertigungskapazität klassifizierten Bearbeitungsfolgen Arbeitsganggruppen erstellt. Die Bildung von Fertigungsinseln wird anschließend durch Zuordnung der Arbeitsganggruppen zu Organisationseinheiten vorgenommen. Eine ›echte‹ Teilefamilienbildung im Sinne einer Komplettbearbeitung erfolgt hier nicht (vgl. Bild 2.15).

Im Unterschied dazu führen die an Kombinationen von Maschinen aufsetzenden Verfahren eine echte Teilefamilienbildung durch. In ihnen werden, z. B. mit Hilfe des statistischen Verfahrens der Clusteranalyse, Teilefamilien aufgrund ähnlicher Maschinenarten und -anzahlen im Bearbeitungsablauf generiert. Die Zuordnung der Teilefamilien zu Fertigungsinseln unter dem Aspekt der *Komplettbearbeitung* wird so ermöglicht.

Die vorgestellten Verfahren wurden zur Planung einzelner prototypenhafter Fertigungsinseln entwickelt. Demzufolge können sie zu diesem Zweck durchaus effizient eingesetzt werden. Dagegen sind sie – trotz der großen methodischen Unterstützung bei der Teilefamilienbildung – nur bedingt für ganzheitliche Produktionsstrukturierungen geeignet. Bei der Planung ganzheitlicher Strukturen zeigen die Verfahren eine Reihe von Schwächen:

❑ Die Teilefamilienbildung erfolgt ausschließlich nach fertigungstechnischen Gesichtspunkten auf der Einzelteil- oder Arbeitsgangebene. Andere Ansatzmöglichkeiten, z. B. eine Orientierung nach Baugruppen oder Fertigprodukten, können mit diesen Methoden nicht abgedeckt werden.

❑ Der Einsatz der Klassifizierungssysteme ist durch die erforderliche Verschlüsselung aller Teile sehr aufwendig. Zudem stellt sich beim Einsatz der Systeme sehr häufig die Frage, ob die verwendeten betrieblichen Daten noch aktuell, vollständig und eindeutig sind.

❑ Die Güte der Teilefamilienbildung kann – wenn überhaupt – nur an der Auslastung der Maschinen gemessen werden. Wirtschaftlichkeitsgesichtspunkte bleiben vernachlässigt.

❑ Die Methoden arbeiten nur mit einem singulären Ansatz, indem durch die Einschränkung auf einzelne differenzierende Merkmale (z. B. große Stückzahl, keine Engpässe im Ablauf) jeweils nur für einen kleinen Teil ausgewählter, optimaler Einzelteile der Gesamtproduktion Teilefamilien gebildet werden können. Diese sukzessive Vorgehensweise läßt keine ganzheitliche Betrachtung der Produktion zu. Auf diese Weise bleiben Problemteile (z. B. große Arbeitsganglänge, Sonderverfahren) bis zum Schluß der Planung unberücksichtigt. Diese können dann kaum mehr einer Fertigungsinsel zur Bearbeitung zugeordnet werden.

❑ Eine Kombination unterschiedlicher Ansätze zur Teilefamilienbildung, beispielsweise Teileklassifizierung und Arbeitsplananalyse, ist nicht möglich. In vielen

Praxisbeispielen hat sich aber gezeigt, daß sich optimale Produktionsstrukturen gerade durch die Kombination von produkt- und fertigungstechnischen Merkmalen generieren lassen.

❑ Die Philosophie der Verfahren geht davon aus, daß gebildete Teilefamilien im Sinne einer Komplettbearbeitung immer vollständig einer einzigen Fertigungsinsel zugeordnet werden. Eine Teilefamilie kann damit nie in mehreren Fertigungsinseln gefertigt werden. Mehrfachzuordnungen – beispielsweise um die Verfügbarkeit zu erhöhen – sind nicht möglich. Damit wird durch die Teilefamilienbildung an die Fertigungsinseln ein Bearbeitungsanforderungs- und kein -fähigkeitsprofil, z. B. in Form von zur Verfügung gestellten Verfahren, definiert.

❑ Planungen finden vorwiegend auf der Ebene von Einzelmaschinen statt. Einzelmaschinen sind aber für Strukturierungsaufgaben – bis auf wenige Ausnahmen wie Sonder- oder Engpaßmaschinen – von untergeordneter Bedeutung. Die fehlende Zusammenfassung von substituierbaren Maschinen zu Verfahrensgruppen läßt keine Gewichtung der Maschinen, z. B. in Abhängigkeit von der Höhe der Investitionsaufwände, keine Berücksichtigung von Austauschmaschinen und damit keine Möglichkeit zu, Maschinen im Sinne eines Ressourcensharings mehrerer Fertigungsinseln zuzuordnen.

❑ Für eine Produktionsstrukturierung ist es wichtig, alle Verfahren zu ermitteln, die für die Komplettbearbeitung einer Teilefamilie notwendig sind. Diese Verfahren sind dann in Form von adäquaten Maschinen in die Fertigungsinseln zu integrieren, denen eine Teilefamilie zugeordnet wird. Die Arbeitsgangfolge bzw. -sequenz, die in den fertigungsablauforientierten Verfahren ein wichtiges Strukturierungsmerkmal darstellt, hat damit für eine Produktionsstrukturierung keine besondere Relevanz.

❑ Die meisten Methoden bieten keine Möglichkeit, Mischstrukturen durch eine Kombination von verrichtungs- und objektorientierten Organisationseinheiten zu realisieren. Erfahrungsgemäß erreichen weder rein verrichtungs- noch rein objektorientierte Produktionsstrukturen unter Wirtschaftlichkeitsaspekten optimale Bedingungen. Vielmehr muß zur gleichzeitigen und -rangigen Optimierung des Anlage- und Umlaufvermögens die Objektorientierung so weit wie möglich (Komplettbearbeitung und Schnittstellenreduzierung) und die Verrichtungsorientierung so weit wie nötig (Vermeidung von Maschinenredundanzen) umgesetzt werden.

2.1.5 Planungssystematik

Die aufgrund dieser Überlegungen entwickelte EDV-unterstützte *Planungssystematik* (vgl. Bild 2.10) hat das Ziel, eine Produktionsstrukturierung nach unterschiedlichen Strukturierungsansätzen zu ermöglichen und optimale Mischstrukturen durch Zuteilen von Produkten bzw. Arbeitsgängen unter Wirtschaftlichkeitsgesichtspunkten zu generieren und zu bewerten. Wesentliche Grundlagen der Systematik sind:

❑ Die Unterteilung der Planungsaufgabe in Produkt- (Teilefamilienbildung), Maschinen- (Bildung von Verfahrensgruppen) und Produktionsstrukturierung (Zuordnen von Teilefamilien, Baugruppen, Produkten oder einzelnen Arbeitsgängen zu Fertigungsinseln).

❑ Eine dynamische Klassifizierung, mit deren Hilfe für alle Teile variable Klassifizierungsschlüssel mit teilebezogenen (Größe, Masse), fertigungstechnischen (angesprochene Maschinen) und produktstrukturorientierten (Baugruppenzugehörigkeit) Merkmalen automatisch definiert werden können.

❑ Die Möglichkeit der Betrachtung von Baugruppen, indem über einen speziellen Schlüssel synthetische Baugruppenarbeitspläne definiert werden. Eine nur auf Einzelteile eingeschränkte Sicht wird so vermieden.

❑ Methoden zur Zusammenfassung von Teilen, Baugruppen oder Produkten in Teilefamilien aufgrund fertigungstechnischer Gesichtspunkte. Hiermit lassen sich einzelteil-, baugruppen- oder produktorientierte Verfahrensabhängigkeiten und -kombinationen aufzeigen. Die Entflechtung der Abhängigkeiten ermöglicht eine differenzierte Betrachtung von Engpässen und Sonderverfahren.

❑ Die Bildung von Verfahrensgruppen, in denen untereinander austauschbare Maschinen zusammengefaßt sind (Maschinenstrukturierung). Die Verfahrensgruppenbildung kann – analog zur Teilefamilienbildung – auf mehreren Aggregationsebenen, z. B. Einzelmaschine, direkt austauschbare Maschinen, austauschbare Verfahren etc., erfolgen.

❑ Die gesonderte Behandlung von Teilefamilie und Fertigungsinsel. Hierdurch werden Mehrfachzuordnungen von Teilefamilien zu Fertigungsinseln sowie die Generierung von Mischstrukturen ermöglicht.

Da sich infolge der Planungskomplexität sowohl ein rein manueller als auch ein voll EDV-gestützter Planungsansatz ausschließt, ist eine aufgabenorientierte Funktionsteilung zwischen Planer und EDV sinnvoll. Die Funktionsteilung zwischen Planer und EDV wird in der Weise realisiert, daß die Generierungs- und Entscheidungsphase durch den Planer, die Berechnungs- und Auswertungsphase durch die EDV abgedeckt ist.

Der Planungsablauf hat den Anspruch einer zielorientierten Problemlösung. Ausgehend von einer Problem- und Anforderungsanalyse werden in einer Top down-Strategie zielgerichtet Teile-, Maschinen- und Produktionsstrukturierungsansätze in mehreren

Planungsebenen (Gesamtstruktur, System, Teilsystem) analysiert, entwickelt, bewertet und für die nächste Planungsstufe festgeschrieben. Das Bild 2.11 zeigt diese Teilaufgaben.

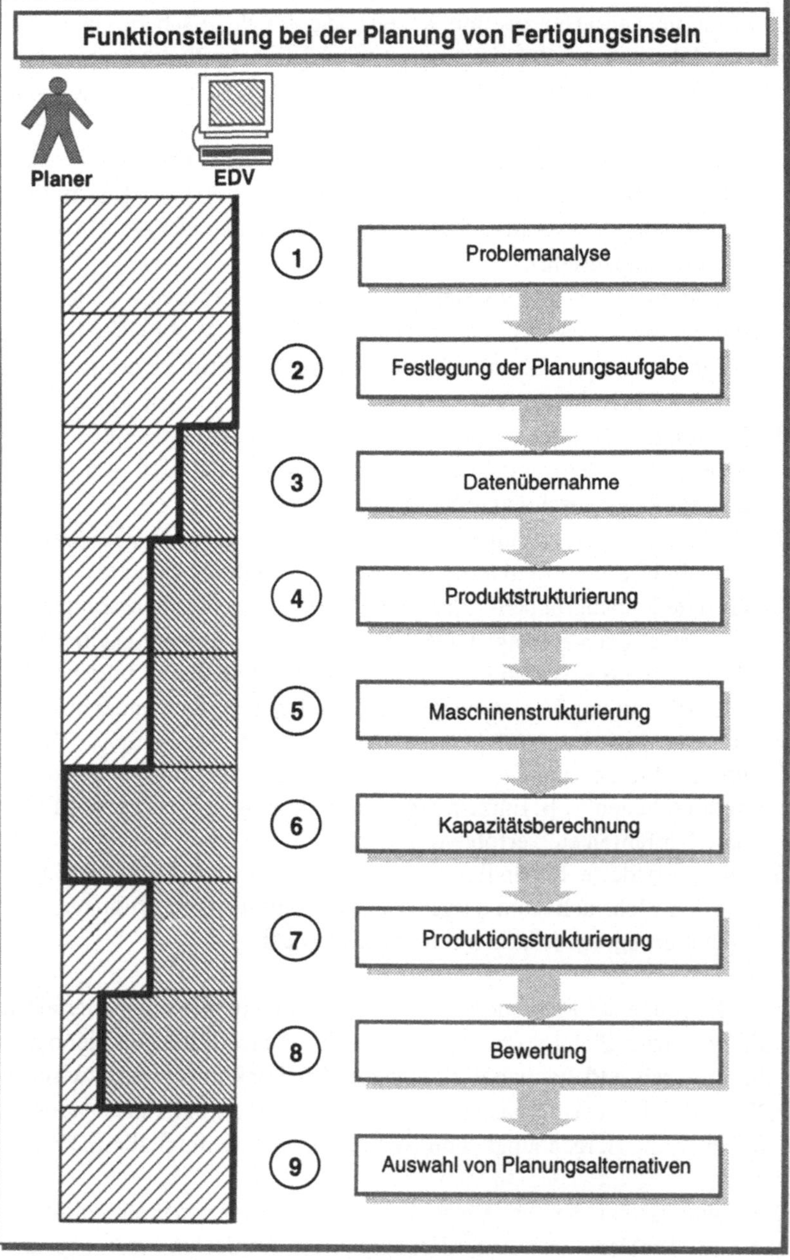

Bild 2.10   Funktionsteilung bei der Planung von Fertigungsinseln

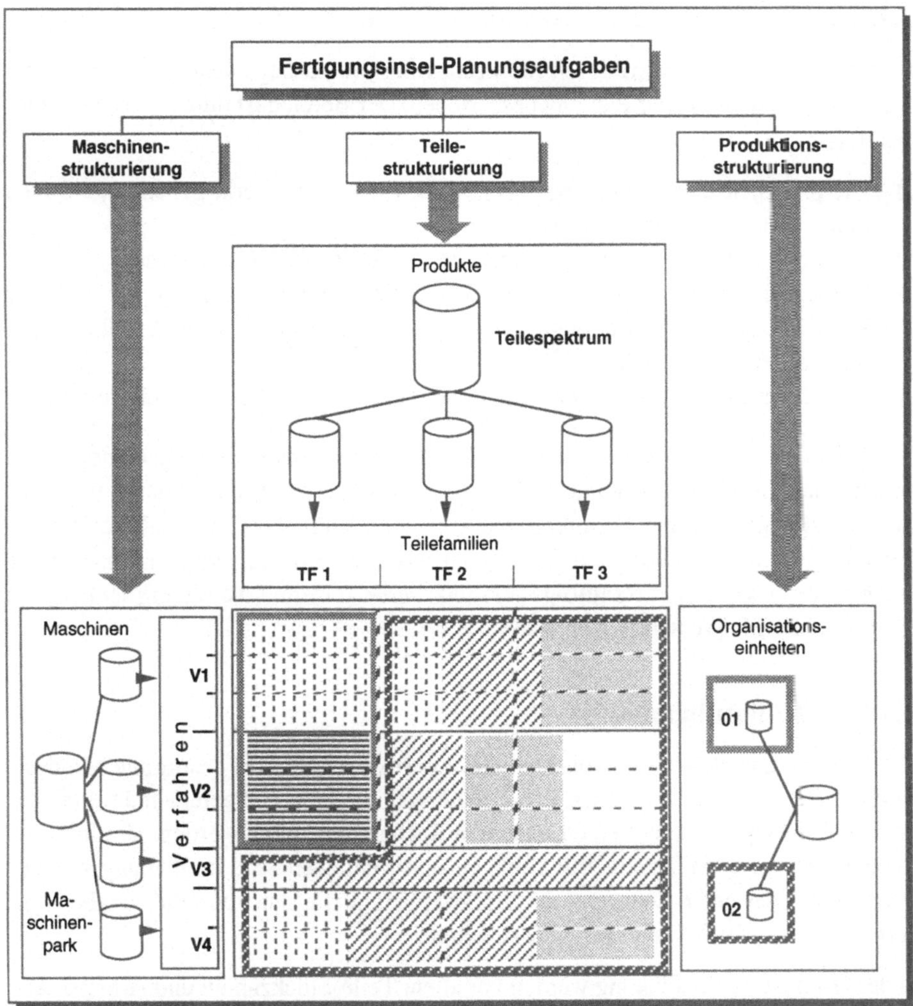

Bild 2.11 Aufgaben bei der Bildung von Fertigungsinseln

2.1.5.1 Problemanalyse

Zu Beginn einer ganzheitlichen Produktionsstrukturierung ist es wichtig, die betrieblichen Probleme umfassend zu kennen. Dazu bedarf es einer ausführlichen Problemanalyse. Schwachstellen im Ablauf müssen ebenso bekannt sein wie zukünftige Anforderungen an den Betrieb. Mit den Ergebnissen dieser Analyse und den Kenntnissen über das Konzept Fertigungsinsel kann entschieden werden, ob eine Planung mit dieser Zielsetzung erfolgversprechend ist. Anforderungen, wie z. B. hohe Termintreue, häufige Änderungen am Produkt oder kleine Losgrößen befürworten eine Strukturierung nach Fertigungsinseln.

2.1.5.2 Festlegung der Planungsaufgabe

Die *Planungsaufgabe* wird durch die Festlegung des zu beplanenden Bereichs und durch die Ausrichtung der Planung beschrieben. Der Bereich ist durch vier Parameter bestimmt:

❑ Die physikalischen Bereichsgrenzen, z. B. Halle oder Werk, geben an, wo eine Planung durchgeführt werden soll.

❑ Das herzustellende Objekt beschreibt den zu fertigenden Gegenstand.

❑ Das Arbeitssystem wird durch den zu betrachtenden Arbeitsumfang definiert. Zur Verrichtung der Arbeitsaufgabe sind z. B. die Tätigkeiten Planen, Ausführen und Kontrollieren erforderlich.

❑ Der Planungszeitraum begrenzt die Fristigkeit der Produktionsstrukturierung.

Die in der Problemanalyse gefundenen Ziele werden zu einem Zielsystem komprimiert, an dem sich die Planung orientieren kann. Hierzu werden Einzelkriterien – wie z. B. Reaktionsfähigkeit in der Fertigung, marktgerechte Durchlaufzeiten oder effektiver Personaleinsatz – zu übergeordneten Zielkriterien zusammengefaßt und nach ihrer Wichtigkeit bewertet. Die Rangfolge der Zielkriterien gibt die Ausrichtung der Planung in Form einer Meßvorschrift vor.

2.1.5.3 Datenübernahme

Zur Planung und Bewertung von Produktionsstrukturen müssen bestimmte Mindestdaten im Betrieb vorliegen. Diese sind in der Regel in der EDV abgelegt und sollten zur Fertigungsinselplanung auf einen separaten Rechner überspielt werden. Um Inkonsistenzen aufgrund von Datenvermischungen auszuschließen, sind im Planungsrechner während des gesamten Zeitraums der Strukturplanung die Datenbestände unabhängig vom täglichen Abwicklungsgeschäft zu halten.

In der Grundstufe der Planung werden vor allem Teile-Stückzahlen und Arbeitspläne benötigt. Für weitergehende Strukturierungsansätze sind zusätzliche teilebezogene (z. B. Größe, Gewicht, Qualitätsstandard, Produktstruktur) bzw. maschinenbezogene Informationen (z. B. Verfahren, Automatisierung) notwendig. Ferner werden zur Ermittlung der Wirtschaftlichkeit Kostenrechnungsdaten (z. B. Materialkosten, Maschinenstundensätze) benötigt.

Das Bild 2.12 zeigt den vollständigen Aufbau der benötigten Datenstruktur. Aus den im Unternehmen vorhandenen Teilestamm-, Arbeitsplan-, Maschinen- und Organisationsdaten werden in der Analysephase Teilefamilien und Verfahrensgruppen gebildet. Den Gruppen werden in der Planungsphase Organisationseinheiten zugeordnet. Das können entweder objektorientierte Fertigungsinseln oder funktional gegliederte Werkstätten sein. Nach Abschluß der Planung kann die Einführung der neuen Produktionsstruktur wirkungsvoll unterstützt werden, indem die daraus resultierenden neuen Arbeitsplan-, Maschinen- und Organisationsdaten wieder zurück in die Zentral-EDV übertragen werden. Der Umstellungsaufwand läßt sich so deutlich reduzieren.

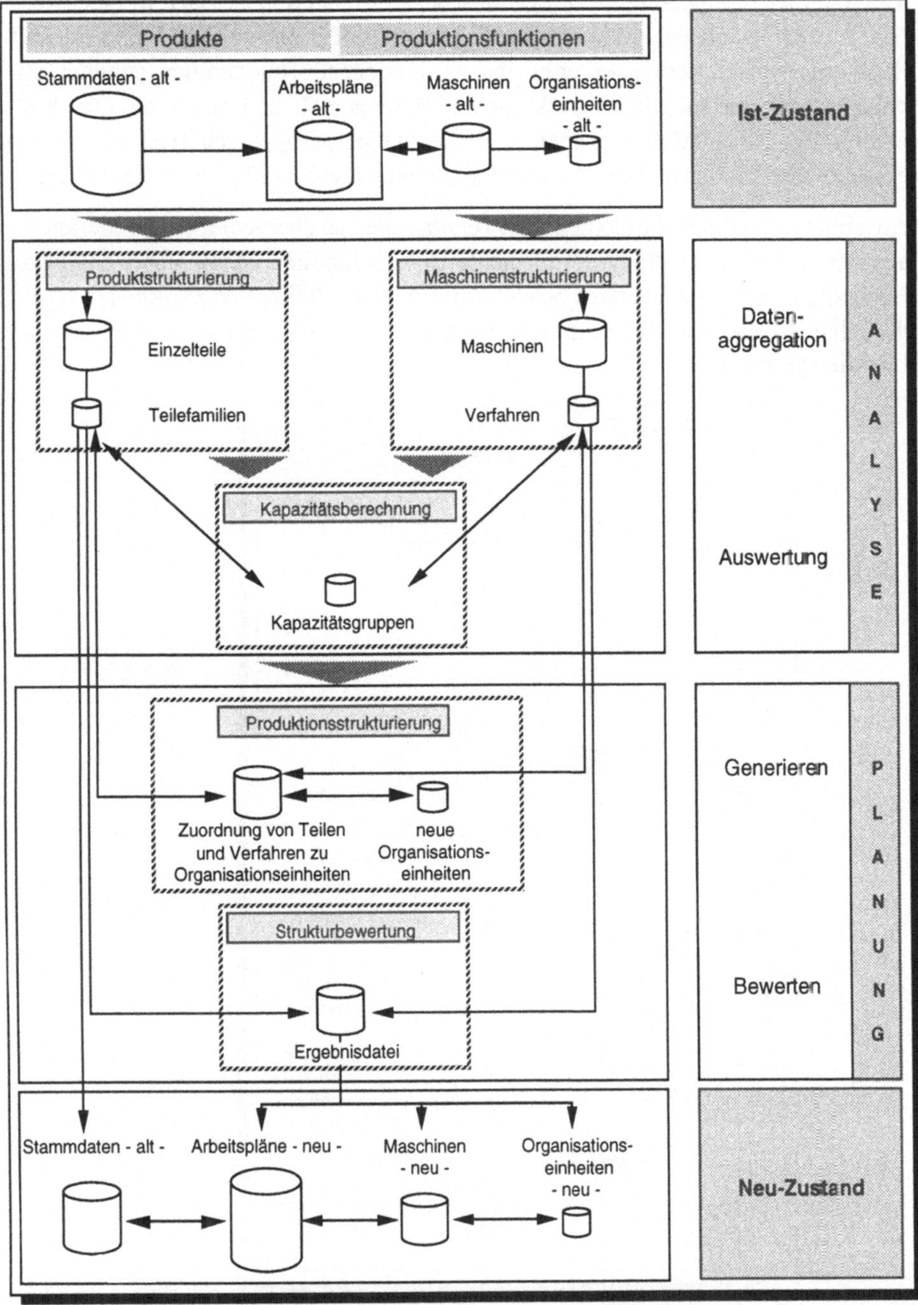

Bild 2.12   Aufbau der zu einer Produktionsstrukturierung benötigten Daten

2.1.5.4 Teilestrukturierung

Ziel dieses Planungsschritts ist es, das Produkt-, Baugruppen- oder Teilespektrum in Teilefamilien auf mehreren Aggregationsebenen zu unterteilen. Dazu werden, wie in Bild 2.13 dargestellt ist, in einem ersten Schritt auf der Ebene von Einzelteilen mit Hilfe definierter Strukturierungskriterien in sich homogene Teilefamilien gebildet. Ziel dabei ist es, eine möglichst große interne Homogenität und eine möglichst große externe Heterogenität zu erreichen, d. h. die zu einer Gruppe gehörenden Teile sind einander sehr ähnlich und unterscheiden sich deutlich von den Teilen anderer Gruppen.

Anschließend werden die elementaren Teilefamilien zu übergeordneten Teilefamilien aggregiert. Die Behandlung der elementaren Teilefamilien erfolgt dabei analog zur Behandlung der Teile im ersten Schritt. Aufgrund von definierten Merkmalen werden die Ähnlichkeiten der Teilefamilien ermittelt und in sich homogene übergeordnete Familien gebildet.

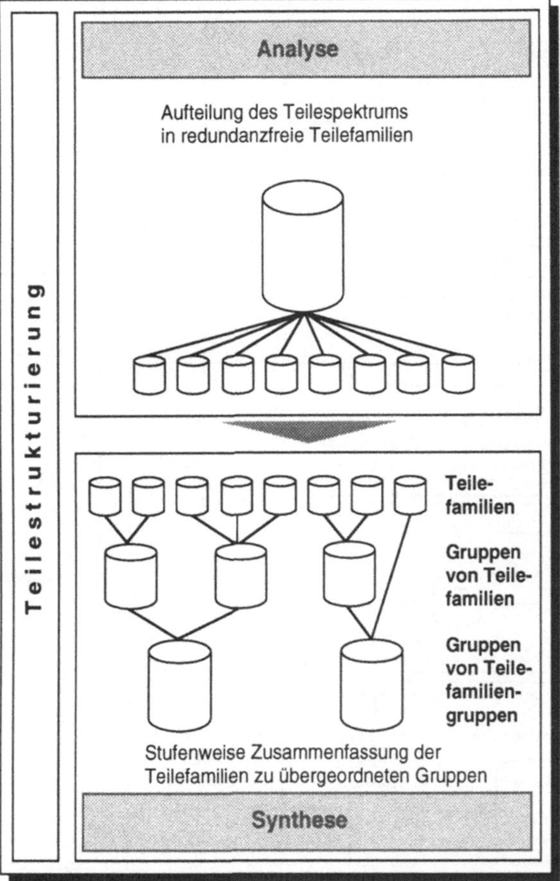

Bild 2.13   Bildung von Teilefamilien

Die zu dieser Teilefamilienbildung verwendeten Strukturierungskriterien müssen sich durch prägnante Kennzeichen voneinander unterscheiden. Sie lassen sich anhand der unternehmensspezifischen Anforderungen aus einer großen Bandbreite von unterschiedlichen Merkmalen auswählen. Einige dieser Merkmale sind in Bild 2.14 exemplarisch aufgezählt. Die Aufzählung ist nicht vollständig und muß fallweise ergänzt werden.

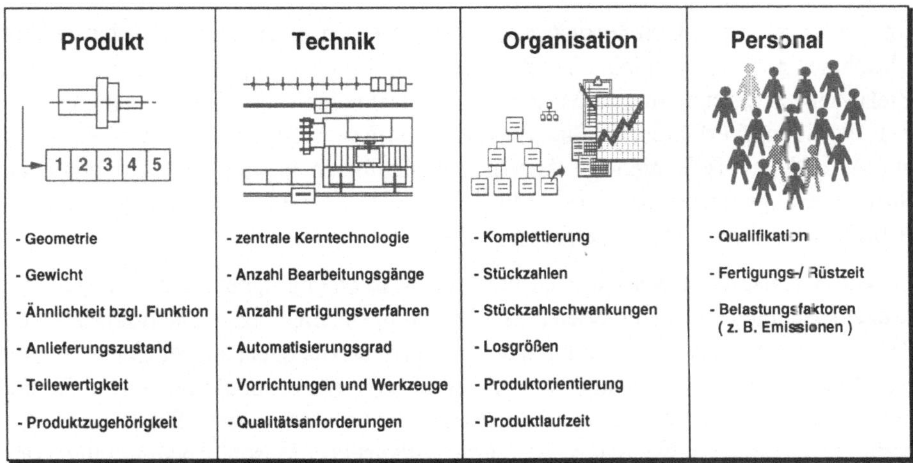

Bild 2.14   Strukturierungskriterien zur Teilefamilienbildung

Verfahren / Kriterien	Klassifizierung	Teileflußanalyse	Komplettbearbeitungsanalyse	Clusteranalyse
Klasseneinteilung	starr	variabel	variabel	variabel
Anwendungsspektrum	breit	spezifisch	spezifisch	breit
Vorbereitungsaufwand	sehr hoch	gering	gering	hoch
EDV-Unterstützung der Anwendung	möglich	notwendig	notwendig	notwendig
Haupteinsatzbereiche	Identifizierung und Standardisierung	Fertigungs- und Materialflußplanung	Fertigungs- und Materialflußplanung	Medizin, Biologie Fertigungsplanung

Bild 2.15   Verfahren zur Teilefamilienbildung

Unterstützt wird die Teilefamilienbildung durch eine Reihe von Verfahren. Einen Überblick über die Verfahren zeigt das Bild 2.15. In der Praxis hat sich vor allem die dynamische Klassifizierung bewährt, eine Methode, die eine variable Klassifizierung der Teile nach teilebezogenen (z. B. Gewicht, Größe), fertigungstechnischen (angesprochene Maschinen) und produktstrukturorientierten (z. B. Baugruppenzugehörigkeit) Merkmalen, die einzeln oder in Kombination benutzt werden können, ermöglicht. Die Kombination unterschiedlicher Merkmale erleichtert das Realisieren völlig neuer, auf den jeweiligen Planungsfall zugeschnittener Strukturierungsideen.

2.1.5.5 Maschinenstrukturierung

Im Planungsschritt ›*Maschinenstrukturierung*‹ werden untereinander austauschbare Maschinen nach unterschiedlichen Kriterien zu Maschinengruppen zusammengefaßt. Ziel ist eine Klassifizierung der Maschinen nach technologischen Gesichtspunkten, wie z. B. Fertigungsverfahren, Qualitätsstandard oder Baugröße. Durch die im Verhältnis zur Anzahl der Teile niedrige Anzahl der Maschinen werden die nachfolgenden Strukturierungsschritte erleichtert. Mit geringem Aufwand läßt sich ein aggregiertes Fähigkeitsprofil von Maschinen erzeugen.

In den Arbeitsplänen werden nach erfolgter Maschinengruppenbildung anstatt der Einzelmaschinen die aggregierten Maschinengruppen eingetragen. Die Informationen der Arbeitspläne gewinnen hierdurch an Transparenz. Der dabei auftretende teile- und maschinenbezogene Informationsverlust spielt bei einer Produktionsstrukturierung keine entscheidende Rolle. In der industriellen Praxis häufig anzutreffende planungsbedingte Unzulänglichkeiten, z. B. durch willkürliche Maschinenzuordnung oder Informationslücken bezüglich Austauschmaschinen, die beim Einsatz EDV-gestützter Methoden Schwierigkeiten bereiten, werden so eliminiert.

2.1.5.6 Kapazitätsberechnung

Der zur Auslegung der Produktion benötigte teilefamilienbezogene Kapazitätsbedarf wird auf der Basis des Produktionsprogramms (Mengengerüst) und der Arbeitspläne berechnet. Für jede Aggregationsstufe ist der Zusammenhang zwischen Maschinen bzw. Maschinengruppen sowie Teile bzw. Teilefamilien in Form der Anzahl angesprochener Teile, der Anzahl angesprochener Arbeitsgänge und des zur Fertigung erforderlichen Kapazitätsbedarfs in eine in Bild 2.16 prinzipiell dargestellte Kapazitätsliste einzutragen.

Mit Hilfe der Kapazitätsliste läßt sich die eigentliche Strukturierungsaufgabe bearbeiten. Alle grundlegenden Informationen sind gebündelt abgelegt, so daß keine umfangreichen Berechnungen mehr durchzuführen sind. Zum einen wird dadurch der Einsatz einer interaktiven Planungs- und Bewertungssoftware ermöglicht und zum anderen die Effizienz der Planungsarbeit gesteigert, da keine routinemäßigen Berechnungen die kreative Tätigkeit des Planers belasten.

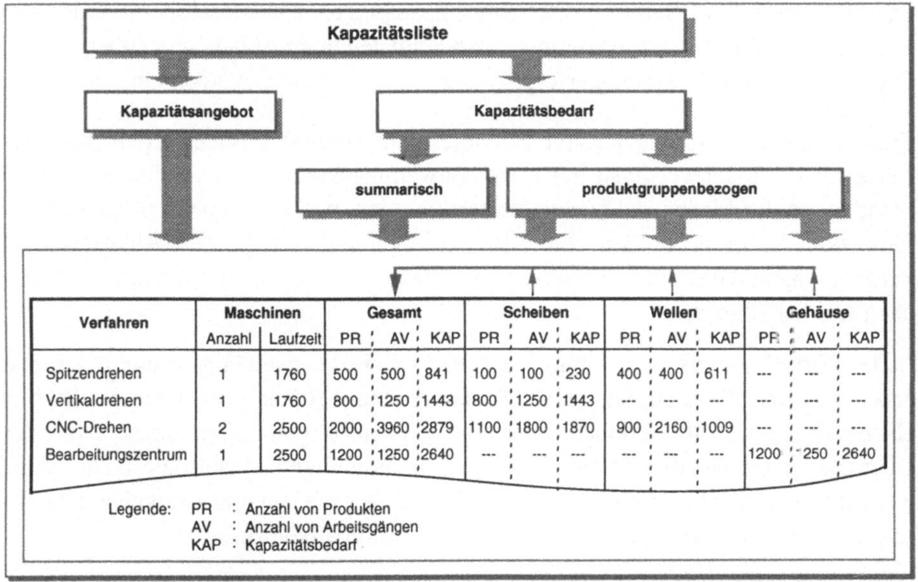

Verfahren	Maschinen		Gesamt			Scheiben			Wellen			Gehäuse		
	Anzahl	Laufzeit	PR	AV	KAP	PR	AV	KAP	PR	AV	KAP	PR	AV	KAP
Spitzendrehen	1	1760	500	500	841	100	100	230	400	400	611	---	---	---
Vertikaldrehen	1	1760	800	1250	1443	800	1250	1443	---	---	---	---	---	---
CNC-Drehen	2	2500	2000	3960	2879	1100	1800	1870	900	2160	1009	---	---	---
Bearbeitungszentrum	1	2500	1200	1250	2640	---	---	---	---	---	---	1200	250	2640

Legende: PR : Anzahl von Produkten
AV : Anzahl von Arbeitsgängen
KAP : Kapazitätsbedarf

Bild 2.16   Ermittlung der erforderlichen Kapazitätsbedarfe in einer Kapazitätsliste

2.1.5.7 Produktionsstrukturierung

In der Produktionsstrukturierung wird die zukünftige Organisationsstruktur der Produktion festgelegt. Die Definition erfolgt durch die Zuordnung von Maschinen und Teilen zu den neuen Organisationseinheiten. Dies geschieht nach Kriterien, die auf die spezifischen Anforderungen des betrachteten Produktionsbereichs zugeschnitten sein müssen.

Die Zuordnung kann entweder durch Methoden erfolgen, die mit dem Einsatz mathematischer Modelle eine automatische Strukturierung ermöglichen oder vom Planer manuell durchgeführt werden. Auf jeden Fall ist die Zuordnung unter dem Aspekt der Komplettbearbeitung eines Teils in einer Fertigungsinsel zu sehen. Dies läßt sich allerdings nicht immer konsequent verwirklichen. In jedem Produktionsbereich gibt es ›kritische‹ Verfahren, die sich nicht ohne weiteres auf unterschiedliche Organisationseinheiten verteilen lassen. Als Beispiele seien investitionsintensive Sonderverfahren, Engpaßverfahren und Verfahren mit einer extrem niedrigen kapazitiven Auslastung genannt. Die kritischen Verfahren werden deshalb verrichtungsorientierten Organisationseinheiten zugeteilt.

2.1.5.8 Bewertung

Die entwickelten Strukturierungsalternativen müssen bezüglich ihrer Auswirkungen auf das Anlage- und Umlaufvermögen bewertet werden. Den Aufwänden für zusätzliche Investitionen in Betriebsmittel und Umstellungen von Maschinen werden die Einsparungen durch die Reduzierung von Schnittstellen im Ablauf gegenübergestellt. Die kostenmäßige Bewertung erfolgt in einer Wirtschaftlichkeitsrechnung.

Flankierend dazu wird die in Kapitel 2 vorgestellte Arbeitssystembewertung durchgeführt, mit der die schwer quantifizierbaren Bewertungskriterien, die im Planungsschritt ›Festlegung der Planungsaufgabe‹ definiert wurden, berücksichtigt werden können. Hier wird für diese Größen eine Abschätzung für die möglichen Auswirkungen vorgenommen, damit die vorgeschlagenen Planungsalternativen miteinander verglichen werden können.

In der Wirtschaftlichkeitsrechnung werden sämtliche kostenmäßig definierte Größen erfaßt und einer Bezugsgröße, wie z. B. den Kosten je Stück, gegenübergestellt. Mit Hilfe von sog. Straffunktionen kann eine Hilfsgröße geschaffen werden, die die Übergänge zwischen den dezentralen Organisationseinheiten quantifiziert. Die systematische Dokumentation aller relevanter Einflußfaktoren läßt eine weitgehend objektive, am Ziel orientierte Bewertung der Lösungsalternativen zu.

Die Bewertung erfolgt in der Regel durch das Planungsteam und wird von ihm zur Entscheidung der Geschäftsleitung vorgelegt. Es hat sich jedoch gezeigt, daß bei allen Versuchen, die Auswirkungen zu quantifizieren, ein Rest an Unsicherheiten bleibt, der nur durch eine unternehmerische Entscheidung mit Einbeziehung des Restrisikos überwunden werden kann.

2.1.5.9 Auswahl von Planungsalternativen

Nach der Gegenüberstellung der bewerteten Planungsalternativen wird eine geeignete Alternative ausgewählt und die Produktionsstruktur festgelegt. Die Auswahl der Alternativen erfolgt im Planungsteam, um die Unterstützung des gesamten Teams zu erreichen und Akzeptanzprobleme in der Umsetzung zu vermeiden.

2.1.5.10 Zusammenfassung

Mit der hier beschriebenen Planungssystematik läßt sich die Planung von Fertigungsinseln durch systematisches Vorgehen und durch Einsatz unterschiedlichster Methoden lösen. Das Planungsergebnis ist im wesentlichen von der Kreativität des Planers abhängig. Mit der EDV-Unterstützung lassen sich in kurzer Zeit viele Varianten darstellen, so daß ein verhältnismäßig großer Lösungsraum abgedeckt werden kann.

In den bis jetzt beschriebenen Planungsschritten dominierte die technisch-wirtschaftliche Seite der Fertigungsinselplanung. Ein Planungserfolg ist aber letztendlich nur erzielbar, wenn auch die Fragestellungen der Zusammensetzung der Arbeitsgruppen und die Integration von dispositiven Tätigkeiten angegangen wird. Diese Planungsaufgaben werden als ›personalwirtschaftliche Aspekte bei der Einführung und dem Betrieb von Fertigungsinseln‹ bezeichnet und nachfolgend behandelt.

2.1.6   Personalwirtschaftliche Aspekte

Das Fertigungsinselkonzept hat letztendlich starke Auswirkungen auf die Arbeitsinhalte der Mitarbeiter in den Betrieben. Aus der allgemeinen Fertigungsinsel-Definition in Bild 2.1 lassen sich nachfolgende Aussagen zu den Arbeitsinhalten ableiten.

Die Fertigungsinsel hat die Aufgabe, aus gegebenem Ausgangsmaterial Produktteile oder Endprodukte möglichst vollständig zu fertigen. Die notwendigen Betriebsmittel sind räumlich und organisatorisch in der Fertigungsinsel zusammengefaßt. Das Tätigkeitsfeld der dort beschäftigten Gruppe trägt folgende Kennzeichen:

❑ Die weitgehende Selbststeuerung der Arbeits- und Kooperationsprozesse, verbunden mit Planungs-, Entscheidungs- und Kontrollfunktionen innerhalb vorgegebener Rahmenbedingungen;

❑ Den Verzicht auf eine zu starre Arbeitsteilung und demzufolge eine Erweiterung des Dispositionsspielraums für den einzelnen Mitarbeiter.

Fertigungsinseln stellen eine Produktions- und Organisationsform dar, die planerisch die Ebenen Technik, Organisation und Personal integrativ anspricht. Die Fertigungsinsel stellt sich somit als eine weitgehend selbständig organisierende und funktionierende Zelle dar, die sich aber wiederum als Teil eines Gesamtsystems (Betrieb) versteht und so zum wirtschaftlichen Erfolg eines Unternehmens beiträgt.

Entscheidet sich ein Unternehmen für die Einführung von Fertigungsinseln, so stehen größere Veränderungen in der Technik-, Organisations- und Personalplanung an. Das Unternehmen muß sich die Frage stellen, ob es über eine Bereichslösung (Pilotinsel) hinaus auch die komplette Umstellung des Betriebs beabsichtigt. In beiden Fällen muß in Betracht gezogen werden, wie die Umstellung gestaltet werden kann. Eine derartige Umstrukturierung bedarf der Anpassung bzw. Änderung personalwirtschaftlicher Funktionen. Sie darf sich nicht nur auf eine Veränderung technischer und organisatorischer Funktionen beschränken, sondern muß integrativ und ganzheitlich gelöst werden. Integrativ bedeutet, daß alle an der Veränderung beteiligten Abteilungen und Bereiche über ihren Einfluß, den sie als Teil einer Organisation ausüben, und über die Einwirkungen, denen sie selbst unterliegen, aufgeklärt werden. Ganzheitlich bedeutet, einen umfassenden, klaren und offenen Entscheidungsprozeß zur Installierung von Fertigungsinseln anzustoßen, an dem alle Organisationsmitglieder beteiligt sind, die von der Maßnahme betroffen sind.

Die Einführung von Fertigungsinseln muß somit in einen Prozeß der *Personal-* und *Organisationsentwicklung* (PE/OE) eingebettet sein, will man sich nicht der Gefahr aussetzen, ein produktionstechnisch neues Konzept im Betrieb isoliert zu verankern.

Die Berücksichtigung ganzheitlicher Aspekte bei der Einführung von Fertigungsinseln muß auch die Entwicklungsmöglichkeiten und die Veränderungsfähigkeit des Unternehmens und seiner Mitarbeiter mit einbeziehen.

Eine realistische Zeiteinschätzung für die geplante Dauer von Fertigungsinsel-Implementierungsmaßnahmen ist ebenfalls wichtig, denn zu Beginn der Umstellung kann nicht immer mit einer völligen Akzeptanz der Mitarbeiter für die eingeleiteten Maßnahmen gerechnet werden. Das ist einsichtig, da aufgrund langjähriger beruflicher Sozialisation manifestierte Einstellungen und Verhaltensweisen der Mitarbeiter wirksam sind, die nicht von heute auf morgen umgestoßen werden können. Jahrzehntelang wurden hoch arbeitsteilige Verrichtungen mit klarer Verteilung von Regeln und Kompetenzen ausgeführt. Diese mit Erfolg kurzfristig zu verändern, scheint nahezu unmöglich.

Eine Einbeziehung personalwirtschaftlicher und organisatorischer Aspekte für den Betrieb von Fertigungsinseln stellt sicher, daß sich die Umstellung organisch, dynamisch und harmonisch in das gesamte Unternehmen einpassen kann.

2.1.6.1 Änderung des Tätigkeitsprofils

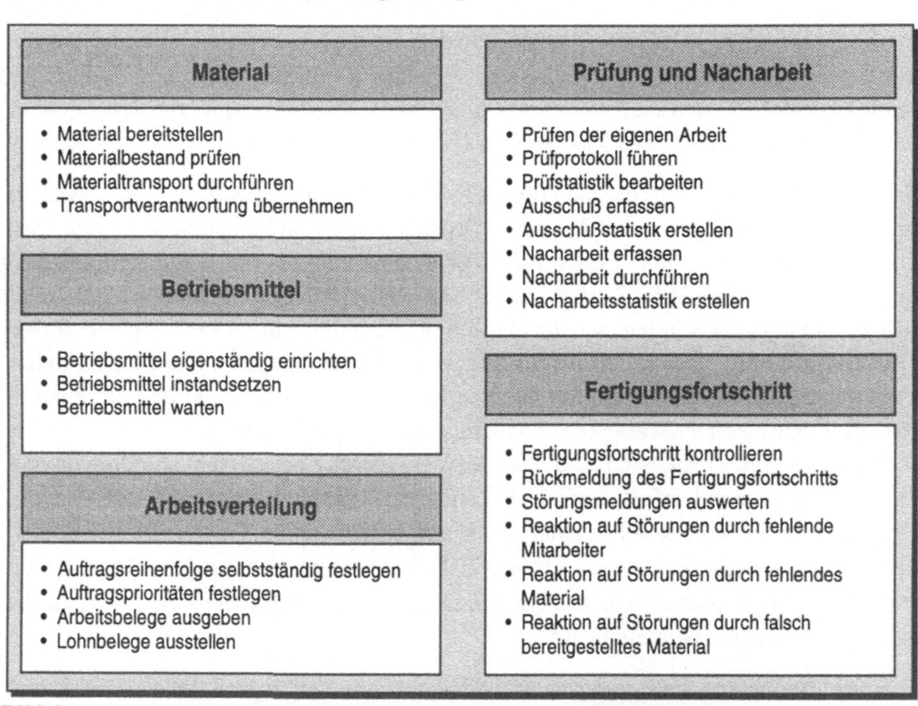

Bild 2.17   Arbeitsbereicherung durch Integration von Umfeldaufgaben

Die Umstellung der Fertigung nach dem Fertigungsinselprinzip erfordert neue Fähigkeiten, die den Verrichtungsprinzipien ehemaliger handwerklicher Betriebe sehr nahe kommen.

Die damals vorherrschende geringere Arbeitsteilung, das selbstgeplante Handeln und das auf die Zukunft gerichtete Tun (hier werden die Konsequenzen des eigenen Handelns berücksichtigt) kommen heute im Fertigungsinselkonzept wieder zu neuen Ehren.

Im Zusammenhang mit den in der Fertigungsinsel enthaltenen EDV-gestützten Produktionstechnologien und dem in Bild 2.17 aufgelisteten, stark erweiterten dispositiven Aufgabenfeld erwachsen daraus, wie in Bild 2.18 gezeigt wird, für die Mitarbeiter der Fertigungsinsel zusätzliche und neuartige Anforderungen. Diese Veränderungen bedingen wie schon angedeutet den Einsatz von Methoden der Personal- und Organisationsentwicklung.

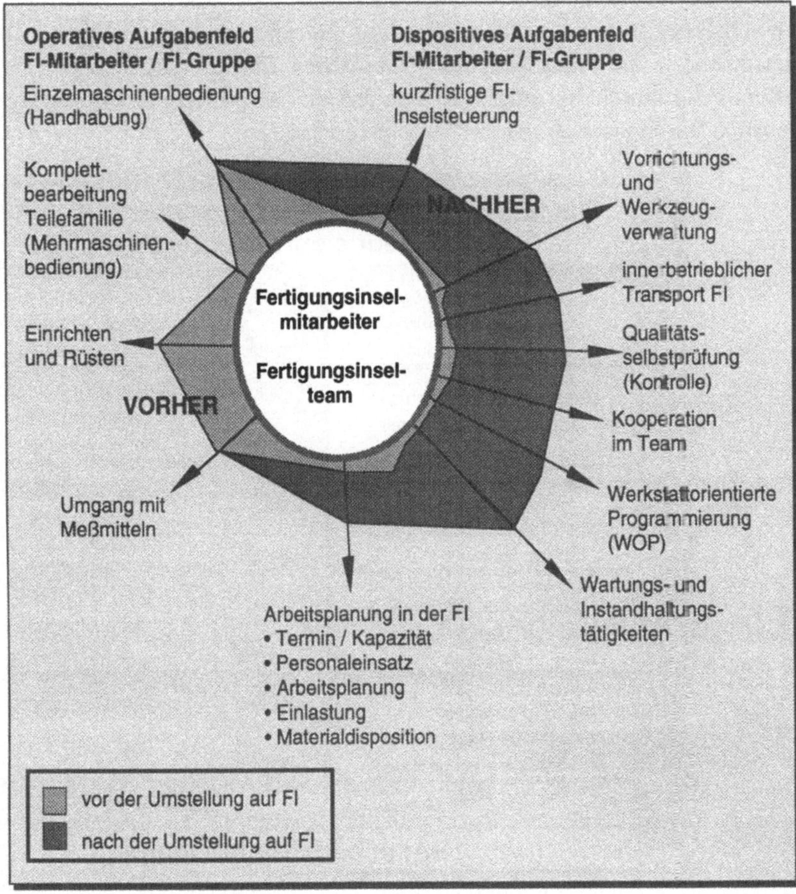

Bild 2.18   Änderung des Tätigkeitsprofils bei Einführung von Fertigungsinseln (FI)

2.1.6.2 Personal- und Organisationsentwicklung

Personalentwicklung (PE)

Mit Hilfe einer Personalentwicklungsstrategie für die Mitarbeiter der Fertigungsinsel sollen Qualifikationen zur Bewältigung der gegenwärtigen und zukünftigen Anforderungen vermittelt sowie die Fähigkeiten der Mitarbeiter gefördert werden. Eine Personalentwicklungsmaßnahme kann z. B. die Ermittlung des Bildungs- und Qualifikationsbedarfs sein, die schließlich in eine Reihe entsprechender Bildungsmaßnahmen mündet. Bildungsmaßnahmen verändern das Leistungspotential der Fertigungsinsel, sichern Unternehmensziele und vergrößern den Unternehmenserfolg.

Begleitend zu den direkten Personalentwicklungsmaßnahmen sind durch die in Bild 2.19 aufgelisteten flankierenden Maßnahmen die notwendigen Rahmenbedingungen zu schaffen.

Um für Personalentwicklungsmaßnahmen im Betrieb eine möglichst breite Akzeptanz zu schaffen, ist es notwendig, auch den Betriebs- oder Personalrat frühzeitig und umfassend in die Planungen miteinzubeziehen. Dieses Vorgehen gewährleistet den offenen Austausch von Informationen und die Definition von Bedingungen, um die positive Weiterentwicklung des Betriebs zu fördern.

Bild 2.19   Begleitende Maßnahmen zur Personalentwicklung

Organisationsentwicklung (OE)

Einerseits ist Organisationsentwicklung eine Humanisierungsmaßnahme, die den Mitarbeitern die Möglichkeit zur Persönlichkeitsentfaltung und zur Selbstverwirklichung geben soll. Dies scheint bereits unter den veränderten Einstellungen zur Arbeit (Wertewandel) dringend geboten.

Andererseits versteht man damit die Steigerung der Leistungsfähigkeit einer Organisation. Mit solchen Maßnahmen, die nahezu alle Mitarbeiter im Unternehmen erfassen, sollen Flexibilität, Veränderungs- und Innovationsbereitschaft gefördert werden. Man versucht, das Verhalten der Mitarbeiter im Hinblick auf ihre Arbeit zu verändern, was mit Hilfe eines Beraters (Moderator) über ein gemeinsames Beschreiben von Problembereichen in Arbeitsaufgaben mündet (Diagnose). Anschließend werden Maßnahmen zur Problembewältigung nach einer vorangegangenen Zielbestimmung durchgeführt. Bei OE-Maßnahmen steht nicht die Vermittlung von Wissensinhalten an die Mitarbeiter im Vordergrund, sondern vielmehr der Versuch, Unternehmens- und Mitarbeiterziele in Einklang zu bringen.

Personal- und Organisationsentwicklung für Fertigungsinseln

Personal- und Organisationsentwicklung für Fertigungsinseln sollen hier als eine strukturierende und planende Vorgehensweise (Strategie) verstanden werden, den Entwicklungs-, Veränderungs- und Wachstumsprozeß eines Unternehmens iterativ unter aktiver Teilnahme aller Mitarbeiter zu vollziehen. Die PE/OE hat somit eine Anreizfunktion, einen motivierenden Charakter, da sie die Mitarbeiter an der Umstellung teilhaben läßt und Probleme, die sich aus ihren neuen Arbeitsaufgaben in der Fertigungsinsel ergeben, in PE/OE-Maßnahmen thematisiert werden. Die Notwendigkeit zur Erledigung dispositiver Tätigkeiten, die der Betrieb einer Fertigungsinsel impliziert, kann demnach in PE/OE-Schulungsmaßnahmen unmittelbar zum Lerngegenstand gemacht werden.

Das reibungslose Funktionieren einer Fertigungsinsel erfordert, daß Fertigungsinselmitarbeiter ihre eigenen Arbeitsbedingungen gestalten und formen können. Durch Förderung von Kooperation, Partizipation und Kommunikation werden Lernprozesse unter den Mitarbeitern der Fertigungsinsel initiiert. Die erzielten Lerneffekte ermöglichen einen optimalen Fertigungsinselbetrieb, eine Steigerung der Leistungsfähigkeit und eine höhere Flexibilität der Mitarbeiter, was letztendlich dem gesamten Unternehmen zu größerer wirtschaftlicher Effektivität und Effizienz verhilft.

In Bild 2.20 sind die dazu notwendigen Organisations- und Personalentwicklungsmaßnahmen zusammengefaßt.

Ein optimaler Fertigungsinselbetrieb gelingt dem Unternehmen nur, wenn es seinen Mitarbeitern vertraut. Die personalwirtschaftliche Strategie muß in diesem Fall lauten:

›Die Mitarbeiter sind das größte Kapital eines Unternehmens‹. Diese Einsicht spiegelt
ein bestimmtes Menschenbild wider.
Im Mittelpunkt der Fertigung steht der Mensch und um ihn herum werden Technik und
Organisation geplant. Die Vorstellung einer zukünftig menschenleeren Fabrik wird
somit zur Farce.

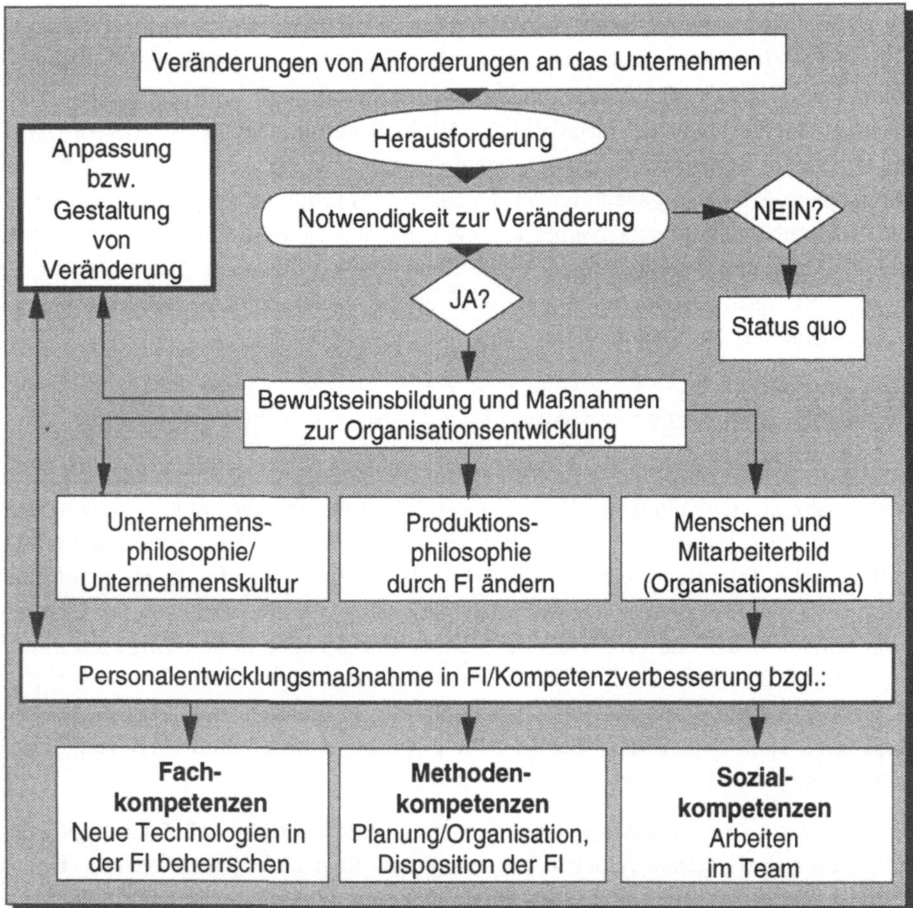

Bild 2.20   Organisations- und Personalentwicklungsmaßnahmen

Bei der Umstellung von Teilen oder der gesamten Fertigung nach dem Fertigungsinselprinzip muß das Personal- und Sozialwesen innerhalb und außerhalb der Fertigungsinseln neu geordnet werden. Die personalwirtschaftliche Planung der Fertigungsinseln
bezieht sich somit eher auf die Personalplanung für den Fertigungsbereich und
versucht, die Neuordnung dieses Bereichs integrativ und ganzheitlich zu gestalten. Den
personalwirtschaftlichen Aufgabenstellungen zum Betrieb von Fertigungsinseln sind
die in Bild 2.21 aufgelisteten Funktionen zuzuordnen:

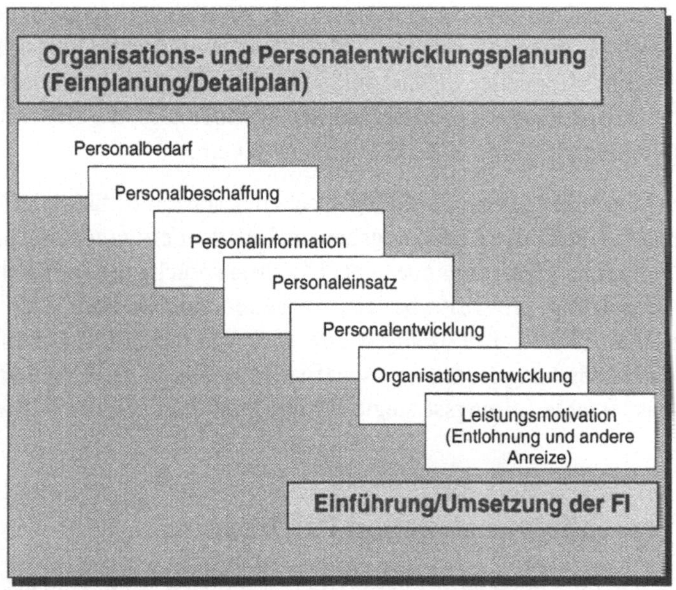

Bild 2.21   Personalwirtschaftliche Planung der Fertigungsinsel

Die Umsetzung der oben allgemein beschriebenen Aufgaben der Personalwirtschaft führt bei der Implementierung von Fertigungsinseln im Betrieb zu folgenden konkreten Aufgaben und Gestaltungsmaßnahmen:

❑ Personalbedarf und Personalbeschaffung für die Fertigungsinsel;
❑ Personalinformation und Partizipation (Information vor der Umstellung);
❑ Personalerhaltung, Leistungsanreize und Entlohnungsgestaltung;
❑ Personaleinsatz und Arbeitsorganisation in der Fertigungsinsel;
❑ Personalentwicklung durch Anlernen, Qualifizierung und Weiterbildung.

2.1.6.3   Personalbedarfsplanung und Personalbeschaffung

Im Vordergrund der ersten Personalplanungsphase für die Fertigungsinsel steht eine kurz-, mittel- und langfristige Grobplanung über den Mitarbeiterbedarf einer Fertigungsinsel (Sollgröße) nach

❑ Anzahl (quantitativ),
❑ Art (qualitativ),
❑ Zeitpunkt (örtlich) und
❑ Dauer (zeitlich).

Diese Planung berücksichtigt sowohl den aktuellen Personalbedarf (Einsatzbedarf) als auch den Reservebedarf an Mitarbeitern, wenn Sondersituationen wie Krankheit, Urlaub oder Maschinenausfälle eintreten. Es empfiehlt sich, Fertigungsinselstellen intern auszuschreiben, um interessierte Mitarbeiter aus dem vorhandenen Personalbestand zu rekrutieren. Werden vorhandene Maschinen in einer Fertigungsinsel zusammengefaßt, können Mitarbeiter, die bisher die Maschinen bedient haben, als Teammitglieder für die Fertigungsinsel gewonnen werden. Diese Mitarbeiter ziehen auf freiwilliger Basis mit ihrer Maschine in die Fertigungsinsel um.

Werden neue Maschinen in eine Fertigungsinsel integriert, so ist für deren Bedienung zunächst primär das bisherige Bedienungspersonal aus der Fertigungsinsel heranzuziehen. Erst im Falle eines Mißerfolgs oder einer Überbeanspruchung der ›Inselbesatzung‹ sollte eine Besetzung mit Mitarbeitern vorgenommen werden, die nicht der Fertigungsinsel angehören. Kurzfristig würde auch eine technische Qualifizierungsmaßnahme zur Handhabung der neu angeschafften Maschine (evtl. Herstellerschulung) eine bedingt akzeptable Lösungsstrategie für das Funktionieren der Fertigungsinsel darstellen.

2.1.6.4 Personalinformation und Partizipation

Es ist sinnvoll und zweckmäßig, alle betroffenen Mitarbeiter rechtzeitig über vorgesehene Umstellungen und Veränderungen für den Betrieb von Fertigungsinseln zu informieren sowie in die Gestaltung einzubeziehen und über ihr Engagement für den reibungslosen Fertigungsinselbetrieb zu befragen. Die Fertigungsinselgruppe muß in partizipativer Weise bereits frühzeitig in die Planung einbezogen werden (z. B. bei der Bestimmung des technischen und konzeptionellen Layouts des Maschinenparks in der Fertigungsinsel). Nicht unmittelbar betroffene Mitarbeitergruppen sind nachrangig über erarbeitete Ergebnisse zu informieren. So können bereits sehr früh Ängste, Unsicherheiten, Neid und Akzeptanzwiderstände unter den Mitarbeitern aufgelöst werden.

Die Zielrichtung dieser Informationen sollte etwa folgendes beinhalten:

- ❑ Umfang geplanter Umstellungsmaßnahmen.
- ❑ Welcher Personenkreis ist davon betroffen?
- ❑ Neue Aufgaben und Anforderungen.
- ❑ Wie wird man auf diese Situation vorbereitet?

Als Form der Mitarbeiterinformation und Partizipation werden direkte Ansprache, Mitarbeiterrundbriefe, Informationsbroschüren, Ausschreibungen oder Betriebsversammlungen mit frühzeitiger Einbindung des Betriebs- oder Personalrats empfohlen.

2.1.6.5 Personalerhaltung, Leistungsanreize und Entlohnung

Die Umstellung nach dem Fertigungsinselprinzip bringt für die Mitarbeiter einige neu hinzukommende Arbeitsanforderungen mit sich. So können einerseits über interessante Arbeitsinhalte Anreize geschaffen werden, die den Mitarbeitern der Fertigungsinselgruppe ein am ganzen Arbeitsgegenstand orientiertes Arbeitsverhalten abfordern. Zum anderen ermöglicht dieses Arbeitsverhalten mehr Kommunikation und sozialen Kontakt der Mitarbeiter untereinander. Durch diese Gestaltungsmaßnahmen können sich die Fertigungsinselmitarbeiter persönliche Bedürfnisse in der Arbeit erfüllen.

Der Erfolg durch Bewältigung einer gemeinsamen Arbeitsaufgabe verleiht der Gruppe außerhalb der Fertigungsinsel Anerkennung und Wertschätzung. Die erhöhten Anforderungen an die Zusammenarbeit erzeugen ein Solidaritätsgefühl, das die ›Kohäsion der Gruppe‹ erhält und fördert. Auf diese Weise können Macht- und Konkurrenzdenken innerhalb der Fertigungsinsel und zwischen den Fertigungsinseln (Meisterschaften) abgebaut werden.

Läuft der Betrieb in der Fertigungsinsel optimal, so kann sich dies für das Unternehmen in einer sinkenden Fluktuationsrate, in geringeren Fehlzeiten, weniger Konflikten und Problemen, in geringerem Ausschuß sowie steigender Zufriedenheit, Motivation und Qualitätsverbesserung auswirken. Indirekt hat dies positive Auswirkungen auf die Effizienz der Gesamtorganisation (Gewinn). Über interessant gestaltete Arbeitsinhalte kann die Motivation zwar gesteigert werden, sie wirkt aber nur mittelbar auf die Leistungsbereitschaft der Mitarbeiter. Aus diesem Grund müssen auch monetäre Anreize zur Leistungssteigerung der Fertigungsinsel geschaffen werden.

Das betriebliche Lohnsystem – häufig Einzelakkordlöhne – ist für die Fertigungsinsel oft nicht geeignet, weil es dem Fertigungsinselkonzept widerspricht und Gruppenarbeit erschwert. Somit besteht die Forderung, ein neues Lohnsystem für die Fertigungsinsel harmonisch in das Gesamtentlohnungssystem eines Betriebes einzugliedern. Die vielen prinzipiell anwendbaren Entlohnungsformen würden an dieser Stelle den Rahmen sprengen. Es wird deshalb auf das Kapitel 5 (Arbeitsbewertung) verwiesen, in dem unterschiedliche Modelle der Lohnfindung behandelt werden.

2.1.6.6 Personaleinsatz und Arbeitsorganisation

Bei der Arbeitsgestaltung in der Fertigungsinsel werden die Ziele einer höheren Flexibilität, der Produktivitätssteigerung, der Erweiterung des Handlungs- und Entscheidungsspielraums sowie der individuellen Leistungssteigerung verfolgt. An dieser Stelle wird deshalb auf das Kapitel 4 (Arbeitspsychologie) im Band ›Ergonomie‹ dieser Buchreihe verwiesen, in dem die grundlegenden Zusammenhänge zu Personaleinsatz und Arbeitsgestaltung behandelt werden. Insbesondere werden dort die Prinzipien der Arbeitsstrukturierung (*job enlargement, job enrichment, ...*) sowie die Kriterien für die aufgabenorientierte Gestaltung von Arbeit behandelt.

Erst mit der Schaffung dezentraler Fertigungsinsel-Organisationseinheiten, die selbststeuernd ihre Aufträge bearbeiten, können Teamarbeit und ganzheitliche Arbeitsvollzüge (kollektive Planungs- und Entscheidungsprozesse) ermöglicht werden. Durch die Komplettbearbeitung von Produkt- oder Teilefamilien wird den Mitarbeitern der Insel die Einschätzung ihres Stellenwerts innerhalb der Gesamtfertigung möglich. Die Identifikation des Mitarbeiters mit ›seinem Produkt‹ ist so eher gegeben. Um im Sinne einer erfolgreichen Fertigungsinselstrategie einen flexiblen Personaleinsatz in der Fertigungsinsel zu erreichen und zu erhalten, muß angestrebt werden, daß im Idealfall jeder Mitarbeiter an jedem Arbeitsplatz einsetzbar ist und die entsprechenden Dispositionsaufgaben wahrnehmen kann.

Durch eine erweiterte und bereicherte Arbeits- und Aufgabengestaltung entsteht für die Fertigungsinselgruppe eine Gesamtverantwortung für alle dispositiven Arbeitsaufgaben und Aufträge, die der Fertigungsinsel zentral durch das PPS oder von der Arbeitsvorbereitung übergeben werden. Vorgegebene Endtermine müssen allerdings eingehalten werden. Der Fertigungsinselgruppe bleibt als (teil-) autonomer Gruppe die Aufgabe, die Aufträge durch interne Arbeitsverteilung sowie Reihenfolgeplanung abzuarbeiten.

In diesem Zusammenhang ist zur Unterstützung des Personaleinsatzes und des Dispositionsvermögens die Beherrschung folgender Planungsinstrumente zu erlernen (Auswahl):

❑ Personaleinsatzpläne, die durch die Fertigungsinsel in Abstimmung mit der AV (Arbeitsvorbereitung) erstellt werden;

❑ Urlaubs- und Abwesenheitspläne;

❑ Aufgabenkataloge (Checklisten für einzelne Maschinenarbeitsplätze sowie für dispositive Aufgaben);

❑ Rotationsplanung;

❑ Anlern- und Weiterbildungspläne;

❑ Störungslogbuch;

❑ Kapazitäts- und Produktionspläne;

❑ Wartungs- und Instandhaltungspläne.

Die Kenntnisse zu den unterschiedlichen Planungsinstrumenten – die z. T. auch Kenntnisse zu Computeranwendungen erfordern – können unter dem Begriff ›Schlüsselqualifikation‹ subsummiert werden und dienen nicht zuletzt der Persönlichkeitsförderlichkeit von Arbeitsaufgaben. Auf den hier angesprochenen Begriff der Schlüsselqualifikation wird im Kapitel 7 (Personalqualifikation) im Zusammenhang mit der Beschreibung der in neuen Arbeitsstrukturen notwendigen drei Kompetenzen eingegangen.

2.1.6.7 Vorgehensweise zur Personalentwicklung

Dezentralisierung durch Aufgabenintegration aus indirekten Bereichen erfordert eine klare Bestimmung der vom Fertigungsinselteam wahrzunehmenden Gesamtaufgabe der Fertigungsinsel. Durch Personalentwicklungsmaßnahmen werden die Mitarbeiter der Fertigungsinsel so qualifiziert, daß sie die an sie gestellten Anforderungen (Dezentralisierung betrieblicher Aufgaben und Funktionen) effektiv und effizient bewältigen können. Neben Fachkompetenzen müssen die Fertigungsinselmitarbeiter auch über Methoden- und Sozialkompetenzen verfügen. Da die Aufgabe ›Personalentwicklung/ Personalqualifizierung‹ nicht nur für Fertigungsinseln, sondern insgesamt bei der Einführung von neuen Arbeitsstrukturen von Bedeutung ist, wird hierzu auf das Kapitel 7 (Personalqualifizierung) verwiesen.

2.1.7 Fallbeispiel I zur Fertigungsinselplanung. Strukturierung der Teilefertigung bei einem Hersteller von Motoren und Getrieben

Bei dem Unternehmen im ersten Fallbeispiel handelt es sich um einen Hersteller von Motoren, Getrieben und den dazugehörigen Zusatzaggregaten. Die von der Firma produzierten Antriebseinheiten werden im Schiffs- und Lokomotivbau, in der Energietechnik sowie im Anlagenbau eingesetzt.

Das Produktprogramm wird vom Vertrieb in einer großen Typen- und Variantenvielfalt angeboten. Neben den standardmäßig hergestellten zehn Motoren-, drei Getriebe- und zwei hydrodynamischen Kupplungsbaureihen, die in insgesamt 105 Grundausführungen erhältlich sind, müssen deshalb zusätzlich noch 5.000 Sonderausführungen und 1.500 kundenspezifische Änderungen berücksichtigt werden.

Erzeugnisprogramm-Kenndaten		
Baureihen		
Motoren: 10	Getriebe: 3	hydrodyn. Kupplungen: 2
Grundausführungsarten: 105	Sonderausführungen: 5.254	Kundenwunsch-ausführungen: 1.480
156.000 Positionen (60 % Hausfertigungsteile)		
Fertigungs-Kenndaten		
Hausfertigungsteile ges.: 89.000 Hausfertigungsteile aktiv: 38.000 Kaufteile gesamt: 67.000 Kaufteile aktiv: 31.500 Werkstattaufträge/Monat: 4.500 ø Arbeitsvorgänge/Auftrag: 12 • maximal: 70 • minimal: 3 Anzahl Ausführungsarten: • Kurbelgehäuse: 35 • Zylinderkopf: 19	ø-Losgröße: 105 ø-Fertigungsdurchlaufzeit/ Bauteile: 35 AT • maximal: 10 Mon. • minimal: 5 AT ø-Auftragswiederholhäufig- keit/Jahr 2,6 AT = Arbeitstage	ø-Rüstzeitanteil/ Ausführungszeit: 12,4 % ø-Mehrzeitanteil/ Ausführungszeit: 7,2 %

Bild 2.22   Fertigungs-Kenndaten des Unternehmens

Aufgrund der Produktkomplexität existieren im Unternehmen über 150.000 Teile-stammdaten. Etwa 40 % der Teile werden außer Haus gefertigt. Von den verbleibenden 89.000 Hausfertigungsteilen gehen 38.000 in die laufende Produktion. Diese werden in 4.500 Fertigungsaufträgen pro Monat hergestellt. Die durchschnittliche Losgröße eines Fertigungsauftrags liegt bei 105 Teilen (vgl. Bild 2.22).

Anforderungen des Unternehmens

Zum Zeitpunkt des Beginns der hier vorgestellten Planung waren bereits 40 % der Teilefertigung in Fertigungsinseln strukturiert. Das Unternehmen hatte daher genaue Vorstellungen, wie die nächste in Betrieb zu nehmende Fertigungsinsel aussehen sollte. Damit die neue Insel in das unternehmensweite, organisatorische Gesamtkonzept im Sinne einer strukturellen Lösung integriert werden konnte, mußte sie folgende Voraus-setzungen erfüllen:

❑ Das Teilespektrum sollte sich aus Rotationsteilen entsprechend der hauseigenen Klassifizierung und aus speziell festgelegten, spezifisch klassifizierten Teilen zusammensetzen.

❑ Die Teile sollten laut aktuellem Arbeitsplan mindestens eine Drehoperation auf CNC-Drehmaschinen der Hersteller Traub, Gildemeister oder Pittler haben. Die Baugröße dieser Maschinen charakterisiert die darauf gefertigten Teile.

❑ Zusätzlich sollte das Teilespektrum entweder auf den Bearbeitungszentren Heller BEA 05/07 oder Stama MC 018 sowie auf noch festzulegenden Zusatz-maschinen (z. B. konventionellen Bohr- und Fräsmaschinen) gefertigt werden.

❑ Die Teile sollten mit Ausnahme der Teile, mit denen die kostenstellenübergrei-fende Steuerung erprobt wird, komplett in der Fertigungsinsel gefertigt werden.

❑ Die Fertigungsinsel sollte 15 bis 20 Mitarbeiter in Doppelschicht beschäftigen. Dies setzt eine Kapazitätsauslastung der Maschinen zwischen 24.000 und 36.000 Stunden pro Jahr voraus.

❑ Eine Wärme- und Oberflächenbehandlung zwischen den mechanischen Bearbei-tungen ist für die Teile nicht vorgesehen.

❑ Weniger als 12 Arbeitsvorgänge im Fertigungsprozeß sollten von den Inselteilen belegt werden. Damit die Fertigungsinsel nicht durch einzelne Aufträge blockiert wird, darf die Jahresbearbeitungszeit der Teile 500 Stunden pro Auftrag nicht überschreiten.

❑ Arbeitsvorgänge wie Entgraten, Verputzen, Komplettieren, Zwischenkontrolle, Waschen, Rißprüfen, Absägen, Anspitzen, Stahlkiesen, Sandstrahlen, Beizen sollten unberücksichtigt bleiben. Es wurde unterstellt, daß es sich hierbei in erster Linie um materialvorbereitende Tätigkeiten oder integrierbare stations- bzw. maschinenunabhängige Arbeitsinhalte handelt.

❑ Die Auswahl der Ergänzungsmaschinen richtet sich nach den ersten Auswertungs-ergebnissen und ist abhängig vom Komplettbearbeitungsgrad der Teile in der Insel.

Diese Planungsvorgaben gingen als Gestaltungsparameter in die Anforderungliste der neu zu bildenden Fertigungsinsel ein. Das Bild 2.23 faßt nochmals die wichtigsten Anforderungen zusammen.

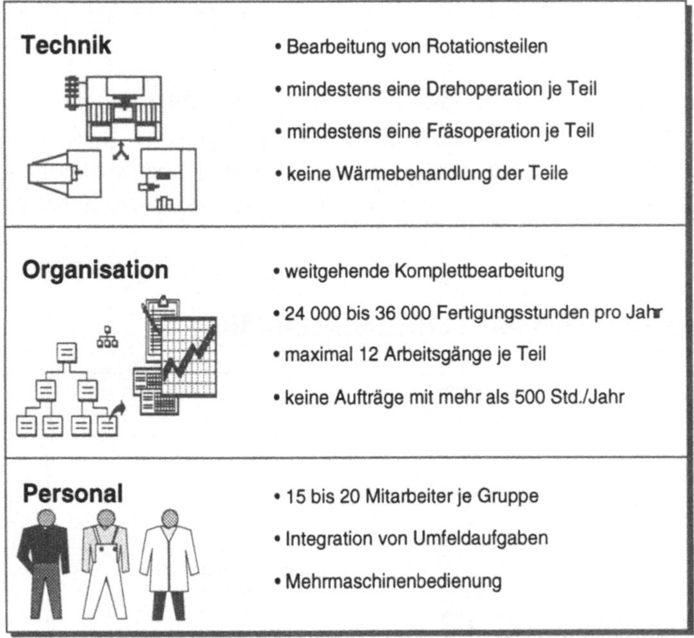

Bild 2.23 Anforderungen des Unternehmens an die zukünftige Fertigungsinsel

Datenbasis der Teilefamilienbildung

Im Unternehmen standen während der Planung Teile- und Arbeitsganginformationen aus den Stammdaten zur Verfügung. In den Stammdaten waren sowohl teile-beschreibende Informationen – wie z. B. Gewicht, Klassifizierung, Motortyp – als auch Arbeitsgangspezifika – wie z. B. Belegungszeiten auf den Maschinen, Rüstzeiten und Fertigungskostenstellen – enthalten.

Die Analysen zur Teilefamilienbildung wurden auf einem vom Tagesgeschäft abge-koppelten Planungsrechner mit Kopien der Originaldaten durchgeführt. Hierdurch ließen sich Störungen in der laufenden Produktion vermeiden.

Festlegung der Systemgrenzen

Im ersten Planungsschritt war es zunächst erforderlich, die Gesamtzahl der im Unter-nehmen produzierten Teile auf die zur Fertigung in der neuen Insel in Frage kommen-den Teile einzuschränken. Hierdurch sollte ein handhabbares Teilespektrum gewonnen werden. Ausgegrenzt wurden Teile, deren Arbeitsgänge zum Zeitpunkt der Planung gesperrt waren und die damit keinen Kapazitätsbedarf in der aktuellen Fertigung hatten. Desweiteren wurden Teile, deren Herstellung bereits bestehenden Fertigungsinseln zugeordnet war, sowie Teile, zu deren Bearbeitung die Arbeitsgänge Verzahnung und Blechbearbeitung benötigt wurden, aufgrund des im Pflichtenheft festgelegten Anforderungsprofils ausgeschlossen.

Anhand der vorhandenen Teileklassifizierung war es außerdem möglich, weitere, nicht für die neue Insel in Betracht zu ziehende Teilegruppen – z. B. Wellen, Flansche, spezielle Drehteile – auszusondern. In die engere Wahl kamen schließlich 12.000 der 89.000 potentiellen Teile mit einem Kapazitätsbedarf von insgesamt 650.000 Stunden im Jahr.

Vorgehensweise bei der Teilefamilienbildung

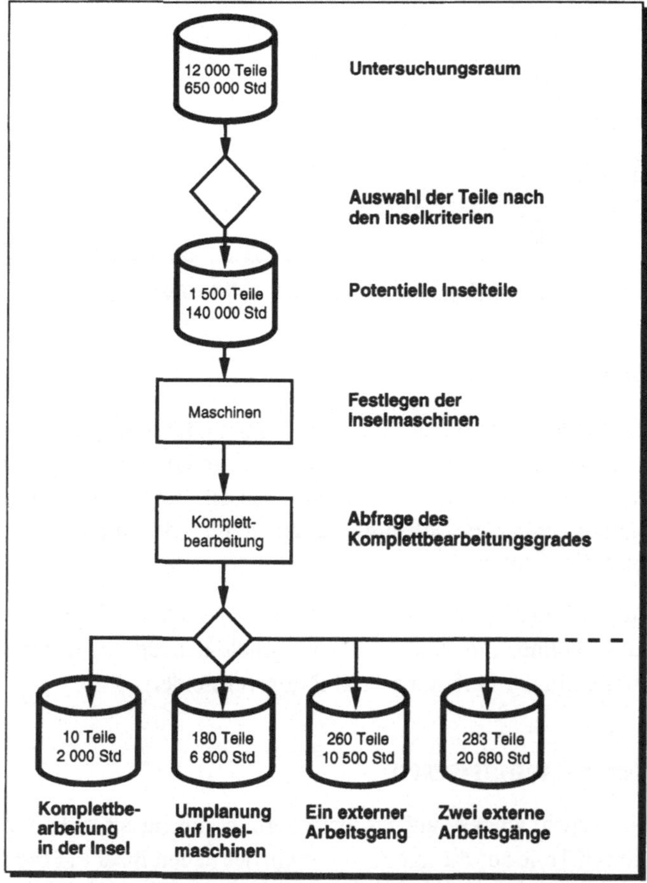

Bild 2.24   Vorgehensweise bei der Teilefamilienbildung

Die eigentliche Teilefamilienbildung, die zur Bildung der neuen Fertigungsinsel führen sollte, war ein iterativer Prozeß. Wenn eine Teilefamilie durch Anwendung eines Kriteriums gebildet wurde, mußte anschließend die Qualität des Kriteriums aufgrund der für die Fertigung der Teile notwendigen Fertigungskapazitäten überprüft werden.

In der Regel mußte jedes Kriterium mehrmals verändert werden. Erst wenn als Ergebnis der Teilefamilienbildung eine tatsächlich inseltaugliche Familie im Sinne der Anforderungsliste entstand, war das Kriterium brauchbar. Außerdem spielte eine große Rolle, in welcher Reihenfolge die Kriterien Anwendung fanden, damit die zukünftige Gesamtstrukturierung der Produktion in Fertigungsinseln nicht aus dem Auge verloren wurde. Wäre lediglich eine einzelne Insel geplant worden, so hätte eine beliebige Reihenfolge der Kriterien gewählt werden können.

Durch die Analysen wurden 1.500 mögliche Inselteile aus verschiedenen Teilefamilien gefunden. Zur Herstellung der Teile werden jährlich 140.000 Stunden benötigt. In Bild 2.24 sind die einzelnen Schritte zur Teilefamilienbildung festgehalten.

Planung der neuen Fertigungsinsel

Die potentiellen Inselteile definierten mit ihren Kapazitätsbedarfen die Fertigungsverfahren, die in die Insel zu integrieren waren. Alle Teile benötigten einen oder mehrere Dreharbeitsgänge. Ein weiteres Merkmal war die zusätzliche Bohr- und Fräsbearbeitung. Der neuen Fertigungsinsel wurden deshalb zunächst eine CNC-Drehmaschine und ein Bearbeitungszentrum zugeteilt. Mit den 10 potentiellen Inselteilen, die laut vorliegendem Arbeitsplan vollständig auf den beiden Maschinen gefertigt wurden, war eine Kapazität von 2.000 Stunden belegt. Weitere 180 Teile, die lediglich im Arbeitsplan auf die beiden Inselmaschinen umzuplanen waren, konnten ebenfalls komplett in der Insel gefertigt werden. Hierdurch waren zusätzlich 6.800 Stunden Kapazität gebunden.

Allein mit den vollständig in der Insel zu bearbeitenden Teilen wurde die Bedingung aus dem Lastenheft, Fertigungskapazität von 24.000 bis 36.000 Stunden im Jahr zu binden, noch nicht erfüllt. Es mußten weitere Teile gesucht werden, die einen möglichst großen Komplettbearbeitungsanteil in der Insel hatten. Diese Bedingung war erst erfüllt, als weitere 543 Teile der Insel zugeordnet wurden, die ein oder zwei Arbeitsgänge außerhalb der Insel hatten. Insgesamt waren damit 723 Teile mit 34.380 Fertigungsstunden in die Insel verplant.

In der Insel wurden nun – aufgrund des von den Teilen definierten Anforderungsprofils – 10 weitere Maschinen integriert. Zur Bedienung der Maschinen sind 19 Mitarbeiter im Mehrschichtbetrieb erforderlich. Das Bild 2.25 zeigt das Ergebnis der Planung. Eine hohe Kapazitätsbelastung im Drehbereich war möglich, da einige Teile auf nicht voll ausgelastete Maschinen anderer Inseln fallweise umgeplant werden können. Außerdem war die Anschaffung neuer Drehmaschinen geplant, wodurch eine Reduzierung der

Haupt- und Nebenzeiten möglich ist. So konnte auf pragmatische Weise eine Verbesserung der Gesamtauslastung der Produktion erreicht werden.

	Inselvorschlag		
	Kapazität	Anzahl Maschinen	Arbeitsplätze
Leit - und Zugspindel Drehen	1120	1	1
CNC - Drehen	18110 *	3	6
Reihenbohrmaschine	1440	1	1
Horizontal - BAZ	1950	1	2
Vertikal - BAZ	3250	1	2
Horizontal Fräsen	1200	1	1
Vertikal Fräsen	430	1	1
Außenrundschleifen	1620	1	1
Innenrundschleifen	1000	1	1
Läppen	1260	1	1
Handarbeit	3000		2
interne Kapazität	34380		
externe Kapazität	5600		
Summe Kapazität für Inselteile	39980	12	19
Anzahl Teile	733		

BAZ = Bearbeitungszentrum   * kann z. T. extern vergeben werden

Bild 2.25 Vorschlag für eine Fertigungsinsel

Die Planung wurde in ihrem weiteren Verlauf durch detaillierte Untersuchungen der Teile und Maschinen noch ergänzt. Sie war gleichzeitig Ausgangsbasis für die Feinplanung, in der noch das endgültige Layout der Insel festzulegen, die Mitarbeiter auszusuchen und Qualifizierungsmaßnahmen des Personals durchzuführen waren. Auf die Feinplanung soll hier aber nicht näher eingegangen werden.

2.1.8 Fallbeispiel II zur Fertigungsinselplanung. Unternehmenssegmentierung bei einem mittelständischen Sondermaschinenhersteller

Ausgangssituation und Ziele

Die Firma EKATO, Schopfheim, ist ein mittelständischer Sondermaschinenhersteller mit Einzel- und Kleinserienfertigung. Das Unternehmen stellt Industrie-Rührwerke her, die sowohl zur Metall- und Erzgewinnung, zur Chemie-, Pharma- sowie Nahrungsmittelherstellung als auch in Energietechnik, Umweltschutz und Biotechnologie eingesetzt werden. Die unterschiedlichen Einsatzgebiete erfordern ständig neue technologische Lösungen.

Die Firma ist auf ihrem Gebiet der weltweit zweitgrößte Produzent und Marktführer in Europa. Der Umsatz der EKATO-Gruppe von ca. 110 Mio. DM (1992) wird mit insgesamt 510 Mitarbeitern erzielt. Im Jahr werden etwa 2.500 Anlagen verkauft. Das Selbstverständnis als Sondermaschinenhersteller und die weitgehend kundenspezifische Anlagenauslegung hatten vor der Umstrukturierung zur Folge, daß rund 75 % aller Aufträge konstruktiv zu bearbeiten waren, jährlich etwa 7.000 Arbeitspläne angepaßt und 2.000 neu erstellt werden mußten.

Das Unternehmen ist nach außen durch eine ausgeprägte Kundenorientierung gekennzeichnet. Dieser stand im Innenraum eine funktionale Organisationsstruktur mit einer hohen Arbeitsteilung, einer Vielzahl von Schnittstellen und einem geringen Kunden- und Auftragsbezug entgegen. Die Folgen waren Informationsverluste, Doppelarbeiten, überlange Durchlaufzeiten (zeitweilig konnte kein Auftrag termingerecht ausgeliefert werden), hohe Lagerbestände und große Qualitätssicherungsaufwände. Die klassischen Stärken des Unternehmens, klare Produktstruktur und modulare Standardserien, gerieten zunehmend in den Hintergrund.

Eine Folge der organisatorischen und strukturellen Schwierigkeiten waren Demotivation und mangelnde Identifikation der Mitarbeiter mit dem Unternehmen. Eine Entwicklung, die in der Firma EKATO zum Abbau der engen Bindung von Mitarbeiter und Unternehmen (einer traditionellen Stärke von Unternehmen, die im ländlichen Raum angesiedelt sind), führte. Hierdurch wurde letztendlich auch die Wettbewerbsfähigkeit des Unternehmens gefährdet.

Um die Marktposition zu halten und auszubauen, wurde die Entscheidung getroffen, das Unternehmen, im Rahmen eines gemeinsamen Projekts mit dem Fraunhofer-Institut für Arbeitswirtschaft und Organisation (IAO), Stuttgart, in dezentrale Verantwortungsbereiche zu strukturieren. Die Produktion wurde auf Fertigungs- und Montageinseln umgestellt. In der Auftragsabwicklung, d. h. in Angebotswesen, Vertrieb, Angebots- und Auftragskonstruktion, führten Aufgabenintegration und die Neugliederung nach Vertriebsgebieten zu einem besseren Kunden- und Auftragsbezug.

Ziele der Umstrukturierung waren die Verbesserung der Lieferbereitschaft, die Integrationsfähigkeit neuer Produkte, die Erhöhung der Personaleinsatz-Flexibilität, die Verbesserung des Qualitätsstandards sowie die Schaffung sicherer und attraktiver Arbeitsplätze.

Anlaß für das Projektvorhaben

Das kontinuierliche Wachstum des 1933 gegründeten Unternehmens konnte in der Vergangenheit nur durch die Nutzung von drei Gebäudekomplexen realisiert werden, die am Standort Schopfheim jeweils 4 – 5 km voneinander entfernt sind. Große Reibungsverluste zwischen den Werken, insbesondere hohe Transportkosten, hoher Abstimmungsaufwand sowie hohe Auftragsliegezeiten durch fehlendes Material als Folge der räumlichen Trennung von Zentrallager und Fertigung waren die Folgen dieser räumlichen Trennung.

Als Mitte 1988 die letzten Platzreserven der bestehenden Gebäude ausgeschöpft waren und die räumliche Enge die Produktion immer mehr behinderte, wurde aufgrund der unbefriedigenden räumlichen Situation die Entscheidung getroffen, eine neue Produktionsstätte zu bauen, die langfristig die drei bestehenden Werke ersetzen soll. Aufgrund der geschilderten organisatorischen Defizite wurde der geplante Neubau gleichzeitig als Anlaß genommen, die Organisationstruktur im Unternehmen den wachsenden Anforderungen des Marktes anzupassen.

Realisierte Unternehmensstruktur

Selbst in einem sehr innovativen Unternehmen wird nicht jeden Tag die Unternehmensstruktur verändert und ›auf der grünen Wiese‹ ein neues Produktionsgebäude errichtet. Um die sich hierbei bietenden Chancen konsequent zu nutzen, wurde zur Realisierung ein ganzheitlicher Planungsansatz gewählt, bei dem die Gestaltung von Unternehmensstruktur und menschengerechter Gebäudeplanung aufeinander abgestimmt wurden.

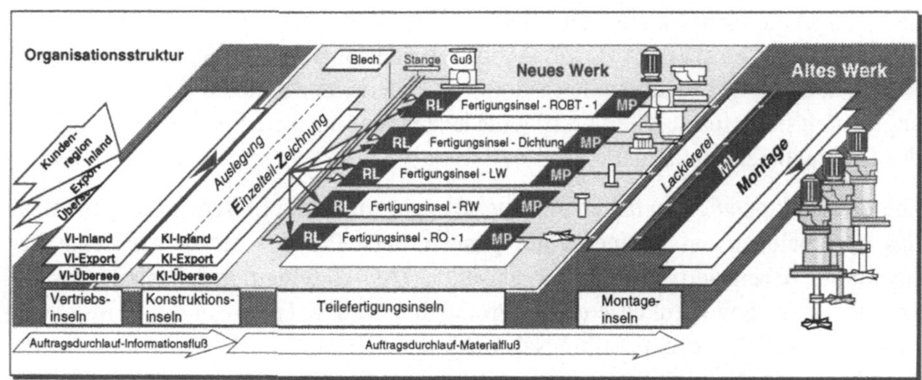

Bild 2.26   Struktur der Ablauforganisation

Als Ergebnis der Planung wurde die Produktion in baugruppenorientierte Fertigungsinseln umgestellt. Die Funktionen der Arbeitsvorbereitung sind in die Fertigungsinseln
integriert. In der Gestaltung der Produktionsgebäude spiegelt sich der dezentralen
Ansatz wieder.

In der Auftragsabwicklung, d. h. in Vertrieb (Angebotswesen, Vertriebsinnendienst),
Konstruktion (Angebots-, Auftragskonstruktion) sowie Montage, wurde, wie in Bild
2.26 gezeigt wird, eine Segmentierung nach Vertriebsgebieten und Aufgabenintegration
in eigenverantwortlichen Arbeitsgruppen durchgeführt. Jedes Segment bearbeitet die
ihm zugeordneten Kundenaufträge komplett vom Auftragseingang bis zur Auslieferung.

Segmentierung

Die Aufteilung in die Segmente Ingenieur-Büros Inland (Inland), Europäische Töchter
(Export), Export Übersee (Übersee) und Export USA (USA) stellt einen durchgängigen
Kundenbezug in der Auftragsbearbeitung her. Vor allem die Besonderheiten der
Großkunden können so besser berücksichtigt werden. Durch diese Segmentierung
reicht der Markt weit in das Unternehmen hinein und berührt so alle mit der Auftrags-
bearbeitung beschäftigten Mitarbeiter.

Die Segmentierung ist für die Gebiete Inland, Export und Übersee im Hauptinformations-
strom der Auftragsabwicklung (Vertrieb, Konstruktion, Montage) vollzogen. Das
Vertriebsgebiet USA, dessen Aufträge in einer eigenen Produktionsstätte in den USA
gefertigt werden, bildet in Vertrieb und Konstruktion ein eigenständiges Segment.

Der Einkauf bedient als Querschnittsfunktion alle Fertigungsinseln. Dabei ist angestrebt, verstärkt Rahmenabkommen mit Zulieferern abzuschließen, aus denen für
verbrauchsbezogene Materialien ein direkter Abruf durch die Disponenten der Segmente erfolgen kann. Funktionen, wie Verhandlungen mit Zulieferern oder die Beschaffung von Sondermaterialien, die dezidierte Marktkenntnisse voraussetzen, werden möglichst nicht dezentralisiert. Ebenso ist die Bestellmengenüberwachung Aufgabe des Zentraleinkaufs. Andere auftragsneutrale Funktionen – wie Buchhaltung oder
Forschung und Entwicklung – bleiben ebenfalls als zentrale Funktionen im Unternehmen erhalten, um strategisch wichtiges Know-how zu bündeln.

Aufteilung der Segmente

In den Segmenten entsteht durch eindeutige Kompetenzen eine höhere Transparenz, in
und zwischen den Fachabteilungen ein besserer Kunden- und Auftragsbezug. Der
Abbau von Schnittstellen setzt integrative Strukturen in der Auftragsabwicklung
voraus. Daher sind – in einer ersten Integrationsstufe – Gruppen in Form von Ver-
triebs-, Konstruktions- und Montageinseln gebildet worden, die ablauforganisatorisch

fest in den Segmenten verankert sind. Auf diese Weise stehen in jedem Vertriebsgebiet immer die gleichen Ansprechpartner zur Verfügung.

Die funktionale Aufteilung in Vertriebs-, Konstruktions- und Montageinseln basiert im wesentlichen auf räumlichen Restriktionen, der vorhandenen Führungsstruktur sowie der sich ergebenden Größe der Arbeitsgruppen.

Die Konstruktion ist gemeinsam mit der Fertigung in der neuen Produktionsstätte untergebracht. Montage und Vertrieb verbleiben in einem älteren Werk. Somit überschreiten die Aufträge an den Schnittstellen zwischen Vertrieb und Konstruktion bzw. Fertigung und Montage Werksgrenzen. Eine Zusammenlegung der Bereiche in einem Gebäude ist in der ersten Baustufe nicht möglich. Bei dem in der Zukunft geplanten Wegfall der räumlichen Restriktionen ist mit der Verschmelzung von Vertriebs- und Konstruktionsinseln eine zweite Integrationsstufe vorgesehen.

Die Aufteilung der Segmente in Vertriebs-, Konstruktions- und Montageinseln ließ sich in die bestehenden Organisationsstrukturen einbinden, ohne die vorhandene Führungs- und Aufbauorganisation unmittelbar und grundlegend umzugestalten. Der Einführungsaufwand konnte damit deutlich reduziert werden. Eine andere Aufteilung wäre zudem aufgrund der internen Machtstrukturen kaum realisierbar gewesen.

Erfahrungen aus ähnlichen Projekten haben gezeigt, daß drei bis zehn Mitarbeiter, die in einem gemeinsamen Büro zusammenarbeiten, eine erfolgreiche Arbeitsgruppe bilden konnten. Die gruppendynamischen Effekte, die durch die enge Zusammenarbeit und die räumliche Nähe der Gruppenmitglieder auftreten, verhindern das Entstehen von Bereichsegoismen. Bei einer Segmentgröße von ca. 30 Mitarbeitern wären diese Effekte verloren gegangen. Es war daher eine weitere Unterteilung der Segmente erforderlich.

Durch die Gruppenbildung bekommt die Arbeit jedes einzelnen Gruppenmitglieds vielfältigere Inhalte. Der Überblick der Mitarbeiter über den Gesamtablauf wird besser, kooperative Führungsstrukturen werden ermöglicht. Das bewirkt, daß die Mitarbeiter engagierter und mit mehr Identifikation ihre Arbeit verrichten. Das Resultat ist ein gutes Betriebsklima und ein partnerschaftliches Verhältnis innerhalb der gesamten Belegschaft.

Vertriebsinseln

In den Vertriebsinseln Inland, Export und Übersee sind der kaufmännische und technische Vertrieb mit der Angebotskonstruktion organisatorisch und räumlich zusammengefaßt. Die Größe einer Vertriebsinsel liegt zwischen sechs und elf Mitarbeitern. Die Bearbeitung eines Auftrages erfolgt komplett in einer Insel. Aufgrund begrenzter Personalressourcen wurde die Bearbeitung von Sonderprodukten, die ein produktspezifisches Know-how erfordern, einzelnen Vertriebsinseln zugeordnet. Die

Vertriebsinseln sind für die korrekte und termingerechte Bearbeitung der Aufträge im Gesamtunternehmen verantwortlich.

Konstruktionsinseln

Die Konstruktionsinseln sind für die verfahrenstechnische Produktauslegung, Stücklisten- und Zeichnungserstellung zuständig. Sofern nicht nur verbrauchsgesteuerte Materialien für ein Produkt verwendet werden, übernimmt die Konstruktionsinsel zusätzlich die auftragsbezogene Materialdisposition. Sieben bis zwölf Mitarbeiter arbeiten in den Inseln zusammen.

Sonderaufgaben der Konstruktion – wie Pflege von Werksnorm, DIN-Normen, Betreuung von PPS- und CAD-System – sind einzelnen Gruppen fest zugeordnet. Zusätzlich übernimmt jede Insel die Betreuung einer Haupt-Baugruppe. Sie ist damit direkter Ansprechpartner für die entsprechenden Fertigungsinseln.

Montageinseln

Jede der drei Montageinseln ist verantwortlich für die Montage eines vollständigen Kundenauftrages. Da ein Kundenauftrag oft mehrere unterschiedliche Rührwerkstypen beinhaltet, die zudem hinsichtlich Bauart und Größe variieren können, muß jede Montageinsel das gesamte Produktspektrum montieren können. Dazu sind inselintern sowohl Arbeitsbereiche für kleine und große Rührwerke als auch Lagerbereiche für kundenbezogen kommissionierte Baugruppen vorhanden.

Arbeitsgruppe USA

Im Segment USA, das durch spezielle Marktanforderungen gekennzeichnet ist, wurden die Vertriebs- und konstruktive Abwicklung zusammengefaßt. Die gesamte Auftragsbearbeitung findet ausschließlich in dieser Gruppe statt. Gruppenintern ist die traditionelle Arbeitsteilung zum größten Teil abgebaut worden. Basisfunktionen der Gruppe werden von den Gruppenmitgliedern gemeinsam ausgeführt. Spezielle Fachfunktionen bleiben weiterhin den Experten überlassen. Zur Verstärkung der gruppendynamischen Effekte sind die sechs Mitarbeiter der Gruppe in einem gemeinsamen Büro untergebracht.

Einführung einer Steuerung

Das Fehlen einer Terminplanung und -überwachung für den gesamten Kundenauftrag war vor der Umstrukturierung eine der wesentlichen Ursachen für die vielen Lieferterminverzüge. Einen teilweisen Abbau der Lieferrückstände konnte bereits während der Reorganisation durch die Koordination der Großaufträge auf Geschäftsführungs- und Abteilungsleiterebene erzielt werden. Da dieses Mittel aber nur eine befristete Lösung darstellen kann – schließlich ist die Terminsteuerung nicht Aufgabe der obersten Führungsebene – wurden andere Alternativen entwickelt.

Langfristig bot die Einführung einer zentralen Terminsteuerung in Form einer Auftragsleitstelle die größten Vorteile. Aufbauorganisatorisch ist die Auftragsleitstelle auf die drei Vertriebsinseln verteilt. Ihre Aufgabe ist die Abstimmung der Termine innerhalb und zwischen den verschiedenen Segmenten. Sie plant und steuert den Auftragsdurchlauf wochengenau. In diesem Raster erhält sie auch von den Inseln Rückmeldungen über den Auftragsfortschritt. Sie kann somit schnell und flexibel auf Störungen reagieren. Die Feinsteuerung auf Tages- bzw. Stundenbasis führen die Inseln eigenverantwortlich im Rahmen der ihnen vorgegebenen Ecktermine und Meilensteine durch.

Entscheidungen bezüglich der Abstimmung zwischen den Inseln trifft die Auftragsleitstelle in der Regel eigenverantwortlich. Unterstützt wird sie dabei von Projektleitern, die für alle Großprojekte eingesetzt werden. Die Projektleitung für strategisch bedeutsame Großprojekte ist direkt bei der Geschäftsleitung angesiedelt. Kann die Auftragsleitstelle wichtige Entscheidungen nicht durchsetzen bzw. sind strategische Entscheidungen gefragt, so schaltet die Auftragsleitstelle die Geschäftsleitung ein.

Zur Planung und Steuerung eines vollständigen Segments ist jeweils ein Mitarbeiter der Auftragsleitstelle dem Segment fest zugeordnet. Segmentüberschreitende Einplanungen (z. B. bei Kapazitätsengpässen) werden von allen Mitarbeitern der Auftragsleitstelle gemeinsam gelöst.

Zu Beginn der Organisationsumgestaltung wurde der Auftragsfortschritt zusätzlich in regelmäßigen Besprechungen der Führungskräfte überwacht, an denen die Fachbereichsleiter (Vertrieb, Konstruktion, Produktion, Einkauf) und die Geschäftsleitung teilnahmen.

Die Einführung der Auftragssteuerung brachte für die ›gesteuerten‹ Mitarbeiter eine starke Verbesserung der Arbeitsqualität. Durch die Reduzierung von Eilaktionen und ungeplanten Aufträgen wurde der Auftragsabwicklungsprozeß beruhigt. Die Mitarbeiter können heute ihre Arbeit zum großen Teil selber einteilen und damit deutlich streßfreier gestalten.

Strukturierung der Teilefertigung

Die Strukturierung nach Marktsegmenten konnte in der Fertigung aus verfahrenstechnischen und betriebswirtschaftlichen Gründen nicht umgesetzt werden. So hätten kundenauftragsorientierte Fertigungsinseln – hier würden alle eigengefertigten Einzelteile eines Kundenauftrages jeweils in einer Organisationseinheit hergestellt – wegen des ungünstigen Kapazitätsquerschnitts beachtliche Neuinvestitionen bei gleichzeitig geringer Kapazitätsauslastung zur Folge gehabt. Zudem wären durch die großen Arbeitsgruppen Synergien verloren gegangen.

Die neue Fertigungsstruktur ist aus der Produktstruktur abgeleitet und besteht aus baugruppenorientierten Fertigungsinseln. In jeder Fertigungsinsel werden, ausgehend vom Rohmaterial, alle Teile der drei Hauptbaugruppen Rührwerkoberteil, Rührwelle und Rührorgan eines Rührwerks gefertigt und als fertige Baugruppe montiert. Die Zuordnung der drei Hauptbaugruppen zu den sieben Fertigungsinseln erfolgt durch eine weitere Unterteilung der Wellen in Rühr- und Lagerwellen, der Rührwerks-oberteile in Dichtungs-, Serien- und Sonderteile sowie der Rührorgane in Stahl- und Edelstahlteile.

In den Fertigungsinseln arbeiten durchschnittlich fünfzehn Mitarbeiter zusammen. In jeder Insel wurden die Aufgaben Rohmateriallagerung, -disposition und -verwaltung, Komplettbearbeitung, Arbeitsplanung, kurzfristige Fertigungssteuerung, Qualitätssicherung und Instandhaltung integriert. Die ehemals zentrale Arbeitsvorbereitung wurde aufgelöst. Die Mitarbeiter der Arbeitsvorbereitung (Arbeitsplaner und Steuerer) wurden vollständig auf die Fertigungs- und Montageinseln verteilt.

Die Fertigungsinseln weisen eine hohe Autonomie auf. Von großer Bedeutung ist die Integration des Rohmateriallagers und eines Pufferbereichs für die gefertigten Einzelteile als Anbindung an den Montagebereich. Die Mitarbeiter der Fertigungsinseln übernehmen die verbrauchsbezogene Rohmaterialdisposition und legen auf der Basis eines einwöchigen Arbeitsvorrats die Bearbeitungsreihenfolge der Aufträge selber fest. Beschränkungen ergeben sich aus der zur Verfügung stehenden maximalen Pufferfläche für Einzelteile und dem zulässigen Zeitfenster für die Bearbeitung.

Weitere wichtige Aufgaben der Inseln sind die Fertigungsplanung (Arbeitsplanerstellung, Betriebsmittelkonstruktion und NC-Programmierung), das Zeitenwesen sowie die Qualitätssicherung. Neben der eigentlichen Prüfung, die von den Werkern selber durchgeführt wird, gehören Prüfplanung und Fehlerverhütung zum Verantwortungsbereich jeder Insel. Wartung, Inspektion und einfachere mechanische und elektronische Instandsetzungsarbeiten führen die Mitarbeiter der Insel selber aus. Für kompliziertere Instandsetzungsarbeiten steht ein externer Service zur Verfügung.

Dezentrale Gebäudestruktur

Das bestimmende Merkmal der realisierten Gebäudestruktur sind drei kongruente Fertigungshallen, die durch eine überdachte Verbindungsstraße miteinander verbunden sind. Für dieses Layout-Konzept sprechen vor allem die Erweiterungsflexibilität und die ideale Verbindung von dezentralen Produktionsbereichen und hallenübergreifender Kommunikation.

Die überdachte Verbindungsstraße, das sogenannte › gläserne Rückgrat ‹, verläuft in der Längsachse des Areals. Es verbindet die Hallen der Fertigungsbereiche Rührwerks-oberteile, Rührorgane und Rührwellen untereinander sowie mit den zentralen Bereichen Warenein- und -ausgang, Betriebshof, Kantine, Schulungsräumen und den Konstruktionsinseln. Über die ›Straße‹ werden auch die Mitarbeiter von den stirnseitigen Eingängen zu den Sozialräumen und zum Arbeitsplatz geführt.

Die Oberlichter und die Walmausbildung ergeben mit der Straße ein unverwechselbares Erscheinungsbild. An die Fertigungshallen jeweils angeschlossen sind die Sozialräume im Erdgeschoß. Im Geschoß darüber sind die Hallentechnikräume untergebracht. Dieser Komplex besteht aus tragendem Sichtmauerwerk mit Betondecken. Die Ebene der Konstruktionsinseln durchschneidet die ca. 10 m hohe ›Straße‹ im Mittelteil des Gesamtkomplexes und schafft so die optische Unterbrechung der ca. 110 m langen Straßenachse.

Hallengestaltung

Der ganzheitliche Ansatz zeigt sich auch in der Hallengestaltung. In jeder Halle befinden sich zwei bis drei baugruppenorientierte Fertigungsinseln. Den Hallen ›Rührwellen‹ und ›Rührwerkoberteile‹ wurden zudem die zentralen Bereiche Werkzeugbau und Lehrlingswerkstatt zugeordnet. Jede Halle hat ihr eigenes, dezentrales Lager. Alle von den Fertigungsinseln dieser Halle benötigten Rohmaterialien werden dort gelagert.

Die werkstattnahen Bürobereiche sind an den Hallenlängsseiten angeordnet. Dort sind für jede Fertigungsinsel – durch Glas von der unmittelbaren Produktionsumgebung abgeschirmt – Arbeitsplätze für die Fertigungssteuerung, Fertigungsplanung, NC-Programmierung, Betriebsmittelkonstruktion und Inselleitung vorhanden.

Bei der Aufstellung der Maschinen wurde besonders auf gute Kommunikations- und Kooperationsmöglichkeiten geachtet. Entlang des Bearbeitungsprozesses ergeben sich hieraus Möglichkeiten zur Bildung von inselinternen Kleingruppen.

Einführung der neuen Produktionsstruktur

Grundlegende Veränderungen der Unternehmensorganisation sind nicht in einem Schritt realisierbar. Vielmehr mußte den Mitarbeitern ein sukzessives Hineinwachsen in die neue Situation, ein ›training on the job‹ ermöglicht werden.

Erleichtert wurde dieser Ansatz durch die umfangreiche Beteiligung der Mitarbeiter am Planungsprozeß. An der Gesamtkonzeption der zukünftigen Unternehmensstruktur waren jederzeit der Betriebsrat und erfahrene Mitarbeiter der einzelnen Fachbereiche vertreten. Diese Mitarbeiter hatten die Aufgabe, ihre Kollegen ständig über den aktuellen Stand der Planungsarbeiten zu informieren. Durch einen Daueraushang am schwarzen Brett, die in regelmäßigen Abständen stattfindenden Betriebsversammlungen und die herausgegebenen Projektzeitungen wurden die Mitarbeiter auch ›offiziell‹ ständig auf dem Laufenden gehalten.

Außerdem war jeder Mitarbeiter direkt in die Feinplanung seines Arbeitsplatzes eingebunden. In einer vollständigen Befragung aller Mitarbeiter konnten die Wünsche jedes einzelnen Mitarbeiters aufgenommen werden. Während dieser Befragung hatten die Mitarbeiter Gelegenheit, eigene Informationsdefizite durch Fragen zu klären. Hierdurch wurden Ängste und Befürchtungen abgebaut sowie die Akzeptanz der Strukturveränderungen wesentlich erhöht.

Bereits in den alten Gebäuden wurden erste organisatorische Veränderungen durchgeführt. Die funktional organisierte Arbeitsvorbereitung wurde baugruppenorientiert gegliedert. Die Mitarbeiter übernahmen schon vor dem Umzug für ihr zukünftiges Produktspektrum die inselinternen Steuerungs- und Planungsaufgaben. Flankiert wurde dies durch eine Neuaufteilung der Meisterbereiche, die sich an der zukünftigen Inselstruktur orientierte. In dieser Zeit wurden auch die Inselleiter, die sich aus den Bereichen Fertigung, Werkstattführung und Arbeitsvorbereitung rekrutieren, festgelegt und Qualifizierungsmaßnahmen zur Führungskräfteentwicklung eingeleitet.

Ebenfalls vor dem Umzug in das neue Gebäude wurde eine Pilotinsel in der Fertigung eingeführt. Im Rahmen der kollektiven Inselentwicklung wurden in zweiwöchigem Abstand einstündige Gruppengespräche initiiert. In der Montage wurde parallel eine Kostenstellenstruktur – auf eine räumliche Zusammenlegung der Betriebsmittel wurde zu diesem Zeitpunkt verzichtet – mit drei redundanten, auftragsorientierten Montageinseln verwirklicht. In Vertrieb und Konstruktion erfolgte die durchgängige Segmentierung nach Vertriebsgebieten.

Mit dem Einzug in den Neubau wurde die flächendeckende Umstrukturierung der Fertigung und die Einführung von Arbeitsgruppen in der Konstruktion umgesetzt. Die Pilotinsel in der Fertigung übernahm zu diesem Zeitpunkt die Entwicklung und Erprobung des neuen Entlohnungsmodells. Gleichzeitig wurde eine Pilot-Montageinsel organisatorisch und räumlich installiert. Etwas versetzt folgten die beiden anderen Montageinseln. Die Qualifizierungsmaßnahmen konzentrierten sich in diesem Stadium auf die individuelle Aus- und Weiterbildung der Inselmitarbeiter.

Personalentwicklung

Die realisierte Unternehmensstruktur stellt besondere Anforderungen an das vorhandene Personal. Aufgrund der gefragten Steigerung der Mitarbeiterflexibilität müssen die Mitarbeiter zusätzlich zu ihren Spezialkenntnisse mehr Generalistenwissen zur Bearbeitung ihrer Aufgaben einsetzen. Ohne ein begleitendes Personalentwicklungskonzept konnte die Flexibilitätssteigerung nicht erreicht werden.

Aus diesem Grund wurde ein Vergleich der Mitarbeiterqualifikationen mit den benötigten Qualifikationen durchgeführt. Aus dem Vergleich wurden zukünftige Einsatzgebiete der Mitarbeiter und notwendige Qualifizierungsmaßnahmen abgeleitet. Die gewonnenen Erkenntnisse sind in ausführlichen Personalgesprächen hinsichtlich ihrer

Umsetzbarkeit überprüft sowie um berufliche Wünsche der Mitarbeiter ergänzt worden. So konnte eine Abstimmung von Unternehmens- mit Mitarbeiterinteressen erreicht werden.

Mit Hilfe der Qualifizierungsexperten des IAO wurden Schulungskonzepte entwickelt, in denen die Mitarbeiter die für ihre Arbeit nötige Fach-, Methoden- und Sozialkompetenz erwerben konnten. Die wichtigsten Schulungen wurden hausintern durchgeführt. Hierfür wurden entweder externe Referenten gewonnen oder interne Experten ausgebildet. Zur Erweiterung ihrer spezifischen Fachqualifikationen konnten die Mitarbeiter zudem Weiterbildungsangebote externer Träger wahrnehmen.

Ergebnisse

Ende 1992 wurde der Nutzen der Umstellung quantifiziert. Die durchschnittliche Durchlaufzeit eines Kundenauftrags (von Auftragseingang bis Versand) konnte von 22,0 auf 14,8 Wochen um 33 % gesenkt werden. Der Durchlaufzeitanteil der indirekten Bereiche ging dabei von 7,2 auf 4,5 Wochen zurück, der Anteil der direkten Bereiche verringerte sich von 14,8 auf 10,3 Wochen.

Durch die Umstrukturierung konnte die Produktivität gesteigert werden. Ein großer Teil des Produktivitätszuwachses ist auf die Umwandlung von indirekt zu direkt tätigem Personal zurückzuführen. Ein weiterer Teil der Produktivitätssteigerung resultiert aus räumlichen Verbesserungen (heute ist an jedem Arbeitsplatz ausreichend Raum für unfallfreies Arbeiten vorhanden), einer besseren Versorgung der Mitarbeiter mit Arbeitsmitteln (benötigte Werkzeuge und Hebemittel werden direkt am Arbeitsplatz verwaltet) sowie organisatorischen Veränderungen (größere Routine der Mitarbeiter durch Baugruppenfertigung).

Der Produktivitätszuwachs in Vertrieb, Konstruktion und Einkauf läßt sich nicht direkt durch Kennzahlen belegen, jedoch kann in diesen Bereichen festgestellt werden, daß die Mitarbeiterzahl trotz der erheblichen Umsatzsteigerungen konstant blieb. Außerdem wurden die durch den Produktivitätszuwachs frei werdenden Kapazitätsreserven genutzt, um ein neues Serienprodukt zu entwickeln. Vor allem die Entwicklung des neuen Serienrührwerks legt als Zukunftsinvestition den Grundstein für zukünftige Markterfolge.

Begleitet wurden Durchlaufzeitreduzierung und Produktivitätssteigerung von einer Senkung der Kapitalbindungskosten um 47 %. Außerdem resultieren aus den Organisationsveränderungen auch deutliche Verbesserungen der Produktqualität, was sich am Rückgang der Ausschußzahlen um 63 % zeigt. Die Mitarbeiterzufriedenheit konnte ebenfalls verbessert werden. Indizien für eine hohe Identifikation der Mitarbeiter mit dem Unternehmen ist der mit 2,8 % sehr niedrige Krankenstand und die sehr geringe Fluktuationsrate.

2.2 Planung komplexer Montagesysteme

2.2.1 Planungssystematik

Die Komplexität der Einflußfaktoren Markt, Technik und Gesellschaft sowie deren gegenseitige Wechselbeziehungen bestimmen den Aufbau und Ablauf komplexer Produktionssysteme. Die Entwicklung im Bereich Mechanisierung und Automatisierung hat dazu beigetragen, die Produktivität solcher Systeme zu verbessern. In der Vergangenheit standen dabei die technische Auslegung und Leistungssteigerung einzelner Maschinen und Anlagen im Vordergrund. Heute wissen wir, daß sich komplexe Systeme nur dann optimal nutzen lassen, wenn neben dem Zusammenwirken von Anlagen oder Produktionsbereichen auch das organisatorische und soziale Umfeld betrachtet wird. Von besonderer Bedeutung ist qualifiziertes, motiviertes und kreatives Personal, das komplexer werdende Produktionssysteme betreiben, warten und optimieren kann. Die Arbeitsteilung zwischen direkten und indirekten Produktionsbereichen muß den technischen und organisatorischen Veränderungen angepaßt werden.

Somit müssen Technik, Personal, Information und Organisation gemeinsam bei der Planung von komplexen Produktionsstrukturen wie z. B. Teilefertigung und Montage berücksichtigt werden.

Die nachfolgend dargestellte Planungssystematik, die in Zusammenarbeit mit Anwendern, Herstellern und Industriepartnern erarbeitet wurde, (vgl. u. a. Metzger 1977, Konold und Weller 1985, Bullinger 1986, Nespeta 1989, REFA 1990, Bullinger et al. 1993b) unterteilt den *Planungsprozeß* in mehrere Planungsphasen. Diese sind in Bild 2.27 und Bild 2.28 detailliert dargestellt. Dabei geht die Planungssystematik von folgenden *Prämissen* aus:

❑ Ganzheitliche, bereichsübergreifende Planung;
❑ Stärkung der konzeptionellen Phase;
❑ Erweitertes Zielsystem;
❑ Bereichsübergreifende Teamarbeit;
❑ Top down-Ansatz.

Ziel der ganzheitlichen, bereichsübergreifenden Planung komplexer Montagesysteme ist es, das Zusammenwirken der Systemelemente zu planen und deren Verträglichkeit sicherzustellen. Neben der Optimierung einzelner Arbeitsplätze und Aufgabenbereiche rücken die zusammenhängenden Funktionen des gesamten betrieblichen Leistungs-erstellungsprozesses und deren Integration stärker in den Mittelpunkt der Überlegun-gen. Das Arbeitssystem wird als Teil des Gesamtsystems ›Produktion‹ betrachtet. Konzepte werden erarbeitet, um Arbeitsinhalte im Sinne von Komplettmontage, Funktionsintegration und dezentraler Verantwortung zusammenzufassen.

Die Stärkung der *konzeptionellen Phase* ist gerade bei komplexen Montagesystemen von besonderer Bedeutung. Wesentlich für die konzeptionelle Planungsphase ist die Erarbeitung und das Durchdenken alternativer Montagekonzepte, selbst wenn das Risiko besteht, daß einige Alternativen nicht verwirklicht werden können.

Die Planungssystematik geht nach dem *Top down-Ansatz* vor und berücksichtigt v. a. zwei Aspekte. Ein Aspekt ist die Verfeinerung und Detaillierung des Montagesystems. Die Planungssystematik beginnt mit der Grobplanung, in der mehrere Alternativen des Arbeitssystems ausgearbeitet werden. Die Planung der Einzelkomponenten erfolgt nach Abschluß der Gesamtsystemplanung. Die Ausarbeitung der Einzelkomponenten kann dabei parallel und in mehreren Iterationsschritten ablaufen. Der andere Aspekt ist die Konkretisierung des Montagesystems im Verlauf der Planung. Somit beinhaltet die Planungssystematik drei Charakteristika: Detaillierung, Iteration und Konkretisierung.

Bei der Bottom up-Planung beginnt die Planung bei den Komponenten (z. B. Einzelarbeitsplätze), die im Anschluß daran erst bei der Planung des Gesamtsystems zusammengesetzt werden. Problematisch ist hier die Abstimmung und Zusammenführung der einzelnen Teilsysteme zu einem Gesamtsystem.

Da die Planung ein iterativer Prozeß ist, sind nach einzelnen Phasen und teilweise auch innerhalb der Phasen Entscheidungsschritte vorgesehen, in denen zum einen eine Bewertung der jeweils erarbeiteten Planungsergebnisse vorgenommen wird und zum anderen Entscheidungen bzgl. des weiteren Vorgehens getroffen werden. Der Planungsablauf verläuft vom Grob- zum Feinlayout und vom Ideal- zum Reallayout. Zunächst werden alternative Grobstrukturen des Arbeitssystems entwickelt. Die dem erweiterten Zielsystem optimal genügende Grobstruktur wird detailiert und realisiert.

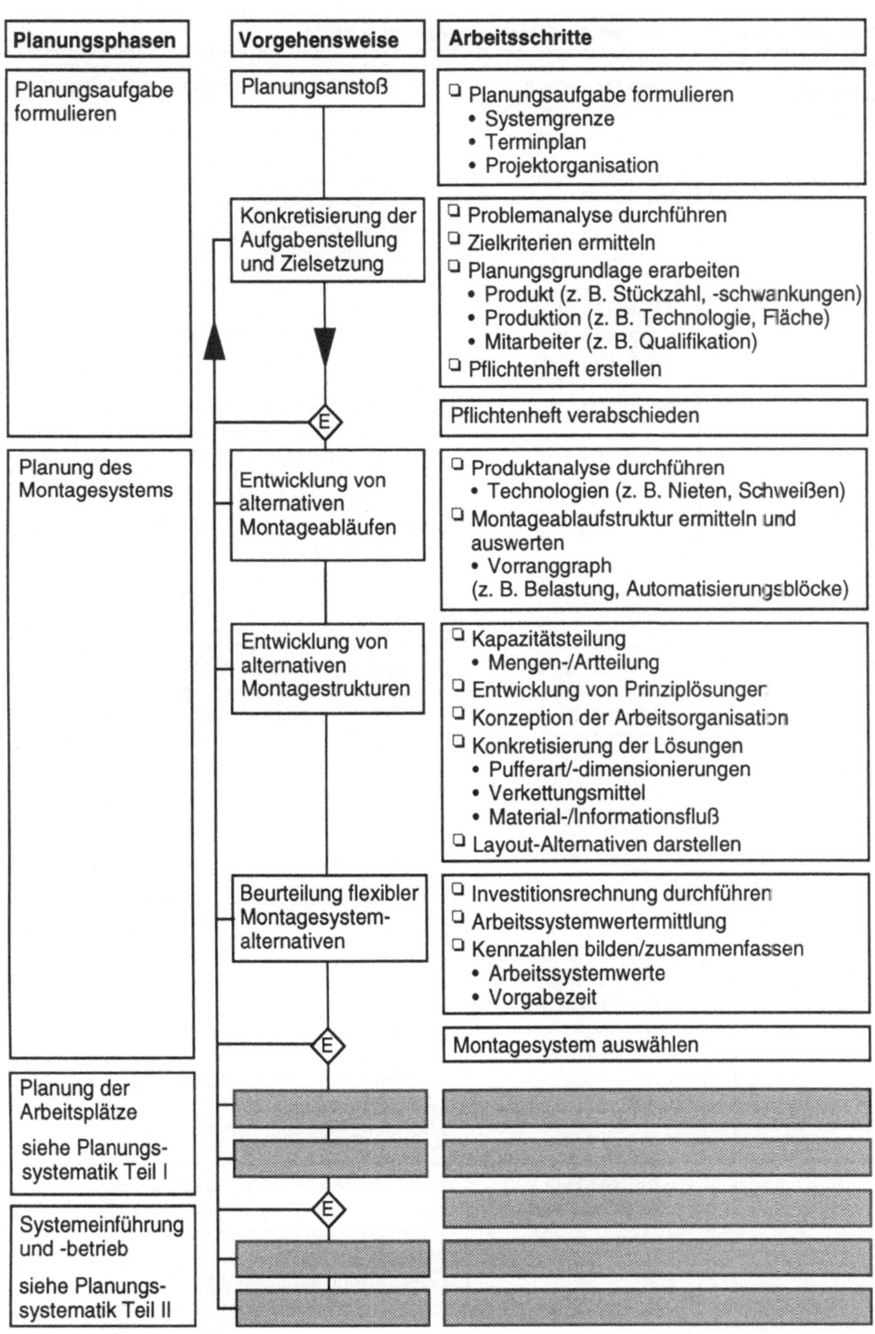

Bild 2.27 Detaillierte Systematik zur Planung flexibler Montagesysteme (Teil I)
(Lentes et al. 1992)

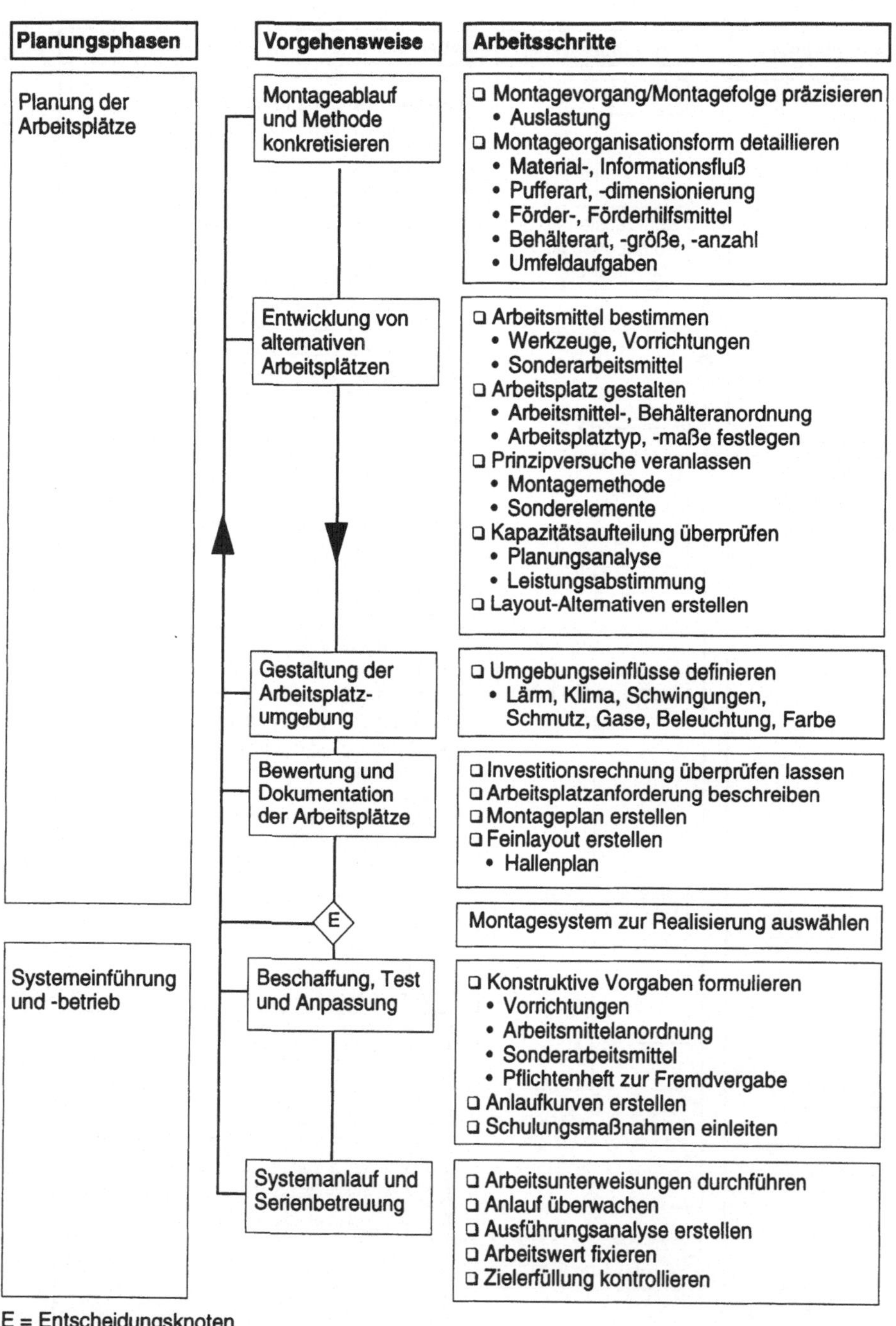

Bild 2.28 Detaillierte Systematik zur Planung flexibler Montagesysteme (Teil II)
(Lentes et al. 1992)

2.2.2 Planungsphase: Formulierung der Planungsaufgabe

2.2.2.1 Planungsanstoß

Der Planungsanstoß wird durch das Zusammenspiel mehrerer Faktoren bewirkt. Die auslösenden Faktoren zur Planung komplexer Produktionssysteme lassen sich in zwei Bereiche unterteilen:

❑ Marktspezifische Faktoren:
  - Veraltete Produkte bzw. Produktfamilien verschwinden vom Markt;
  - Einführung neuer Produkte am Markt;
  - Umsatzeinbußen bestehender Produkte (kostengünstigere Montage).

❑ Betriebspolitische Faktoren:
  - Kürzere Produktionszeiten;
  - Einsatz neuer Technologien;
  - Ersatz alter Produktionssysteme;
  - Paradigmenwechsel der Organisation eines Unternehmens.

Die dargestellte Planungssystematik ist sowohl für die Einführung völlig neuer, komplexer Systeme als auch für die Modifizierung bestehender Produktionssysteme einsetzbar.

2.2.2.2 Konkretisierung der Aufgabenstellung und Zielsetzung

In der Regel enthält der Projektauftrag nur sehr globale Vorgaben hinsichtlich der Planungsziele bzw. der Planungsaufgabe. Deshalb ist eine Detaillierung und Konkretisierung der Planungsziele notwendig.

Zunächst muß man sich in diesem Zusammenhang Klarheit über den Zustand der bestehenden Ist-Situation verschaffen. Dazu dient die *Situationsanalyse.* Mit Hilfe der in Bild 2.29 aufgeführten Analyseschwerpunkte lassen sich sowohl Stärken und Schwächen als auch Anforderungen an das neue Montagesystem ermitteln.

Die ungeordnete Sammlung der zu Beginn der Planung aufgestellten Ziele erfolgt in einem Zielkriterienkatalog. Die Darstellung der geordneten und gewichteten Ziele erfolgt gemäß der entwickelten Ordnung in einer Zielhierarchie oder Zielpyramide.

Eine Gliederung der in einem Zielkriterienkatalog aufgelisteten Ziele in Zielarten zeigt Bild 2.30. Jeder Zielart sind beispielhafte Teilziele zugeordnet.

Analyseschwerpunkte	Beispiele für Einzelerhebungen
Mitarbeiter	❑ Anzahl der Mitarbeiter ❑ Entlohnung der Mitarbeiter ❑ Qualifikation der Mitarbeiter ❑ Fluktuationsraten, Fehlzeiten ❑ Tätigkeitsbeschreibungen
Kosten	❑ Herstellkosten ❑ Materialkosten ❑ Instandhaltungskosten ❑ Kapitalbindung
Betriebsmittel und Technik	❑ Auslastung, Nutzung, Alter ❑ Ausschußquoten ❑ Anzahl Arbeitsplatztypen ❑ Art der I&K-Technik ❑ Verkettungsmittel ❑ Fertigungstechnologie
Produkt	❑ Produktabmessungen ❑ Produktvarianten, Typen ❑ Jahresbedarf, Losgrößen ❑ Fertigungsunterlagen, Toleranzen
Organisation	❑ Durchlaufzeiten ❑ Zulieferbeziehungen ❑ Fertigungstiefe ❑ Ablaufprinzip ❑ Aufbauorganisation ❑ Qualitätssicherung ❑ Arbeitszeitmodelle

Bild 2.29   Schwerpunkte einer Situationsanalyse

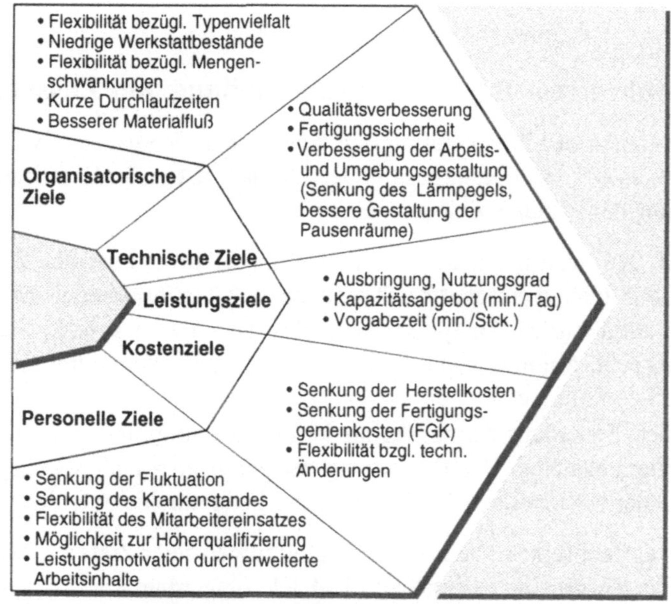

Bild 2.30   Zielarten mit Teilzielen (Beispiel) (nach Bullinger et al. 1993b)

Ausgehend von den beim Planungsanstoß vorgegebenen Grundanforderungen und aufbauend auf das Ergebnis der Situationsanalyse werden global formulierte Ziele in konkrete, einander ergänzende Teilziele umgesetzt. Die Erarbeitung, Darstellung und Bewertung der Teilziele ist notwendig, damit zueinander konkurrierende Lösungsvorschläge miteinander verglichen werden können. Dazu werden die Teilziele in

❏ *monetär quantifizierbare Ziele* und
❏ *monetär nicht quantifizierbare Ziele*

getrennt (vgl. Bild 2.31), wobei der Übergang zwischen diesen zwei Bereichen z. T. fließend ist. Die ermittelten Teilziele sind meist quantitativ zu konkretisieren (z. B. Durchlaufzeitverkürzung um 50 %, Fehlerreduzierung um 30 %), um die nachfolgende Bewertung nach festgelegten Vergleichsmaßstäben zu ermöglichen. Monetär quantifizierbare Ziele sind durch Mengen- und Zahlenangaben direkt oder indirekt leicht beschreibbar. Indirekt beschreibbar bedeutet, daß sie durch die Multiplikation mit Leistungs- und Kostenfaktoren monetär quantifiziert werden. Monetär nicht quantifizierbare Ziele können nicht durch Mengen- und Zahlenangaben beschrieben werden. Sie werden, wie im weiteren Verlauf des Kapitels gezeigt wird, durch die Arbeitssystemwertermittlung bewertbar gemacht. Werden sowohl die quantifizierbaren als auch die nicht quantifizierbaren Ziele gemeinsam bei der Planung berücksichtigt, spricht man von einem *erweiterten Zielsystem*.

Vergleichend zu diesem ›zweischichtigen‹ Ansatz ist in der Literatur ein ›dreischichtiger‹ Ansatz zu finden, der in direkt monetäre, indirekt monetäre und nicht monetäre Kriterien unterscheidet (vgl. Zangemeister 1994).

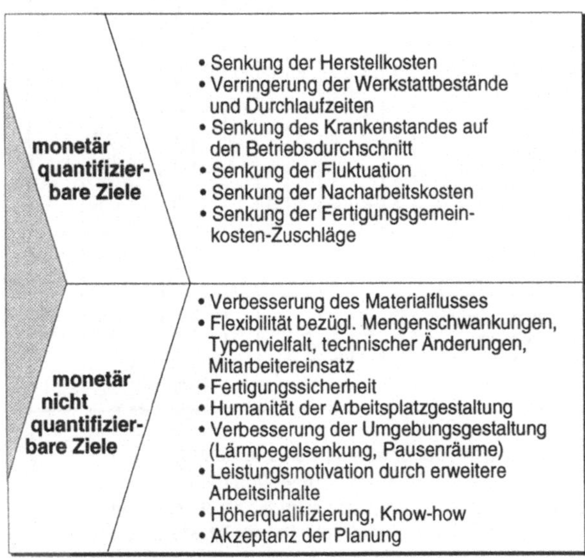

Bild 2.31 Monetär quantifizierbare und monetär nicht quantifizierbare Ziele (Beispiel)

Da den verschiedenen Kriterien bei die Erfüllung der Gesamtzielsetzung eines Planungsprojekts unterschiedliche Bedeutung zukommt, müssen sie projektbezogen gewichtet werden. Durch die Gewichtung vor Planungsbeginn kommt es nachfolgend zur zielorientierten Entwicklung der alternativen Montagestrukturen. Da die zu treffenden Entscheidungen in der Regel für mehrere Bereiche oder Abteilungen von großer Bedeutung sind, empfielt es sich, die Gewichtung im Team, d. h. mit Mitarbeitern aus den verschiedenen Bereichen, durchzuführen.

Die häufigsten zwei Methoden zur *Gewichtung* im Team sind:

❑ Vergabe von *Gewichtungspunkten*,
❑ *Paarweiser Vergleich.*

Die ›Vergabe von Gewichtungspunkten‹ ist ein schnelles Verfahren zur Gewichtung von Zielkriterien. Dabei hat jedes Planungsteammitglied die Möglichkeit, auf die Anzahl der Zielkriterien eine üblicherweise dreifache Menge an Punkten aufzuteilen, die im Anschluß daran durch die Planungsteammitglieder ausgewertet werden.

Nr.	Bewertungskriterien	1	2	3	4	5	6	7	8	9	aG	nG
1	Flexibilität bzgl. Varianten		1	0	1	0	0	2	0	0	4	6
2	Flexibilität bzgl. Stückzahländerungen	1		0	1	1	0	0	0	0	3	4
3	Flexibilität bzgl. schwankendem Personaleinsatz	2	2		1	0	0	2	1	1	9	13
4	Fertigungssicherheit	1	1	1		0	0	0	2	0	5	7
5	Einarbeitungsgerecht z. B. Pilotlinien	2	1	2	2		0	2	0	1	10	14
6	Möglichkeit zur Höherqualifizierung	2	2	2	2	2		1	1	1	13	18
7	Möglichkeit zur Einbeziehung Leistungsgeminderter	0	2	0	2	0	1		0	1	6	8
8	Möglichkeit zur individuellen Leistungsentfaltung	2	2	1	0	2	1	2		1	11	15
9	Möglichkeit zu größerem Handlungsspielraum	2	2	1	2	1	1	1	1		11	15
										Summe	72	100

Legende:	aG:	absoluter Gewichtungsfaktor,
	nG:	normierter Gewichtungsfaktor
Punktverteilung:	2 : 0 =	1. Kriterium wichtiger als 2. Kriterium
	1 : 1 =	1. Kriterium gleich wichtig wie 2. Kriterium
	0 : 2 =	1. Kriterium weniger wichtig als 2. Kriterium

Bild 2.32 Gewichtungsmatrix beim paarweisen Vergleich (Beispiel)

Besonders bewährt hat sich der ›paarweise Vergleich‹. Jeweils ein Kriterium wird hinsichtlich seiner Wichtigkeit mit jedem der verbleibenden Kriterien verglichen. Das Ergebnis wird in eine Matrix eingetragen. Die besser bewertete Alternative erhält zwei Punkte, die schlechter bewertete keinen. Sind die Alternativen gleich zu bewerten, erhält jede einen Punkt. Die pro Kriterium vergebenen Punkte werden zeilenweise addiert und anschließend normiert. Die so erhaltenen Punktwerte werden als normierte *Gewichtungsfaktoren* bezeichnet. Siehe dazu Bild 2.32 als Beispiel. Die Gewichtung der Zielkriterien wird bei der späteren Beurteilung der Planungsalternativen des Montagesystems aufgegriffen und zur Berechnung des Arbeitssystemwerts verwendet.

Punktbewertungsverfahren wie der ›paarweise Vergleich‹ vermitteln zunächst Objektivität durch ihren formalen Ablauf und die scheinbar vom Beurteilenden nicht beeinflußbare Synthese der Einzelanteile zu einer Gesamtbewertung. Dabei ist jedoch zu beachten, daß der subjektive Schritt nur in die Phase der Kriterienauswahl (Art und Häufigkeit einzelner Zielkriterien, Unabhängigkeit von Zielkriterien) vorverlagert wurde. Die Punktvergabe selbst wird durch das Team geregelt und ist in diesem Sinne genauso wenig objektiv.

2.2.3 Planungsphase: Planung des Montagesystems

Zur Entwicklung *alternativer Montageabläufe* im Rahmen der Grobplanung können verschiedene Methoden und Hilfsmittel, wie z. B. Vorranggraphen, eingesetzt werden. Daß Montagestrukturen von der Produktgestaltung abhängen, ist zwar weithin bekannt, findet jedoch nicht immer die entsprechende Beachtung. Meist orientiert sich die Produktgestaltung an funktionellen und wirtschaftlichen Zielen, wobei arbeitswissenschaftliche Ziele eher sekundären Charakter haben. Die Produktgestaltung hat jedoch einen wesentlichen Einfluß auf die Trennung von manuellen und automatisierten Bereichen, auf die Bildung wahlfreier Montagefolgen und autonomer Abschnitte mit Kooperations- und Kommunikationsbereichen sowie auf die Erweiterung der Arbeitsinhalte und die ergonomische Arbeitsplatzgestaltung (nach Bullinger 1993a).

Auf Grundlage der Abläufe sowie Art und Anzahl der Arbeitsplätze werden alternative Montagesysteme mit zugehörigen Informations- und Materialflußsystemen geplant. Diese Planungsstufe wird als Schwerpunkt der *konzeptionellen Phase* des Planungsprozesses betrachtet. Die Ermittlung der Lösungen erfolgt dabei alternativ ausgehend vom Idealzustand (deduktives Vorgehen) oder ausgehend vom Realzustand (induktives Vorgehen).

Der Idealzustand orientiert sich an den Wünschen und Anforderungen an das Montagesystem und wird nicht durch räumliche oder finanzielle Rahmenbedingungen eingeschränkt. Der Realzustand spiegelt die im Betrieb vorhandenen Betriebsmittel und Rahmenbedingungen wider. Wird bei der Planung vom Idealzustand ausgegangen, so führt dies zu innovativen und häufig besseren Lösungen, da neuartige Produktionstechniken berücksichtigt werden können, und die Planung losgelöst von den im Betrieb vorhandenen Betriebsmittel erfolgen kann.

Planungsschritte, Methoden und Hilfsmittel dieser Planungsphase sind in Bild 2.33 als Übersicht zusammengestellt.

Planung des Montagesystems	
Planungsschritte	**Methoden und Hilfsmittel**
Montageabläufe entwickeln	Vorranggraph Repräsentativteileauswahl Teilefamilienbildung
Montagestrukturen entwickeln	Kapazitätsteilung, Kapazitätsfeld Zeitermittlung Arbeitssystem-Elemente-Katalog Morphologie Normen, Vorschriften Brainstorming Simulation
Lösungsvarianten bewerten und auswählen	Wirtschaftlichkeits- und Kosten-rechnung Arbeitssystemwertermittlung Argumentenbilanz

Bild 2.33 **Planungsschritte, Methoden und Hilfsmittel der Planungsphase ›Planung des Montagesystems‹** (nach REFA 1990)

2.2.3.1 Entwicklung von alternativen Montageabläufen

I. Der Vorranggraph als Hilfsmittel

Zur Entwicklung alternativer Produktionsabläufe wird der montageorientierte Produktaufbau hinsichtlich seiner logisch zeitlichen *Ablaufstruktur* dargestellt, um mögliche montagetechnische Freiheitsgrade des Produkts zu erkennen und einen optimierten Produktionsablauf einzuleiten. Zur Darstellung einer solchen Ablaufstruktur hat sich in der betrieblichen Praxis der Vorranggraph bewährt. Im Rahmen der Ablaufplanung werden Montageteilaufgaben festgelegt und unter Berücksichtigung von ›Technik‹, ›Personal‹ und ›Material‹ den Arbeitsplätzen zugeordnet.

In der Regel ist im *Arbeitsplan* die Vorgangsfolge zur Fertigung oder zur Montage eines Teils, einer Gruppe oder eines Erzeugnisses beschrieben. Für jeden Arbeitsvorgang enthält er das verwendete Material, den Arbeitsplatz, die Betriebsmittel, die Vorgabezeiten und gegebenenfalls die Lohngruppe.

Unternimmt man den Versuch einer allgemeinen Definition, so enthält der Vorranggraph sämtliche zur Herstellung eines Produkts gehörende Tätigkeiten, die als Teilvorgänge oder *Teilverrichtungen* bezeichnet werden. Eine Teilverrichtung (*Teilvorgang*) kann nicht sinnvoll weiter in einzelne Bearbeitungs- oder Montageschritte unterteilt werden und muß daher von einer Person oder einem Betriebsmittel vollständig durchgeführt werden (nach REFA 1993).

Für die Montageplanung ist diese Aufsplittung viel zu detailliert. Da hier als Anhaltswert von maximal 100 Tätigkeiten pro Vorranggraph ausgegangen wird, ist es in Abhängigkeit von der Produktgröße und der Tätigkeitsvielfalt nicht immer möglich, die Tätigkeiten so fein zu unterteilen. Deshalb kann eine einzeln aufgeführte Teilverrichtung auch die Montage z. B. einer ganzen Baugruppe oder mehrerer zusammenhängender Tätigkeiten beinhalten.

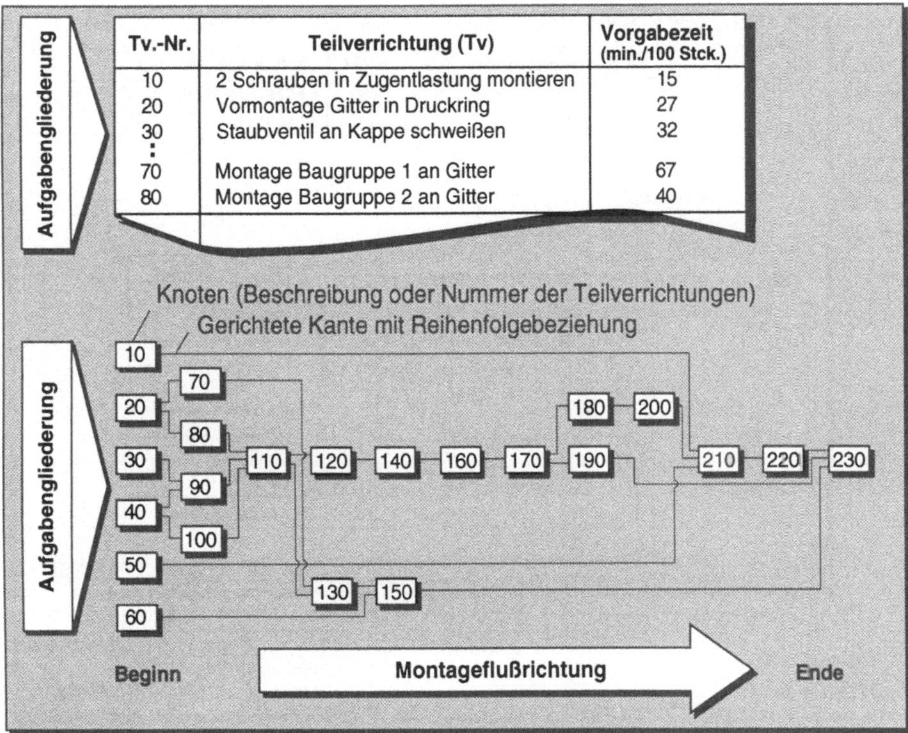

Tv.-Nr.	Teilverrichtung (Tv)	Vorgabezeit (min./100 Stck.)
10	2 Schrauben in Zugentlastung montieren	15
20	Vormontage Gitter in Druckring	27
30	Staubventil an Kappe schweißen	32
⋮		
70	Montage Baugruppe 1 an Gitter	67
80	Montage Baugruppe 2 an Gitter	40

Bild 2.34 Montageablaufstruktur mit Teilverrichtungsliste und Vorranggraph (Beispiel)

Die Teilverrichtungen werden als *Knoten* dargestellt und zum Zeitpunkt der frühesten Ausführbarkeit eingetragen. Die *Abhängigkeitsbeziehungen* zwischen den Teilverrichtungen werden als Verbindungslinien (sogenannte ›*gerichtete Kanten* mit Montageflußrichtung von links nach rechts‹) dargestellt. Das Ende der von einem

Knoten ausgehenden Kanten verdeutlicht die Tätigkeit, vor der die Teilverrichtung spätestens ausgeführt sein muß. Dabei gilt die Zeilen-Spalten-Konvention, d. h., die Teilverrichtungen werden zeitlich von links nach rechts entlang einer Zeile aufgetragen und gelesen. Teilverrichtungen, die zeitlich parallel möglich sind, stehen in parallelen Zeilen übereinander, wobei die Teilverrichtungen einer Spalte den selben frühestmöglichen Zeitpunkt der Ausführung haben. Die Länge der Vorgabezeit der Teilverrichtungen wird nicht grafisch dargestellt, wie das Beispiel in Bild 2.34 verdeutlicht.

II. Vorgehensweise zur Erstellung des Vorranggraphen

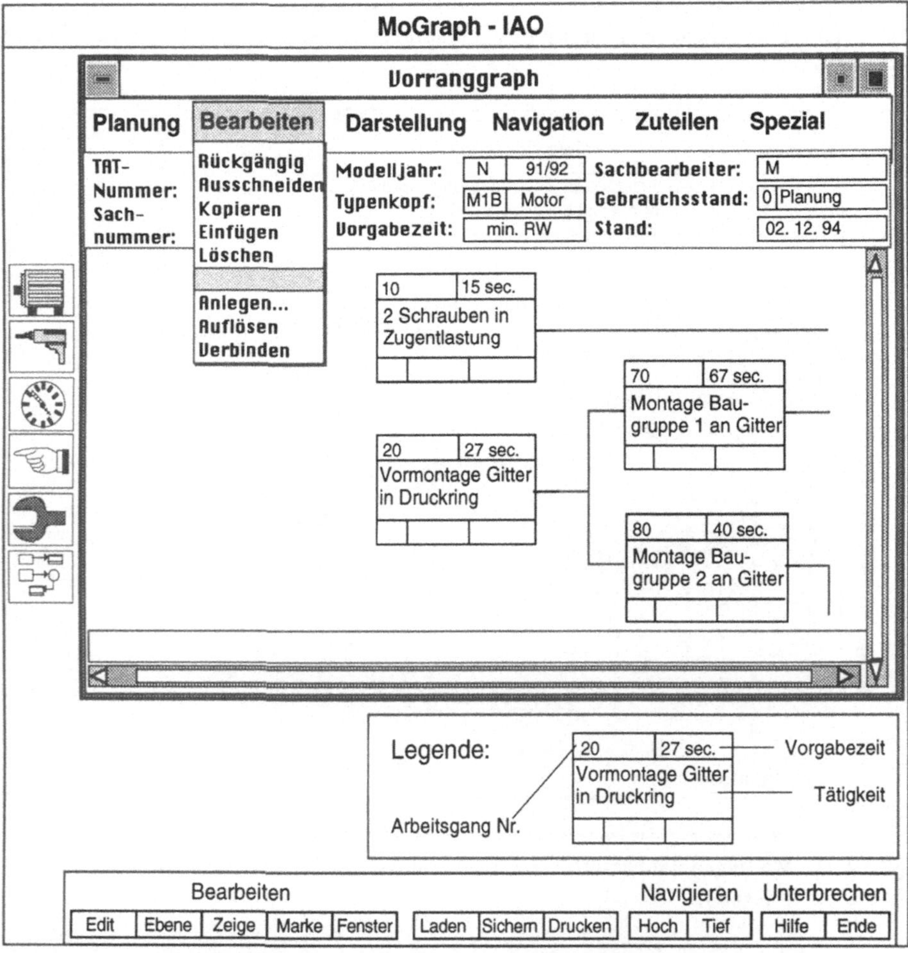

Bild 2.35   Benutzeroberfläche eines rechnerunterstützten Montageplanungssystems

Üblicherweise leitet man in der Planung von einer montageorientierten Strukturstückliste in Kombination mit den zugehörigen Arbeitsplänen die Produktstruktur in Form eines

Vorranggraphen ab. Die Erstellung des Vorranggraphen erfolgt meist mit der Metaplantechnik, wobei Hilfsmittel wie Steckwand, Stecknadeln, Kärtchen und Farbstifte verwendet werden.

Darüber hinaus kann die Erstellung des Vorranggraphen und dessen Auswertung auch EDV unterstützt ausgeführt werden, wodurch Planungsfristen erheblich verkürzt werden können. Ein Beispiel dazu zeigt Bild 2.35.

Bei der Erstellung des Vorranggraphen gibt es prinzipiell zwei Vorgehensweisen, die von zwei unterschiedlichen Ausgangspunkten abgeleitet werden:

❑ Ausgangspunkt: Einzelteile des Produkts.
❑ Ausgangspunkt: Montiertes Produkt.

Ausgangspunkt: Einzelteile des Produkts
Diese Art der Erstellung des Vorranggraphen geht von den Einzelteilen des Produkts aus. Dabei untersucht man die Teilverrichtungen bezüglich des frühestmöglichen Zeitpunkts der Ausführung, die sich in Abhängigkeit von zuvor auszuführenden Teilverrichtungen ergibt. Die Teilverrichtungen werden entsprechend links auf der Zeitpunktachse nach den zuvor auszuführenden Teilverrichtungen aufgetragen. Ein solcher Vorranggraph kann mit vielen parallelen, d. h. zur gleichen Zeit ausführbaren, Montagetätigkeiten beginnen. Die Anzahl der parallelen Äste wird mit zunehmendem Montagefortschritt geringer, bis man schließlich in denjenigen Strang mündet, der mit der letzten Teilverrichtung, z. B. ›Versand des verpackten Produktes‹, endet. Die Umkehrung dieser Vorgehensweise führt zur Vorranggraphenbildung mit dem montierten Produkt als Ausgangspunkt.

Ausgangspunkt: Montiertes Produkt
Bei der Vorranggraphenbildung mit dem montierten Produkt als Ausgangspunkt geht man von der letzten Teilverrichtung, wie beispielsweise ›Versand des verpackten Produkts‹, aus. Vor dieser letzten Teilverrichtung, die auf der Zeitpunktachse rechts steht, bauen sich nun alle weiteren Teilverrichtungen in einer der Netzplantechnik vergleichbaren Weise auf. Der Weg gabelt sich an der Stelle, an der man durch die Demontage zwei ›Baugruppen‹ erhält. Diese wiederum können separat und voneinander unabhängig weiter demontiert werden. Verfolgt man diesen Weg bis zum ›Schluß‹, d. h. bis alle Einzelteile vorliegen, dann erhält man einen Vorranggraphen, der aussagt, zu welchem Zeitpunkt die jeweilige Teilverrichtung spätestens ausgeführt sein muß.

Kombination der beiden Vorgehensweisen
In der Praxis hat sich die Kombination der beiden Vorgehensweisen bewährt. Diese weist sowohl den frühestmöglichen Zeitpunkt (eingezeichnete Lage der Teilverrichtung möglichst weit links entsprechend dem frühesten Zeitpunkt und entsprechend der Lage zeitlich paralleler Teilverrichtungen) als auch den spätest notwendigen Zeitpunkt (Mündung der Linie in die folgende Teilverrichtung entspricht spätestem Zeitpunkt) für

(Mündung der Linie in die folgende Teilverrichtung entspricht spätestem Zeitpunkt) für die Ausführung der einzelnen Teilverrichtungen aus. Die Differenz zwischen den Zeitpunkten entspricht dem zur Verfügung stehenden zeitlichen Spielraum.

III. Auswertung eines Vorranggraphen

Nachdem die Reihefolgebeziehungen aller Teilverrichtungen im Vorranggraphen festgelegt sind, erfolgt die Auswertung des Vorranggraphen.

Auswertungsmöglichkeiten eines Vorranggraphen hinsichtlich Arbeitsinhalte für:		
Arbeitssysteme	**Arbeitsplatz**	**Mitarbeiter**
❏ Blockbildung ❏ Baugruppen	❏ Arbeitsumfang ❏ Arbeitsbewertung ❏ ergonomische Ausgewogenheit ❏ Blickkontakt ❏ Sprechkontakt ❏ Entkopplung ❏ Typenflexibilität	❏ ganzheitliche Arbeitsinhalte ❏ Umfeldarbeiten ❏ Qualifikations- erfordernisse durch neue Arbeitsinhalte

Bild 2.36   **Auswertungsmöglichkeiten eines Vorranggraphen hinsichtlich Arbeitsinhalten**

Ziel der Auswertung eines Vorranggraphen ist es, Teilverrichtungen mit gleichartigen Anforderungen unter Berücksichtigung der bestehenden Vorrangbeziehungen zusammenzufassen und im Anschluß daran den Betriebsmitteln und Arbeitsplätzen zuzuordnen. Bild 2.36 zeigt Auswertungsmöglichkeiten bezüglich Arbeitssystem, Arbeitsplatz und Mitarbeiter, von denen einige nachfolgend erläutert werden.

Auswertung hinsichtlich Blockbildung
Bei der *Blockbildung* werden Teilverrichtungen zu Teilverrichtungsblöcken zusammengefaßt, um z. B. die Automatisierbarkeit, die Prüfbarkeit, die Übersichtlichkeit, die Materialbereitstellung, den Materialfluß oder die Lokalisation von Emissionen zu verbessern. Weitere Kriterien zur Blockbildung sind in Bild 2.37 aufgelistet.

❑ Technologieorientierung
  • Automatisierbarkeit

❑ Betriebsmittelorientierung
  • Anzahl der Betriebsmittel
  • Wiederbeschaffungswert

❑ Materialbereitstellungsorientierung
  • Teileanzahl, -volumen
  • Anzahl / Größe von Teilebehältern

❑ Sicherheitsorientierung
  • Sicherheitszonen
  • Beschädigungsgefahr von Teilen

❑ Funktionsorientierung
  • Prüfbar in kurzen Regelkreisen

❑ Leistungsorientierung
  • Qualifikationen

❑ Fördermittelorientierung
  • Arbeitshöhe
  • Zugänglichkeit

❑ Emissionsorientierung
  • Staube, Gase, Dämpfe

❑ Belastungsorientierung
  • Art der Tätigkeit

Bild 2.37   Auswertungsmöglichkeiten hinsichtlich Blockbildung

Im folgenden wird beispielhaft die technologieorientierte Blockbildung durch Betrachtung der Automatisierbarkeit der Teilverrichtungen behandelt. Montageteilverrichtungen eines einzelnen Produkts werden in verschiedene Blöcke eingeteilt, in denen entweder manuell, teilautomatisch oder vollautomatisch montiert wird. Damit verbundene Ziele sind:

❑ Die Vermeidung sozial isolierter und taktabhängiger, manueller Arbeitsplätze zwischen Automaten;

❑ Die hohe Auslastung von Teilverrichtungsblöcken durch Elimination von manuellen Tätigkeiten;

❑ Die Entkopplung der Mitarbeiter von Automaten durch Abschnittspuffer zwischen den Blöcken;

❑ Die Trennung lohnintensiver Bereiche von kapitalintensiven Bereichen.

Zunächst werden im Vorranggraphen die automatisierbaren Teilverrichtungen gekennzeichnet und danach, soweit möglich, die manuellen bzw. automatisierbaren Teilverrichtungen zu Blöcken zusammengefaßt. Ziel ist es, möglichst viele zusammenhängende automatisierbare Teilverrichtungen zu einem ›Automatenblock‹ zusammenzufassen und sie von den manuellen zu entkoppeln (vgl. Bild 2.38). Für den Fall, daß aus dem *Automatenblock* einige störende, nicht automatisierbare Teilverrichtungen nicht entfernt werden können und der Automatenblock dennoch automatisiert werden soll, kann z. B. über konstruktive Produktänderungen nachgedacht werden.

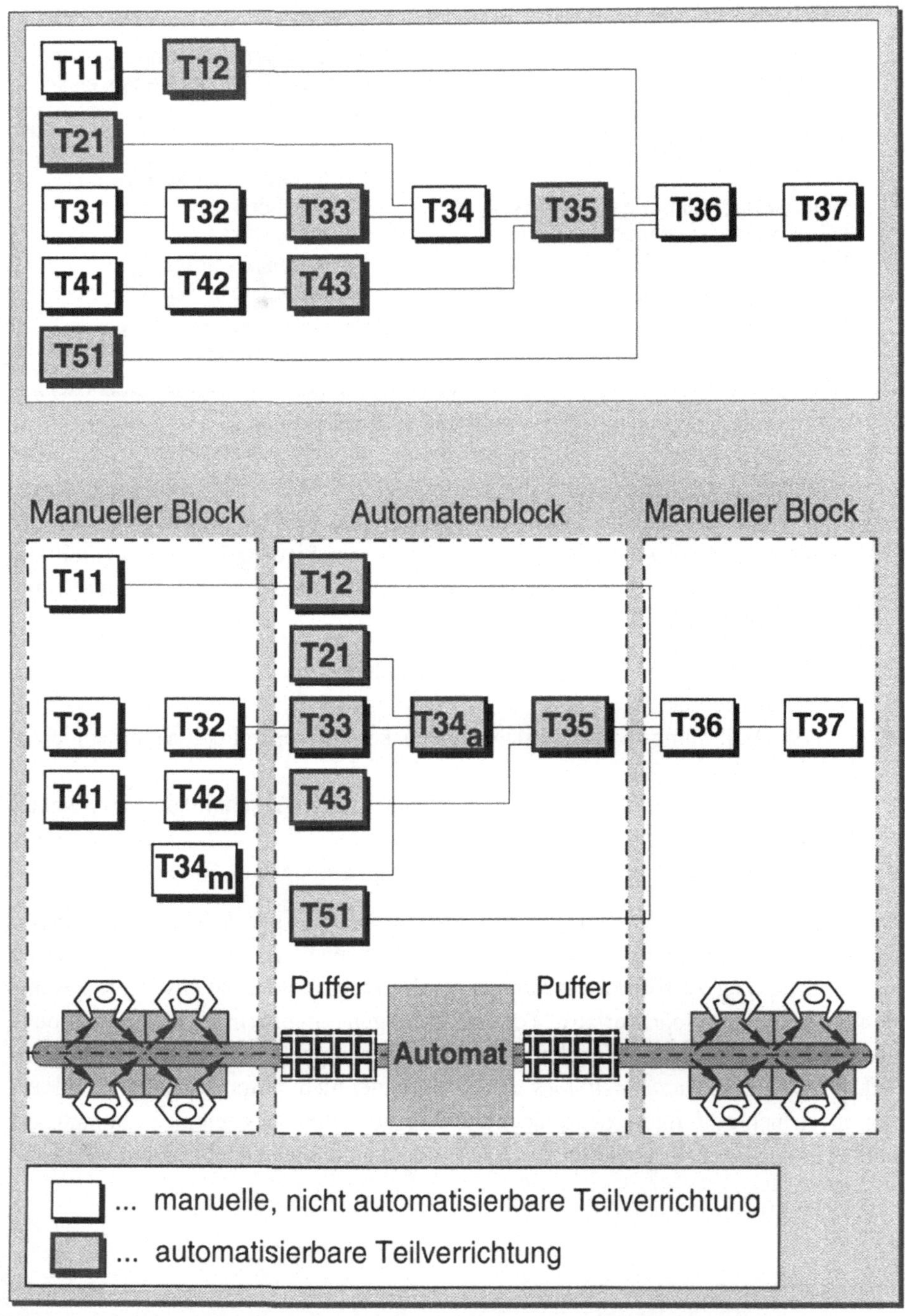

Bild 2.38 **Vorranggraph mit ausgewiesenen automatisierbaren Teilverrichtungen und Blockbildung nach Untersuchung der Automatisierbarkeit (Beispiel)** (nach Bullinger et al. 1993b)

Auswertung hinsichtlich ganzheitlicher Sinneinheiten
Die Auswertung hinsichtlich ganzheitlicher Sinneinheiten bewirkt die Bildung von Arbeitsinhalten, die den Mitarbeitern die Bedeutung und den Zusammenhang ihrer Tätigkeiten erkennen lassen. Kriterien dabei sind z. B. die Abfolge der Teilverrichtungen, die Ausführung der Teilverrichtungen, die Funktionsfähigkeit der montierten Teile und die Prüfbarkeit der Arbeit oder des Produkts (Qualität, Funktion).

Auswertung hinsichtlich des Arbeitsumfangs
Für die Auswertung des Vorranggraphen hinsichtlich des Arbeitsumfangs von Montagearbeitsplätzen werden die einzelnen Teilverrichtungen z. B. mit Hilfe der ›Systeme vorbestimmter Zeiten‹ zeitlich bewertet. Die bewerteten Teilverrichtungen werden dann unter Berücksichtigung der Vorrangbeziehungen zur Bildung des Arbeitsumfangs zusammengefaßt.

Auswertung hinsichtlich des Blickkontakts
Versieht man die Teilverrichtung mit einer Kennzahl über das zu bewältigende Teilevolumen und die Größe einzuplanender Montagemittel, so läßt sich abschätzen, ob an einem Montageplatz eine ›Teileburg‹ entsteht, die einen Blickkontakt zu Kollegen an benachbarten Montageplätzen erschwert. Eine Auswertung hinsichtlich des Blickkontakts zur Vermeidung der Isolation der Mitarbeiter ist insbesondere an Sitz-/Steh-Arbeitsplätzen von Bedeutung. An solchen Montagearbeitsplätzen ist es nicht möglich, sich durch Aufstehen einen Überblick über das Montagesystem zu verschaffen, da die Höhe des Arbeitstisches bereits auf die Körperhöhe bei stehender Arbeitshaltung abgestimmt ist.

Auswertung hinsichtlich der Entkopplung
Bei der Auswertung hinsichtlich der Entkopplung wird versucht, Arbeitsinhalte für Arbeitsplätze so zu bilden, daß eine Entkopplung der Arbeitsplätze möglich ist. Entkopplung kann erreicht werden durch:

- ❑ Puffer: Hierbei ist bei der Festlegung der Arbeitsinhalte auf die Pufferfähigkeit des teilmontierten Produkts zu achten;
- ❑ Überlappende Arbeitsinhalte: An den zu gestaltenden Arbeitsplätzen kann die jeweils erste und letzte Teilverrichtung eines Arbeitsplatzes auch an benachbarten Arbeitsplätzen ausgeführt werden.

Auswertung hinsichtlich der Umfeldarbeiten
Erweitert man den Vorranggraphen um Umfeldarbeiten wie beispielsweise die Materialbereitstellung etc., so schafft man die Voraussetzung dafür, daß diese bei der Bildung von Arbeitsinhalten bereits berücksichtigt werden können. Je nach Kombination führt dies zur Arbeitsbereicherung oder -erweiterung, wie nachfolgendes Beispiel zeigt (nach Pack und Buck 1992).

Beispiel zur Auswertung hinsichtlich Umfeldarbeiten:
In einem mittelgroßen Unternehmen der Meß- und Elektrotechnik werden in einem
teilautomatisierten, flexiblen und nicht verketteten Montagesystem Leiterplatten mit
SMD (Surface mounted device) Bauelementen komplett bestückt und gelötet. Der
Montageumfang je *Leiterplatte* umfaßt ca. 12 Minuten. Die Systemaufgabe umfaßt alle
direkten ausführenden Tätigkeiten wie auftragsbezogene Zusammenstellung sämtlicher
Materialien am arbeitsplatznahen Zwischenlager und deren Transport, Aufrakeln der
Lötpaste im Siebdruck, Beschicken und Bedienen des Bestückautomaten und des
Reflowofens mit anschließender Prüfung und Nacharbeit.

Die Bereicherung der ausführenden Tätigkeiten erfolgt durch

❑ vollständige Materialdisposition (bis hin zur Bestellung beim Zulieferer und
   Verwaltung des dezentralen Lagers),
❑ Fertigungssteuerung im Rahmen eines Auftragspools (incl. Reihenfolgeplanung
   und -optimierung),
❑ Personaleinsatzplanung und
❑ vollständige Anlagenbetreuung (Programmierung, Wartung und Instandhaltung,
   Werkzeug- und Ersatzteilverwaltung sowie Umrüsten).

Die Grundprogrammierung der Anlage sowie größere Wartungs- und Instandsetzungsarbeiten werden von einem Facharbeiter mit Unterstützung durch drei weitere
Mitarbeiter durchgeführt. Alle anderen Tätigkeiten werden im selbstgesteuerten
Tätigkeitswechsel von der Dreiergruppe ausgeführt. Die Haupttätigkeiten Siebdruck,
Bestückung und Löten mit Sichtkontrolle werden nach jedem Los gewechselt. Dadurch
wird die Gesamttätigkeit in jeder Schicht von jedem Mitarbeiter durchgeführt, wodurch
für qualifiziert angelernte Mitarbeiter ein ausgewogenes Profil der Qualifikationsanforderungen erreicht wird.

2.2.3.2 Entwicklung alternativer Montagestrukturen

Die Entwicklung alternativer Montagestrukturen ist folgendermaßen gegliedert:

❑ Kapazitätsteilung;
❑ Leitlinie zur Entwicklung alternativer Montagestrukturen;
❑ Entwicklung von Prinziplösungen;
❑ Materialfluß und Materialbereitstellung;
❑ Layouterstellung.

Aus der Untergliederung der ermittelten Montageabläufe in Montageabschnitte werden
unter Einbeziehung des Zeitfaktors, der Produktionsstückzahl und der Personalkapazität
Kapazitätsfelder erstellt. Dazu stehen verschiedene Hilfsmittel und Möglichkeiten der
Kapazitätsteilung zur Verfügung, wobei der Einfluß des Produktaufbaus berücksichtigt
wird.

Bei der weiteren Ausarbeitung von Prinziplösungen werden grundlegende, prinzipielle Schemata erarbeitet, nach denen die Arbeitsaufgabe erfüllt werden kann. Die Planung der Materialbereitstellung und des Materialflusses spielt dabei eine wichtige Rolle, da aufgrund einer vergrößerten Teilevielfalt und großer Stückzahlschwankungen die ablauforganisatorischen Anforderungen an die Materialbereitstellung steigen. Bei der folgenden Layouterstellung wird die Planung des Montagesystems weiter konkretisiert und entsprechend den realen Randbedingungen ausgearbeitet.

2.2.3.3 Kapazitätsteilung

Die Kapazitätsteilung ist die Basis für die Entwicklung von Montagestrukturen und Prinziplösungen. Die Kapazitätsteilung gibt Aufschluß über die Arbeitsinhaltsbildung und die Personalplanung, wobei die Anzahl der Mitarbeiter und Arbeitsplätze bestimmt wird, die im Montagesystem eingeplant werden. Daraus ergibt sich das Zusammenwirken der einzelnen Komponenten sowie der voraussichtliche Materialfluß. Bei der Kapazitätsteilung unterscheidet man in Artteilung, Mengenteilung und Teilungsmix. Vorgenommen wird die Kapazitätsteilung im Kapazitätsfeld.

I. Kapazitätsfeld

Beim Vorranggraph bleibt die Stückzahl des zu fertigenden Produkts bei der Bildung der Reihenfolgebeziehungen der Teilverrichtungen unberücksichtigt. Das Kapazitätsfeld dagegen ist ein Hilfsmittel zur Darstellung des Kapazitätsbedarfs sowie zur Darstellung des Kapazitätsangebots der Mitarbeiter unter Berücksichtigung der Stückzahl. Somit ist es ein Hilfsmittel zur Gestaltung des Arbeitssystems. Arbeitsinhalte werden geplant, ohne daß dabei zunächst auf die Arbeitsplatzanordnung und -verkettung eingegangen werden muß.

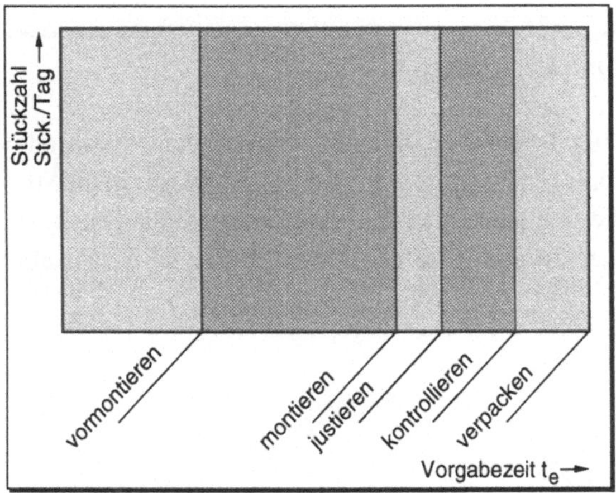

Bild 2.39 Kapazitätsfeld eines Produkts (Beispiel)

Zur Montage eines Produkts sind bestimmte Teilverrichtungen notwendig, die man dem Vorranggraphen entnehmen kann. Diese werden zeitlich bewertet, wobei die Vorgabezeiten über einen Zeitmaßstab nacheinander aufgetragen werden. Auf der Abszisse des Kapazitätsfelds wird die Vorgabezeit beispielsweise in min./Stck. aufgetragen, auf der Ordinate die zu montierende Stückzahl beispielsweise in Stck./Tag. Ergänzt man nun den Abszissen- und Ordinatenabschnitt durch Parallelen, so bildet das Mengen-Zeit-Diagramm das Kapazitätsfeld des zu montierenden Produkts. Bild 2.39 zeigt dafür ein Beispiel. Die Fläche des Kapazitätsfelds entspricht der zeitlichen Kapazität, die zur Montage des Produkts in der entsprechenden Stückzahl benötigt wird.

Die Dimensionierung der Kapazität eines Montagesystems erfolgt gemäß Bild 2.40 durch den Vergleich von *Kapazitätsbedarf* der Arbeitsaufgabe und *Kapazitätsangebot* eines Arbeitsplatzes.

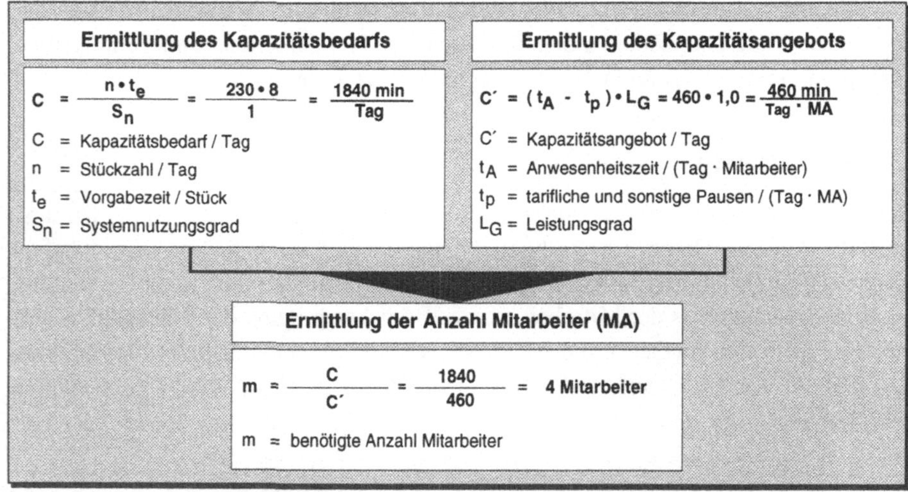

$$C = \frac{n \cdot t_e}{S_n} = \frac{230 \cdot 8}{1} = \frac{1840 \text{ min}}{\text{Tag}}$$

$$C' = (t_A - t_p) \cdot L_G = 460 \cdot 1{,}0 = \frac{460 \text{ min}}{\text{Tag} \cdot \text{MA}}$$

$$m = \frac{C}{C'} = \frac{1840}{460} = 4 \text{ Mitarbeiter}$$

Bild 2.40   Beispiel zur Dimensionierung

Für die planungsrelevanten Typen und Varianten werden unter Zugrundelegung der Auswertungskriterien Montageabschnitte gebildet. Die Einflüsse auf die Strukturierung des Kapazitätsbedarfs, die sich zum einen aus mengenbezogenen Daten, zum anderen aus ablaufbezogenen Daten zusammensetzen, sind in Bild 2.41 dargestellt.

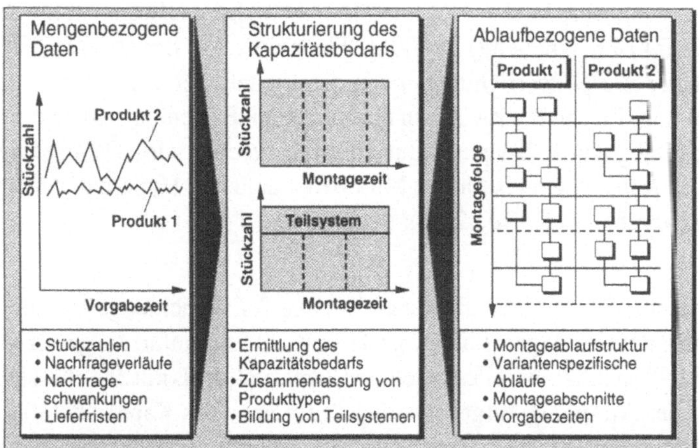

Bild 2.41   Strukturierung des Kapazitätsbedarfs

II. Möglichkeiten der Kapazitätsteilung des Kapazitätsfelds

Verschiedene Möglichkeiten der Kapazitätsteilung – Artteilung, Mengenteilung, Teilungsmix – können mit der *Kapazitätshyperbel* dargestellt werden. Die Fläche für diskrete Wertepaare der Hyperbel, als Produkt aus Vorgabezeit und Menge, ist dabei konstant.

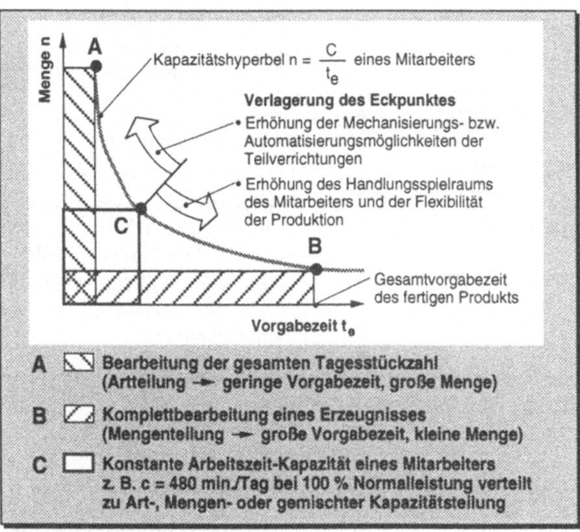

Bild 2.42   Kapazitätshyperbel

Wie zuvor in einem Beispiel dargestellt, hat ein Mitarbeiter ein bestimmtes zeitliches Kapazitätsangebot ›C‹, das im Kapazitätsfeld als Fläche dargestellt wird. Durch das Kapazitätsangebot der Mitarbeiter kann der Kapazitätsbedarf auf mehrere Arten gedeckt werden. Dabei unterscheidet man zwischen zwei Extremfällen. Auf der einen

Seite kann der einzelne Mitarbeiter seine Kapazität dazu aufwenden, um die gesamte Tagesstückzahl zu bearbeiten (Artteilung, Fläche A). Auf der anderen Seite montiert der Mitarbeiter alle Teilverrichtungen von den Einzelteilen bis zum fertigen Produkt (Mengenteilung, Fläche B). Zwischen diesen beiden Extremen sind sehr viele andere Aufteilungen möglich, wobei von Teilungsmix gesprochen wird. Dabei bewegt sich der Eckpunkt des Kapazitätsfelds für den Mitarbeiter auf einer Hyperbel, der sogenannten ›Kapazitätshyperbel‹ (vgl. Bild 2.42).

Artteilung
Bei der Artteilung führt der Mitarbeiter nur wenige Teilverrichtungen und einen kleinen Zeitanteil an jedem Erzeugnis für eine große bzw. im Extremfall die gesamte Stückzahl aus. In Bild 2.43 ist das Prinzip des artteiligen Kapazitätsfelds mit den charakteristischen Merkmalen der Artteilung aufgezeigt. Jede Teilfläche des Kapazitätsfelds entspricht der Kapazität eines Arbeitsplatzes. Aus der Artteilung resultieren hintereinander liegende Arbeitsplätze, die auf unterschiedliche Weise angeordnet werden können. Stellen die Arbeitsinhalte sehr unterschiedliche Qualifikationsanforderungen dar, so führt dies zu großen Lohngruppenunterschieden bei insgesamt niedrigen Lohngruppen (Bullinger und Warnecke 1993c).

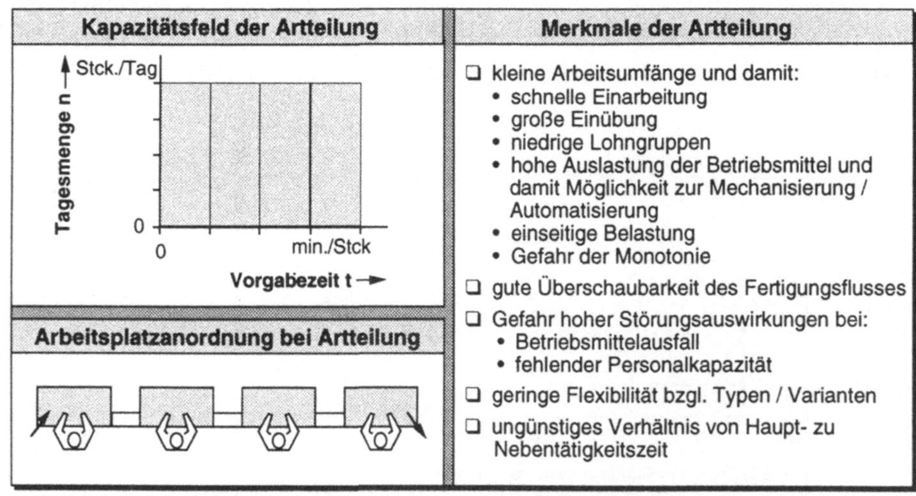

Bild 2.43   Charakteristische Merkmale der Artteilung (Beispiel)

Mengenteilung
Sollte die Produktgestaltung eine Verringerung der Montagezeiten und der direkten Arbeitsgänge bewirken, ist es sinnvoll, mittelfristige Tätigkeiten aus dem unmittelbaren Umfeld oder Aufgaben, die mit der Betreuung der Anlage verbunden sind, in das Aufgabengebiet der Mitarbeiter zu integrieren. Durch die dadurch erhöhten Denkanforderungen und Lernanreize läßt sich das bei den Mitarbeitern vorhandene Potential besser nutzen (Bullinger 1993d). Werden von einem Mitarbeiter mehrere Teilverrichtungen oder im Extremfall die Gesamtmontage des Erzeugnisses mit entsprechender

Verringerung der Stückzahl vorgenommen, dann spricht man von Mengenteilung. Bild 2.44 zeigt dazu das prinzipielle Kapazitätsfeld und die charakteristischen Merkmale. Die sich daraus ergebenden Arbeitsplätze, an denen parallel gearbeitet werden kann, sind als Prinziplayout dargestellt. Bestehen für mehrere Mitarbeiter innerhalb einer Gruppe ähnliche Arbeitsinhalte mit vergleichbaren Qualifikationsanforderungen, so ergeben sich innerhalb der Gruppe nur geringe Lohngruppenunterschiede (Bullinger und Warnecke 1993c).

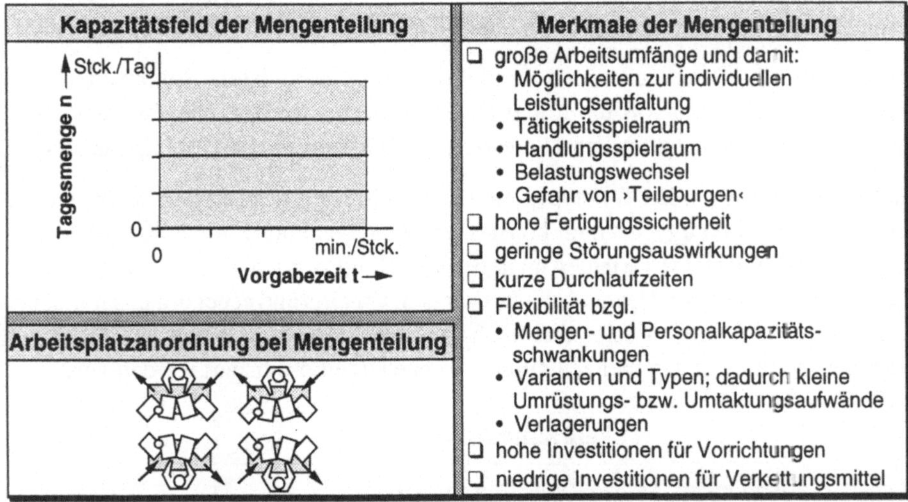

Bild 2.44   Charakteristische Merkmale der Mengenteilung (Beispiel)

Gemischte Kapazitätsteilung

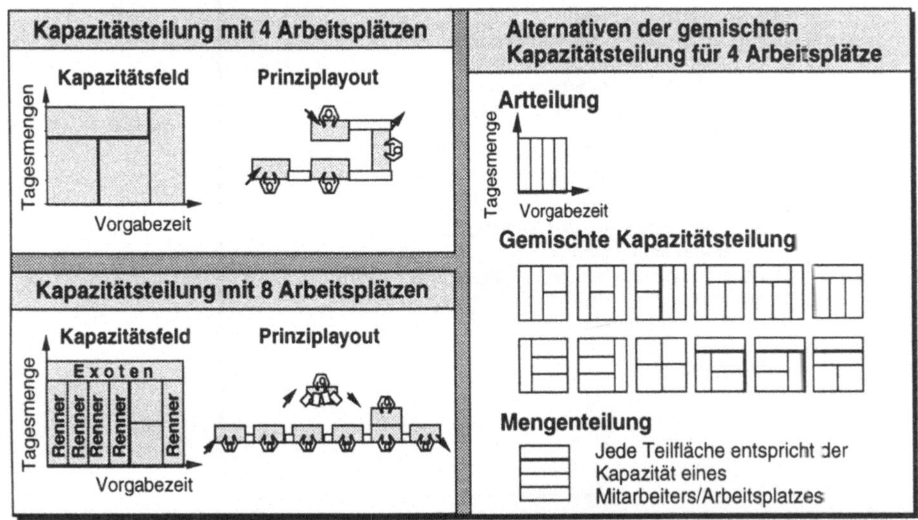

Bild 2.45   Alternativen der gemischten Kapazitätsteilung mit Prinziplayout (Beispiel)

In der Praxis wird die Art- und Mengenteilung häufig nicht in der beschriebenen extremen Form, sondern in einer gemischten Kapazitätsteilung (*Teilungsmix*) umgesetzt. Bei der gemischten Kapazitätsteilung werden von den Mitarbeitern einer Arbeitsstruktur unterschiedliche Mengenanteile und unterschiedlich umfangreiche Arbeitsinhalte ausgeführt. Mitarbeiter können entsprechend ihrer unterschiedlichen Interessen und Qualifikationen eingesetzt werden. Bild 2.45 zeigt die möglichen Alternativen der gemischten Kapazitätsteilung bei einem Kapazitätsangebot von vier Mitarbeitern (Arbeitsplätzen). Beispielhaft werden zwei Prinziplayouts für gemischte Kapazitätsteilungen mit vier bzw. acht Arbeitsplätzen dargestellt.

Bei einem stark schwankenden Produktionsprogramm bzgl. Stückzahlen und Typvarianten ist es sinnvoll, das Kapazitätsfeld in die beiden Bereiche ›*Rennersystem*‹ und ›*Exotensystem*‹ zu unterteilen. Diese werden in Bild 2.46 und Bild 2.47 charakterisiert.

Im Rennersystem werden Teiletypen mit konstant hoher Stückzahl bearbeitet. Ziel ist ein möglichst homogener und konstanter Montageablauf, weshalb Stückzahlschwankungen oder Typvarianten nicht berücksichtigt werden. Das Rennersystem ist meist artteilig unterteilt. Dennoch wird es vor dem Hintergrund neuer organisatorischer Konzepte in Zukunft so sein, daß auch in diesen Rennersystemen aus Sicht des einzelnen Mitarbeiters in mengenteiliger Gruppenarbeit produziert werden wird.

›Rennersystem‹

Merkmale: Meist artteilige Montage der
›Mindeststückzahl‹ eines Types

Vorteile:

- ❏ keine Stückzahlschwankungen
  - kein Umtakten
- ❏ keine Typänderungen
  - kein Umrüsten (nur Varianten)
- ❏ Beruhigtes ›Fahren‹ der Linie
  - gleichmäßige Materialdisposition
  - gleichbleibende Arbeitsinhalte
- ❏ kleine Arbeitsumfänge
  - schnelle Einarbeitung
  - niedrige Lohngruppen
- ❏ Möglichkeit zur Mechanisierung/Automatisierung
  - bei Vorrichtungen und Betriebsmitteln
  - bei Verkettungsmitteln
- ❏ hohe Auslastung der technischen Einrichtungen
- ❏ gute Überschaubarkeit des Fertigungsflußes für den Vorgesetzten

Nachteile:

- ❏ einseitige Belastung
- ❏ Gefahr der Monotonie
- ❏ geringe Flexibilität
- ❏ ungünstiges Verhältnis von Haupt- zu Nebenzeit

Bild 2.46 Charakterisierung einer ›Rennerlinie‹

Zur Erweiterung der Flexibilität bzgl. Stückzahlschwankungen und Typvarianten werden dem Rennersystem Exotensysteme parallelgeschaltet, in denen meist mengenteilig gearbeitet wird.

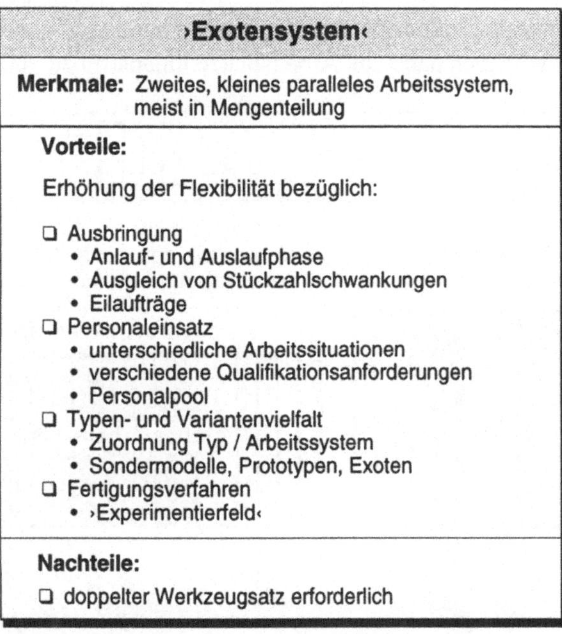

Bild 2.47   Charakterisierung einer ›Exotenlinie‹

III. Baugruppen als ›Produkteigenart‹

Im folgenden wird die Baugruppe als charakteristische ›Produkteigenart‹ und deren Einflüsse auf die Kapazitätsfeldteilung aufgezeigt. Die Produktstrukturierung ist vor allem für die Bildung dezentraler Verantwortungsbereiche mit effektiven Kooperations- und Kommunikationsstrukturen von entscheidender Bedeutung (vgl. Bullinger 1993d).

Produkte ohne Baugruppenaufbau
Bei der Montage eines Produkts ohne Baugruppenaufbau gibt es im Extremfall einen definierten Montageanfang und nur einen bestimmten Weg des Montageablaufs, der zum kompletten Produkt führt. Bei der formalen Ableitung des Vorranggraphen aus der Stückliste, die ebenfalls keine Baugruppen ausweist, ergibt sich ein linienförmiger Vorranggraph. Einzelne parallele Teilverrichtungen können vorhanden sein, zusammenhängende Gruppen sind jedoch nicht erkennbar. Ein Einzelteil kann immer nur mit den bisher zusammengebauten Teilen montiert werden.

Somit läßt auch die Abszisse des Kapazitätsfelds, die dem gestreckten Vorranggraph entspricht, keine Abschnitte erkennen, die Hinweise für die Abgrenzung der Arbeitsinhalte geben könnten. In solchen Fällen kann man bei der Aufteilung des Kapazitätsfelds und der Bildung des Arbeitsumfangs von der Stückzahl ausgehen (vgl. Bild 2.48). Spezielle Vorrichtungen werden nur einmal benötigt, falls die Kapazität der Komplettstückzahl nicht die Gesamtkapazität eines Mitarbeiters übersteigt. Für den Fall einer Stückzahländerung müssen Arbeitsumfänge und Mitarbeiteranzahl entsprechend angepaßt werden. Über die Anordnung der Arbeitsplätze ist mit dieser Aufteilung noch nichts ausgesagt. Es liegt jedoch nahe, die Arbeitsplätze linienartig zu verketten.

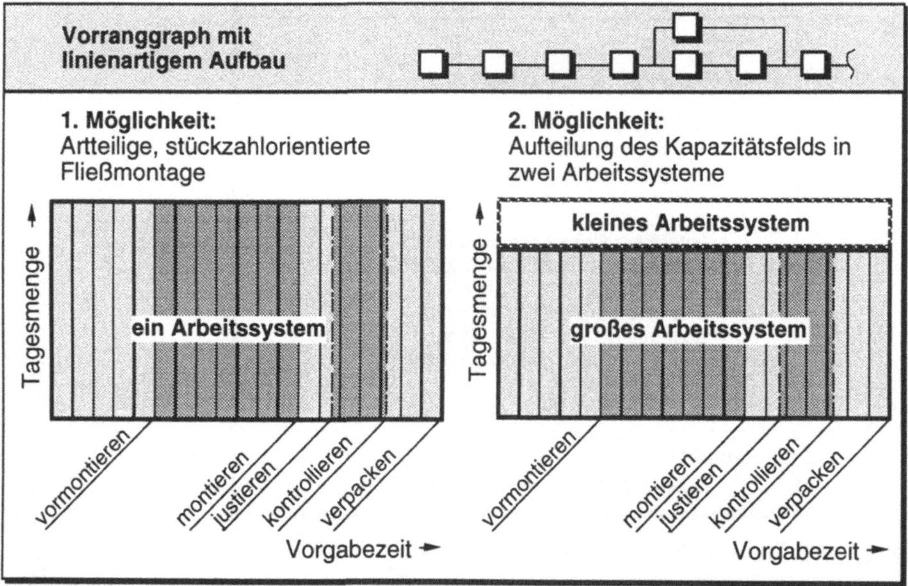

Bild 2.48   Vorranggraph und Kapazitätsfeld für Produkte ohne Baugruppen (Beispiel)

Angesichts des zum Teil beträchtlichen Änderungsaufwands bei Stückzahländerungen ist es sinnvoll, das Gesamtsystem in zwei Arbeitssysteme zu unterteilen:

❑ Ein großes Arbeitssystem für ein konstantes Stückzahlprogramm. Diese Stückzahlen werden immer abgesetzt und das Arbeitssystem arbeitet kontinuierlich.

❑ Ein kleines Arbeitssystem für den Stückzahlüberhang, der je nach Auftragslage unterschiedlich ist. Das kleine Arbeitssystem paßt sich daran flexibel an.

Eine solche Aufteilung des Gesamtarbeitssystems in zwei Arbeitssysteme unterschiedlicher Kapazität hat folgende Vorteile:

❑ Die Flexibilität bezüglich der Typenvielfalt ist entscheidend verbessert. Dies zahlt sich insbesondere dann aus, wenn von dem Produkt häufig Sondermodelle, wie z. B. Prototypen, Exoten, Versuchs- und Messestücke montiert werden müssen.

❑ Eilaufträge werden vom kleinen Arbeitssystem erledigt. Das große Arbeitssystem bleibt davon unberührt.

❑ Den Mitarbeitern können Arbeitsplätze mit unterschiedlichen Qualifikationsanforderungen angeboten werden. Die Arbeit im kleinen Arbeitssystem ist durch große Arbeitsinhalte anspruchsvoll, so daß auch höher qualifizierte Mitarbeiter adäquate Arbeitsplätze finden.

❏ Es ist denkbar, daß das kleine parallele Arbeitssystem als praktische Ausbildungsstätte zusätzlich genutzt werden kann.

Generell ist für das zweite parallele Arbeitssystem auch ein zweiter Satz Werkzeuge und Vorrichtungen notwendig. Dieser zweite Satz sollte im Mechanisierungsgrad der niedrigeren Stückzahl angepaßt sein. Gleiches gilt für die Verkettung der Arbeitsplätze. Teure Transportbänder oder ähnliches sind meist nicht wirtschaftlich. Ohnehin wird der Handhabungsanteil am Produkt durch die größeren Arbeitsinhalte verringert. Von seiten des zweiten Satzes an Werkzeugen und Vorrichtungen läßt sich daher an das Produkt die Forderung ableiten, daß es mit einfachen Werkzeugen zu montieren sein muß.

Produkte mit Baugruppenaufbau
Produkte, die aus Baugruppen bestehen, sind nicht nur wartungs- und reparaturfreundlicher, sondern auch montagefreundlicher.

›Echte‹ Baugruppen sind in sich abgeschlossene Funktionsträger und damit funktionsprüfbar, lager- und transportfähig. Solche Baugruppen lassen sich in separaten Arbeitssystemen parallel montieren, wobei durch zeitlich parallele Ausführbarkeit die Durchlaufzeit des Gesamtprodukts verkürzt wird. Ein weiterer Vorteil ist, daß durch die Teilung von Anfang an kleinere und auch für den Mitarbeiter überschaubare Arbeitssysteme entstehen. Die Baugruppen können ohne weiteres an verschiedenen Orten, ja sogar in verschiedenen Werken montiert werden. Dabei ist zu beachten, daß der Mitarbeiter nicht den Bezug zur Gesamtaufgabe verliert.

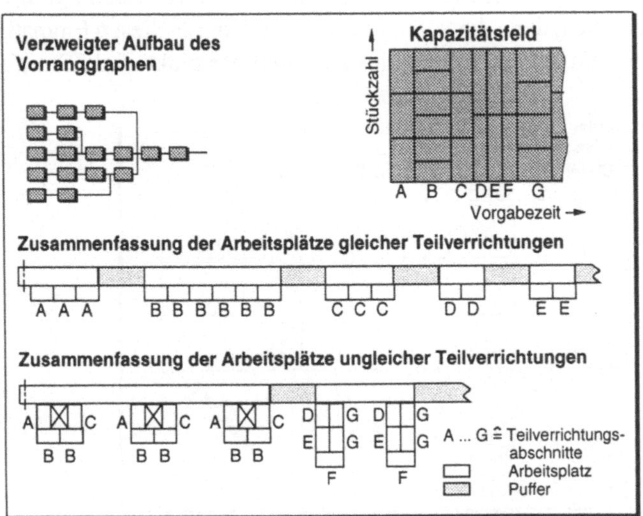

Bild 2.49 Teilverrichtungsorientierte Aufteilung des Kapazitätsfelds (Beispiel)

Der Baugruppenaufbau kann sich bereits in der Stückliste oder im Vorranggraphen widerspiegeln. Im Idealfall beginnt der Vorranggraph mit vielen parallel ausführbaren Teilverrichtungen, die erst gegen Montageende in gegenseitige Abhängigkeiten gelangen. Bild 2.49 zeigt die ›teilverrichtungsorientierte Aufteilung‹ des Kapazitätsfelds und die Arbeitsplatzanordnung bei Zusammenfassung der Arbeitsplätze mit gleichen und ungleichen Teilverrichtungen.

Produkte mit gemischtem Aufbau
Unter diese Kategorie fallen Produkte, die nur bedingt aus Baugruppen aufgebaut sind. Die Endmontage solcher Produkte besteht nicht nur aus dem Zusammenbau einzelner Baugruppen, sondern zusätzlich aus zu montierenden Einzelteilen. Zur Verbesserung der Qualifikation, des Arbeitsergebnisses und der Motivation der Mitarbeiter dienen u. a. schnelle Informationen über das Arbeitsergebnis, die z. B. durch Selbstprüfung mit objektiven Prüfhilfen erfolgen kann. Bei Produkten mit gemischtem Aufbau kann die Funktion des Gesamtprodukts erst nach der Endmontage vollständig geprüft werden. Wichtig ist die räumliche Nähe und die effektive Rückmeldung vom Endkontrollplatz zum Reparaturarbeitsplatz. Oft wird für diese umfangreiche Endprüfung oder für einen sonstigen geeigneten Bereich der Endmontage ein ›*Technisches Zentrum*‹ (vgl. Bild 2.50) eingesetzt. Unter ›Technischem Zentrum‹ soll hier ein Arbeitsbereich mit folgenden Merkmalen verstanden werden:

❑ Höher mechanisiert als die übrigen Arbeitsplätze des Arbeitssystems;
❑ Wesentlich kapitalintensiver als die übrigen Arbeitsplätze;
❑ Nur bei voller Auslastung wirtschaftlich;
❑ Kann aus Investionsgründen nicht vervielfacht werden.

Ein vorhandenes Technisches Zentrum ist eine starke Randbedingung bei Strukturierungsmaßnahmen, denn die volle Stückzahl muß durch diesen Engpaß geschleust werden. Im Kapazitätsfeld stellt sich dies als artteiliger senkrechter Streifen dar.

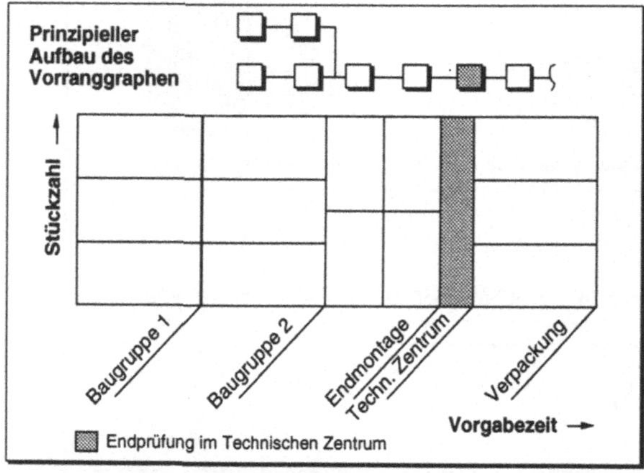

Bild 2.50   Kapazitätsfeld mit Technischem Zentrum

2.2.3.4 Leitlinie zur Entwicklung alternativer Montagestrukturen

Eine Leitlinie zur Entwicklung von alternativen Montagestrukturen zeigt Bild 2.51. Daraus werden einige Gesichtspunkte nachfolgend näher beschrieben.

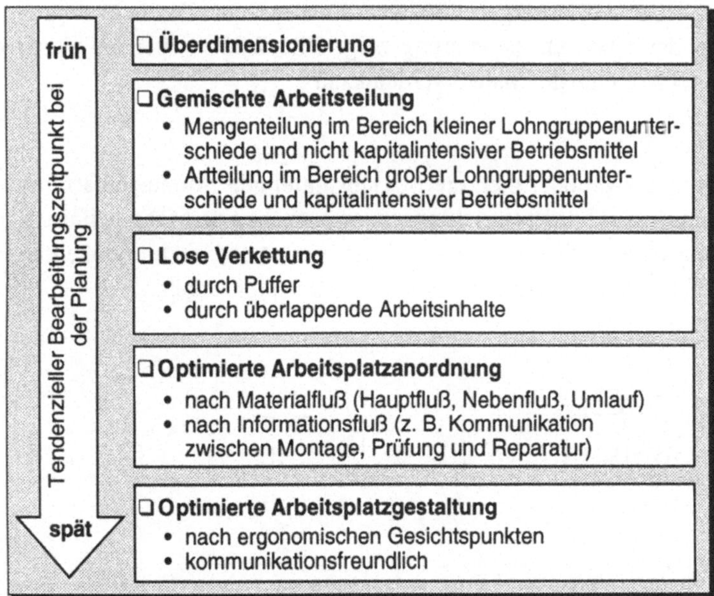

Bild 2.51   Leitlinie zur Gestaltung alternativer Montagestrukturen

Überdimensionierung

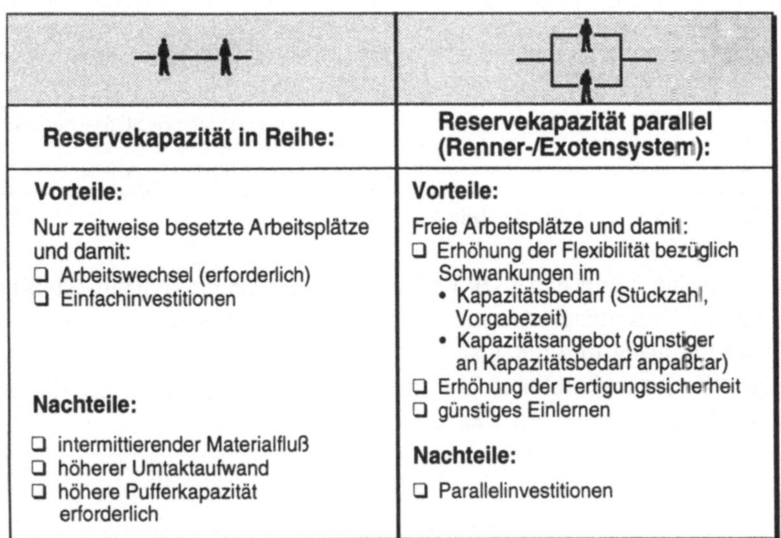

Reservekapazität in Reihe:	Reservekapazität parallel (Renner-/Exotensystem):
Vorteile:	**Vorteile:**
Nur zeitweise besetzte Arbeitsplätze und damit: ❑ Arbeitswechsel (erforderlich) ❑ Einfachinvestitionen	Freie Arbeitsplätze und damit: ❑ Erhöhung der Flexibilität bezüglich Schwankungen im • Kapazitätsbedarf (Stückzahl, Vorgabezeit) • Kapazitätsangebot (günstiger an Kapazitätsbedarf anpaßbar) ❑ Erhöhung der Fertigungssicherheit ❑ günstiges Einlernen
Nachteile:	**Nachteile:**
❑ intermittierender Materialfluß ❑ höherer Umtaktaufwand ❑ höhere Pufferkapazität erforderlich	❑ Parallelinvestitionen

Bild 2.52   Prinzipien der Überdimensionierung

Es empfiehlt sich, bereits in der Planungsphase in gewissem Maße eine Überdimensionierung des Montagesystems vorzusehen, wodurch im konkreten Fall der Ausgleich von z. B. saisonalen Schwankungen bzgl. der Ausbringungsmenge (Stückzahlflexibilität) erfolgt. Eine Überdimensionierung besteht dann, wenn mehr Arbeitsplätze als bei betriebsüblicher Auslastung benötigt, vorhanden sind. Die beiden grundsätzlichen Prinzipien der Überdimensionierung zeigt Bild 2.52, wobei die Reservekapazität parallel oder in Reihe geschaltet werden kann.

Verkettung

Verbindet man zwei oder mehrere Betriebsmittel oder Montageplätze mit Hilfe von Handhabungs- und Fördereinrichtungen, so entsteht eine Montagelinie. Nach Art der Verbindung ist zwischen starrer und loser Verkettung zu unterscheiden, wofür die Bilder 2.53 und 2.54 Merkmale sowie je ein Beispiel zeigen.

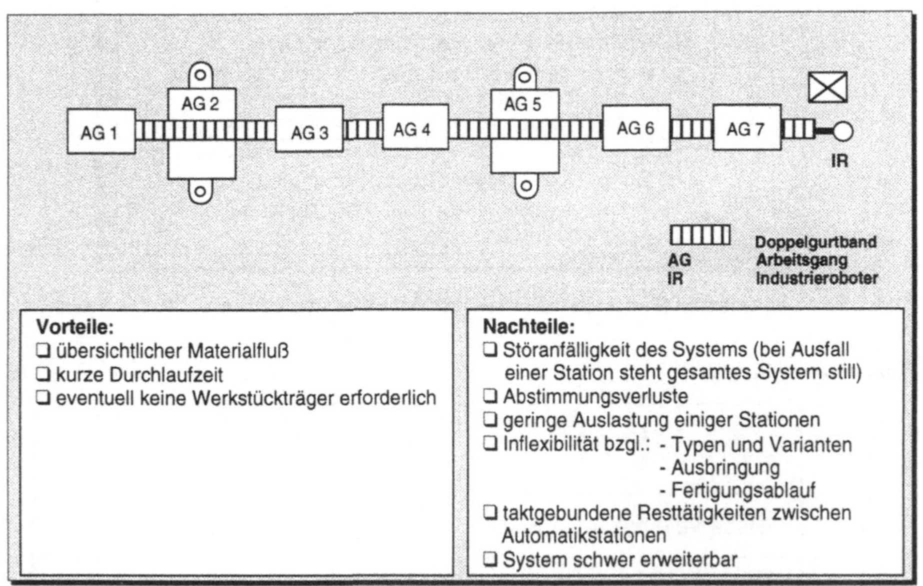

Bild 2.53   Starre Verkettungslinie (mit Beispiel)

Neben der rein starren und losen Verkettung wird in der Praxis häufig die Kombination der beiden Verkettungsarten eingesetzt. Sie enthält Bereiche, die durch zwischengeschaltete Puffer lose miteinander verkettet sind. Somit wird sowohl ein direkter, kurzer Werkstückdurchlauf als auch eine abschnittsweise Überbrückung von Stillstandszeiten durch Puffer erreicht.

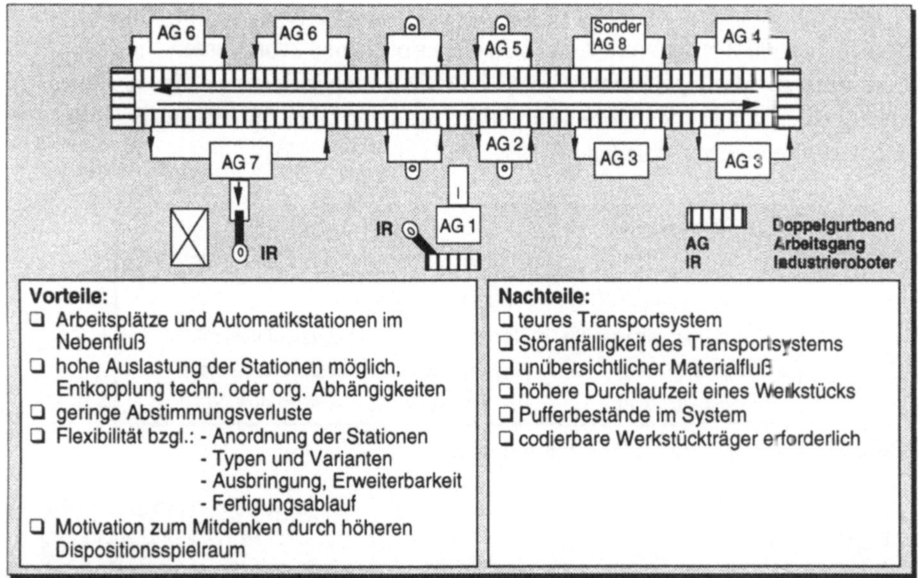

Vorteile:
- Arbeitsplätze und Automatikstationen im Nebenfluß
- hohe Auslastung der Stationen möglich, Entkopplung techn. oder org. Abhängigkeiten
- geringe Abstimmungsverluste
- Flexibilität bzgl.: - Anordnung der Stationen
  - Typen und Varianten
  - Ausbringung, Erweiterbarkeit
  - Fertigungsablauf
- Motivation zum Mitdenken durch höheren Dispositionsspielraum

Nachteile:
- teures Transportsystem
- Störanfälligkeit des Transportsystems
- unübersichtlicher Materialfluß
- höhere Durchlaufzeit eines Werkstücks
- Pufferbestände im System
- codierbare Werkstückträger erforderlich

Bild 2.54   Lose (entkoppelte) Verkettungslinie (mit Beispiel)

Anordnung und Größe von Puffern
Puffer (Speicher) sind zwischen Montageabschnitten befindliche, technische Einrichtungen, die Arbeitsgegenstände im Ausstoßrhythmus eines produzierenden Abschnitts aufnehmen, vorübergehend speichern und im Verarbeitungsrhythmus eines nachfolgenden Abschnitts wieder abgeben.

In einer ersten Gliederungsebene unterscheidet man zwischen

- Ein-/Ausgabepuffer,
- Vorratspuffer und
- Ausgleichspuffer.

Ein-/Ausgabepuffer fangen Zeitunterschiede zwischen Förder- und Montagevorgängen auf und stellen Einzelteile zur Montage bzw. Fertigteile zum Abtransport bereit. Vorratspuffer dienen zur Werkstückspeicherung, wenn sich die Beschickungszeiten der betreffenden Stationen unterscheiden. Ausgleichspuffer nehmen Werkstücke nach einer Bearbeitung auf und verteilen sie entsprechend der aktuellen Belegung der Nachfolgestation (Bullinger et al. 1993b).

Ebenso wie bei der Anordnung von Arbeitsplätzen unterscheidet man zwischen einer Pufferanordnung im Hauptfluß und einer Pufferanordnung im Nebenfluß. Bei der Anordnung der Puffer im Hauptfluß durchläuft jedes Werkstück den Puffer, wobei die Reihenfolge erhalten bleibt. Bei der Nebenschlußanordnung werden aus dem Werkstückhauptfluß Werkstücke in einen Nebenschlußspeicher je nach Bedarf ausgeschleust. Ein Durchlaufen des Puffers ist nicht zwingend vorgeschrieben. Bei der

Wiederzuführung der Werkstücke aus dem Nebenschlußspeicher in den Hauptfluß kann die Reihenfolge der Werkstücke beibehalten oder umgekehrt werden. Sie entkoppeln die einzelnen Montageabschnitte und bewirken mehr Elastizität des Systems. In Abhängigkeit von den Standorten der Puffer, die deren Dimensionierung beeinflussen, unterscheidet man verschiedene Pufferarten (vgl. Bild 2.55).

Pufferart	Pufferfunktion
	Ausgleich von Stillständen, z. B. bedingt durch:
❑ Bereichspuffer	Losgrößenänderungen
❑ Fertigungssystempuffer	Typenbedingte Vorgabezeitunterschiede
❑ Abschnittspuffer	Typenbedingte Umrüstzeitunterschiede
❑ Arbeitsplatzpuffer	Unterschiedliches Ausbringungsverhalten

Bild 2.55   Pufferarten und Pufferfunktionen

Puffertyp	Linienpuffer	Flächenpuffer	Regalpuffer	Umlaufpuffer
Konstruktive Ausführung	Rutsche Zuführrinne Röllchenbahn Hubbalkenpuffer	Plattenbandpuffer Doppelgurtband	Paternosterpuffer Elevatorpuffer Kettenpuffer	Schlepptellerpuffer Elektrohängebahn Karreepuffer Wendelrutsche
Werkstückzugriff	sequentiell	wahlfrei	wahlfrei	wahlfrei
Werkstückpufferung	berührend	berührend/ nicht berührend	nicht berührend	nicht berührend
Erzielbare Speicherdichte	hoch	mittel	niedrig	niedrig
Produktflexibilität	klein	klein/mittel	groß	groß
Investitionsaufwand	klein	mittel	hoch	hoch

Bild 2.56   Technische Ausführungsformen verschiedener Puffertypen
          (Bullinger et al. 1993b)

Jegliche Speicherung von Produkten im Montageprozeß beansprucht wertvolle Fläche und wertvolle Umlaufbestände. Es ist folglich wichtig, Puffer mit möglichst geringem Flächenbedarf einzurichten. Für Lager- und Speichertechniken gibt die VDI-Richtlinie 2311 entsprechende Kennwerte an. In Anlehnung an diese Lager- und Speichertechniken sind in Bild 2.56 technische Ausführungsformen verschiedener Puffertypen dargestellt. Häufig dient das Verkettungsmittel bei entsprechender Dimensionierung gleichzeitig als Puffer.

Für die praktische Anwendung läßt sich keine allgemein gültige Regel zur Auslegung der Pufferkapazitäten aufstellen. Die wirtschaftlich optimale Puffergröße kann unter

Berücksichtigung der zahlreichen Einflußgrößen wie Speicherkosten, Speicherfüllkosten oder Stillstandskosten als Optimierungsaufgabe mit Hilfe der Simulationstechnik berechnet werden. Mögliche Vor- und Nachteile von Puffern sind in Bild 2.57 zusammengestellt (Bullinger et al. 1993b).

Vorteile 

- Entkopplung der Mitarbeiter vom Arbeitsrhythmus benachbarter Arbeitsplätze
- Ausgleich eigener Leistungsschwankungen
- Senkung der Stillstandskosten durch geringere Störungsauswirkungen
- Springerreduzierung
- Möglichkeit zur zeitlich begrenzten Übernahme unregelmäßig anfallender Tätigkeiten
- Möglichkeit zur kurzfristigen Arbeitsunterbrechung (individuelle Pausenwahl)

Nachteile 

- Pufferkosten und Pufferplatzbedarf
- Höhere Kapitalbindung durch vermehrten Teileumlauf
- Schlechtere Fertigungsübersicht
- Einschränkung der Kommunikation (fehlender Blickkontakt)
- Technische Schwierigkeiten bei erforderlicher sofortiger Weiterbearbeitung

Bild 2.57   Vor- und Nachteile von Puffern

Arbeitsplatzanordnung

Flußprinzip	Vorteile	Nachteile
Hauptfluß	• klarer Materialfluß • kurze Durchlaufzeit • kurze Einarbeitungszeit und hoher Einübungsgrad (starke Artteilung) • geringer Flächenbedarf • hohe Stückzahlen	• geringer Arbeitsinhalt bei reiner Artteilung • geringe Kommunikationsmöglichkeiten • Springer notwendig • starre Verkettung (störanfällig) • monotone Arbeit
Nebenfluß	• Arbeitsbereicherung durch Übernahme von Umfeldarbeiten (z. B. Materialbereitstellung) • individuelle Leistungsentfaltung möglich • Einarbeitung gut möglich • Taktentkopplung • gut geeignet für Baugruppen	• hohe Investitionskosten für Verkettung • erhöhter Platzbedarf • erhöhte Durchlaufzeit

Bild 2.58   Merkmale der Flußprinzipien

Die Anordnung der Arbeitsplätze und ihre Verkettung durch Verkettungsmittel soll in erster Linie einen übersichtlichen Materialfluß mit kurzen Durchlaufzeiten und geringen Werkstattbeständen gewährleisten.

Bei der Verkettung von Arbeitsplätzen unterscheidet man zwei Flußprinzipien:

❑   *Hauptflußprinzip;*
❑   *Nebenflußprinzip.*

Die Merkmale beider Flußprinzipien sind in Bild 2.58 dargestellt. Der Hauptfluß eignet sich für große Stückzahlen mit einem straffen Materialfluß. Der Nebenfluß eignet sich besonders zur Baugruppenmontage und ermöglicht dadurch Gruppenarbeitsplätze mit Mengenteilung.

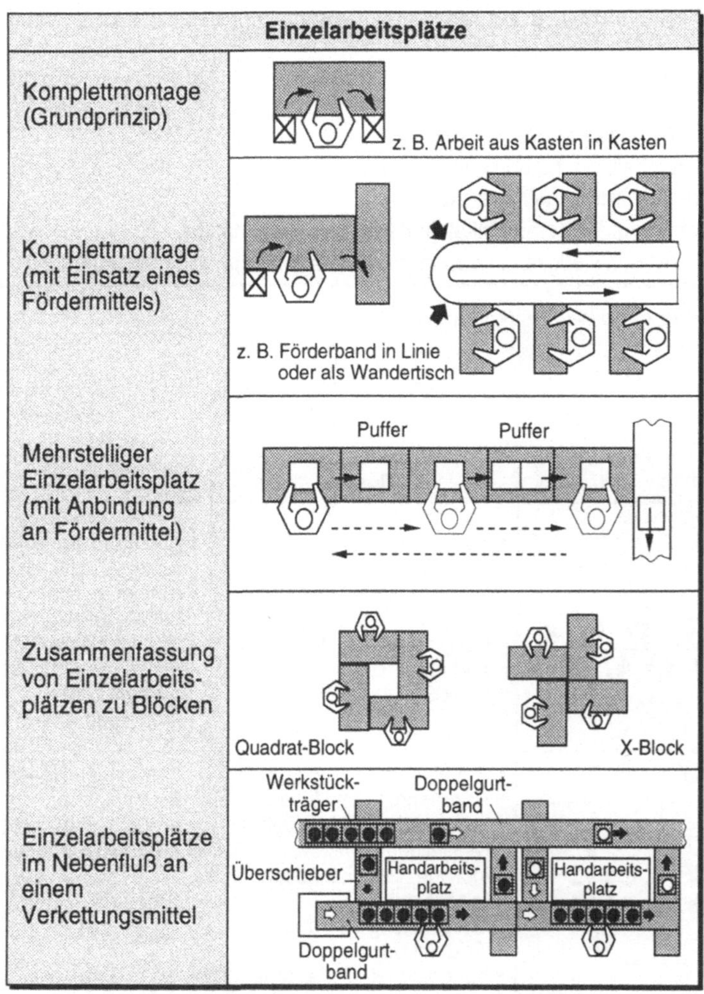

Bild 2.59   Beispiele zur Arbeitsplatzanordnung (Teil I)

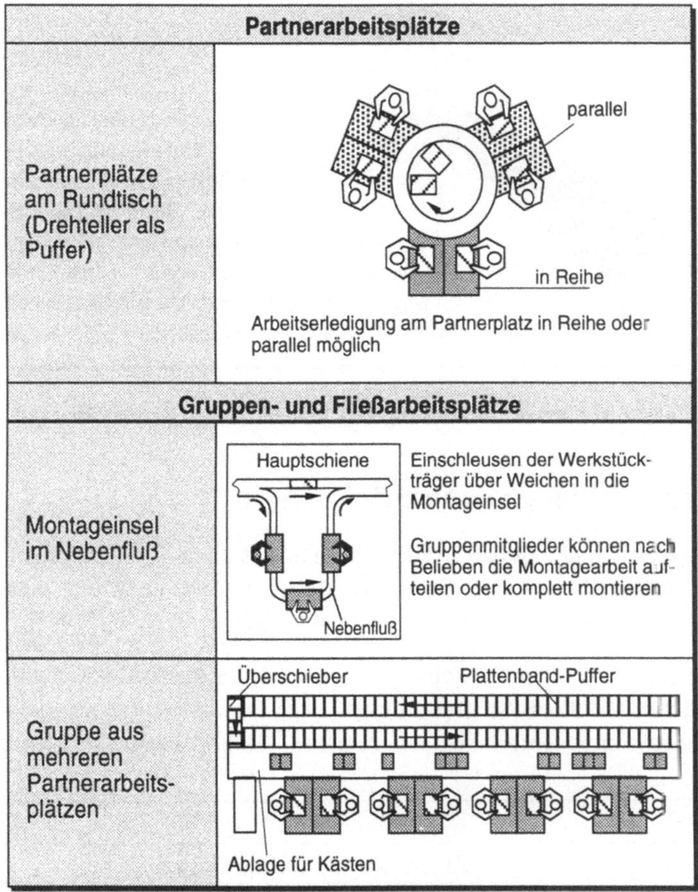

Bild 2.60   **Beispiele zur Arbeitsplatzanordnung (Teil II)**

In der obigen Beispielsammlung (vgl. Bild 2.59, Bild 2.60) sind auszugsweise Anordnungsmöglichkeiten von Arbeitsplätzen aufgeführt. In Anlehnung an diese Auswahl können für den speziellen Fall eine Fülle von Anregungen gewonnen und geeignete Modifikationen sowie Kombinationen flexibel zusammengestellt werden.

Partnerarbeitsplätze entstehen durch einander gegenübergestellte taktunabhängige Montagesysteme. Die räumliche Anordnung sollte dabei sowohl Blickkontakt als auch zweckorientierte Kommunikations- und Informationsmöglichkeiten sicherstellen. Organisatorisch bilden Partnerarbeitsplätze getrennte Einheiten.

Der Begriff Partner- und Gruppenarbeitsplätze bezieht sich dabei nur auf die Anordnung der Arbeitsplätze. Die Anordnung alleine macht keine eindeutige Aussage über die Art der Kapazitätsteilung. Die Entscheidung für Komplettmontage, Mengen- oder Artteilung erfolgt aus den Randbedingungen des Arbeitssystems. Ziele zur Arbeitsplatzanordnung sind in Bild 2.61 dargestellt.

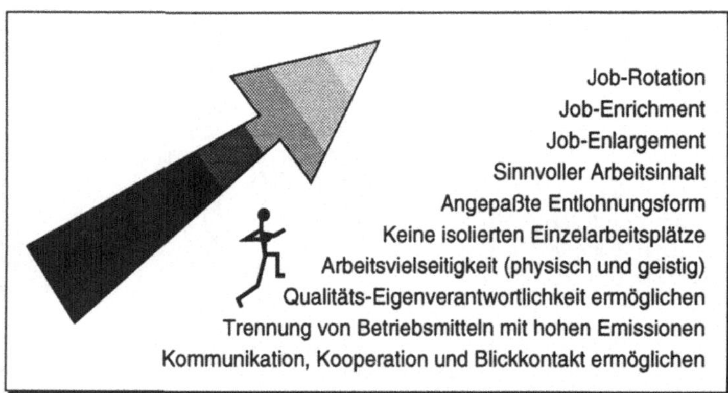

Bild 2.61   Zehn Ziele bei der Gestaltung von Arbeitsplätzen in der Montage

2.2.3.5   Entwicklung von Prinziplösungen

Die Erkenntnisse und Freiheitsgrade, die sich aus dem Produktaufbau und dem Montageablauf ergeben, sowie die Kapazitätsteilung und die Arbeitsinhaltsbildung sind die Basis für die Entwicklung von Prinziplösungen.

Unter einer Prinziplösung versteht man ein nach definierbaren Grundmerkmalen charakterisiertes Montagesystem (Bullinger 1986). Prinziplösungen machen Aussagen zu den Systemkomponenten ›sozialer Aspekt‹, ›Flußprinzip‹, ›Verkettungsmittel‹,

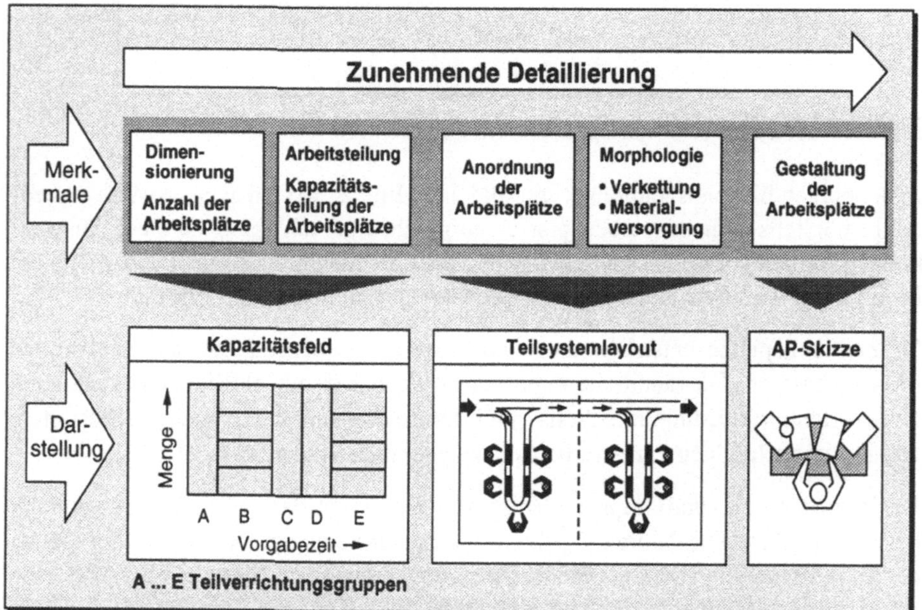

Bild 2.62   Detaillierung der Prinziplösungen

>Puffer/Entkopplung<, >Materialbereitstellung<, >Technologie< sowie >Automati-
sierungsgrad< und verdeutlichen prinzipielle Möglichkeiten, nach denen die Erledigung
der Arbeitsaufgabe erfolgt. Bei der Entwicklung von Prinziplösungen kommt es darauf
an, daß

❑ ein Spektrum alternativer Prinziplösungen betrachtet wird und
❑ betriebliche Randbedingungen zunächst eine untergeordnete Rolle spielen.

Bild 2.62 zeigt den Prozeß der zunehmenden Detaillierung bei der Entwicklung von
Prinziplösungen. Dazu werden indirekte Hilfsmittel, wie z. B. Kreativitätstechniken,
morphologische Kästen (Matrizen mit prinzipiellen Möglichkeiten) und Checklisten
eingesetzt.

Methoden zur Entwicklung von Prinziplösungen

Prinziplösungen können durch die in Bild 2.63 dargestellten fünf Methoden ermittelt
werden.

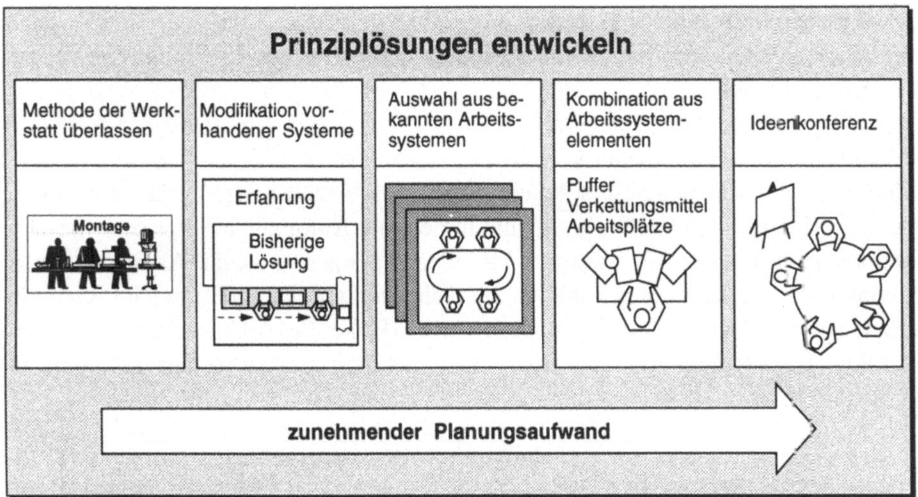

Bild 2.63   Methoden zur Entwicklung von Prinziplösungen

1. Methode: Methode der Werkstatt überlassen
Merkmale: Die Werkstatt plant und fertigt selbständig.
Anwendung: Bei Entwicklungs- und Vorserien, niedrigen Stückzahlen und geringen
Erzeugnisänderungen.

2. Methode: Modifikation vorhandener Arbeitssysteme
Merkmale: Grundlage sind bewährte, bestehende Systeme. Sie werden durch neue
Erkenntnisse (z. B. aus der Arbeitswissenschaft) ergänzt und an Randbedingungen
angepaßt.

Anwendung: Vorhandene Einrichtungen sollen wieder verwendet werden, z. B. weil schnell anstehende Termine für den Aufbau und Anlauf des Montagesystems bestehen.

3. Methode: Auswahl aus bekannten Arbeitssystemen
Merkmale: Es wird nicht nur die Modifikation eines vorhandenen Systems vorgenommen, sondern es werden alle, die dem Planer aufgrund seiner Erfahrung bekannten Arbeitssysteme bei der Planung berücksichtigt. Aus einer Vielzahl bereits existierender Arbeitssysteme wählt der Planer technisch mögliche Alternativen aufgrund seiner Erfahrung aus. Dazu stehen ihm Unterlagen über bereits realisierte Systeme wie ein Arbeitssystemkatalog zur Verfügung. Der Arbeitssystemkatalog enthält Beispiele über käufliche Arbeitssysteme und gliedert sich in

❑ manuelle Arbeitssysteme und
❑ teilautomatische Arbeitssysteme.

Jedes einzelne Arbeitssystem-Datenblatt ist folgendermaßen aufgebaut:

1.) Bildteil zum besseren Verständnis;
2.) Kurzbeschreibung des Systems;
3.) Merkmale wie Vorteile, Nachteile und Eigenschaften bei der Einführung und im Systembetrieb.

4. Methode: Kombination von Arbeitssystemelementen
Merkmale: Die Elemente eines Arbeitssystems wie Arbeitsplatz, Verkettungsmittel, Puffer, Materialbereitstellung, Technologie und Automatisierungsgrad werden entsprechend den Anforderungen und Randbedingungen zu neuen Arbeitssystemen kombiniert. Alle nach ihrer Funktion sinnvoll kombinierbaren Elemente bilden ein mögliches Arbeitssystem. Als Hilfsmittel steht dem Planer ein ›Arbeitssystem-Elemente-Katalog‹ zur Verfügung, in dem die in Bild 2.64 dargestellten technische Elemente enthalten sind.

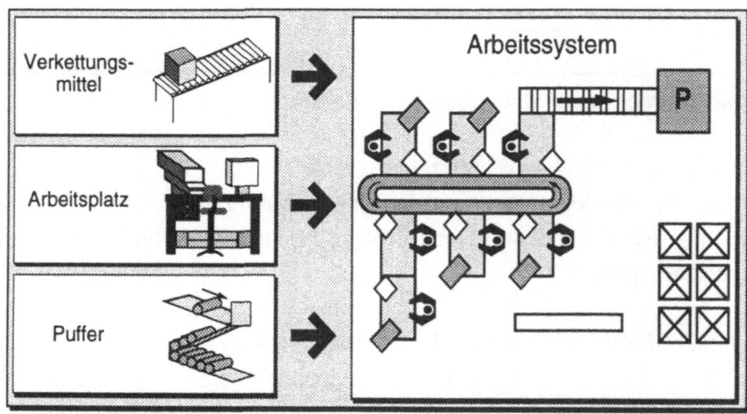

Bild 2.64 Arbeitssystemelemente

Jedes einzelne ›Arbeitssystem-Elemente-Datenblatt‹ ist folgendermaßen aufgebaut:

1.) Bildteil;
2.) Funktionsbeschreibung;
3.) Merkmale und technische Daten;
4.) Preisbereich und Hinweise auf Hersteller.

Anwendung: In der Praxis üblichste Methode zur Entwicklung neuer Arbeitssysteme bei Großserien.

5. Methode: Ideenkonferenz
Merkmale: Die Ideenkonferenz (z. B. *Brainstorming*) ist die zeitaufwendigste Methode zur Arbeitssystementwicklung. Von Fachleuten aus verschiedenen Bereichen werden Gedanken und Lösungsvorschläge zusammengetragen. Dabei kommt es auf die Intuition, Kreativität und den spontanen Einfall der Beteiligten an.
Anwendung: Entwicklung von komplett neuen, innovativen Arbeitssystemen im Sinne des Business Reengineering-Ansatzes.

Von den fünf Methoden sind die gebräuchlichsten die ›Modifikation vorhandener Arbeitssysteme‹, die ›Auswahl aus bekannten Arbeitssystemen‹ und die ›Kombination von Arbeitssystemelementen‹.

2.2.3.6 Materialfluß und Materialbereitstellung

Während der Festlegung des Montageablaufs, des Montageverfahrens, der Betriebsmittel und der Arbeitsplatzanordnung muß ständig auch der *Materialfluß* und die *Materialbereitstellung* mitberücksichtigt werden. Der Verlauf des Materialflusses und die Methoden der Materialbereitstellung haben entscheidenden Einfluß auf die Anordnung der Arbeitsplätze und Betriebsmittel sowie auf die Anordnung der Arbeitsmittel am Arbeitsplatz.

Nach REFA besteht die Aufgabe der Materialbereitstellung darin, das im Betrieb verfügbare Material für die Verwendung bei der Aufgabendurchführung in der benötigten Art und Menge termingerecht am Bereitstellungsplatz zur Verfügung zu stellen.

Die folgende Einordnung der operativen Tätigkeit ›Material bereitstellen‹ in das Gesamtsystem eines Unternehmens dient der Abgrenzung der Materialbereitstellung von anderen Aufgaben im Betrieb. Der physische Materialfluß eines Unternehmens beginnt im Wareneingang, der als materialflußtechnische Schnittstelle zwischen Beschaffungsmarkt und Unternehmen fungiert. Dort werden die angelieferten Materialien geprüft und als Bestand gebucht. Sie stehen damit der Montage als einbaufertige Komponenten oder der Fertigung als Rohmaterial und Halbfertigteile für die Bearbeitung zur Verfügung. Nach Abschluß der Fertigung kann die Anlieferung an die Montage erfolgen. Das fertig montierte Produkt wird entweder nach dem Durchlaufen eines oder mehrerer nachgelagerter Bereiche, z. B. Verpackung und Endkontrolle, oder direkt ohne weitere Arbeitsgänge zum Warenausgang transportiert. Dieser als ideal zu bezeichnende Materialfluß wird in der Realität jedoch von zahlreichen Lagerprozessen, die zur Bevorratung, Sortierung, Pufferung und Verteilung des Materials dienen, unterbrochen. In Bild 2.65 sind unterschiedliche Materialflußwege von und zur Montage dargestellt. Eine mitarbeiterorientierte Materialbereitstellung verlangt dabei, daß Tätigkeiten, Kompetenzen, organisatorische Abläufe und technische Einrichtungen zur Bereitstellung von Material sowohl den Ansprüchen der Mitarbeiter genügen als auch unternehmerische Forderungen nach Wirtschaftlichkeit erfüllen (nach Bullinger und Lung 1994a).

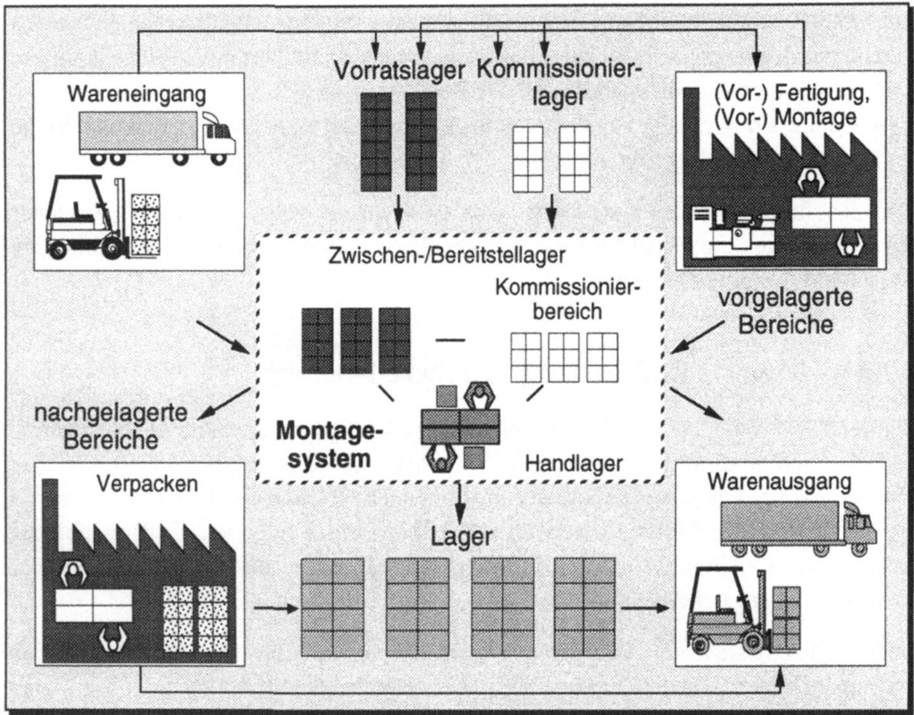

Bild 2.65 Beispielhafte Materialflußwege im Unternehmen aus Sicht der Montage
(nach Bullinger und Lung 1994)

I. Klassifizierung der Montagesystemtypen
für die Materialbereitstellung

Die Gestaltung der Materialbereitstellung ist abhängig von dem jeweiligen Montagesystem. Um Wechselwirkungen zwischen Materialbereitstellung und Montagesystem zu erkennen, können Montagesysteme anhand der in Bild 2.66 dargestellten Parameter

❑ Produktvolumen (klein-, großvolumig),

❑ Stückzahl (klein, groß) und

❑ Werkstückfluß (verkettet, unverkettet)

in Montagesystemtypen eingeteilt werden. Für diese werden nachfolgend verschiedene Materialbereitstellungsmethoden dargestellt.

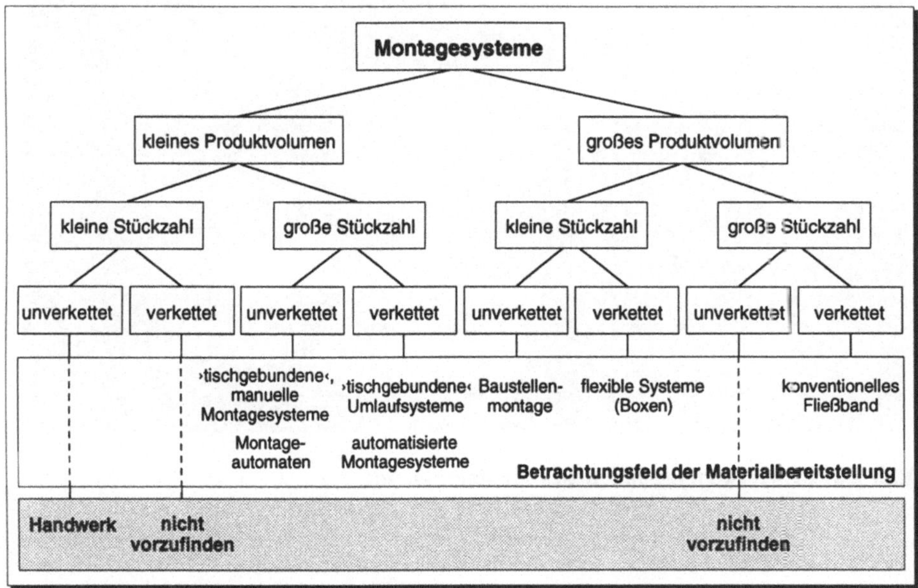

Bild 2.66 Montagesystemparameter und Montagesystemtyp
(nach Bullinger und Lung 1994a)

Bei der verketteten Montage kleinvolumiger Produkte in großen Stückzahlen reicht die Spannbreite der Montagesysteme von ›tischgebundenen‹ Umlaufsystemen, in denen die Werkstücke auf geeigneten Werkstückträgern manuell montiert und von umlaufenden Bändern, Rollen oder Ketten an ihren Bestimmungsort transportiert werden, bis hin zu automatisierten Montagesystemen, in denen fast alle Montageaufgaben von automatischen Montagestationen durchgeführt werden.

Eine unverkettete Montage kleinvolumiger Produkte in großen Stückzahlen erfolgt sowohl an Montagetischen, wobei man von ›tischgebundenen‹ Systemen spricht, als auch entsprechend der zunehmenden Automatisierung mit Montageautomaten.

Die Montage von Produkten mit großem Produktvolumen und kleiner Stückzahl erfolgt meist in flexiblen Boxensystemen oder nach dem Baustellenmontageprinzip.

Bei verketteten Arbeitsplätzen für die Montage großer Stückzahlen werden entsprechend viele Montage- und Montagebasisteile an den Arbeitsplätzen bereitgestellt oder zwischen den Plätzen bewegt. Werden für eine feste Verkettung der einzelnen Arbeitsplätze

Bild 2.67   Unverkettetes, manuelles Montagesystem

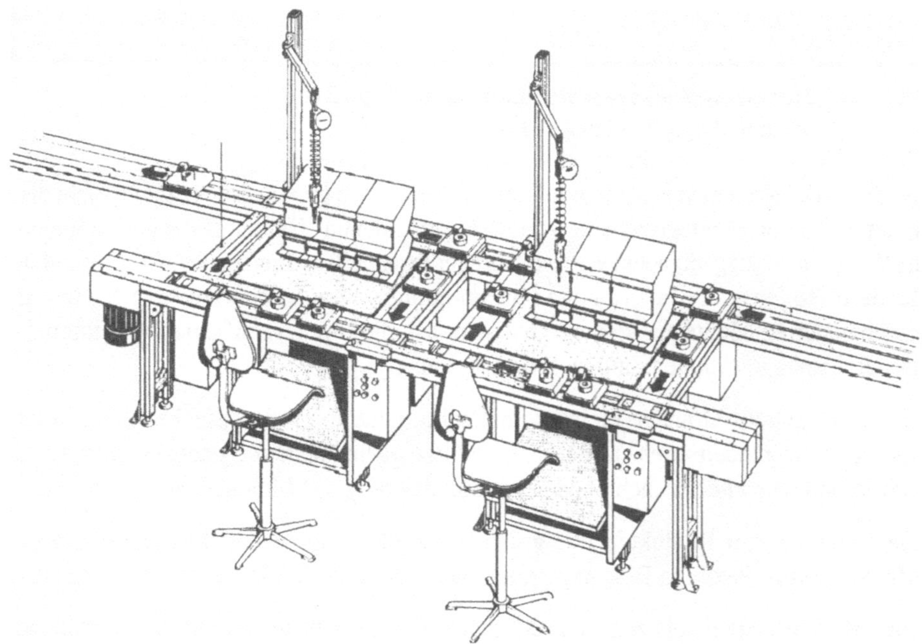

Bild 2.68   Verkettetes, tischgebundenes Umlaufsystem (Skizze Bosch)

Bild 2.69 Boxenmontage, flexibles System (Werksbild Mercedes Benz)

starre Fließbänder eingesetzt, so führt jede Störung im Materialfluß zum Stillstand des gesamten Montagesystems. Zudem ist der Bereitstellplatz an den jeweiligen Bandabschnitten beschränkt.

Bei nicht verketteten Montagesystemen arbeiten die Montageplätze bzgl. ihrer Montage- und Materialflußzyklen nahezu unabhängig voneinander. Nicht verkettete Montagesysteme bieten eine große Flexibilität bzgl. der Arbeitsorganisation und des Materialflusses. Besondere Anforderungen werden dabei an die Steuerung der Bereitstellung sowie den Informationsfluß gestellt, da die ausreichende Verfügbarkeit des richtigen Materials am richtigen Bereitstellort gewährleistet sein muß.

Verschiedene Montagesystemtypen sind zur Verdeutlichung in den Bildern 2.67 bis 2.69 als Beispiele dargestellt.

II. Methoden der Materialbereitstellung

Für die Optimierung der *Materialbereitstellung* stehen verschiedene Methoden zur Verfügung, die sich durch die Parameter Art, Form, Gegenstand, Quantität, Quelle, Ort, Auslösung, Durchführung und Zeitpunkt der Bereitstellung eindeutig charakterisieren lassen.

Durch die in Bild 2.70 dargestellten ›W-Fragen‹ werden die Parameter der Materialbereitstellungsmethoden bestimmt. Wichtig ist dabei die Struktur des zu planenden

Montagesystems sowie seiner vor- und nachgelagerten Bereiche. Der Zusammenhang von Parametern und Methoden der Materialbereitstellung ist in Bild 2.71 dargestellt.

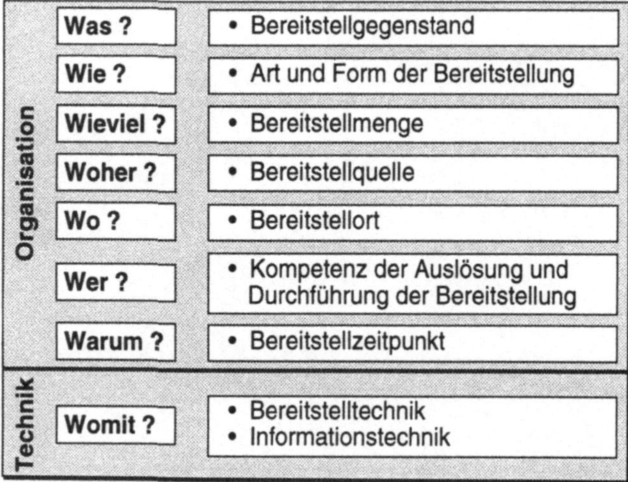

Bild 2.70   Die Parameter der Materialbereitstellung

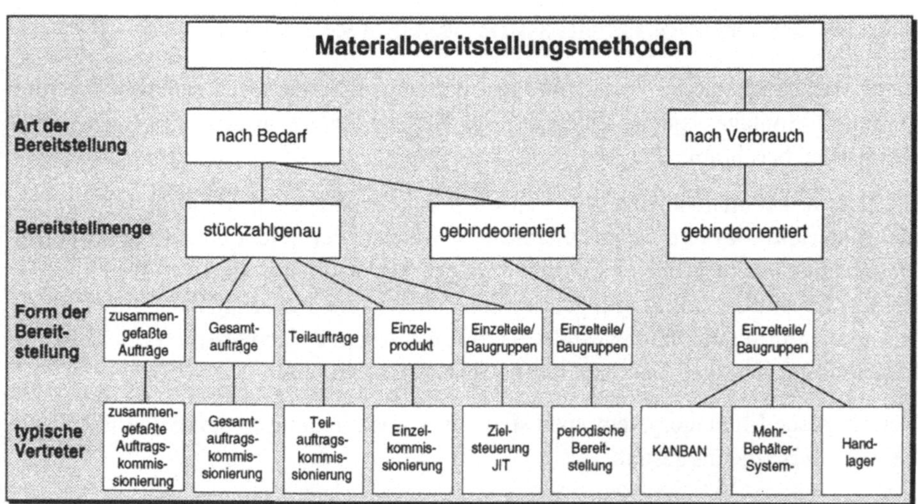

Bild 2.71   Parameter und Methoden der Materialbereitstellung
          (nach Bullinger und Lung 1994a)

Die Kompetenz der Auslösung und Durchführung der Bereitstellung war in traditionellen Montagesystemen oftmals bei zentralen Abteilungen angesiedelt. Bei der Gestaltung flexibler Montagesysteme und besonders bei der Planung dezentraler Arbeitsorganisationsformen werden die Aufgaben der Materialbereitstellung vermehrt den Mitarbeitern übertragen.

Die Art der Bereitstellung wird unterteilt in bedarfsgesteuerte und verbrauchsgesteuerte Bereitstellung.

❑ Bei einer *bedarfsgesteuerten* Materialbereitstellung wird, von einer zentralen Fertigungssteuerung ausgehend, vom Produktionsprogramm für jede Montagestufe festgelegt, welche Stückzahlen eines Montageteils zu welchem Termin für die nachfolgenden Abteilungen zur Verfügung gestellt werden müssen. Die Informations- und Materialbereitstellung kann sowohl nach einem ›Bring-Prinzip‹ als auch nach einem ›Hol-Prinzip‹ organisiert sein, wobei jedoch ersteres überwiegt. ›*Bring-Prinzip*‹ bedeutet, daß die zentrale Fertigungssteuerung den Informationsfluß koordiniert und die Materialbereitstellung auslöst. Der für die Kommissionierung zuständige Mitarbeiter versorgt den produzierenden Mitarbeiter mit Material.

❑ Beim Prinzip der *verbrauchsgesteuerten* Materialbereitstellung wird Material dann neu besorgt, wenn der Vorrat verbraucht ist und vom Mitarbeiter benötigt wird. Über den Zeitpunkt der Materialbereitstellung entscheidet der produzierende (montierende) Mitarbeiter selbst, wobei dies in der Regel nach dem ›*Hol-Prinzip*‹ erfolgt. Das bedeutet, daß die nachgelagerte Stelle die vorgelagerte Produktionseinheit steuert, indem sie das von ihr benötigte Material direkt anfordert, den Auftrag gibt oder aus einem Zwischenlager abholt. Die nachgelagerte Stelle kann nur die Quantität produzieren, die sie sich von der vorgelagerten Stelle zur Weiterbearbeitung holen kann. Bei diesem Materialbereitstellungsprinzip beschränkt sich die Aufgabe der Fertigungssteuerung auf die Planung und Kontrolle der letzten Produktionsstufe, also beispielsweise der Endmontage. Vor allem bei neuen Arbeitsorganisationen, bei denen den produzierenden Mitarbeiteren höhere und erweiterte Kompetenzen zugedacht werden, wird verstärkt das Hol-Prinzip angewendet, das in Bild 2.72 dargestellt ist.

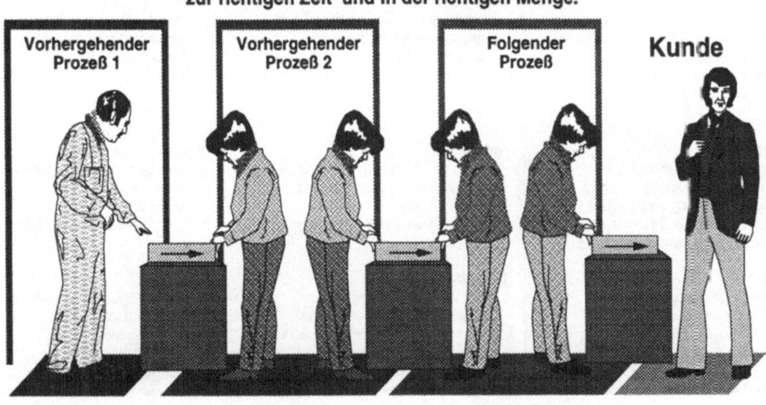

Bild 2.72   Das Hol-Prinzip (›Atokotei Hikitori‹)

Gesamtauftrags-kommissionierung	Zusammengefaßte Auf-tragskommissionierung	Einzelkommissionierung (Auftragsk. mit Losgröße 1)
Beschreibung	**Beschreibung**	**Beschreibung**
❏ Bedarfsgesteuerte, auftragsorientierte Materialbereitstellung ❏ Ausgangspunkt ist das Produktionsprogramm mit definierten Aufträgen für ein festgelegten Zeitraum ❏ Abgeleitet aus Fertigungsaufträgen werden über die Stücklistenauflösung die auszulagernden Teile ermittelt, kommissioniert und auftragsbezogen bereitgestellt.	❏ Bedarfsgesteuerte, auftragsorientierte und stückzahlgenaue Materialbereitstellung ❏ Ausgangspunkt sind eine Anzahl zusammengefasster Aufträge für einen festgelegten Zeitraum ❏ Abgeleitet aus den Aufträgen werden die Teile ermittelt, artikelorientiert zusammengefaßt und bereitgestellt.	❏ Bedarfsgesteuerte, auftragsorientierte Materialbereitstellung ❏ Ausgangspunkt ist das Produktionsprogramm mit definierten Aufträgen; LG = 1 ❏ Abgeleitet aus Fertigungsaufträgen werden über die Stücklistenauflösung die auszulagernden Teile ermittelt, kommissioniert und auftragsbezogen bereitgestellt; LG = 1
Anwendung bei: • hoher Typen- und Variantenvielfalt • kleinen bis mittleren Losgrößen • bereitstellkritischen Teilen	**Anwendung bei:** • Serienfertigung • kleiner und hoher Variantenvielfalt • Modell-Mix-Montage	**Anwendung bei:** • Modell-Mix-Montage für z. B. mittel- bis großvolumige, variantenreiche, empfindliche, wertvolle Produkte
Vorteile: • keine Restmengen am Arbeitsplatz nach Auftragserfüllung • geringe Verwechslungsgefahr • keine überdimensionale Teilevielfalt • keine Fehlteile	**Vorteile:** • Bildung optimaler Losgrößen • reduzierter Kommissionieraufwand • keine Restmengen am Arbeitsplatz • keine Fehlteile	**Vorteile:** • Platzersparnis am Arbeitsplatz • keine Verwechslungsgefahr am Arbeitsplatz • keine Restbestände am Arbeitsplatz • keine Fehlteile
Nachteile: • hoher Aufwand für Kommissionierung, Handling, Transport, Lagerhaltung • Gleichbehandlung aller Teile • 100 % ige Qualität erforderlich	**Nachteile:** • aufwendige Rechnung • Verwechslungsgefahr • Gleichbehandlung aller Teile • u. U. Materialburgen am Arbeitsplatz (Bereitstellungsvielfalt)	**Nachteile:** • hoher Aufwand für Kommissionierung, Handling, Transport, Lagerhaltung, Disposition, Steuerung • Gleichbehandlung aller Teile • 100 %-ige Qualität

Bild 2.73   Gesamtauftragskommissionierung, Zusammengefaßte Auftragskommissionierung, Einzelkommissionierung

Zielsteuerung (JIT)	Kanban	Mehr-Behälter-System
Beschreibung ❏ Bedarfsgesteuerte Materialbereitstellung auf der Basis von Produktionsprogrammen ❏ Punkt- und termingenaue Materialbereitstellung in festgelegter Reihenfolge	**Beschreibung** ❏ Verbrauchsgesteuerte, auftragsneutrale Materialbereitstellung ❏ Auslösung der Materialbereitstellung durch Abschicken einer Kanbankarte bei Erreichen eines definierten Bestandes ❏ Bereitstellmenge ist eine konstante festgelegte Standardmenge	**Beschreibung** ❏ Verbrauchsgesteuerte, auftragsneutrale Materialbereitstellung ❏ Auslösender Faktor für die Materialbereitstellung ist ein leerer Behälter am Verbrauchsort ❏ Die Bereitstellung ist eine Standardmenge in einem Standardbehälter
Anwendung bei: • stabilem Produktionsprogramm • kurzen Wiederbeschaffungszeiten • Basisteilen • großen, sperrigen Teilen • empfindlichen Teilen	**Anwendung bei:** • bereitstellungsunkritischen Teilen • kontinuierlichem Verbrauch • wenigen Varianten • harmonischem Produktionsprogramm • ausgereiften Teilen • Rennerprodukten	**Anwendung bei:** • bereitstellungsunkritischen Teilen • kontinuierlichem Verbrauch • bei wenigen Varianten der gleichen Teile / Baugruppen
Vorteile: • geringe Kapitalbindung • keine Lagerhaltung • keine Verwechslungsgefahr • niedrige Materialdurchlaufzeiten • hoher Lieferbereitschaftsgrad	**Vorteile:** • minimaler Steuerungsaufwand • Optimierung der Flächenbilanz • keine Fehlteile • keine ungewollten Lagerbestände	**Vorteile:** • geringer Steuerungsaufwand • keine Fehlteile • kurze Wege • einfache Systemversorgung
Nachteile: • hoher Steuerungs- und Transportaufwand • 100 %-ige Qualität erforderlich • hohes Risiko bei Störungen	**Nachteile:** • Restmengen am Arbeitsplatz • Materialburgen am Arbeitsplatz • Verwechselungsgefahr bei mehreren ähnlichen Baugruppen/Teilen • Veralterungsgefahr	**Nachteile:** • Restmengen / Materialburgen am Arbeitsplatz • Verwechslungsgefahr • Veralterungsgefahr • Schwundgefahr

Bild 2.74   Zielsteuerung (Just-in-Time, JIT), Kanban, Mehr-Behälter-System

Eine Übersicht über Methoden der Materialbereitstellung ist in den Bildern 2.73 und 2.74 dargestellt. Zur Vertiefung dieser Inhalte wird in diesem Zusammenhang auf Bullinger und Lung (1994a) verwiesen.

Kanban

Bei dieser Methode wird die Materialbereitstellung nach dem Hol-Prinzip organisiert. Sobald in der nachfolgenden Prozeßstation Material benötigt wird, wird von dort durch Abschicken einer sogenannten Kanban-Karte an die vorhergehende Prozeßstation Material von dieser angefordert. Die vorhergehende Prozeßstation steht unter Zwang, nur soviel produzieren zu dürfen, wie die nachfolgende Station abnehmen kann. Die nachfolgende Prozeßstation kann nur die Quantität weiterbearbeiten, die die vorhergehende Prozeßstation ausstößt. Dabei müssen folgende Einsatzvoraussetzungen eingehalten werden:

- *Selbstkontrolle* der Mitarbeiter dahingehend, daß nur fehlerfreie Werkstücke weitergegeben werden.
- Die verbrauchende Stelle holt terminbezogen nur die benötigte Menge aus der Quelle, so daß kein Materialüberhang in den Folgestufen entsteht.
- Übertragung der kurzfristigen Fertigungssteuerung an die ausführenden Mitarbeiter mit Hilfe von Kanban-Karten als Informationsträger.

Zielsteuerung (Just-in-Time, JIT)

Die Sicherstellung einer hohen Produktionsauslastung durch die Anwendung des Prinzips ›Aufbau hoher Sicherheitsbestände‹ ist – insbesondere für kapitalintensive Produkte – nicht mehr zeitgemäß. Die Anwendung der *Just-in-Time*-Steuerung der Materialversorgung in der Montage unterstützt die Bestrebungen nach geringeren Beständen und Transparenz im Versorgungsprozeß. Hauptmerkmal der JIT-Versorgung ist die kurzfristige Ableitung der Materialbedürfnisse aus den Kundenaufträgen. Das heißt, Abruf und Produktion der benötigten Teile erfolgen zum spätestmöglichen Zeitpunkt mit der genauest möglichen Information. JIT erfordert daher schnelle und weitgehend stabile Abläufe in Produktion, Qualitätssicherung und Logistik. Ziel des JIT-Materialflusses ist die Synchronisation aller Stufen des Produktionsprozesses und der Transportbewegungen von der Produktionsendstufe der Lieferanten bis hin zur Montagelinie der Kunden.

Diese Art der Steuerung, die sich auf sogenannte ›Super-A-Teile‹ beschränkt, d. h. großvolumige, hochwertige Teile in zahlreichen Varianten, wird bei stabilem Produktionsprogramm angewendet. Die Varianten entstehen erst gegen Ende des Fertigungsprozesses. Bei einer hohen Fertigungssicherheit kann die Produktionsendstufe, in der die Varianten entstehen, hochflexibel, d. h. stückgenau auf die Bedarfsanforderung des Kunden reagieren.

2.2.3.7 Layouterstellung

Die *Layouterstellung* ist in die in Bild 2.75 dargestellten Ablaufschritte unterteilt. Zu beachtende Ziele sind dabei:

❑ Kostenersparnis bzgl. Umstellung,
❑ Kostenersparnis bzgl. Materialfluß,
❑ Übersichtlichkeit des Layouts und
❑ Sicherstellung von Ver- und Entsorgung.

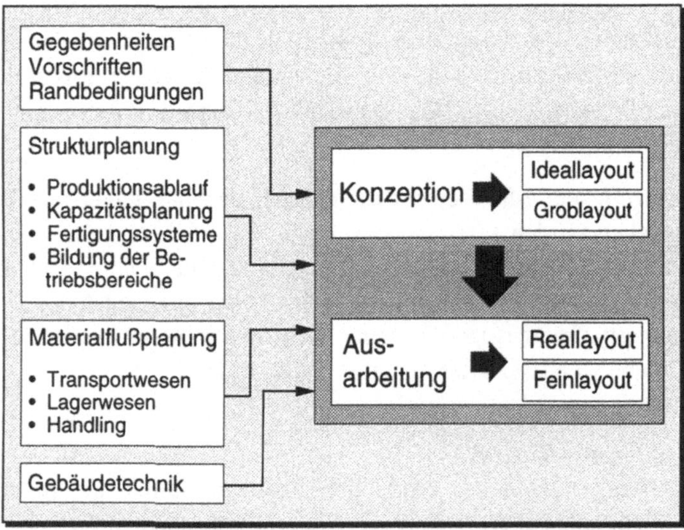

Bild 2.75 Schritte der Layouterstellung

Aus der Prinziplösung entsteht anhand der Detaillierung der Arbeitssystemelemente das *Ideallayout*. Diese Ideallayouts werden sich aber nicht direkt verwirklichen lassen, denn betriebliche Randbedingungen, wie z. B. das vorhandene Raumangebot, zwingen häufig zu Kompromissen. Auch begrenzte Investitionsmittel, kurzfristige Anlauftermine und geänderte Stückzahlprognosen machen gelegentlich eine Anpassung erforderlich. Zusätzlich sind die zur Materialversorgung erforderlichen Flächen zu berücksichtigen. Die Idealpläne sind daher unter Berücksichtigung der räumlichen, baulichen und materialflußtechnischen Gegebenheiten in *Reallayouts* (Grob- oder Feinlayouts) umzusetzen. Dies erfolgt durch die weitere Detaillierung von:

❑ Materialfluß,
❑ Montageplan,
❑ Arbeitsplatzumgebung,
❑ Arbeitsorganisation (z. B. Teamarbeit),
❑ Arbeitssicherheit und
❑ betrieblichen Rahmen- und Randbedingungen (z. B. Flächen).

Der Feinlayoutplan mit Gebäudeplänen, Installationsplänen und Kostenberechnungen wird in der Regel bis zur Ebene der Betriebsmittel und Arbeitsplätze detailliert.

Beispiel zur Layouterstellung
Zur Veranschaulichung ist nachfolgendes Beispiel nach Fremerey und Rieth (1990) angeführt.

Aufgrund neuer arbeitsorganisatorischer Erkenntnisse arbeitete ein Ausrüster für die Textilindustrie an der Entwicklung eines Konzepts zur Neustrukturierung des Unternehmens. Parallel dazu wurde im Unternehmenssegment Weberei mit der Entwicklung einer neuen Einziehanlage für Kettfäden in Webgeschirre begonnen. Durch die komplette Umstellung von einer mechanisch auf eine elektronisch gesteuerte Maschine ergab sich eine vollkommene Neukonstruktion dieses Produkts, das in Einzelfertigung mit geringer Stückzahl nach dem Baustellenmontageprinzip produziert wird.

Bei der Montage werden sowohl feinmechanische und elektronische Vormontagebaugruppen fertiggestellt, als auch große Rahmenteile miteinander verbunden. Die Gesamtmontage ist in mehrere Bereiche, sog. Teilmodule (TM) unterteilt, in denen jeweils eine prüfbare Vormontagebaugruppe fertiggestellt wird. Innerhalb einer Montagegruppe führen jeweils ein bis drei Mitarbeiter anforderungsähnliche Tätigkeiten durch. Gemäß dem Montageablauf sind die Teilmodule untereinander sowie mit der Endmontage jeweils über zwei Kanban-Plätze verbunden. Um eine Vormontagebaugruppe zu verbauen, holt sich der Mitarbeiter diese vom Kanban-Platz des entsprechenden Teilmoduls. Ein leerer Kanban-Platz wiederum löst die Montage einer neuen Vormontagebaugruppe aus. Der leere Platz wird nicht wie beim reinen Kanban-Prinzip mit derselben Variante aufgefüllt, sondern entsprechend der großen Variantenvielfalt mit der Variante des nächsten Kundenauftrags. Alle Kanban-Plätze sind an den Hauptverkehrswegen angeordnet und können von allen Mitarbeitern von ihren Arbeitsplätzen aus eingesehen werden. In der Endmontage werden die Vormontagebaugruppen in einen stationären Testwagen eingebaut und geprüft.

Die Layoutplanung erfolgte in drei Stufen:
In Stufe 1 wurde der Montageablauf des Montagesystems definiert. Grundlage dafür bildeten der Vorranggraph sowie die Bildung von Teilmontagegruppen. Die Bildung des Vorranggraphen erfolgt normalerweise bei einer sequentiellen Produkt- und Prozeßentwicklung aus montageorientierten Strukturstücklisten und Arbeitsplänen. Da hier jedoch eine parallele Entwicklung von Produkt, Fertigung und Montage angestrebt wurde, mußte der Vorranggraph quasi ›Bottom up‹ aus den funktions- und technikorientierten Modulen der Konstruktion entwickelt werden. Begleitendes Ziel war die Erweiterung der Arbeitsinhalte durch Prüftätigkeiten und durch eine prozessbegleitende Qualitätssicherung.

In Stufe 2 wurde die Berechnung des Flächenbedarfs für die Teilmontagegruppen durchgeführt. Die Flächenelemente, die Vormontagegruppen und Materialflußbeziehungen wurden dann in einem Ideallayout räumlich optimal dargestellt. Materialflußbeziehungen, realisiert durch ein modifiziertes Kanban-Prinzip (siehe nachfolgendes Kapitel ›Verfahren der Materialbereitstellung‹), bestehen z. B. zwischen Vormontageblöcken, Endmontage, Lagerbereichen und Verpackungsbereichen. Zur Realisierung der geforderten Varianten-, Stückzahl- und Erweiterungskapazität wurde in der letztendlich gewählten Alternative dem Montagelayout ein ›Spine-Konzept‹ zugrunde gelegt. Beim Spine-Konzept erstreckt sich in der Mitte eines länglichen Grundrisses ein zentraler Erschließungsstrang für die Ver- und Entsorgung der einzelnen Module. Rechtwinklig von diesem Spine (Rückgrat) gehen die weiteren Materialflußwege aus. Eine Erweiterung der Produktionsfläche ist dadurch leicht möglich. Das Ideal-Blocklayout und das Ideallayout sind in den Bildern 2.76 und 2.77 dargestellt.

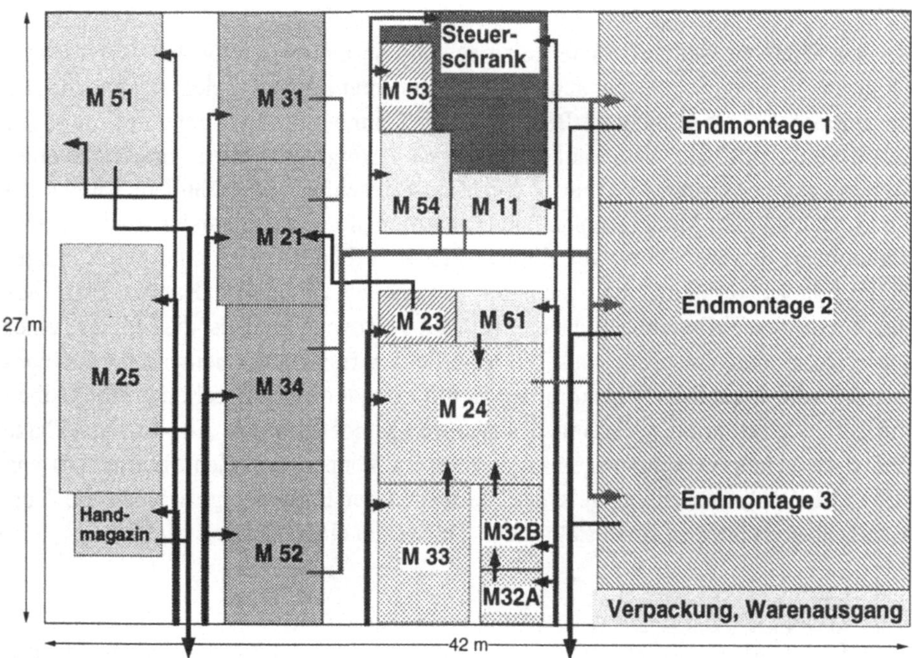

Bild 2.76   Ideal-Blocklayout

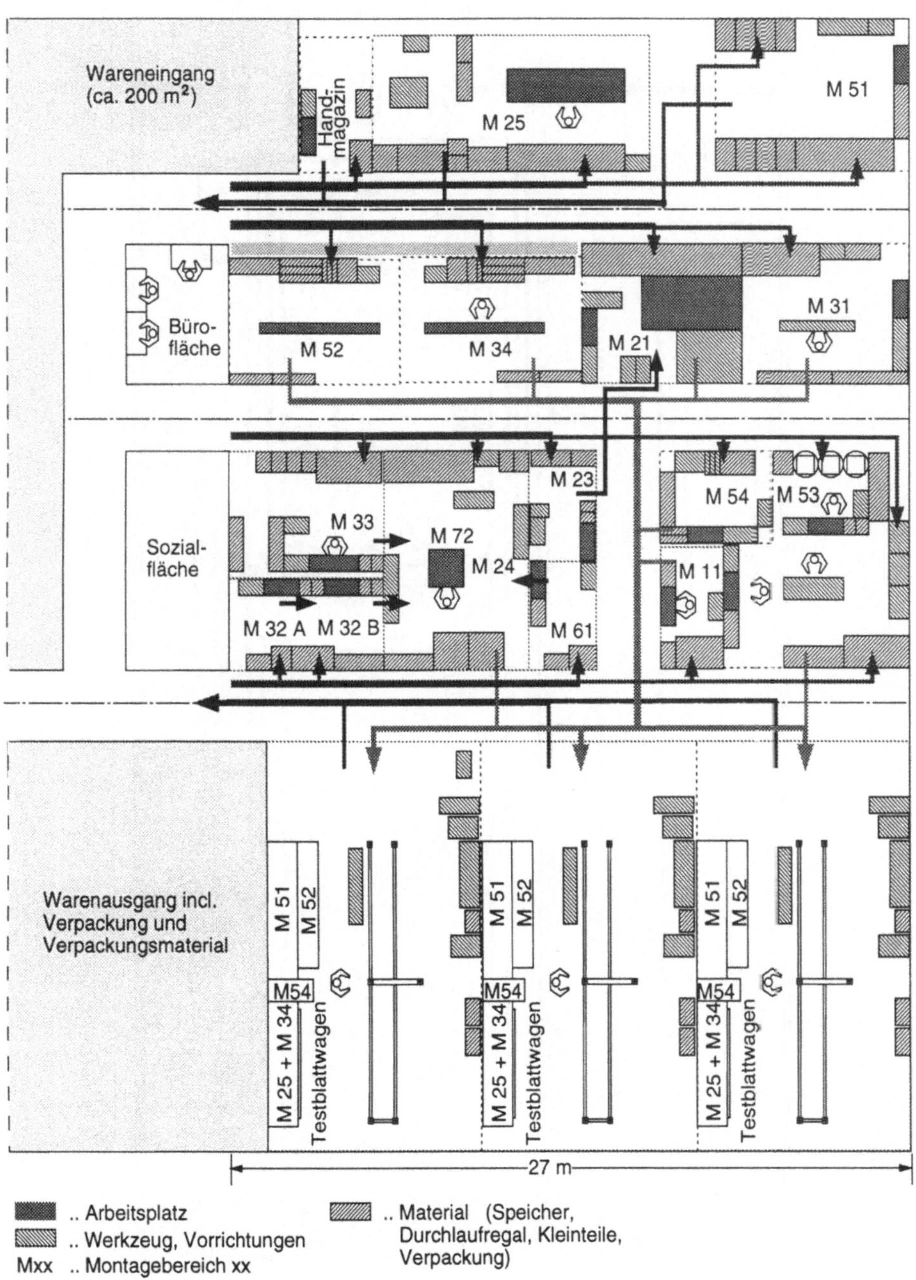

Bild 2.77   Ideallayout

In Stufe 3 wurde aus dem Ideallayout entsprechend den betrieblichen Randbedingungen das Reallayout erstellt. Dieses Reallayout ist in Bild 2.78 dargestellt.

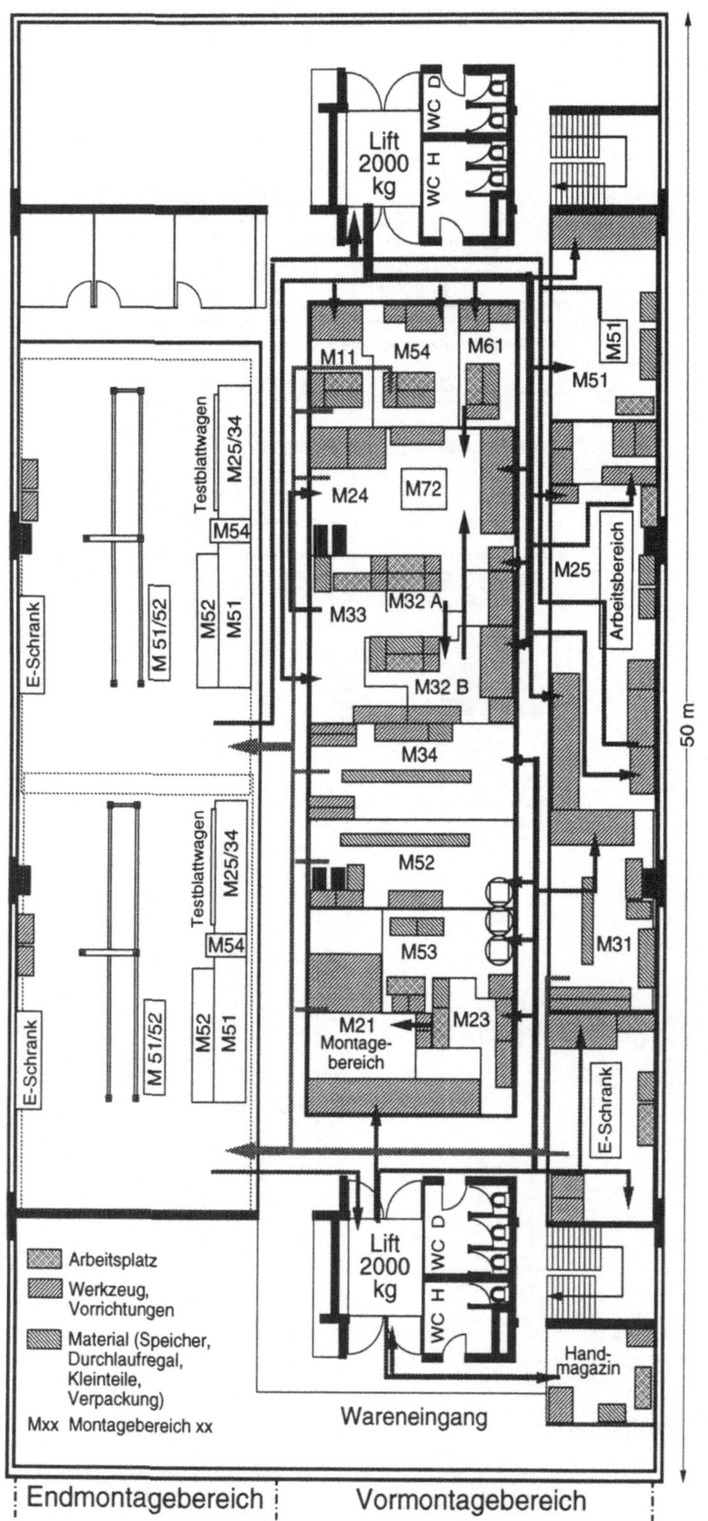

Bild 2.78 Reallayout

2.2.3.8 Bewertung und Auswahl der Montagesystemalternativen durch die Erweiterte Wirtschaftlichkeitsrechnung

Entwickelte alternative Lösungen müssen beurteilt werden, um zu entscheiden, welche Lösung feingeplant und in Folge realisiert werden soll. Es gilt Entscheidungen zu treffen, die zur Auswahl einer Planungsalternative führen. Vor- und Nachteile von Alternativen sowie Chancen und Risiken müssen mit Hilfe eines *Bewertungsverfahrens* transparenter gemacht werden.

Eine Problematik bei der Beurteilung neuer innovativer Systeme liegt generell darin, daß Vergleichsmöglichkeiten fehlen. Neue innovative Systeme werden üblicherweise als Fremdkörper in einer Organisation betrachtet, die wohl eher zu Störungen neigen, einer umfangreichen Überwachung beim Anlauf bedürfen und Anpassungsmaßnahmen in anderen Bereichen erfordern. Die Kosten dieser Maßnahmen werden einer Investition zugerechnet. Deren Nutzen wird aber aus mangelnder Quantifizierbarkeit oft nicht berücksichtigt.

Einige Konzepte zur Lösung dieses Problems sind bereits vorhanden. Dabei werden monetär quantifizierbare Kriterien, schwer quantifizierbare Kriterien und der Nutzen der geplanten Montagealternative zu einer monetären Kennzahl verdichtet, die direkt in die Amortisationsrechnung einfließt (vgl. Bauer 1992).

Eine weitere Problematik bei der Beurteilung komplexer Systeme ist die Festlegung der Systemgrenzen. Zum einen, um Kostenverlagerungen in andere Bereiche zu erfassen, zum anderen, weil deren Vorteil oft erst im Zusammenwirken zweier Systeme liegt. So ergänzt z. B. ein hochflexibles System für die Exoten des Produktspektrums mit üblicherweise höheren Stückkosten ein starres System für ›Renner‹, das alleine mit den ›Exotenteilen‹ nicht oder aber insgesamt nur mit höheren Kosten zurecht käme. Somit kommt das Nutzenpotential nicht nur in direkten Anwendungsbereichen, sondern auch in indirekten Bereichen im gesamten Unternehmen zum Tragen. Dabei wird von direkten Wirkungen gesprochen, wenn technische, ökonomische und soziale Wirkungen nur in den Teilsystemen auftreten, in denen die Investitionen stattfinden. Indirekte Wirkungen treten dagegen in anderen Unternehmensbereichen auf. Das Zusammenspiel von Systemkomponenten und deren Wechselwirkungen mit dem Umfeld sollte somit durch eine ganzheitliche Planung und eine ganzheitliche Beurteilung erfaßt werden.

Entscheidend für die Qualität sowohl der Entwicklung als auch der Beurteilung der Planungsergebnisse ist die Einbringung des Erfahrungswissens von Mitarbeitern verschiedener Funktionsbereiche und Ebenen, deren Qualifikation, Motivation und Akzeptanz sowie deren Identifikation mit den Umgestaltungsmaßnahmen.

Im folgenden wird als Verfahren zur Bewertung von Arbeitssystemen die ›*Erweiterte Wirtschaftlichkeitsrechnung*‹ dargestellt, die sich von den konventionellen Wirtschaftlichkeitsrechnungen durch eine ganzheitliche Betrachtung ökonomischer Faktoren

(Kosten, Leistungen) sowie technischer, organisatorischer und personeller Faktoren
unterscheidet.

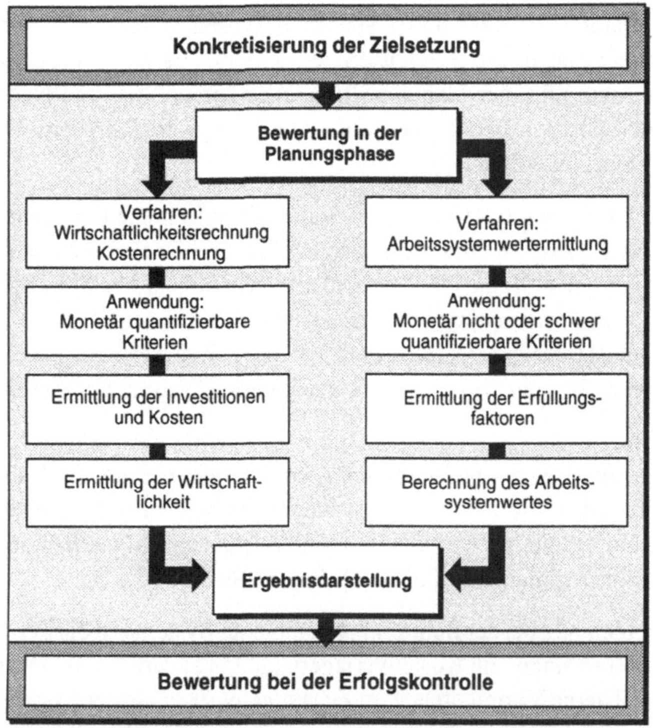

Bild 2.79 **Aufbau des Bewertungsverfahrens ›Erweiterte Wirtschaftlichkeitsrechnung‹**

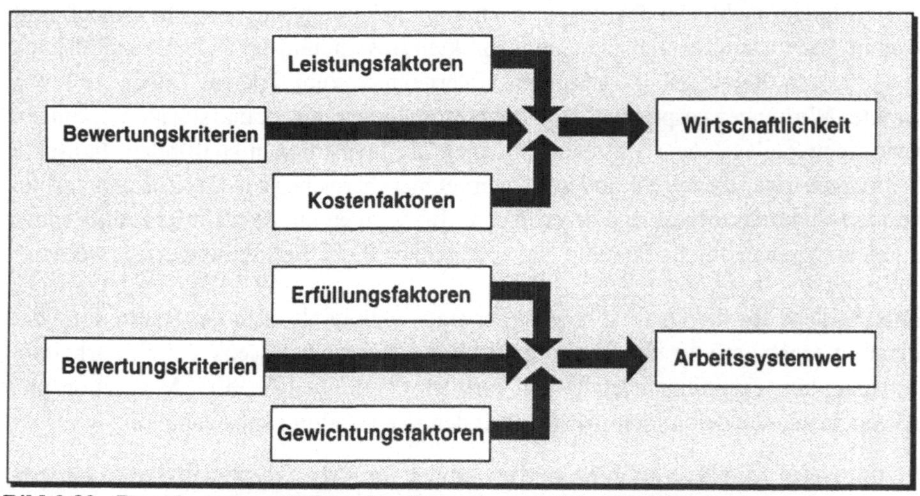

Bild 2.80 **Berechnungsmodell zur Bestimmung der ›Wirtschaftlichkeit‹ und des
›Arbeitssystemwertes‹ aus den Bewertungskriterien**

Die eigentliche Bewertungsphase der ›Erweiterten Wirtschaftlichkeitsrechnung‹ besteht aus den in Bild 2.79 dargestellten zwei Teilen: der *Arbeitssystemwertermittlung* und dem *Wirtschaftlichkeitsvergleich*. Die Bestimmung der monetär schwer oder nicht erfaßbaren Auswirkungen ist Aufgabe der Arbeitssystemwertermittlung. Im Wirtschaftlichkeitsvergleich werden die monetär erfaßbaren Auswirkungen ermittelt. Beide Teilbewertungen werden in einer gemeinsamen Ergebnisdarstellung wieder zusammengeführt. Den dafür zugrundeliegenden Aufbau zeigt Bild 2.80.

I. Arbeitssystemwertermittlung

Ein Bereich der dualen Bewertung von Lösungsalternativen beinhaltet die monetär nicht oder schwer quantifizierbaren *Bewertungskriterien*. Dazu stehen die beiden Methoden

❑ *Argumentenbilanz* und

❑ *Arbeitssystemwertermittlung*

zur Verfügung. Die Argumentenbilanz ist eine Form der dialektischen Bewertung, bei der Vor- und Nachteile wie bei einer Bilanz als Aktiva und Passiva gegeneinander aufgeführt werden. Eine Unterschlagung der anderen Sichtweise eines Arguments wird erschwert. Weiter werden die Argumente in die beiden Wirkungsbereiche ›Wirkung auf das Produktionssystem selbst‹ und ›Wirkung einer Systemeinführung hinsichtlich Markt, Kunden und Lieferanten‹ unterteilt. Bei der Argumentenbilanz erfolgt nur eine Sammlung gegensätzlicher Argumente, nicht jedoch eine Rangfolgebildung verschiedener Montagesystemalternativen, so daß die Argumentenbilanz nur als Ergänzung zur Arbeitssystemwertermittlung Anwendung findet. Die Arbeitssystemwertermittlung, als Anwendung der ›Methode der *Nutzwertanalyse*‹, ist zur Bewertung von Arbeitssystemen besonders gut geeignet und umfaßt die in Bild 2.81 dargestellten Ablaufschritte.

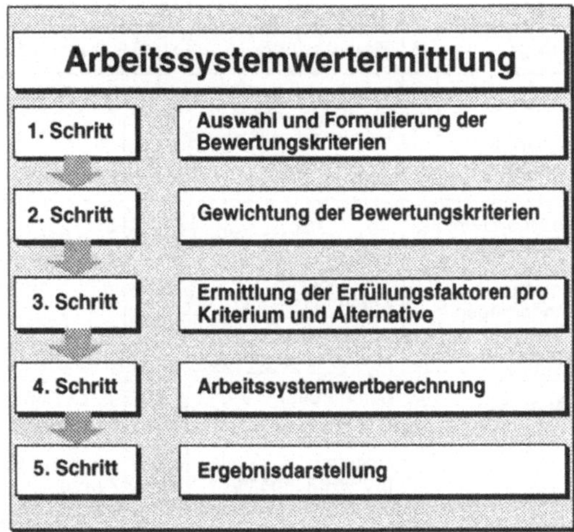

Bild 2.81   Fünf Schritte der Arbeitssystemwertermittlung

1. Schritt: Auswahl und Formulierung der Zielkriterien bzw. Bewertungskriterien
Grundlage der Bewertung ist die ›Konkretisierung der Zielsetzung‹ aus Kapitel 2.2.2, deren Aufgabe die Ermittlung der projektspezifischen monetär nicht oder schwer quantifizierbaren Zielkriterien war. Bei der Ableitung der Bewertungskriterien ist darauf zu achten, daß die Kriterien unabhängig voneinander formuliert werden.

2. Schritt: Gewichtung der Bewertungskriterien
Die Gewichtung der Bewertungskriterien in der Gewichtungsmatrix erfolgt durch den paarweisen Vergleich. Die dazu verwendete Gewichtungsmatrix ist in Bild 2.32 in Kapitel 2.2.2 dargestellt.

3. Schritt: Ermittlung der Erfüllungsfaktoren
Als Erfüllungsfaktor wird ein Zahlenwert verstanden, der die Erfüllung eines Bewertungskriteriums durch eine Planungsalternative angibt. Zur direkten Prognose der Erfüllungsfaktoren werden die schwer oder nicht quantifizierbaren Bewertungskriterien wie in Bild 2.85 dargestellt. Die Planungsalternativen stehen in der obersten Zeile nebeneinander, so daß eine Matrix entsteht. Die Erfüllung jedes Kriteriums wird für alle Alternativen im Team geschätzt, wobei Punkte entsprechend einer Skala von eins (Kriterium wird mangelhaft erfüllt) bis zehn (Kriterium wird sehr gut erfüllt) vergeben werden. Die Bewertungskriterien sind nacheinander abzuarbeiten. Dies bedeutet, daß für ein Kriterium die Erfüllungsfaktoren aller Alternativen in einer simultanen Betrachtung durch das Team zu schätzen sind und mit einer kurzen Begründung wie in Bild 2.82 angegeben werden. Alternativ können die Erfüllungsfaktoren auch indirekt durch Heranziehen von standardisierten Bewertungsinstrumenten wie den ›*Fragebogen zur Arbeitsanalyse* FAA‹, das ›*Tätigkeitsbewertungssystem* TBS‹ oder das ›*Arbeitswissenschaftliches Erhebungsverfahren zur Tätigkeitsanalyse* AET‹ ermittelt werden.

| | | Planungsalternativen | | | | | |
| | | Ist-Alternative | | Alternative 1 | | Alternative 5 | |
Nr.	Kriterien	E	Begründung	E	Begründung	E	Begründung
1	Flexibilität bezüglich Varianten	5	Nur eine Variante gleichzeitig, häufiger Variantenwechsel notwendig	6	Zwei Varianten gleichzeitig möglich, keine Verpackung enthalten, Verpackung zentral	7	4 Varianten gleichzeitig möglich
2	Flexibilität bzgl. Stückzahländerungen	1	Nur ein Arbeitssystem, keine Parallelschaltung, keine kurzfristigen kleinen Stückzahländerungen	6	Zwei parallele Teilsysteme; zentrales Technisches Zentrum	8	Vier parallele Teilsysteme; zentrales Technisches Zentrum
9	Möglichkeit zu größerem Handlungsspielraum	1	taktgebunden	6	durch Puffer entkoppelt, 2 parallele Teilsysteme, größere Einheiten	7	durch Puffer entkoppelt, 4 parallele Teilsysteme, kleinere Einheiten, zentrales Technisches Zentrum

E = Erfüllungsfaktor

Bild 2.82   Beispiel für Erfüllungsfaktoren mit Begründung

Durch eine *Profildarstellung* der Erfüllungsfaktoren, wie sie beispielhaft Bild 2.83 zeigt, können die Vor- und Nachteile der einzelnen Planungsalternativen anschaulich dargestellt werden. Zusammen mit den Begründungen für die Vergabe der Erfüllungsfaktoren werden gegebenenfalls in einem iterativen Schritt Schwachstellen einer Alternative erkannt und durch entsprechende Maßnahmen beseitigt oder verringert.

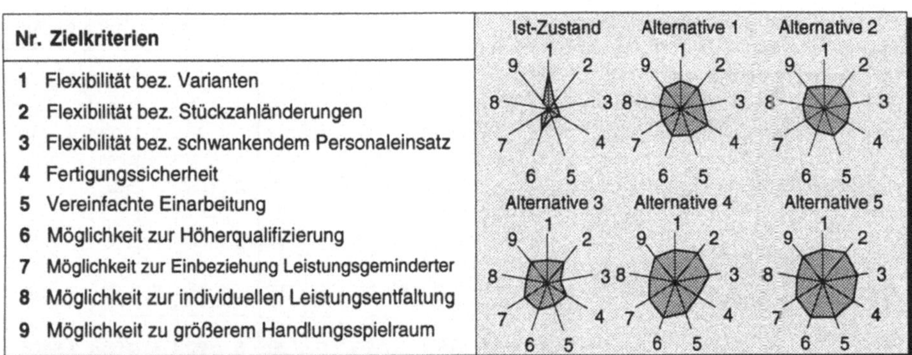

Bild 2.83 Profildarstellung von Erfüllungsfaktoren

4. Schritt: Arbeitssystemwertberechnung
Die Berechnung der einzelnen Arbeitssystemteilwerte und des Arbeitssystemwerts wird entsprechend der in Bild 2.84 aufgezeigten Vorgehensweise durchgeführt. Zu jedem Kriterium wird der Arbeitssystemteilwert durch die Multiplikation des entsprechenden Erfüllungsfaktors mit dem *Gewichtungsfaktor* ermittelt, wobei aus Gründen der Vergleichbarkeit der normierte Gewichtungsfaktor ›nG‹ verwendet werden sollte. Die Summe aller Arbeitssystemteilwerte führt, wie im Berechnungsbeispiel in Bild 2.85 dargestellt, zum *Arbeitssystemwert* der jeweiligen Alternative.

Vorgehensweise				**Ergebnis**
Ausgang:	Ordnung:	Matrixergebnis:	Teilergebnis:	
Kriterien z. B.: • Qualität • Kreativität	Wichtigkeit der Kriterien zueinander mit Hilfe der Gewichtungsmatrix	Gewichtungs-faktor (G_i)	Teilwert $(G_i \times E_i)$	Arbeitssystemwert (ASW) $ASW = \sum_{Krit.\ i=1}^{Krit.\ r} (G_i \times E_i)$
Arbeits-systeme	Vergleich alternativer Arbeitssysteme bzgl. Erfüllungsfaktor dieser Kriterien	Erfüllungs-faktor (E_i)		

Bild 2.84 Schema zur Ermittlung der Arbeitssystemwerte

Legende: E = Erfüllungsgrad G = Gewichtungsfaktor (normiert)		Alt. 1		Alt. 2		Alt. 3		Alt. 4		Alt. 5	
Nr. **Bewertungskriterien**	G	E	E×G	E	E×G	E	E×G	E	E×G	E	E×G
1 Flexibilität bez. Varianten	6	6	36	5	30	5	30	7	42	7	42
2 Flexibilität bez. Stückzahländerung	4	6	24	6	24	6	24	9	36	9	36
3 Flexibilität bez. Personaleinsatz	13	5	65	6	78	3	39	8	104	8	104
4 Fertigungssicherheit	7	7	49	6	42	5	35	6	42	8	56
5 Vereinfachte Einarbeitung	14	6	84	6	84	5	70	7	98	8	112
6 Möglichkeit zur Höherqualifizierung	18	7	126	6	108	6	108	8	144	8	144
7 Möglichkeit zur Einbeziehung Leistungsgeminderter	8	5	40	5	40	6	48	7	56	7	56
8 Möglichkeit zur individuellen Leistungsentfaltung	15	5	75	5	75	5	75	6	90	6	90
9 Möglichkeit zu größeren Handlungsspielräumen	15	6	90	6	90	6	90	7	105	7	105
Arbeitssystemwert		Σ	589	Σ	571	Σ	519	Σ	717	Σ	745

Bild 2.85 Beispiel für die Berechnung von Arbeitssystemwerten

5. Schritt: Ergebnisdarstellung der Arbeitssystemwerte

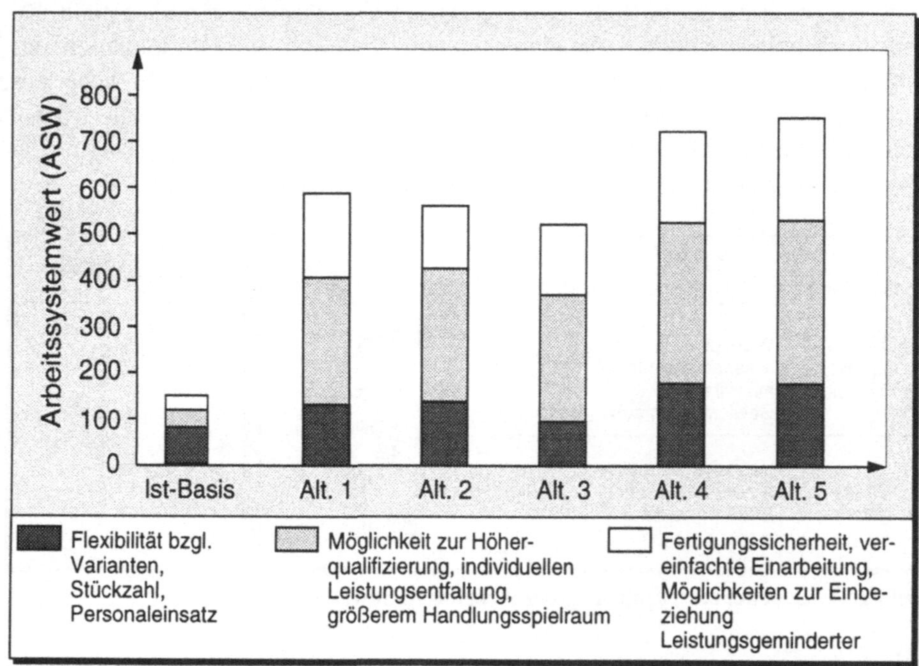

Bild 2.86 Darstellung und Analyse von Arbeitssystemwerten

Auch hierbei eröffnet eine detaillierte grafische Darstellung die Möglichkeit, Schwachstellen einer Alternative zu erkennen und durch Änderungen der Planung zu beseitigen. Bei der grafischen Ergebnisdarstellung werden die untersuchten Planungsalternativen, wie in Bild 2.86 dargestellt, miteinander verglichen, wobei die Alternative mit dem höchsten Arbeitssystemwert die schwer oder nicht quantifizierbaren Bewertungskriterien am besten erfüllt.

II. Wirtschaftlichkeitsvergleich

Unternehmen können sich am Markt nur behaupten, wenn sie Produkte bei gleichbleibender hoher Qualität, kurzen Lieferzeiten und konkurrenzfähigen Preisen anbieten. Ein hoher Anteil der Herstellungskosten und Durchlaufzeiten fällt dabei auf die Montage, die am Ende der innerbetrieblichen Auftragsabwicklung steht und auf die sich die im Vorfeld entstandenen Fehler auswirken.

Der *Wirtschaftlichkeitsvergleich* berücksichtigt Bewertungskriterien, die *monetär quantifizierbar* sind oder in monetäre Größen transformiert werden können. Dies sind:

❑ Investitionen: Einmalig auftretende Kosten, wie z. B. Anschaffungskosten für Betriebsmittel, Installationskosten, Ausbildungskosten und Entwicklungskosten, die in die Vorbereitungskosten eingehen.

❑ Kosten: Laufend auftretende Kosten, wie z. B. Personalkosten, Betreuungskosten und Abschreibungen.

Vorbereitungs-kosten	Auftrags-wiederholkosten	Ausführungs-kosten	Material-kosten	Zusatz-kosten
Einmalige Kosten	Kosten je Auftrag	Kosten je Stück	Kosten je Stück	Kosten je Periode
Fertigungs-planungskosten	Fertigungs-steuerungskosten	Lohneinzel-kosten	Materialeinzel-kosten	Nacharbeitungs-kosten
Konstruktions-kosten für Betriebsmittel	Kosten für die Auftragsab-rechnung	Sozialgemein-kosten	Materialgemein-kosten	Ausschußkosten
Anlaufkosten	Rüstkosten	Restfertigungs-gemeinkosten		Qualitätssiche-rungskosten
Ausbildungs-kosten		- Abschreibung		Stillstandskosten der Maschine
Bauliche Maß-nahmen		- Zinsen - Versicherung - Raum		Kosten durch Fehl-zeiten, Fluktuation
Installations-kosten		- Energie - Instandhaltung		Zinskosten durch gebundenes Um-laufkapital

Bild 2.87   Gliederung der Kostenarten

Zur Ermittlung der Wirtschaftlichkeit werden nun die entsprechenden Beträge gegeneinander abgeschätzt, wobei auch weitere Wirtschaftlichkeitskennzahlen, wie z. B. Amortisationszeit und Renditen herangezogen werden können.

Da der Wirtschaftlichkeitsvergleich im wesentlichen aus einem Kostenvergleich besteht, sind die Bewertungskriterien Kostenarten, die Bild 2.87 im Überblick zeigt.

Zunächst werden die Kosten meist nicht direkt als DM-Beträge, sondern als zwar quantifizierbare, jedoch nicht monetäre Größen erfaßt. Diese müssen (vgl. Bild 2.80) mit Kosten- und Leistungsfaktoren multipliziert werden.

So werden z. B. Entwicklungs-, Planungs- und Qualifizierungskosten zunächst nicht monetär prognostiziert. Planungskosten werden als Zeitbedarf in ›Mann-Monaten‹, Qualifizierungskosten als ›Zeitbedarf pro Mitarbeiter‹ ausgedrückt. Durch Multiplikation mit dem jeweiligen *Kostenfaktor* (vgl. Bild 2.80) ergeben sich daraus die entsprechenden Investitionshöhen.

Damit ein einheitlicher Vergleich der Ergebnisse möglich ist, werden die Kosten auf eine Leistungseinheit, meist eine Planstückzahl oder eine Plankapazität (Minuten oder Stunden), bezogen. Die aufsummierten Kosten werden durch die zu verwendende Leistungseinheit dividiert.

Bei der Gliederung der Kostenarten sind alle arbeitssystembezogenen Zusatzkosten in die Betrachtung einzubeziehen. Sie umfassen eine Reihe von Kosten, die üblicherweise nur selten bei einem Wirtschaftlichkeitsvergleich berücksichtigt werden.

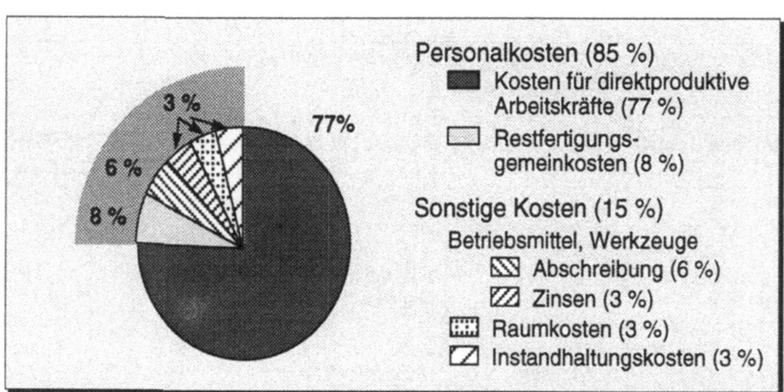

Bild 2.88   Beispiel einer Montagekostenstruktur

Dazu zeigt Bild 2.88 die Struktur der Montagekosten am Beispiel einer niedrig mechanisierten Fließmontage ohne die Kapitalbindungskosten für das direkt im Montagesystem befindliche Material. Raumkosten, Kosten für Betriebsmittel und Werkzeuge liegen um Größenordnungen unter dem Anteil der Personalkosten. Die Analyse des Zeitaufwands, der zu den Personalkosten führt, ergibt, daß geplante und ungeplante Mehraufwandszeiten, die nicht direkt zum Montagefortschritt beitragen, ca. 42 % umfassen. Dies verdeutlicht die Notwendigkeit, durch Personalmanagement, Automatisierungs- und Strukturierungsmaßnahmen die Zeiten für den direkten Wertzuwachs des Produkts zu steigern und durch eine entsprechende Wirtschaftlichkeitsrechnung zu erfassen.

Bild 2.89 zeigt die in der Wirtschaftlichkeitsbetrachtung berücksichtigten und nicht berücksichtigten Faktoren für ein Beispiel aus der Großserienmontage eines Automobilzulieferers. Dies zeigt konkret die Notwendigkeit einer ganzheitlichen Sichtweise bei der Wirtschaftlichkeitsbetrachtung.

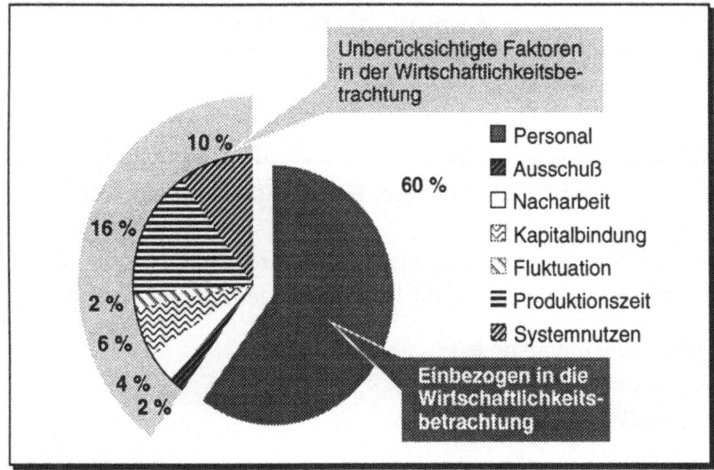

Bild 2.89   Zu berücksichtigende Faktoren bei der Wirtschaftlichkeitsrechnung

Verfahren zum Wirtschaftlichkeitsvergleich
Sind alle Bewertungskriterien sowie Leistungs- und Kostenfaktoren zusammengestellt, dann können für jede Planungsalternative die Gesamtkosten oder die Kosten je Leistungseinheit (stück- oder fertigungsstundenbezogen) berechnet werden. Dazu stehen v. a. die in Bild 2.90 gezeigten Verfahren zur Verfügung.

Statische Verfahren der Wirtschaftlichkeitsrechnung wie

❏   Kostenvergleichsrechnung,
❏   Gewinnvergleichsrechnung,
❏   Rentabilitätsrechnung und
❏   Amortisationsrechnung

sind einfach zu handhabende Näherungsverfahren. Sie berücksichtigen jedoch lediglich die dem Bearbeitungs-, Materialfluß- und Informationssystem direkt zurechenbaren Einnahmen und Ausgaben. Zeitliche Unterschiede von Zahlungsströmen werden nicht berücksichtigt (nach Bullinger et al. 1986).

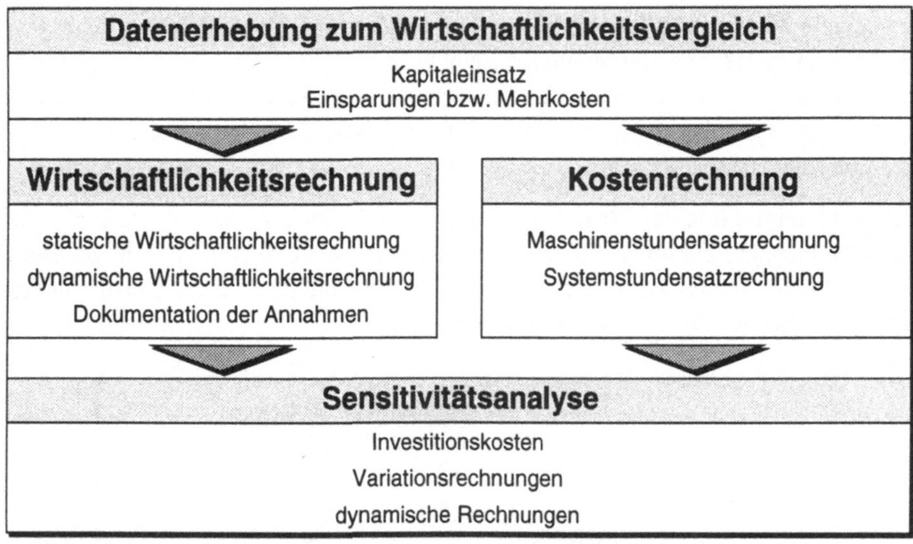

Bild 2.90   Vorgehen und Verfahren beim Wirtschaftlichkeitsvergleich

Als *dynamische Verfahren* der Wirtschaftlichkeitsrechnung, die alle Zahlungsströme entsprechend ihres zeitlichen Anfalls berücksichtigen, finden

❑   die interne Zinsfußmethode,
❑   die Kapitalwertmethode und
❑   die Annuitätenmethode

Verwendung. Klassische Verfahren der *Kostenrechnung*, die zur Berechnung der Herstellkosten oder Selbstkosten eingesetzt werden, sind z. B.

❑   die Zuschlagskalkulation und
❑   die Zuschlagsrechnung mit Maschinenstundensätzen.

Bei der Zuschlagsrechnung mit Maschinenstundensätzen wird ein Teil der bisherigen Gemeinkosten wie Einzelkosten direkt den Kostenträgern zugerechnet. Gemeinkosten, die nicht im Maschinenstundensatz enthalten sind, werden durch die Zuschlagsrechnung verteilt. Dabei müssen alle zur Bewertung von Arbeitssystemen relevanten Kostenarten berücksichtigt werden.

Eine intensive Behandlung der Verfahren der Wirtschaftlichkeitsrechnung und der Kostenrechnung würde den Rahmen dieses Werks sprengen. Ausführlich behandelt wird diese Thematik in Warnecke, Bullinger und Hichert (1990).

Ziel der *Sensitivitätsanalyse* ist es, die auf geschätzten Daten beruhenden Ergebnisse der Kosten- und Wirtschaftlichkeitsrechnung abzuschätzen. Durch Veränderung der einfließenden Parameter wird ermittelt, unter welchen Voraussetzungen die Ergebnisse relativ konstant bleiben. Die Sensitivitätsanalyse liefert als Ergebnis die Parameter mit dem größten Einfluß auf das Ergebnis und Aussagen über die Risiken der Investitionen der Lösungsalternativen.

Ergebnisdarstellung des Wirtschaftlichkeitsvergleichs
Am Beispiel von fünf Alternativen zeigt Bild 2.91 die Ergebnisdarstellung als direkten Vergleich von Montagekosten, Amortisationszeit und Flächenbedarf. Wesentliche Unterschiede in den Amortisationszeiten der Betriebsmittel ergeben sich durch die unterschiedlichen Automatisierungsgrade der Alternativen. Ergeben sich für mehrere Alternativen ähnliche Montagekosten, so können diese alleine nicht die Auswahlentscheidung begründen.

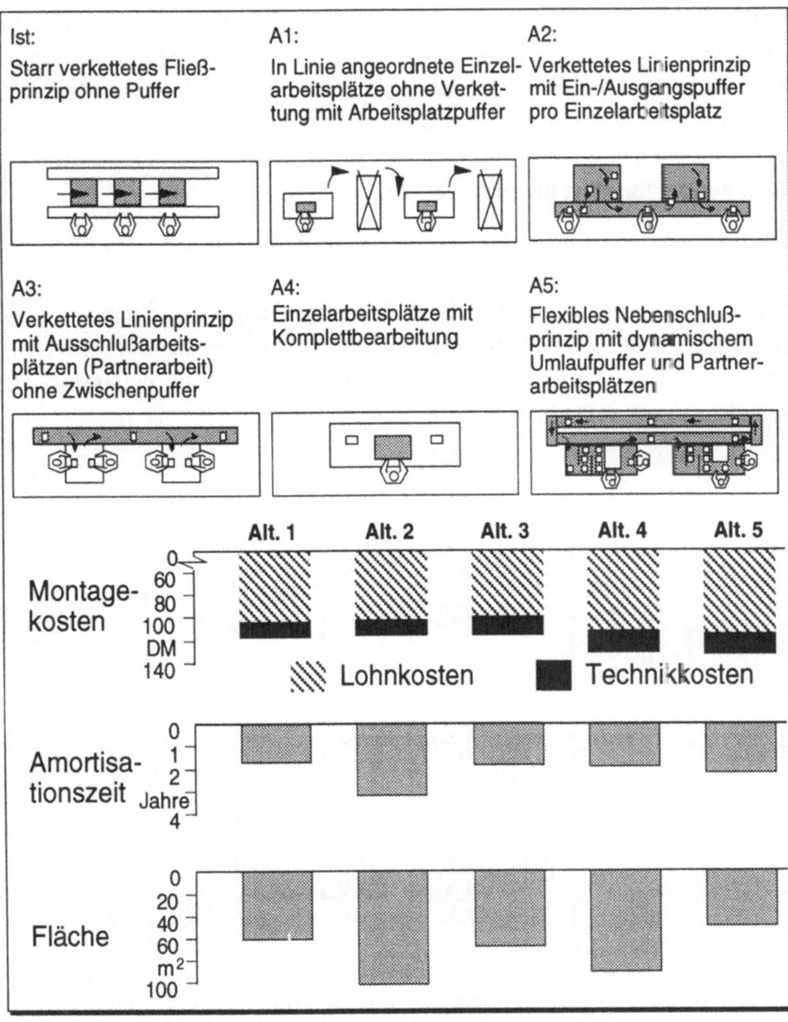

Bild 2.91 **Ergebnisdarstellung am Beispiel von fünf Alternativen**

III. Ergebnisdarstellung der Erweiterten Wirtschaftlichkeitsrechnung

Bei der Erweiterten Wirtschaftlichkeitsrechnung wird die Investitionsentscheidung durch die grafische Gegenüberstellung der Ergebnisse der Arbeitssystemwertermittlung (monetär nicht bewertbare Kriterien) und der Wirtschaftlichkeitsrechnung (monetär bewertbare Kriterien) erleichtert. Aus Gründen der Anschaulichkeit sollen Kosten und Nutzen übereinander aufgetragen werden.

Die Darstellungsmöglichkeit des Gesamtergebnisses aus Arbeitssystemwert und Wirtschaftlichkeitsvergleich für die beispielhaft in Bild 2.91 dargestellten Planungsalternativen zeigt Bild 2.92. Diese Ergebniswerte spiegeln die Entscheidung eines Planungsteams wider, das die Planungsalternativen für die Montage von kleinvolumigen, tischgebundenen Produkten wie Schreibmaschinen und Bohrmaschinen durchführte. Da die Kosten mehrerer Alternativen sehr ähnlich sind, führt das klassische betriebswirtschaftliche Verständnis zu keinem eindeutigen Ergebnis. Erst der Vergleich der unterschiedlichen Arbeitssystemwerte, die im Vergleich zur Ist-Situation deutlich höher sind, erleichtert die Entscheidung.

Den Entscheidungsträgern werden durch die Erweiterte Wirtschaftlichkeitsrechnung die Vor- und Nachteile, die Chancen und Risiken von verschiedenen Planungsalternativen transparent gemacht. Die Erweiterte Wirtschaftlichkeitsrechnung verdeutlicht, daß klassische, nur auf einer Wirtschaftlichkeitsrechnung beruhende Bewertungsverfahren versagen, wenn auch monetär nicht bewertbare sach- und personenbezogene Ziele bewertet werden müssen.

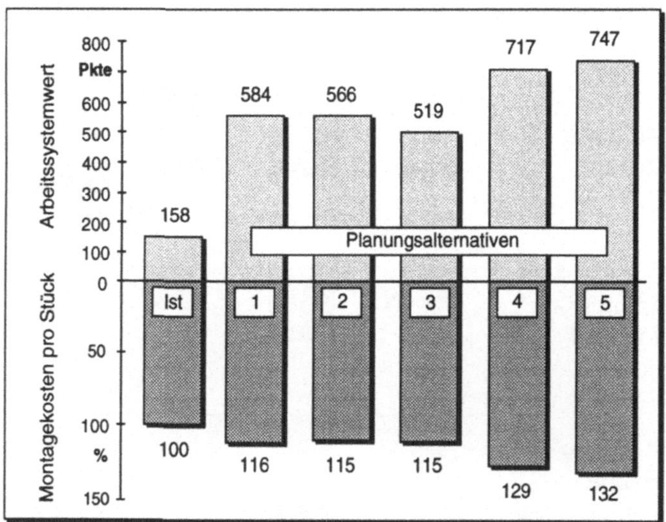

Bild 2.92   Gesamtergebnis ›Wirtschaftlichkeitsvergleich‹ und ›Arbeitssystemwertermittlung‹ (Beispiel)

2.2.4 Planungsphase: Planung der Arbeitsplätze

Anhand des vorliegenden Layouts der zu realisierenden Arbeitsstruktur erfolgt nun die Feinplanung des gesamten Montagesystems, die *Arbeitsplatzgestaltung*. Da bereits Klarheit besteht über

❏ Anordnung und Verkettung der Arbeitsplätze,

❏ Art, Größe und Anzahl der Puffer sowie

❏ Arbeitsplatzausrüstungen und Betriebsmittel,

geht es jetzt um die Gestaltung der Arbeitsplätze nach funktionsgerechten und ergonomischen Gesichtspunkten.

Ebenso wie bei der Planungsphase ›Planung des Montagesystems‹ erfolgt bei der ›Planung der Arbeitsplätze‹ eine zunehmende Detaillierung vom Grob- zum Feinlayout, und vom Ideal- zum Reallayout. Sowohl die Detaillierung als auch die Bewertung erfolgt nach ähnlichen Kriterien und Methoden wie bei der bereits behandelten Planungsphase ›Planung des Montagesystems‹.

Montageablauf und Methode konkretisieren
Grundlage für die Konkretisierung des Montageablaufs bzgl. der einzelnen Arbeitsplätze ist der Vorranggraph. Der Montageablauf liegt mit mehreren Freiheitsgraden fest und beschreibt die räumliche und zeitliche Folge des Zusammenwirkens von Mensch und Betriebsmittel mit der Eingabe in das Arbeitssystem (meist Arbeitsgegenstände, Werkstücke), um sie gemäß der Arbeitsaufgabe zu verändern oder zu verwenden. Nun ist der Montageablauf entsprechend der Planungsaufgabe eindeutig festzulegen.

Desweiteren sind die jeweiligen *Arbeitsmethoden* pro Arbeitsplatz zu bestimmen. Die Arbeitsmethode beinhaltet Arbeitsverfahren und Regeln zur Ausführung des Arbeitsablaufs durch die Mitarbeiter. Dies kann geschehen durch:

❏ Verbale Beschreibungen des Bewegungsablaufes, aus denen das Zusammenwirken beider Hände ersichtlich ist;

❏ *SvZ-Analysen*, die zusätzlich eine Fülle von Anregungen zur Vereinfachung des Bewegungsablaufs vermitteln (SvZ-Analysen: Systeme vorbestimmter Zeiten, z. B. Work Faktor und MTM).

Folgende Gestaltungshinweise sollten dabei beachtet werden:

❏ Sowohl Gezielte als auch unnötige Bewegungen möglichst verhindern;

❏ Positionierung durch Bewegungsführung gegen Anschlag verbessern;

❏ Statische Muskelbelastung, Arbeit im Bücken, Hocken, Knien und Liegen vermeiden;

❏ Arbeitsausführung sowohl im Sitzen als auch im Stehen ermöglichen;

❏ Erkennung von Daten durch optische oder akustische Signale erleichtern;

❏ Anstrengende Feinstarbeiten vermeiden.

Funktionsgerechte Gestaltung der Arbeitsplätze
Die Detaillierung der Arbeitsplatz-Layoutalternativen erfolgt unter Beachtung der
betrieblichen Gegebenheiten und des ›Stands der Technik‹. Dies betrifft u. a.:

❑ Die Art der Arbeitsführung (einhändig oder beidhändig);
❑ Die greifgünstige Lagerung bzw. Halterung von Handwerkzeugen;
❑ Die endgültige Konzeption der Betriebsmittel einschließlich Stellteile und
  Anzeigen, wie z. B.:
  • Einsatz von Werkzeugen mit konstruktiv erleichterter Werkstückaufnahme (z. B.
    Schrauber mit Magnetklinge, Zentrierhülse, Schraubenzuführung);
  • Einsatz einer weichen Unterlage zum Greifen kleiner Teile;
❑ Die Energieversorgung am Arbeitsplatz;
❑ Die Materialbereitstellung (Art, Größe und Anordnung der Greif- und Trans-
  portbehälter), wie z. B.:
  • Anbringung von Hilfswerkzeugen, Materialien an festen Stellplätzen;
  • Anordnung der Hilfswerkzeuge und Materialien im Bewegungsablauf.

Zur funktionsgerechten Gestaltung von Arbeitsplätzen gehört ebenfalls die Leistungsabstimmung (Vermeidung von Unter- und Überforderung) und die Überprüfung der
Kapazitätsteilung mittels Planungsanalysen.

Ergonomische Gestaltung der Arbeitsplätze
Neben der funktionsgerechten Gestaltung des Bewegungsablaufs sind die Arbeitsplätze
nach ergonomischen Kriterien zu gestalten. Hierzu gehört z. B.:

❑ Berücksichtigung der menschlichen Körper- und Funktionsmaße (Tisch, Stuhl,
  Fußstütze, Beinfreiheit, Reichweite) wie z. B.:
  • Höhenverstellbare Arbeitstische mit Bewegungsfreiheit für Beine und Füße,
  • Je nach Bedarf Fußstützen und Armstützen,
  • Hilfswerkzeuge und Bedienelemente mit handgerechten Griffen;
❑ Minimierung statischer Muskelbelastung;
❑ Vermeidung speziell einseitiger und körperlicher Belastung;
❑ Optimierung der Sehbedingungen, u. a. durch blend- und reflexionsfreie Be-
  leuchtung;
❑ Reduzierung sonstiger Umgebungseinflüsse (Klima, Lärm, Schwingungen, Staub,
  Gase, Dämpfe, Nässe);
❑ Ausschaltung einer evtl. Unfallgefährdung (Beachtung der Sicherheitsvorschriften).

Wichtig sind bei dieser Detailgestaltung gesetzliche Vorschriften, DIN-Normen und
geltende Richtlinien. Auf die Arbeitsplatz- und -umgebungsgestaltung wird in
Bullinger (1994b) bereits ausführlich eingegangen.

Bewertung der Arbeitsplätze und personalpolitische Maßnahmen
Die Layoutalternativen der Arbeitsplätze werden in diesem Planungsstadium durch
eine Investitionsrechnung auf ihre Wirtschaftlichkeit hin bewertet. Dazu kann das
Verfahren aus dem Abschnitt ›Bewertung und Auswahl der Montagesystemalternativen
durch die Erweiterte Wirtschaftlichkeitsrechnung‹ angewendet werden.

Ferner werden Maßnahmen im Rahmen der *Personalorganisation* eingeleitet. Die
Erschließung ungenutzter Potentiale fokussiert auf die Neugestaltung von
arbeitsorganisatorischen Rahmenbedingungen und mitarbeiterbezogenen Fragestellungen. Werden mehr Eigenverantwortung und Initiative im Montagebereich
angestrebt, dann müssen Umstrukturierungen von entsprechenden Qualifizierungs-
prozessen begleitet werden und bei den Mitarbeitern die Aufgeschlossenheit gegenüber
strukturellen Veränderungen vorhanden sein. Weniger die fach- oder arbeits-
platzspezifischen Fähigkeiten als vielmehr das Wissen um Zusammenhänge,
bereichsübergreifendes Know-how und die soziale Kompetenz ist in Zukunft von
Bedeutung. In der Montage werden von den Mitarbeitern kooperations- und
kommunikationsfreundliche Arbeitsstrukturen mit Perspektiven und Aufstiegschancen
erwartet, die ihnen auch die Möglichkeit zur Einflußnahme auf das Arbeitsergebnis
bieten. Die Rückverlagerung von Aufgaben der indirekten Funktionsbereiche wie etwa
Qualitätssicherung, Wartung und Instandhaltung, Steuerung und Materialbereitstellung
erfolgt nicht mit der Orientierung am traditionellen Image des Montagebereichs,
sondern durch tatkräftiges Handeln aller Mitarbeiter. Anstrengungen müssen
unternommen werden, um einerseits hoch qualifiziertes Personal in der Montage zu
halten und andererseits auch die montagenahe Arbeit attraktiv zu gestalten (nach
Bullinger 1993a).

Aus dem Vergleich von Anforderungen des Arbeitsplatzes mit den Fähigkeiten des
Mitarbeiters werden Entlohnungssysteme und Qualifikationskonzepte entwickelt.

Ausgangspunkt zur Ermittlung des Anforderungsbilds eines Arbeitsplatzes, des
Fähigkeitsbilds und der Entlohnung des Mitarbeiters sind die Arbeitsmethoden und
Arbeitsbedingungen aus den vorangegangenen Planungsstufen. Die beiden folgenden
Kapitel zur ›Arbeitsanalyse‹ und ›Arbeitsbewertung‹ zeigen, welche Anforderungsarten
für auszuführende Tätigkeiten definiert werden, und welche Methoden und Verfahren
eingesetzt werden, um Aufgaben und Anforderungen menschlicher Arbeit zu analysieren,
zu bewerten und zu entlohnen.

Übersteigen die Anforderungen der Tätigkeiten aufgrund der Neuplanung die Fähigkeiten
der vorhandenen Mitarbeiter, so müssen entweder die Anforderungen durch eine
alternative Arbeitsstrukturierung verändert, die Mitarbeiter umgesetzt oder Schulungs-
maßnahmen durchgeführt werden. Bild 2.93 stellt die häufigsten Mängel und ihre
Folgen in der *Qualifikationsplanung* dar. Die Entwicklung der Mitarbeiterqualifikation
ist Bestandteil des folgenden Kapitels ›Personalqualifizierung‹.

<table>
<tr><td colspan="2">Mängel in der Qualifikationsplanung</td><td>... und ihre Folgen</td></tr>
<tr><td colspan="2">• Die Qualifizierungsplanung wird erst nach technisch-organisatorischen Umstellungen vollzogen</td><td>• Nichtverfügbarkeit der Anlagen bei Inbetriebnahme</td></tr>
<tr><td colspan="2">• Die Qualifizierungsmaßnahmen werden häufig unzureichend vorgenommen - nicht selten als Herstellerschulung</td><td>• Produktivitäts- und Qualitätsmängel</td></tr>
<tr><td colspan="2">• Die Qualifikation ist nicht rechtzeitig bei Anlauf der Maschinen vorhanden</td><td>• ungeplante Anlagenstillstände</td></tr>
<tr><td colspan="2">• Die Qualifikation zur optimalen Nutzung der Anlagen (Qualität, Ausschußvermeidung) ist unzureichend entwickelt</td><td>• Nacharbeit</td></tr>
<tr><td colspan="2">• Die Peripherie von neuen Anlagen bleibt häufig unbeachtet</td><td>• Gewährleistungskosten</td></tr>
<tr><td colspan="2">• Nichtberücksichtigung des Betriebsalltags</td><td>• Motivationsverluste, erhöhter Krankenstand</td></tr>
</table>

Bild 2.93   Die häufigsten Mängel und Folgen in der Qualifikationsplanung

2.2.5   Planungsphase: Systemeinführung und Systembetrieb

Beschaffung, Test und Anpassung
Nachdem ein Montagesystem zur Realisierung ausgewählt und freigegeben wurde, werden konstruktive Maßnahmen bzgl. des Montagesystems entwickelt und dokumentiert. Notwendige Vorrichtungen für das Montagesystem, die Arbeitsmittelanordnung und evtl. benötigte Sonderarbeitsmittel sind zu definieren und in Auftrag zu geben. Bei Fremdvergabe muß besonderes Augenmerk auf das Führen eines Pflichtenhefts gelegt werden.

Systemanlauf und Serienbetreuung
Vor Inbetriebnahme des Produktionssystems sind vier Arten von Prüffeldern ›Funktionsproben‹, ›Betriebsproben‹, ›Leistungsprüfung‹ (Probebetrieb) und ›Abnahmeprüfung‹ zu durchlaufen und schriftlich zu dokumentieren.

Bei der *Systemeinführung* ist auf die Identifikation der betroffenen Mitarbeiter mit den Planungsergebnissen zu achten. Qualifizierende Maßnahmen der einzelnen Mitarbeiter werden rechtzeitig, z. B. durch Weiterbildungs- und Trainee-Programme, sichergestellt. Ebenso werden Personalumstrukturierungen und Neueinstellungen rechtzeitig vorgenommen.

Die Systemeinführung und der Systembetrieb beinhalten die terminliche, kapazitive und kostenmäßige Überwachung des Produktionssystems. Zur Sicherung der Systemstabilität wird das System über einen bestimmten Zeitraum hinweg beobachtet und

Veränderungen schriftlich fixiert, um die entsprechenden Systemparameter gegebenenfalls nachstellen zu können.

Anschließend erfolgt durch das Planungs- bzw. Realisierungsteam die *Abschlußdokumentation*, mit der die Zielerfüllung kontrolliert wird. Wichtige Erkenntnisse bzgl. der Prognosesicherheit, der Qualität der Bewertung und der Bedeutung verschiedener Randbedingungen können für die Planung und Bewertung gewonnen werden und in die nächsten Planungen mit einfließen. Die Abschlußdokumentation wird nach folgender Grobgliederung erstellt:

A   Projektvorlauf und Ausgangssituation
- Situationsanalyse
- Ziele
- Planungsaufgabe

B   Technik
- Bauliche Maßnahmen
- Genehmigungsverfahren
- Systembezogene Anforderungen
- Lieferfirmen

C   Finanzen
- Kalkulation
- Kostenverfolgung
- Nachkalkulation

D   Personalmanagement
- Projektteam
- Verantwortliche Mitarbeiter
- Umstrukturierung
- Bedarf nach Systemeinführung

E   Erfahrungsbericht
- Erkenntnisse aus einzelnen Planungsphasen
- Bewertung der Vorgehensweise
- Vorschläge für zukünftige Umstrukturierung

Zusammenfassung
Infolge der veränderten Randbedingungen und Einflußgrößen seitens des Absatz- und Arbeitsmarkts sind Unternehmen gezwungen, ihre Produktionssysteme in kürzeren Zeitabständen umzuplanen. Diese Veränderungen haben wesentlichen Einfluß auf den Planungsprozeß, der bisher stark ›technologieorientiert‹ ausgerichtet war. Vergegenwärtigt man sich jedoch die Rationalisierungspotentiale, z. B. in Montagesystemen, so wird deutlich, daß der größere Nutzen für die Unternehmen in der Reduzierung

organisatorisch bedingter Mehraufwände und der aktiven Einbindung der Mitarbeiter, als in der Reduzierung von Prozeßzeiten an Maschinen und Anlagen zu finden ist. Aus diesem Grund legt die vorgestellte, mitarbeiterorientierte Planungssystematik besonderen Wert auf die konzeptionelle Planung von Personal, Organisation und Technik.

2.3   Wiederholungsfragen

1. Welches sind die Merkmale der Organisationsstruktur ›Fertigungsinsel‹?
2. Was sind die Ziele der Organisationsstruktur ›Fertigungsinsel‹?
3. Was charakterisiert das Objektprinzip?
4. Was ist eine Vertriebsinsel?
5. Welche zwei Bereiche sind bei der Planung von Fertigungsinseln zu berücksichtigen?
6. Wie können Teilefamilien gebildet werden?
7. Was ist Personal- und Organisationsentwicklung?
8. Welche drei Kompetenzen sind in Fertigungsinseln notwendig?
9. Was ist der Unterschied zwischen den verschiedenen Planungssystematiken?
10. Wie werden Zielarten der Planungssystematik eingeteilt?
11. Aus welchen Schritten besteht die Planungsphase ›Planung des Montagesystems‹? Welche Methoden werden dabei eingesetzt?
12. Wie werden Montageabläufe entwickelt?
13. Wie werden Montagestrukturen entwickelt?
14. Was versteht man unter ›Kapazitätsteilung‹ und wodurch wird sie beeinflußt?
15. Welche Leitlinien zur Entwicklung von Montagesystemen gibt es?
16. Wie werden Prinziplösungen entwickelt?
17. Was erfolgt bei der Layoutgestaltung?
18. Wie erfolgt die Bewertung von Montagesystemalternativen?
19. Was ist ein ›Arbeitssystemwert‹?
20. Welche Materialbereitstellungsverfahren gibt es?
21. Wodurch unterscheidet sich die ›Planung der Arbeitsplätze‹ von der ›Planung des Montagesystems‹?

3 Projektmanagement und Simultaneous Engineering

Projektmanagement wird zur Planung, Steuerung und Kontrolle von Vorhaben eingesetzt, die durch ihre Größe, Dauer und Komplexität bezüglich Aufgaben und Beteiligten nicht mehr ohne methodische Unterstützung erfolgreich durchzuführen sind.

3.1 Definition und Ziele des Projektmanagements

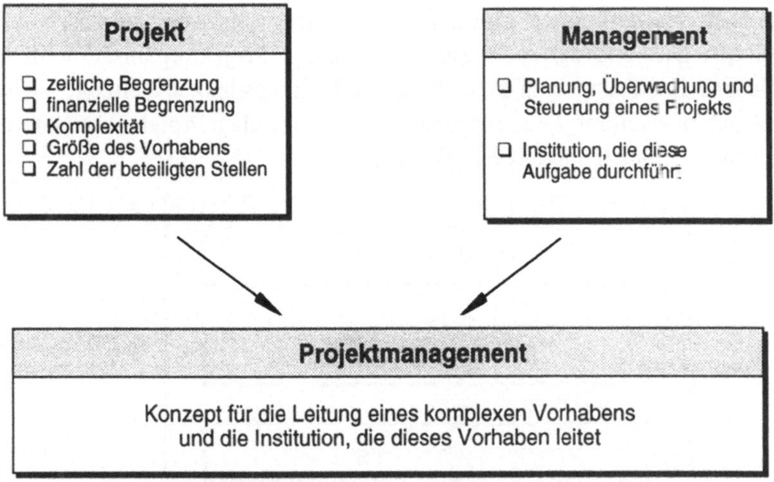

Bild 3.1   **Definition des Projektmanagements**

Der Begriff ›Projektmanagement‹ (PM) setzt sich aus den Teilbegriffen ›Projekt‹ und
›Management‹ zusammen, die nachfolgend definiert werden:

❑ Projekt:
Ein *Projekt* ist ein Vorhaben, das im wesentlichen durch die Einmaligkeit der Bedingungen gekennzeichnet ist, wie z. B.:

- Zeitliche Begrenzung;
- Finanzielle Begrenzung;
- Komplexität;
- Größe des Vorhabens;
- Zahl der beteiligten Stellen.

❑ Management:
Management ist die Leitung soziotechnischer Systeme in personen- und sachbezogener Hinsicht mit Hilfe professioneller Methoden. In der sachbezogenen Dimension des Managements geht es um die Bewältigung der Aufgaben, die sich aus den obersten Zielen des Systems ableiten. In der personenbezogenen Dimension steht der richtige Umgang mit allen Menschen, auf deren Kooperation das Management zur Aufgabenerfüllung angewiesen ist, im Mittelpunkt (nach Ulrich und Fluri 1986).

Somit bezeichnet der Begriff Projektmanagement sowohl die Leitung eines Projekts als auch die das Projekt leitende Institution.

Die *Projektkennzeichen* (vgl. Bild 3.2) stellen eine mögliche Abgrenzung des Projekts gegenüber anderen Aufgaben im Unternehmen dar. So ist vor allem wichtig, daß Projekte zeitlich begrenzte, komplexe, oftmals personalintensive Aufgaben sind. Diese beruhen auf einer Zielsetzung, welche meist aus grundsätzlichen Entscheidungen im Rahmen der strategischen Unternehmensplanung getroffen wurde. Auch sind die Ziele innerhalb des definierten Zeitrahmens mit einem aufgabenspezifischen Budget zu erreichen. Dies erfordert meist eine eigenständige Projektorganisation, in deren Folge auch eine Loslösung vom Ressort- und Abteilungsdenken vollzogen wird. Ein der Unternehmensleitung (Auftraggeber) verantwortlicher Projektleiter koordiniert und leitet die Vorhaben und das Projektteam.

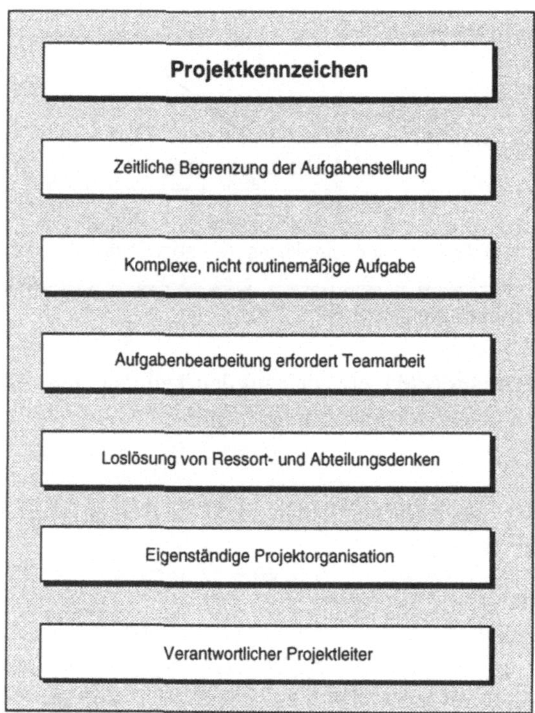

Bild 3.2   Kennzeichen eines Projekts

In Bild 3.3 werden Arbeitsgebiete, in denen Projektmanagement sinnvoll angewandt werden kann, solchen gegenübergestellt, die hierfür ungeeignet sind.

<table>
<tr><td>

Für Projekte eignen sich

❑ neue Produkte / Produktentwicklungen
❑ Erschließung neuer Vertriebswege
❑ Beteiligungen / Fusionen
❑ Innovationen
❑ Aufgaben, die nicht von einer Abteilung
  allein gelöst werden können
❑ nicht alltägliche Vorhaben

</td><td>

Für Projekte eignen sich nicht

❑ Fließbandfertigung
❑ Serviceleistungen
❑ Einzeltätigkeiten

</td></tr>
</table>

Bild 3.3   Eignung des Projektmanagements

Im allgemeinen lassen sich die vielfältigen *Ziele*, die mit Projektmanagement verfolgt werden, auf drei grundlegende Zielbereiche beschränken (vgl. Bild 3.4).

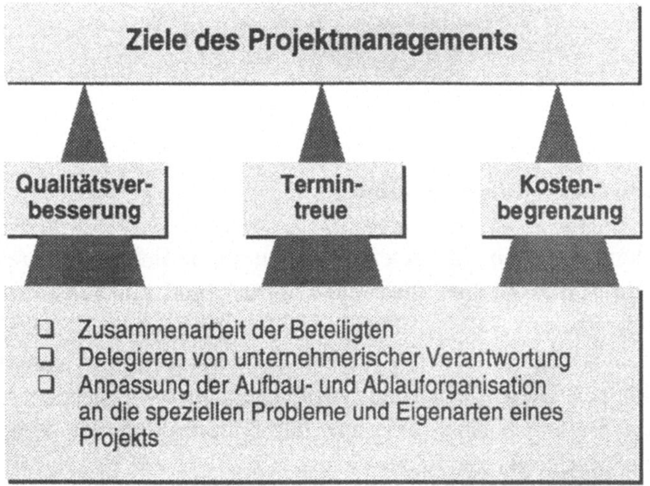

Bild 3.4   Ziele des Projektmanagements

Diese Ziele können nur erreicht werden, wenn einerseits die Zusammenarbeit aller am Projekt Beteiligten und die Delegation von unternehmerischer Verantwortung gewährleistet ist, und andererseits eine Anpassung der Aufbau- und Ablauforganisation an die speziellen Probleme und Eigenarten des Projekts stattgefunden hat.

Für die Unternehmensleitung ist Projektmanagement ein Instrument, das die Zukunft überschaubar macht und damit die Führungsaufgaben erleichtert. Projektmanagement ist ein *System* mehrerer Komponenten, deren erfolgreiches Zusammenspiel das Erreichen des Projektziels ermöglicht. Dazu gehören Projektorganisation, Projektlenkung und die Instrumente des Projektmanagements. Das System des Projektmanagements muß sowohl im Bewußtsein der Mitarbeiter als auch in der Unternehmenskultur verankert sein (vgl. Bild 3.5).

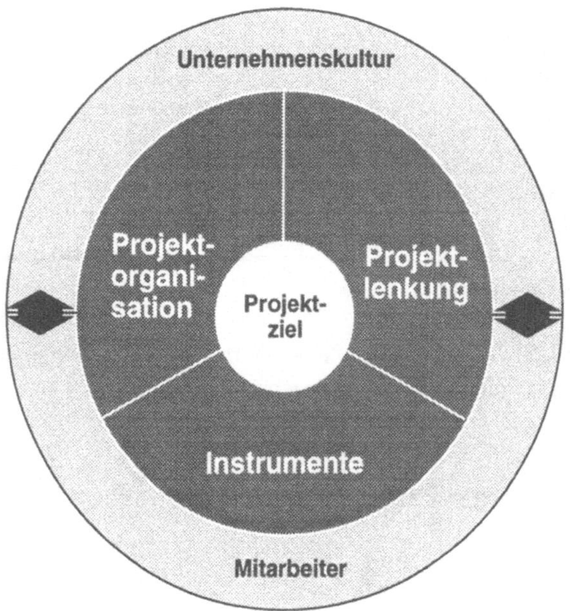

Bild 3.5   System des Projektmanagements

Das Auftragnehmerrisiko nimmt heute tendenziell zu, da immer größere Auftragseinheiten an den Auftragnehmer übertragen werden und ein Trend zu kürzeren Realisierungszeiten besteht. Dies trifft besonders für umfangreiche Auslandsprojekte zu, die außer technischen und wirtschaftlichen auch politische und kulturelle Risiken in sich bergen können. Diese können beim Auftragnehmer, wenn sie nicht rechtzeitig, d. h. möglichst in der Angebotsphase erkannt und abgesichert werden, zu erheblichen wirtschaftlichen Schwierigkeiten führen (Rinza 1985).

Probleme, die während des Projektablaufs auftreten und das planmäßige Erreichen der drei Hauptziele (Leistung, Gesamtkosten und Endtermin) gefährden, können mit den Methoden des Projektmanagements rechtzeitig erkannt werden.

Die genannten Ziele des Projektmanagements sind voneinander abhängig (vgl. Bild 3.6). So hat z. B. die Verlängerung der Entwicklungszeit in der Regel eine Erhöhung der Kosten zur Folge, die Verkürzung der Entwicklungszeit meist eine Qualitätsminderung. Aus diesem Grund können die Teilziele nicht isoliert voneinander betrachtet werden. Dies ist vor allem bei Änderungen von Zielgrößen zu beachten. Man spricht hier auch vom ›magischen Dreieck‹ (Platz und Schmelzer 1986).

Bild 3.6   Zielgrößen eines Projekts

Nicht alle Ziele sind bei jedem Projekt gleichwertig. So kann z. B. in einem *Forschungs- und Entwicklungsprojekt* (F&E-Projekt) bei kontrahierenden Marktlebenszyklen die Einhaltung der Projektlaufzeit (Termine für Produktmuster, Nullserie und Markteinführung) wichtiger sein als die Einhaltung der projektierten Kosten (vgl. Bild 3.7).

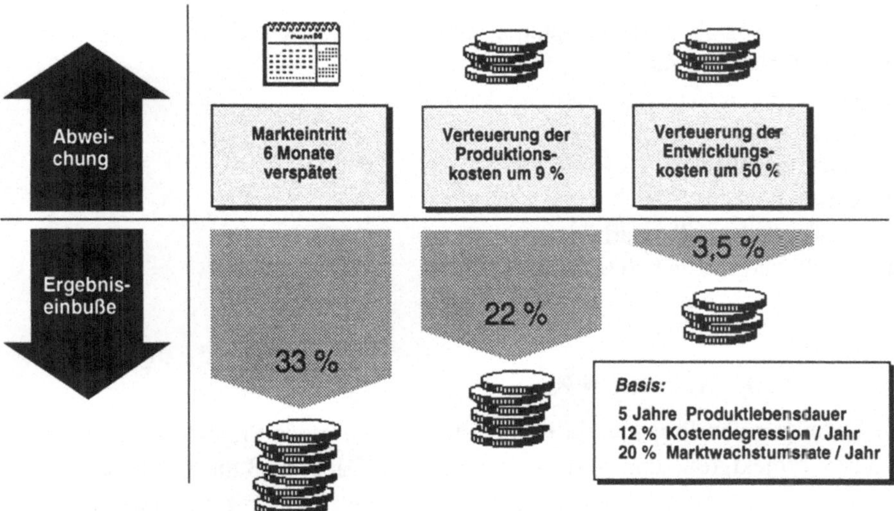

Bild 3.7   Ergebnisentwicklung und Projektabweichungen in Entwicklung, Produktion und Markteinführung

In der Praxis hat sich herausgestellt, daß der alleinige Einsatz von Projektmanagement nicht automatisch den Projekterfolg garantiert, sondern daß für einen erfolgreichen Einsatz des Projektmanagements vielfältige *Voraussetzungen* erfüllt sein müssen.

Der Erfolg wird entscheidend von soziokulturellen und methodischen Komponenten bestimmt, von denen einige in Bild 3.8 aufgeführt sind.

Voraussetzungen für erfolgreiches Projektmanagement

Soziokulturelle Komponenten	**Methodische Komponenten**
❏ Motivation der Mitarbeiter ❏ Informationsfähigkeit ❏ Teamarbeitsfähigkeit ❏ interdisziplinäre Teams	❏ Führungsfähigkeit und Kompetenz des Projektleiters ❏ Methodik des Projektmanagements ❏ Einführung in das Projektmanagement ❏ Aus- und Weiterbildung der Mitarbeiter ❏ Auswahl der Teammitglieder

Bild 3.8   Voraussetzungen für erfolgreiches Projektmanagement

Vor allem die soziokulturellen Komponenten stellen mögliche Gefährdungspotentiale des Projekts dar, z. B. durch
❏ Austragen persönlicher Konflikte der Mitarbeiter,
❏ Machtstreben,
❏ Karrieredenken,
❏ Klassendenken,
❏ Unfähigkeit zur Teamarbeit und
❏ sprachliche Unzulänglichkeiten.

3.2   Projektbeispiele

Die Einteilung von Projekten in kleine, mittlere und große Projekte kann nach den Kriterien Projektgröße und Komplexität erfolgen. Dabei muß die Größe des Unternehmens berücksichtigt werden, da die genannten Einteilungskriterien unternehmensspezifisch zu definieren sind.

Ein weiteres mögliches Einteilungskriterium ist die Anzahl der beteiligten Mitarbeiter (Platz und Schmelzer 1986):

❏ kleines Projekt   < 6 Mitarbeiter;
❏ mittleres Projekt   6 - 20 Mitarbeiter;
❏ großes Projekt   > 20 Mitarbeiter.

Beispiel eines kleinen Projekts: Kauf eines Straßensimulators

An diesem Projekt waren von Auftraggeberseite 4 Mitarbeiter beteiligt. Das Projekt erstreckte sich über einen Zeitraum von 18 Monaten. Die Investitionen betrugen:

❑ Kosten Prüfstand: ca. 6 Mio. DM;
❑ Kosten Baumaßnahmen: ca. 4 Mio. DM.

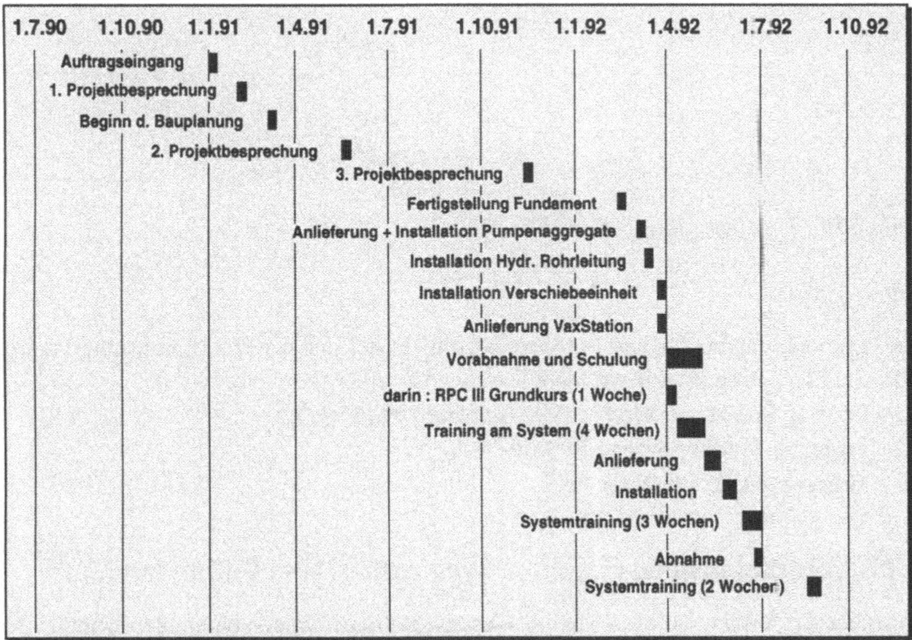

Bild 3.9 Vorgangsplan Straßensimulator

Beispiel eines mittleren Projekts: Turbopropflugzeug Dornier 328 (Do 328)

Das Projekt Do 328 hatte zum Ziel, ein 30-sitziges Turbopropflugzeug zu entwickeln. Mit ihm sollte die Nachfrage auf dem Regionalflugzeugsektor in den neunziger Jahren gedeckt werden. Durch höhere Leistung, mehr Komfort und niedrigere Betriebskosten sollte die Do 328 Wettbewerbsvorteile gegenüber ihren Konkurrenten erlangen. Der Marktanteil sollte bei bis zu 50 % liegen.

Die Entwicklungskosten wurden 1987 mit 500 Mio. DM beziffert. Bei einer Kooperation würde sich der Entwicklungsaufwand auf 700 Mio. DM erhöhen. Auf der Grundlage des Preisstands von 1986 wurde für die Do 328 ein Verkaufspreis von etwa 5 Mio. US-$ kalkuliert.

Do 328

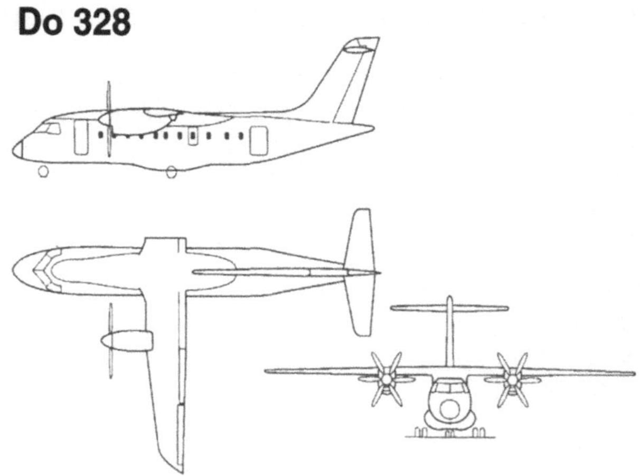

Bild 3.10   Turbopropflugzeug Dornier 328

Meilensteine:

- Entwicklung bis Anfang 1988, gleichzeitig Erstellung der Produktionsunterlagen;
- Teilefertigung ab Anfang 1989;
- Erstflug Prototypen Herbst 1991 (geplant 1990/1991);
- geplanter Produktionsbeginn Mitte 1992;
- Musterzulassung Anfang 1993.

Beispiel eines großen Projekts: Weg zum Mars (Viking lander)

Aufgabe der Viking-Mission war die wissenschaftliche Untersuchung des Mars, z. B.

- die Aufnahme von Bildern der Marsoberfläche,
- die Messung von Wasserdampfgehalt und Temperatur,
- biologische Experimente (Leben auf dem Mars?) und
- die Bestimmung physikalischer Eigenschaften der Marsoberfläche.

Das Projekt wurde von der NASA initiiert und geleitet. Hauptauftragnehmer war die Fa. Martin Marietta (Viking lander). Für die biologischen Instrumente war als Unterauftragsnehmer TRW Inc. verantwortlich. Die Gesamtkosten beliefen sich auf 1,1 Mrd. US-$ (geschätzt 1964: 0,4 Mrd. US-$).

- Orbiter: Höhe 3,3 m
              Länge über Solarausleger 9,7 m
              Masse (ohne Treibstoffe) 919 kg

❏ Lander: Höhe 2 m
                    Länge ohne Landebeine 3 m
                    Masse (ohne Treibstoffe) 576 kg

Meilensteinplan:

	1967-1969	Konzept
	1972	Versuche
	1973	Auswahl der Landeplätze
Viking 1:	20.08.1975	Start
	20.07.1976	Landung
	07.08.1980	abgeschaltet
Viking 2:	19.09.1975	Start
	04.09.1976	Landung
	25.07.1978	abgeschaltet

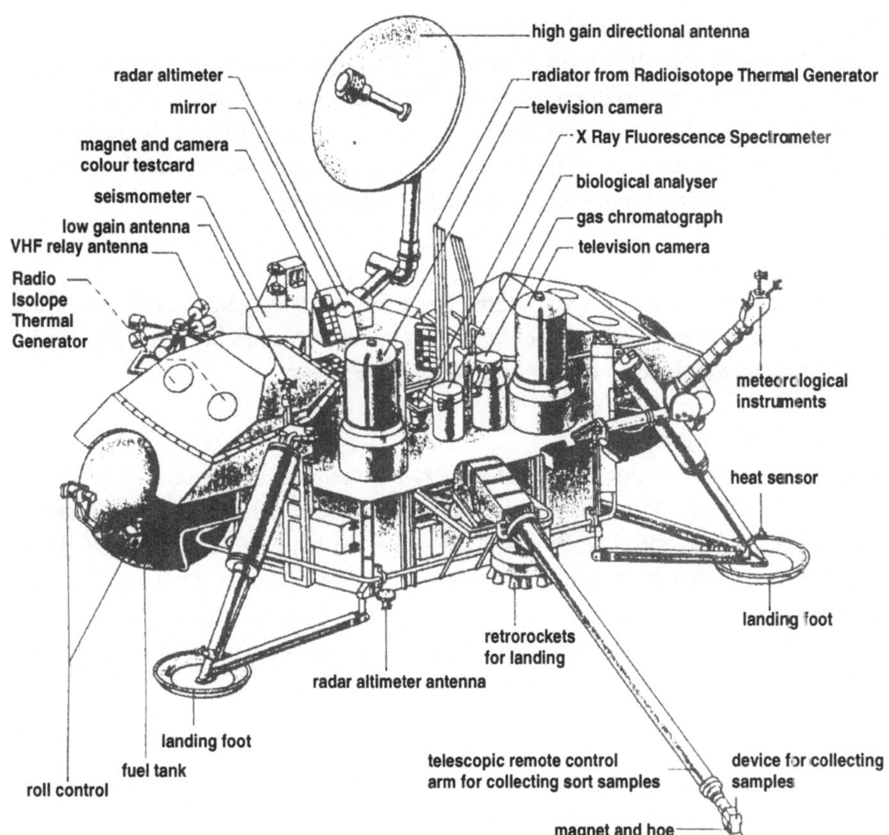

Bild 3.11   Viking lander

3.3 Aufbau des Projektteams und Einbindung ins Unternehmen

3.3.1 Organisationsstrukturen des Projektmanagements

Für die Durchführung von Projekten existieren verschiedene problemorientierte, temporär angelegte Organisationsstrukturen. Dabei werden Personen aus unterschiedlichen Abteilungen und Hierarchieebenen für die gemeinsame Bearbeitung eines Projekts zusammengeführt. Der Problemstellung entsprechend werden neben der primären Unternehmensorganisationsstruktur zeitlich befristete organisatorische Projekteinheiten – im Sinne einer überlagernden sekundären *Projektorganisationsstruktur* – gebildet. In Einzelfällen ist es möglich, daß einzelne Mitarbeiter gleichzeitig verschiedenen Projektteams angehören. Nach Frese (1991) lassen sich idealtypisch drei Varianten der Projektorganisation unterscheiden:

❑ Reine Projektorganisation (Task-Force-Modell)
Hier werden die Beteiligten aus ihren bisherigen Organisationseinheiten herausgelöst und in eine neue, zeitlich befristete Projektstruktur integriert. Da es sich um eine autonome Organisationseinheit mit einem abgegrenzten Aufgabenbereich handelt, besteht eine Hierarchie wie bei einer Linienorganisation. Im Projektteam können auch unternehmensexterne Personen mitwirken.

❑ Stabs-Projektorganisation
Bei dieser Variante nehmen Stabsbereiche die Projektmanagementaufgaben wahr. Da sie jedoch keine Weisungsbefugnis gegenüber der Linie besitzen, besteht ihr Aufgabenschwerpunkt in der Koordination der Projekte.

❑ Matrix-Projektorganisation
Die *Matrix-Projektorganisation* ist eine zweidimensionale Struktur, bei der ein projektbezogenes sekundäres und ein verrichtungsorientiertes primäres Leitungssystem gekoppelt sind. Die Projektmitarbeiter werden hier zwar nicht aus ihren Funktionsbereichen herausgelöst, bezogen auf ihre Projektarbeit jedoch von einer zweiten Instanz geführt. Die Aufsplittung der Verantwortung zwischen der Primärorganisationsstruktur und der Projektorganisationsstruktur in einem Unternehmen ist beispielhaft in Bild 3.12 dargestellt.

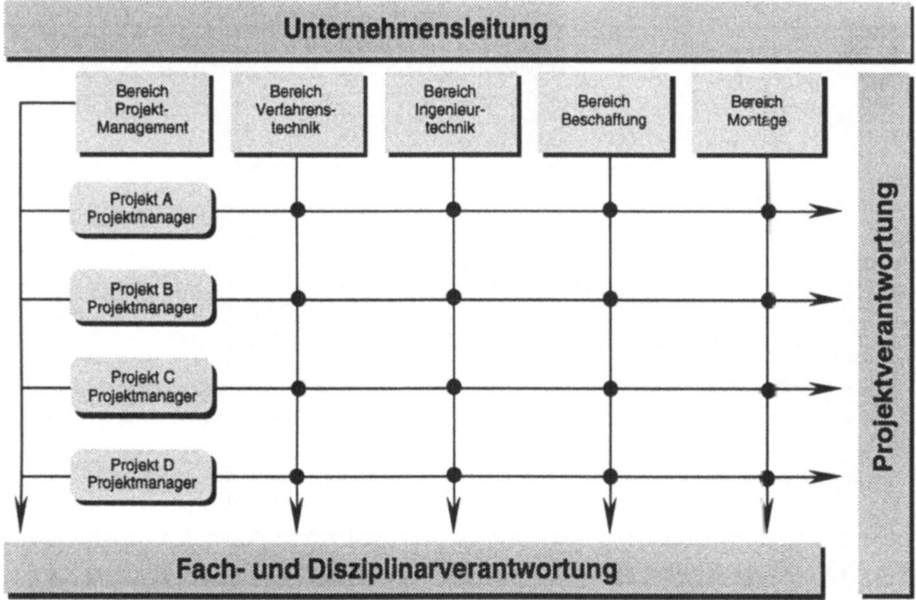

Bild 3.12   Matrix-Projektorganisation

3.3.2   Projektleiter

Der *Projektleiter* wird von einer übergeordneten Stelle ernannt. Der Zeitpunkt der Ernennung sollte möglichst frühzeitig, d. h. vor oder während des Projektbeginns erfolgen. Bei sehr großen und komplexen Projekten kann dem Projektleiter auch ein Projektleitungsteam (Projektunterstützungsteam) zur Verfügung stehen.

Der Projektleiter sollte vorrangig ein Mitarbeiter des Unternehmens sein, da dieser unternehmensspezifische und organisatorische Gegebenheiten kennt und, was nahezu genauso wichtig ist, die informellen Zusammenhänge zu nutzen weiß. Desweiteren ist der aus dem Unternehmen kommende Projektleiter in der Lage, seine zukünftigen Mitarbeiter gemäß den Ansprüchen des Projekts auszuwählen. Der Projektleiter steht im Spannungsfeld von Aufgabe, Kompetenz und Verantwortung. Sein Verantwortungsbereich kann so umfassend sein, daß er sich sowohl auf Projektsachziele und Projekterminziele als auch auf Projektkostenziele erstrecken kann (vgl. Bild 3.13).

Das Anforderungsprofil des Projektleiters ist vielschichtig (vgl. Bild 3.14). So steht neben den methodischen Kenntnissen des Projektmanagements vor allem die Menschenführung im Vordergrund. Im Bereich der Menschenführung sind hauptsächlich Moderations- und Koordinationsaufgaben zu lösen (Delegation der Arbeit, Fähigkeiten zur Teamführung). Man kann somit den Projektleiter auch als Moderator oder Koordinator bezeichnen, was allerdings im Hinblick auf den technischen Aspekt (Wissensschwerpunkt) nicht zutrifft.

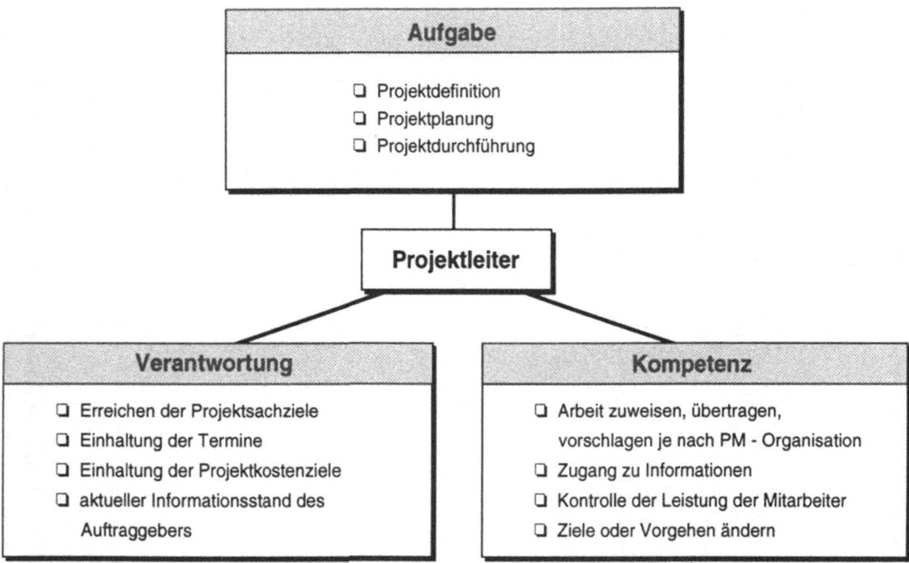

Bild 3.13   Befugnisse und Verantwortung des Projektleiters

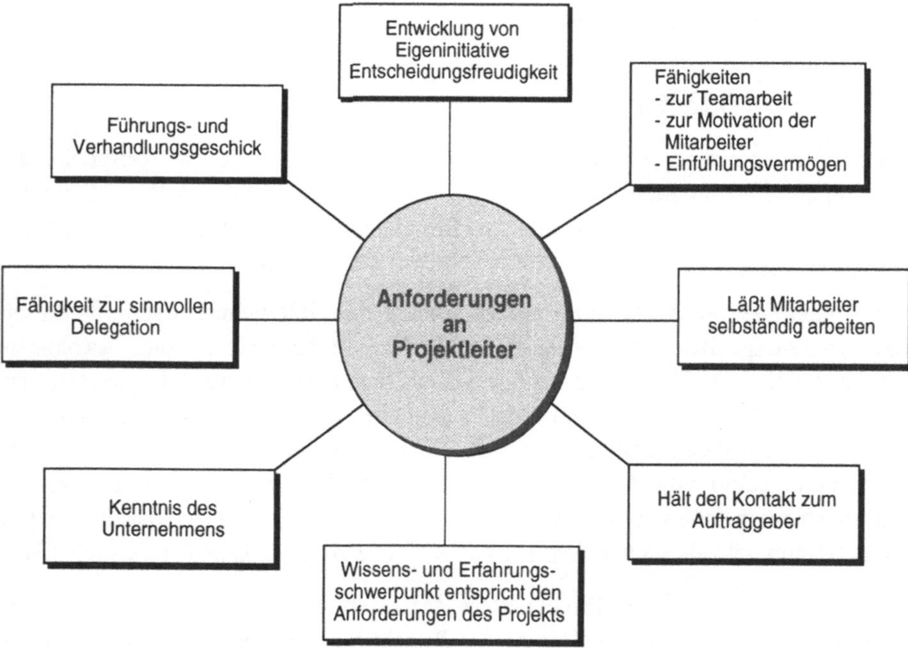

Bild 3.14   Anforderungsprofil des Projektleiters

Der Wissensschwerpunkt des Projektleiters sollte den jeweiligen Know-how-Anforderungen des Projekts entsprechen. Das heißt, daß bei technischen Vorhaben ein Mitarbeiter Projektleiter werden sollte, der ein ausgeprägtes technisches Wissen besitzt, während z. B. bei Unternehmenskauf-, bei Unternehmensbeteiligungs-, bei Organisations- und bei Marktforschungsprojekten einem Wirtschaftsingenieur oder Betriebswirt der Vorzug zu geben ist (Rinza 1985).

3.3.3 Projektteammitarbeiter

Die Anforderungen an *Projektteammitarbeiter* sind neben der Beherrschung der Technik vor allem durch zwischenmenschliche und persönliche Aspekte geprägt (vgl. Bild 3.15).

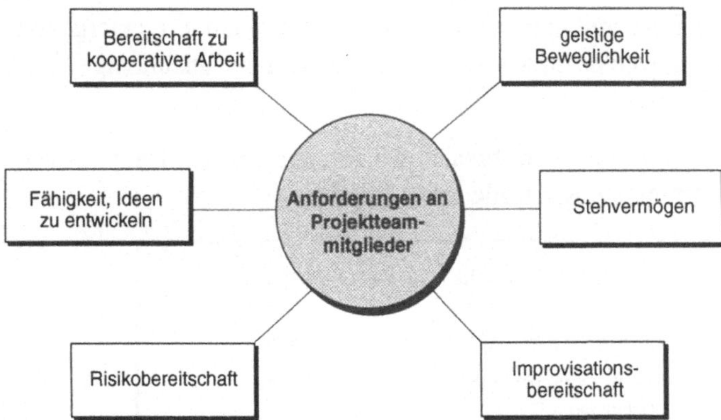

Bild 3.15   Anforderungsprofil Projektteammitarbeiter

Teamarbeit verlangt von allen Beteiligten ein hohes Maß an Bereitschaft zur Kooperation. Ebenso müssen die persönlichen Belange hinter die des Projekts treten, was nicht bedeutet, daß kein eigener, konträrer Standpunkt erlaubt ist.

3.4   Ablauforganisation

Die Ablauforganisation strukturiert den *Projektablauf.* Sie beschreibt die Teilaufgaben und Arbeitspakete eines Projekts, unterteilt den Gesamtablauf und legt das anzuwendende Instrumentarium fest. Ziel der Ablauforganisation ist es, die Koordination der Funktionseinheiten und ihre Integration in den Prozeßablauf sicherzustellen. Damit soll ein Auseinanderstreben der einzelnen Funktionseinheiten verhindert und der zielgerichtete und reibungslose Ablauf des Projekts gewährleistet werden (Platz und Schmelzer 1986).

3.4.1   Projektbeginn und -durchführung

Zu Beginn eines Projektes müssen im *Projektantrag* alle projektrelevanten Anforderungen festgeschrieben werden. Dies sind z. B. die verfolgten Kosten- und Terminziele, Verantwortlichkeiten und Kompetenzen, Anforderungen aus der zukünftigen Produktstrategie, Änderungsverfahren, Bewertungsmöglichkeiten, Anforderungen an den Kundenservice etc.. Von Projektrelevanz sind z. T. auch Aufgabenbeschreibungen für den Fall, daß bestimmte Verfahrenswege oder -inhalte (z. B. Prüfungen, Prüfmittel, Abnahmeprozeduren) für den Projektverlauf zwingend vorgeschrieben sind.

Mit der Verabschiedung des Projektantrags wird dieser zum offiziellen Projektauftrag und bildet die Entscheidungsgrundlage für die Verfahrensweise und die spätere Ergebnisbewertung. Aufgrund seiner Bedeutung für den späteren Projektverlauf müssen im Projektantrag die Projektziele möglichst eindeutig und vollständig enthalten sein. Viele Probleme in den nachfolgenden Phasen haben ihre Ursache in einer ungenügenden Beschreibung der tatsächlich erwarteten Projektergebnisse oder in Formulierungen, welche in wichtigen Ergebnisdetails unzulässige Interpretationsspielräume erlauben.

Der *Projektstrukturplan* (work breakdown structure) ist ein Hauptinstrument für die Planung, Steuerung und Kontrolle eines Projekts.

Ziele des Projektstrukturplans

- vollständige Übersicht über das ganze Projekt
- kleine, möglichst eigenständig zu bearbeitende Teilaufgaben
- Rahmen für Planung, Steuerung und Überwachung
- Basis für Kontrolle der Termine, Leistungen und Kosten
- Festlegung aller notwendigen Ressourcen für die Abwicklung des Projekts
- Überblick über Projektkosten
- Ableitung von Projektmeilensteinen
- Gliederung des Leistungsverzeichnisses

Bild 3.16   Ziele des Projektstrukturplans

Zur Erstellung des Projektstrukturplans (vgl. Bild 3.17) muß das Projekt in kleine, überschaubare Teilaufgaben gegliedert werden. Die Projektgliederung orientiert sich an den Objekten, Funktionen oder sonstigen Gesichtspunkten. Das Ergebnis ist eine hierarchische Struktur, in der die *Teilaufgaben* (TA) weiter untergliedert werden. Auf der jeweils untersten Ebene sind geschlossene Aufgaben definiert, die einem verantwortlichen Teammitglied zugeordnet werden können. Diese Aufgaben werden als *Arbeitspakete* (AP) bezeichnet.

Der Projektstrukturplan wird vom Projektleiter erarbeitet. Dabei kann ein Standard-Projektstrukturplan oder der Projektstrukturplan eines Vorgängerprojekts als Ausgangsbasis dienen. Dieser darf aber nicht unreflektiert übernommen werden, da jedes Projekt spezifische Eigenheiten aufweist.

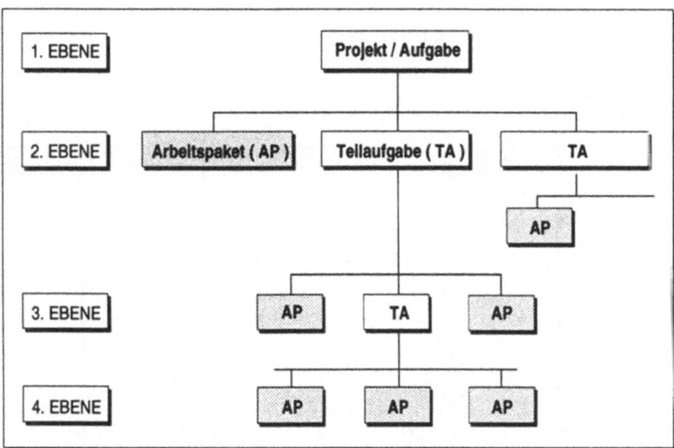

Bild 3.17   Aufbau eines Projektstrukturplans

Ein Projekt kann entweder funktionsorientiert (z. B. nach Fachabteilungen) oder objektorientiert (z. B. nach Teil- oder Untersystemen, Baugruppen) im Projektstrukturplan gegliedert werden. Nachfolgend soll ein funktionsorientierter Projektstrukturplan (vgl. Bild 3.18) und ein objektorientierter Projektstrukturplan (vgl. Bild 3.19) am Beispiel einer Kfz-Entwicklung dargestellt werden (Projektmanagement 1990).

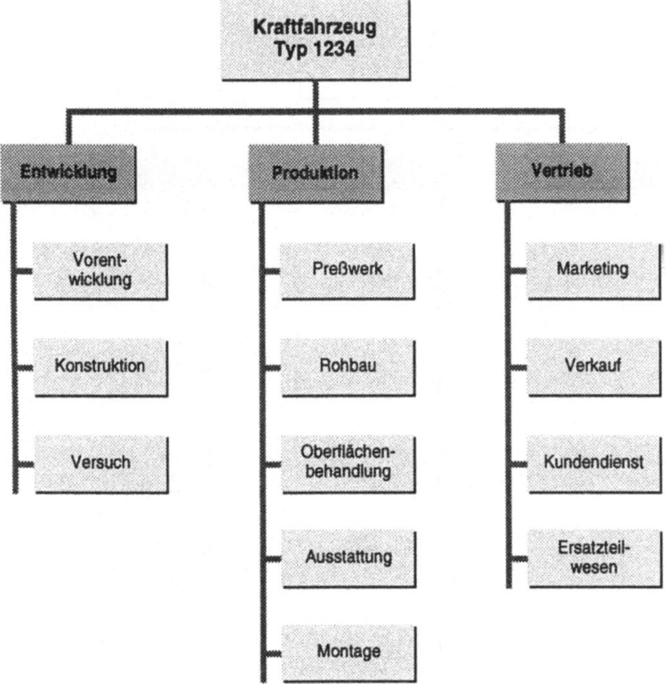

Bild 3.18   Funktionsorientierter Projektstrukturplan

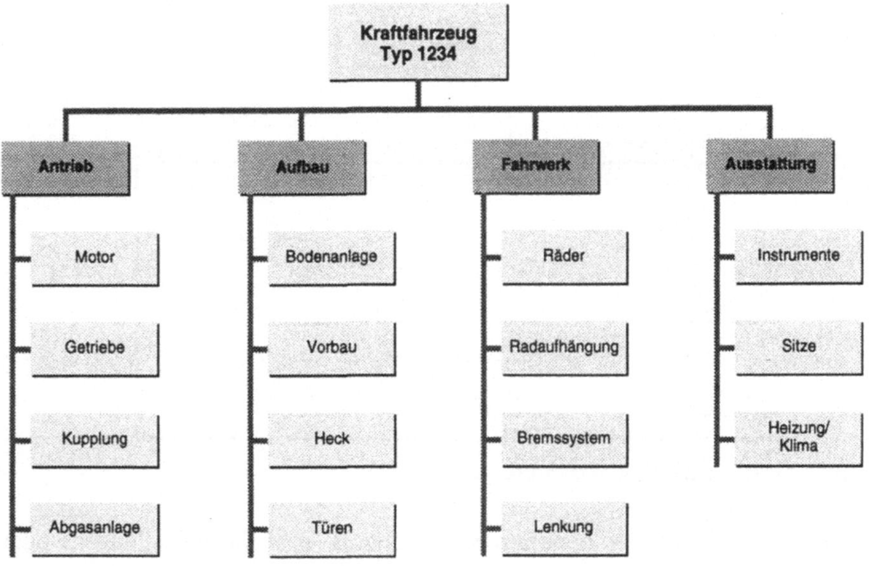

Bild 3.19   Objektorientierter Projektstrukturplan

In der Praxis wird meist eine Kombination aus objektorientierter und funktionsorientierter Gliederungsstruktur angewandt (vgl. Bild 3.20; Projektmanagement 1990).

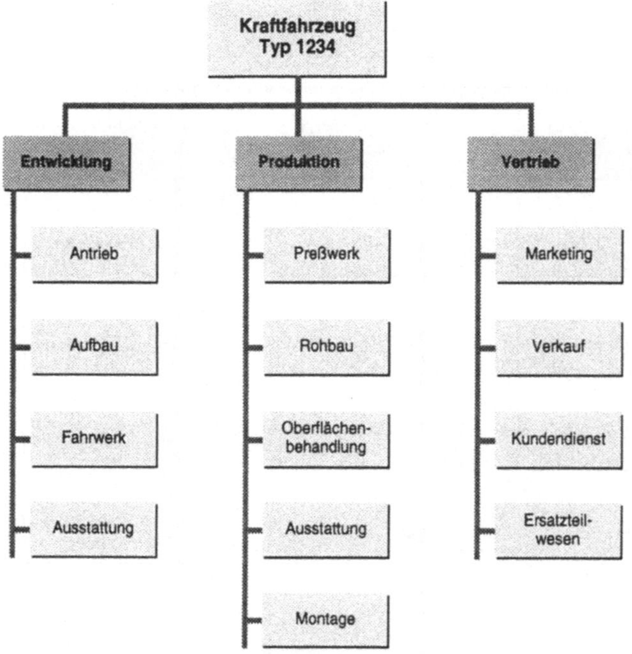

Bild 3.20   Mischform aus objekt- und funktionsorientiertem Projektstrukturplan

In der Grobplanungsphase genügen wenige Gliederungsebenen. Es muß aber die Aufgabenstellung in ihrer Gesamtheit erfaßt werden, wobei die Festlegung der Faktoren Termine, Kosten und Leistung (Spezifikation) eine zentrale Rolle einnimmt (vgl. Bild 3.21). Im Laufe des Planungsprozesses wird der Projektstrukturplan weiter detailliert, bis alle Arbeitspakete festgelegt sind.

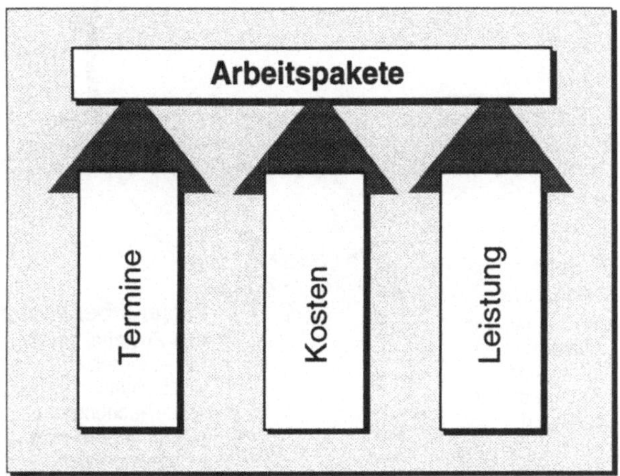

Bild 3.21   Parameter für Arbeitspakete

Für jedes *Arbeitspaket* sollte ein Verantwortlicher bestimmt werden. Die Arbeitspakete dienen als Basis für die Auftragserteilung und stellen den Orientierungspunkt für die Projektplanung, -überwachung, und -steuerung von Terminen, Kosten und Leistung dar.

Aufgaben, die eine mögliche Gefährdung des Projekts darstellen, müssen soweit untergliedert werden, daß eine Risikoanalyse möglich ist. Daraus resultiert auch die Größe der Arbeitspakete.

Die Anzahl der Arbeitspakete beeinflußt den Steuerungsaufwand. Eine zu große Menge von Arbeitspaketen läßt sich zeitlich auch mit Hilfe der elektronischen Datenverarbeitung nicht mehr bearbeiten.

Aufbauend auf dem Projektstrukturplan werden die Projektplanung, Projektüberwachung und Projektsteuerung errichtet (vgl. Bild 3.22). Der Projektstrukturplan stellt die Basis für den Projektmanagementregelkreis dar.

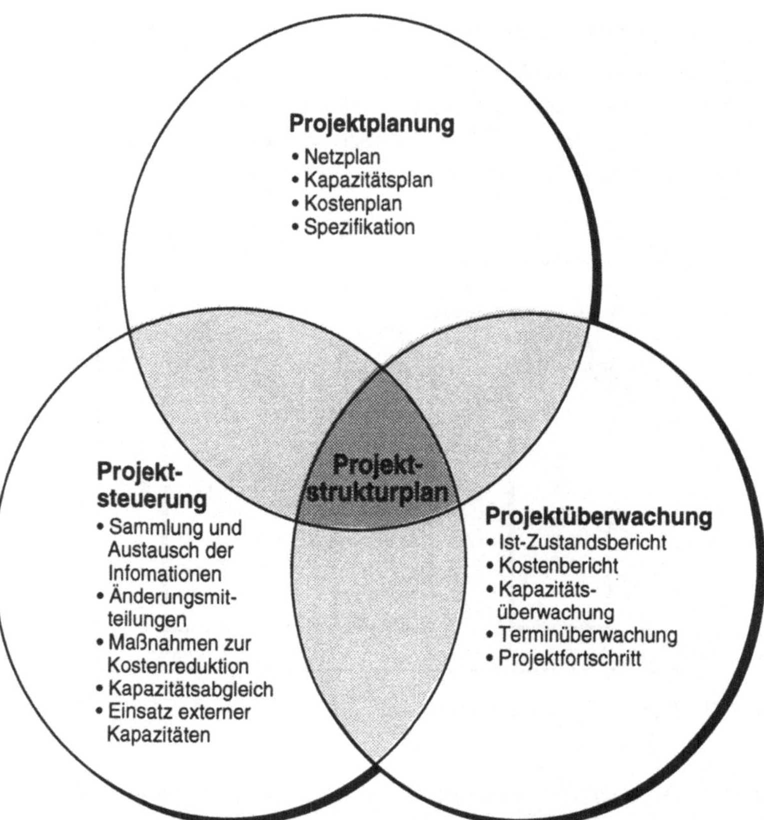

Bild 3.22   Die Funktionen des Projektstrukturplans

3.4.1.1 Projektplanung

Projektplanung ist die systematische Informationsgewinnung über den zukünftigen Ablauf des Projekts und die gedankliche Vorwegnahme des notwendigen Handelns im Projekt. Planung beginnt mit dem Ermitteln aller zukünftigen Aktivitäten, die zur Erreichung des Projektziels dienen. Dabei ist es wesentlich, die richtigen und wichtigen Aktivitäten zu erkennen. Grundsatz der Planung muß sein, die richtigen Aufgaben zu erkennen und nicht, die gewählten Aufgaben richtig anzugehen. Da Planung in die Zukunft gerichtet ist, beruht sie auf unvollständigen Informationen und ist daher immer mit Unsicherheit behaftet.

Planung im Projekt findet auf vier Ebenen statt:
❑   Organisation des Projekts;
❑   technischer Inhalt des Ergebnisses;
❑   technischer Prozeß der Ergebniserstellung;
❑   Ablauf des Projekts.

Unter Projektplanung wird hier die operative Planung des Ablaufs mit der Ermittlung von Aufwand, Kapazitäten und Terminen verstanden. Ziel der Projektplanung ist die Ermittlung realistischer Soll-Vorgaben für das Projekt sowie von Einzelschritten der Projektdurchführung (Teilprojekte, Teilprodukte, Arbeitspakete) im Rahmen der gegebenen Randbedingungen.

Kosten

Die Kostenplanung stellt die Grundlage der *Projektfinanzierung* dar. Sie umfaßt die Ermittlung von Personal- und Sachkosten, von Kosten für Investitionsmittel, für Fremdleistungen und sonstige Aufwendungen.

Kostenplanung

❑ In der Konzeptions- und Angebotsphase dient sie zur Kalkulation der Gesamtkosten

❑ In der Planungsphase ist sie die Grundlage für die Budgeterstellung für die ausführenden Stellen

❑ In der Ausführungsphase ermöglicht sie die Kostenüberwachung

Bild 3.23   Ziele der Kostenplanung

In Bild 3.24 werden die Schritte der Kostenplanung und die dazugehörigen Planungsergebnisse dargestellt.

Projektstrukturplan, Terminplan, Kapazitätsplan

Schritte der Kostenplanung	Planungsergebnisse
Strukturierung der Kostenpakete	Kostenstruktur
Ermittlung der Mengenansätze	Mengenansätze (Stunden, Material)
Kalkulation	Selbstkosten
Betriebswirtschaftliche Analysen (bei externen Projekten)	Cash-Flow, Storno-Risiko Deckungsbeitrag Make or buy-Empfehlungen Beschaffungsempfehlungen
Preisgestaltung und -festlegung (bei externen Projekten)	Verkaufspreis
Budgetzuteilung	Budget der leistenden Stellen

Kosten- und Budgetpläne

Bild 3.24   Schritte der Kostenplanung (nach Friedrich 1986)

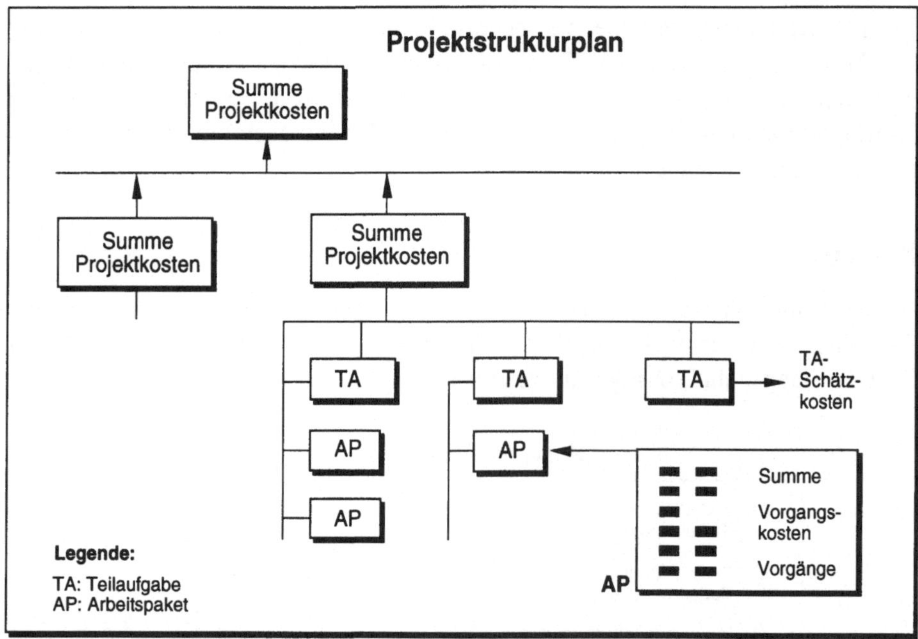

Bild 3.25   Ermittlung der Projektkosten (nach GPM/RKW 1990)

Die Genauigkeit der Kostenplanung ist erfahrungsgemäß um so größer, je mehr Kosten den einzelnen Vorgängen eines Projekts direkt zugeordnet werden können. Dazu müssen alle Kostenarten lückenlos erfaßt werden. Danach muß eine Soll-Kostenverdichtung stattfinden, um einen Gesamtüberblick zu erhalten (vgl. Bild 3.25).

Termine

Die *Terminplanung* (vgl. Bild 3.26) beginnt in der Regel durch die Vorgabe eines fixen Endtermins in der Projektbeschreibung.

Auf Basis des vorgegebenen Endtermins werden alle weiteren Zwischentermine durch Rückrechnung ermittelt (retrograde Methode).

Die Terminplanung ist ein iterativer Prozeß, in dessen Verlauf die Vorgabetermine immer detaillierter und zuverlässiger werden.

Die Terminplanung kann nicht isoliert von der Leistungs-, Kosten- und Kapazitätsplanung durchgeführt werden. Bei Zielkonflikten entscheidet der Projektausschuß über die Prioritäten der Teilziele, z. B.:

❑   Der Termin ist einzuhalten, auch wenn die Leistung nur zu 90 % erreicht wird, d. h. bestimmte Teilfunktionen oder Sonderausstattungen erst nach Projektablauf realisiert (design to time) werden.

❏ Der Termin ist einzuhalten, dafür werden zusätzliche Kosten genehmigt (Überzeit-
zuschläge, Fremdvergaben usw.).

Ablauf der Terminplanung

1. Festlegung des Endtermins und ggf. der Meilensteintermine
   in der Projektbeschreibung.

2. Abstimmung der Arbeitspaketdauer und festgelegter
   Stichtage mit den Linienbereichen.

3. Zuordnung der Arbeitspakete zu Teilablaufplänen.

4. Verknüpfung der Arbeitspakete innerhalb der Teilablaufpläne
   (Vorgänger-, Nachfolgerbeziehungen).

5. Verknüpfung der Teilablaufpläne zu einem Gesamtablaufplan.

6. Optimierung des Gesamtablaufplans.

7. Abstimmung der ermittelten Anfangs- und Endtermine mit den
   Linienbereichen.

8. Verabschiedung des Terminplans.

Bild 3.26 Ablauf der Terminplanung (nach Projektmanagement 1990)

Zur Überwachung der Termine melden die für die Arbeitspakete Verantwortlichen
dem Projektleiter den Abschluß ihres Arbeitspakets oder das Eintreten von erheblichen
Störungen. Der Projektleiter und das Projektteam sollten sich jedoch nicht auf ein
formalisiertes Berichtswesen verlassen, sondern sich möglichst häufig durch persönliche Gespräche vor Ort über den Projektfortschritt informieren (Management by
Walking Around).

Als Hilfsmittel zur Berichterstattung vor dem Projektausschuß eignen sich Balken-
pläne (Gantt-Diagramme) prinzipiell besser als Netzpläne.

Balkenplan

Der *Balkenplan* ermöglicht die übersichtliche Darstellung von Daten einer Terminliste
indem die Vorgänge bzw. Aktivitäten über einer Zeitachse aufgetragen werden. Jeder
Aktivität eines Projekts wird hierbei im Balkenplan ein Balken zugeordnet, wobei die
Länge des Balkens proportional mit der Dauer der Aktivität zunimmt. Da die Lage auf
dem Zeitraster die zeitliche Relation zu anderen Aktivitäten und die zeitliche Lage des
Vorgangs anzeigt, muß folglich nicht nur die jeweilige Dauer eines Vorgangs bekannt
sein, sondern es müssen auch die Abhängigkeiten der Vorgänge untereinander berücksichtigt werden, die im Balkenplan selbst nicht erkennbar sind.

Aufgrund des direkten Zeitbezugs stellt der Balkenplan eine übersichtliche Form der Terminplanung dar und ist sehr weit verbreitet. Die Darstellung der Struktur von Projektteilaufgaben mit Hilfe eines Balkenplans ist aber nur bei sehr einfachen Projektstrukturen möglich (vgl. Bild 3.27).

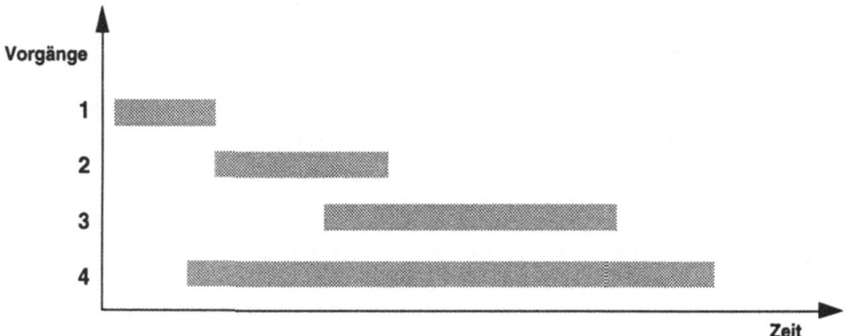

Bild 3.27   Prinzip des Balkenplans

Netzplan

Der *Netzplan* ist die grafische Darstellung von Ablaufstrukturen, die die logische und zeitliche Aufeinanderfolge von Vorgängen veranschaulichen (vgl. Bild 3.32).

Man unterscheidet mehrere Arten von Netzplänen, die sich jeweils in ihrer Darstellungsform unterscheiden. Für Projekte mit geringerer Komplexität bietet sich die Verwendung eines Vorgangsknoten-Netzplans an. Hierbei werden die einzelnen Vorgänge durch Kästchen dargestellt und über Linien verbunden, die die Abhängigkeiten unter den Vorgängen anzeigen und somit die logischen Beziehungen in übersichtlicher Weise darstellen.

3.4.1.2 Projektüberwachung

Ziel der *Projektüberwachung* ist, Abweichungen des Projektverlaufs aufzudecken. Daraufhin lassen sich korrektive Maßnahmen einleiten. Die Projektüberwachungsparameter werden durch die Projektzielsetzung festgelegt.

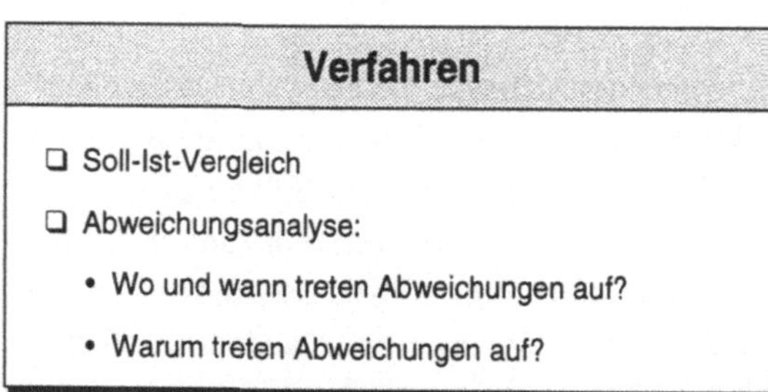

Bild 3.28   Überwachungsverfahren

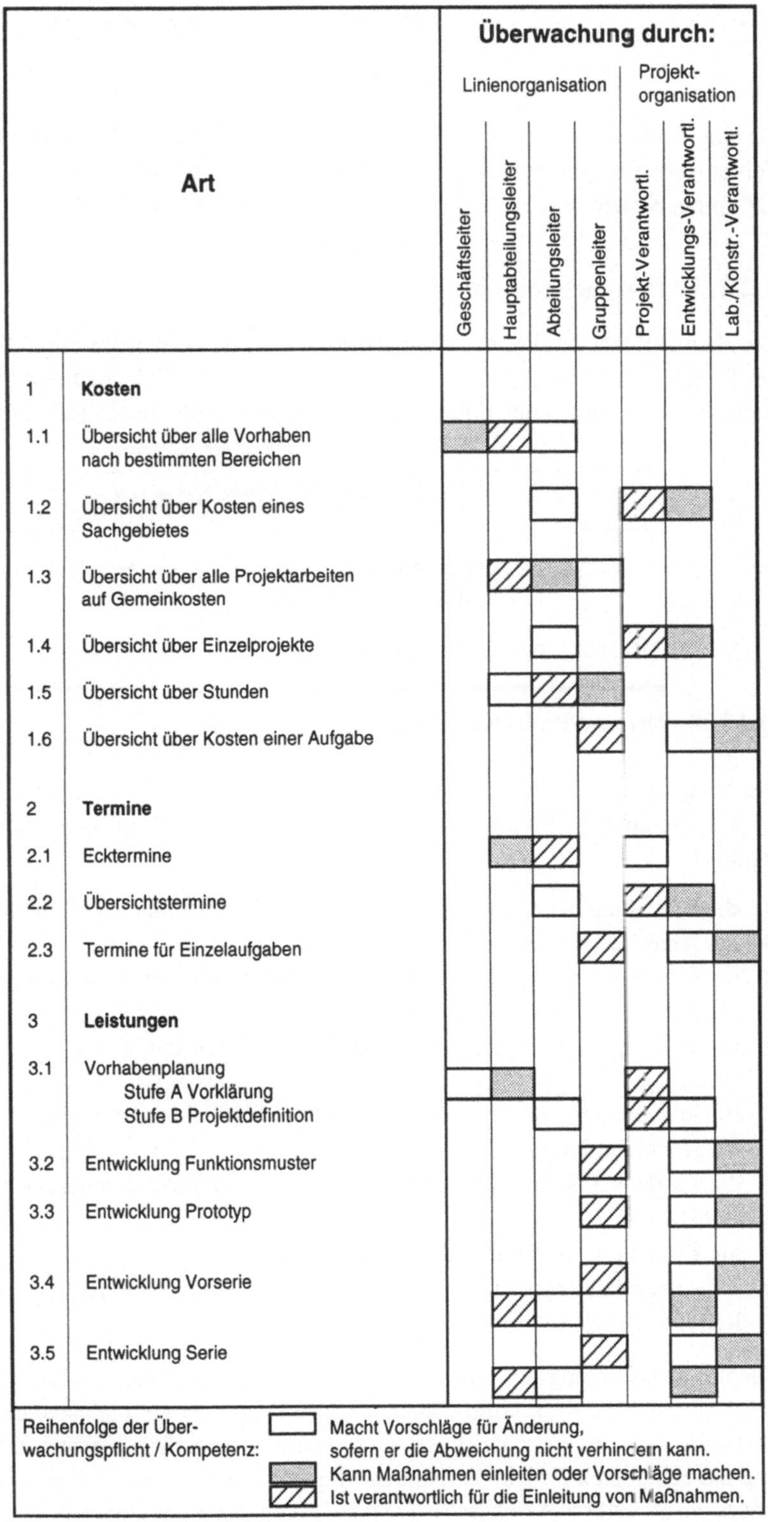

| | | Überwachung durch: | | | | | | |
| | | Linienorganisation | | | | Projekt-organisation | | |
Art		Geschäftsleiter	Hauptabteilungsleiter	Abteilungsleiter	Gruppenleiter	Projekt-Verantwortl.	Entwicklungs-Verantwortl.	Lab./Konstr.-Verantwortl.
1	**Kosten**							
1.1	Übersicht über alle Vorhaben nach bestimmten Bereichen							
1.2	Übersicht über Kosten eines Sachgebietes							
1.3	Übersicht über alle Projektarbeiten auf Gemeinkosten							
1.4	Übersicht über Einzelprojekte							
1.5	Übersicht über Stunden							
1.6	Übersicht über Kosten einer Aufgabe							
2	**Termine**							
2.1	Ecktermine							
2.2	Übersichtstermine							
2.3	Termine für Einzelaufgaben							
3	**Leistungen**							
3.1	Vorhabenplanung Stufe A Vorklärung Stufe B Projektdefinition							
3.2	Entwicklung Funktionsmuster							
3.3	Entwicklung Prototyp							
3.4	Entwicklung Vorserie							
3.5	Entwicklung Serie							

Reihenfolge der Überwachungspflicht / Kompetenz:

- Macht Vorschläge für Änderung, sofern er die Abweichung nicht verhindern kann.
- Kann Maßnahmen einleiten oder Vorschläge machen.
- Ist verantwortlich für die Einleitung von Maßnahmen.

Bild 3.29 Beispiel einer Projektüberwachung

Da eine Teilbetrachtung nur ein unvollständiges Bild über den Projektstand liefert und Fehlentscheidungen zur Folge haben kann, müssen immer alle drei Parameter (Termine, Kosten und Leistung) überwacht werden (vgl. Bild 3.29).

3.4.1.3 Projektsteuerung

Die Hauptaufgabe der Projektleitung besteht in der Steuerung des Projektablaufs bzgl. der Projektziele (Termine, Kosten und Leistung). Zusätzlich dazu sind Aufgaben im Bereich der Anleitung und Führung der am Projekt beteiligten Mitarbeiter zu erfüllen.

Ziele der Projektsteuerung

❑ Abweichungen zwischen dem realen Projektablauf und der Projektplanung ausgleichen

❑ agieren statt reagieren

Bild 3.30 Ziele der Projektsteuerung

Die Ausgangsbasis für die *Projektsteuerung* sind notwendigerweise die Ergebnisse der Projektplanung (vgl. Fraunhofer-Gesellschaft 1994). Die Projektsteuerung beinhaltet demnach

❑ die Erstellung neuer und die Fortschreibung bestehender Projektpläne,
❑ die Analyse von Abweichungen (Soll/Ist),
❑ die Projektion der gegenwärtigen Projektgegebenheiten in die Zukunft (Trend),
❑ das Aufzeigen der bestehenden Außenstände (Arbeiten bis zur Fertigstellung, Obligos),
❑ Entscheidungen und die Ausgestaltung von Maßnahmen zur Einwirkung auf die aufgedeckten Projektmißstände unter kurz-, mittel- und langfristiger Perspektive,
❑ die Organisation und inhaltliche Gestaltung der Projektsteuerungsmaßnahmen selbst,
❑ die Berichterstattung über das Projekt und
❑ die Ausgestaltung der informalen und formalen Informationsflüsse und Regelkreisläufe im Projekt.

In der Projektsteuerung kommen hierbei die Änderungen der Pläne sowie die inkrementell zu formulierenden Korrekturmaßnahmen zum Tragen. Die Projektsteuerung hat stets unterschiedliche zeitliche Perspektiven zu beachten. Kurzfristig geht es um die Sicherung der effizienten Projektbearbeitung (die Dinge richtig tun). Mittel- bis langfristig geht es um die effektive Ausgestaltung der Vorgehensweisen (die richtigen Dinge tun).

Die Projektsteuerung wird in der Regel unterbewertet und oft erst dann angewandt, wenn Projekttermine nicht eingehalten werden können. Gründe für solche kritischen Termine und Situationen sind zumeist unklar formulierte Aufgaben oder fehlende Prioritätsvorgaben für die Projektmitarbeiter. Entstehende Kapazitäts- und Terminengpässe werden nicht in ausreichendem Maße im Projekt berücksichtigt. Verstärkt wird dieser Effekt durch eine Mehrfachbelastung der Mitarbeiter. Dies kann dazu führen, daß ein Projektleiter sein Projekt nicht mehr steuert, sondern von den über ihn hereinbrechenden Ereignissen gesteuert wird, wodurch jeglicher Handlungsspielraum verlorengeht. Anstatt zu agieren wird nur noch reagiert. Projektsteuerung und -regelung sollten deshalb während des gesamten Projektablaufs durchgeführt werden.

Die Projektsteuerung hat für die Projektarbeit eine Leit- und Richtfunktion und muß auf diese Einfluß nehmen. Projektsteuerung ist ein aktives Gestalten der Projektarbeit, sie bedarf der Kontinuität und hat in hohem Maße Einfluß auf die Art und Weise wie Projektergebnisse erarbeitet, dargestellt und verwertet werden.

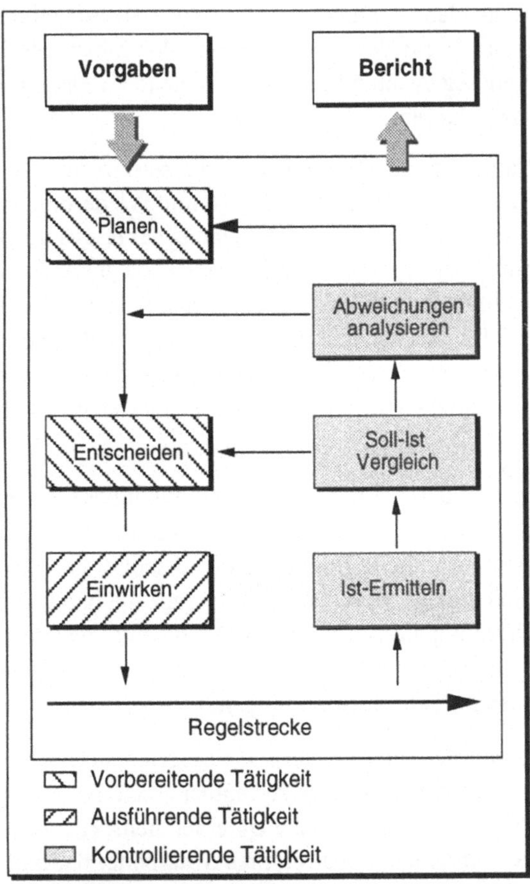

Bild 3.31   Projektmanagementregelkreis

Bild 3.31 beschreibt den Projektablauf im Sinne eines geschlossenen Regelkreises, wobei in vorbereitende, ausführende und kontrollierende Tätigkeitsbereiche unterschieden wird.

3.4.2   Projektabschluß

Der *Projektabschluß* bildet den letzten Abschnitt eines Projekts. Unabhängig vom bis dahin vorliegenden Aufbau und Ablauf des Projekts sind hierbei vier Aufgaben zu erfüllen:

- ❏ Projektergebnisübergabe an den internen oder externen Kunden;
- ❏ Durchführung von Projektreviews;
- ❏ Sicherung aller im Projekt gemachten Erfahrungen;
- ❏ Auflösung der Projektorganisation.

Vor der Ergebnisübergabe an den Kunden muß die Übergabeprozedur endgültig geregelt werden. Die Art und Form der Abnahmetests, der Inhalt der Übergabeprotokolle und die Festschreibung eventuell noch offenstehender Leistungsverpflichtungen sind hier wesentliche Faktoren.

Jedes Projekt sollte im Sinne der stetigen Prozeßverbesserung mittels eines abschließenden Reviews durchleuchtet werden. Je nach Art und Wiederholcharakter des vorliegenden Projekts hat eine standardisierte Untersuchung der relevanten Parameter zu erfolgen. Der Vergleich mit bisher untersuchten Projekten und die Aufarbeitung des erarbeiteten Wissens für nachfolgende Projekte muß hierbei oberstes Ziel sein. Sinn und Zweck eines Projektreviews ist also nicht die Suche nach Schuld und Ineffizienz von Mitarbeitern, sondern eine konsequente Verbesserung von unternehmensinternen Prozessen und eine möglichst umfassende Nutzung des im Unternehmen vorhandenen Know-hows.

Nach Abschluß des Reviews müssen sämtliche Projektdokumente archiviert und verfügbar gemacht werden. Getreu der amerikanischen These ›no work is done before the paperwork is done‹ müssen sämtliche Berichte zum Abschluß gebracht und alle Dokumentationen auf Vollständigkeit geprüft werden. Gerade die in der sich zumeist lang hinziehenden Projektabschlußphase auftretenden Dokumentationslücken können eine bis dahin gut geführte Projektdokumentation wertlos machen oder entziehen die wesentlichen Schlüsse der nachfolgenden Beachtung und Verwertung.

Die Auflösung der Projektorganisation ist eine eher soziologisch motivierte Problemstellung. Die Trennung eines bis dahin intensiv zusammenarbeitenden Projektteams und die Reintegration der Projektmitarbeiter in die Unternehmensorganisation stellen häufig einen Bruch im Rollenverhalten der betroffenen Mitarbeiter dar und sollten in ihren Auswirkungen keinesfalls unterschätzt werden.

Viele Projekte finden allein deshalb nur schwerlich ein Ende, weil die Beteiligten versuchen, diese Bruchstelle möglichst lange hinauszuzögern, und damit das Projektende künstlich verlängern.

Die rechtzeitige Bereitstellung neuer Aufgaben und neuer Ziele sowie die allmähliche Wiedereingliederung der temporär vom Projekt beanspruchten Mitarbeiter in die Stammbereiche des Unternehmens sind ebenfalls wichtige Aufgaben beim Abschluß eines Projekts.

3.5   Rechnereinsatz

Projektleiter sind für den erfolgreichen Abschluß ihrer Projekte verantwortlich. Für die Abwicklung stehen ihnen *rechnerunterstützte Projektmanagementwerkzeuge* zur Verfügung. Diese umfassen Verfahren zur Projektplanung, -steuerung, -kontrolle und -auswertung. Besondere Bedeutung im Projektmanagement kommt der Kommunikation zu, deren Qualität wesentlich von der ihr zugrundeliegenden Information abhängt. Der Computereinsatz kann bei der Informationsgewinnung und -verarbeitung eine wertvolle Hilfe für die Projektverantwortlichen sein.

Die Verbindung einzelner rechnergestützter Funktionseinheiten in einem Gesamtsystem zur Unterstützung des Projektmanagements wird als Projektmanagementsystem bezeichnet. Einem solchen rechnergestützten System kommt damit die Bedeutung eines Werkzeugs zu, das einen Beitrag zur effizienten Abwicklung von Projekten leisten kann. In ihm werden Informationen bearbeitet und verwaltet, die sich auf die Aktivitäten (Teilaufgaben) einzelner oder mehrerer Projekte beziehen. Diese Systeme lassen sich im Rahmen des Projektmanagements hauptsächlich für die folgenden Anwendungsbereiche einsetzen:

❑   Terminplanung und -kontrolle;
❑   Kapazitätsplanung und -kontrolle;
❑   Kostenplanung und -kontrolle;
❑   Verknüpfungen zwischen Terminen, Tätigkeiten, Kosten und Kapazitäten;
❑   Berichterstattung;
❑   Prognosen;
❑   Dokumentation.

Damit soll einerseits der Projektverwaltungsaufwand reduziert werden, da sich wiederkehrende Planungs- und Kontrolltätigkeiten durch die Rechnerunterstützung beschleunigen lassen. Andererseits besteht bei großen Datenmengen eine überaus hohe Informationskomplexität, die vom Projektleiter ohne Reduktion nicht mehr beherrscht werden kann. Eine dadurch erzeugte Transparenz ermöglicht zudem ein rechtzeitiges Erkennen der Projektsituation und damit ein frühzeitiges Eingreifen in den Ablauf. Letztendlich wird durch den Rechnereinsatz eine zuverlässige Dokumentation des

Projektablaufs erzielt, die jederzeit Rückgriffsmöglichkeiten auf Projektinformation und vorhandene Daten erlaubt. Bild 3.32 zeigt beispielhaft eine Netzplandarstellung und das dazugehörige Gantt-Diagramm eines solchen rechnergestützten Projektmanagementsystems. Die Rechnerunterstützung erlaubt hier Erweiterungen der Netzplantechnik, auf die jedoch nicht näher eingegangen werden soll.

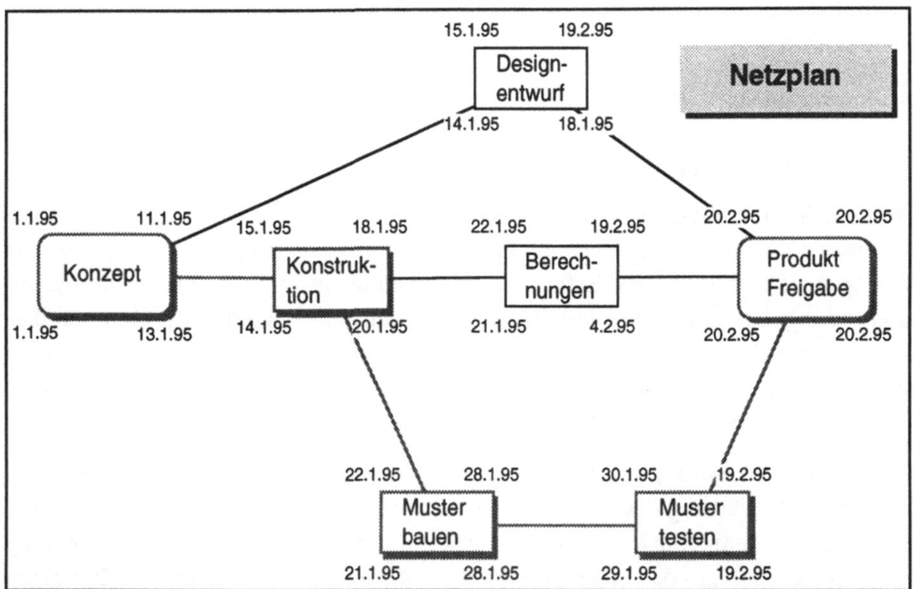

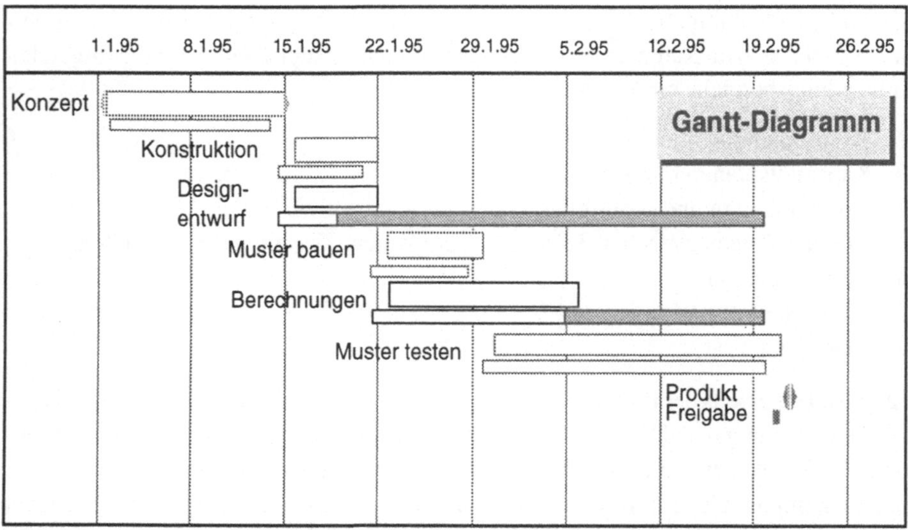

Bild 3.32   Beispiel eines Netzplan- und eines Gantt-Diagramms
(erstellt mit MacProject)

3.6   Einführung im Unternehmen

Projektmanagement scheitert wesentlich seltener an den Methoden als an der unzureichend vorbereiteten *Einführung im Unternehmen*. Dabei wird meist der Planungs- und Vorbereitungsphase eine viel zu geringe Aufmerksamkeit geschenkt. Die Einführungsstrategie muß unabhängig von der Methodenstrategie entwickelt werden und beeinflußt wesentlich die Methodengestaltung. Die Einführung des Projektmanagements ist eine komplexe Aufgabe (Platz und Schmelzer 1986).

Projektmanagement bewirkt eine Veränderung des bestehenden Führungssystems und der Organisation im Unternehmen und erfordert Änderungen im Führungsverhalten. Änderungen, die sich auf das Verhalten von Mitarbeitern und auf die Organisation beziehen, rufen aber bei den Betroffenen oftmals Angst und Unsicherheit hervor, die zu Abwehrhaltungen und Widerständen führen können (vgl. Bild 3.33).

Erfahrungen zeigen, daß der größte Widerstand auf der Managementebene auftritt. Die Führungskräfte befürchten eine Verringerung ihrer Macht und ihres Einflusses sowie eine stärkere Erfolgskontrolle. Dieser Ablehnung seitens der zukünftigen Anwender des Projektmanagements kann durch umfassende, frühzeitige und angepaßte Information begegnet werden. Dies kann durch Schulungen, Workshops, Erfahrungsberichte, Handbücher usw. geschehen. Besonders wichtig ist die Darstellung der Chancen und des Nutzens des Projektmanagements für die Mitarbeiter und das Unternehmen. Eine Beteiligung der Mitarbeiter an der Gestaltung des Projektmanagements wirkt sich positiv auf deren Akzeptanz aus.

Vorbehalte gegenüber Projektmanagement

❑ Verpflichtung, ein vereinbartes, überprüfbares Sachergebnis zu liefern

❑ zu große Transparenz von Aufgabe, Vorgehen, Ergebnissen

❑ verstärkte Überwachung

❑ Möglichkeit des Erkennens von Fehlschlägen durch andere Mitarbeiter

❑ Einschränkung der Kreativität durch die Anwendung vorgegebener Methoden, Werkzeuge und durch die Einhaltung von Regelungen

Bild 3.33   Vorbehalte gegenüber der Einführung von Projektmanagement

Ohne aktive Unterstützung und persönliches Engagement des übergeordneten Managements ist die Einführung und Anwendung des Projektmanagements nicht realisierbar. Das Management muß sich ebenso wie die Mitarbeiter die Zeit nehmen und Bereitschaft zeigen, sich mit den Zielen, Inhalten und Möglichkeiten, dem Nutzen, aber auch mit den Gefahren des Projektmanagements auseinanderzusetzen. Gleichzeitig muß das Management bereit sein, den finanziellen, personellen und zeitlichen Aufwand zu investieren, der mit der Einführung des Projektmanagements verbunden ist. Als Minimum sind für die wesentlichen Entscheidungsträger in einem Projekt zwei Wochen Schulung anzusetzen. Diese reichen jedoch für die Beherrschung der speziellen Methoden und Werkzeuge des Projektmanagements nicht aus.

3.7 Simultaneous Engineering

Die bisherige Arbeitsweise im Produktentstehungsprozeß ist geprägt durch arbeitsteilige und stark funktional gegliederte Strukturen (vgl. Bild 3.34). Der überwiegend sequentielle Ablauf bei konventioneller Entwicklungsweise ist gekennzeichnet durch ein stufenweises Durchlaufen der am Gesamtprozeß beteiligten Abteilungen. Aufgrund der starren Schnittstellen und den daher meist schlecht funktionierenden bereichsübergreifenden Informationsflüssen sind Produktänderungen, die sich aus nicht beachteten Anforderungen ergeben, oftmals nicht zu vermeiden. Besonders nachteilig wirken sich Korrekturen in späteren Phasen aus, die zu langen Iterationsschleifen und dann oft zu einem erheblichen Änderungsaufwand für alle beteiligten Abteilungen führen (Bullinger 1990).

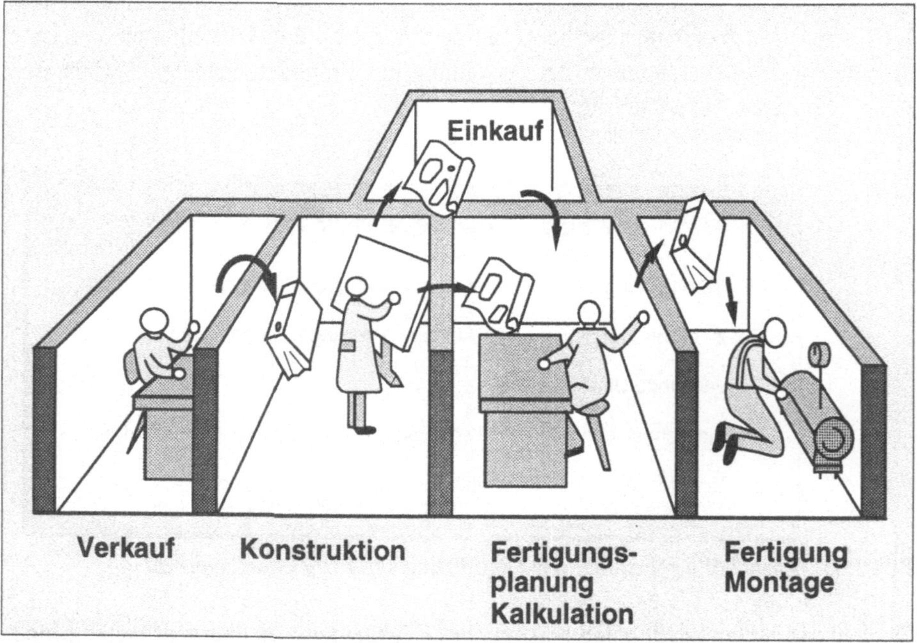

Bild 3.34 Unternehmensinterne Ursachen langer Innovationszeiten

Der Neuheitsgrad hochwertiger Konsum- und Investitionsgüter ist neben Produktqualität und Preis in den letzten Jahren aus vielerlei Gründen zu einem primären Kaufentscheidungsfaktor geworden. Damit werden mit den eingeführten Produkten in den vorgesehenen Märkten immer geringere Vermarktungszeiten und -volumina erzielt (Pantele und Lacey 1989). Ein Unternehmen muß sich aktiv darum bemühen, neue Produktideen schneller in marktkonforme Produkte umzusetzen und damit die sogenannte ›*time to market*‹ zu verkürzen. In Bild 3.35 sind Ertragseinbußen als Folge verspäteter Markteinführung dargestellt, wobei in diesem Beispiel eine Entwicklungszeit von 24 Monaten zugrundegelegt wurde.

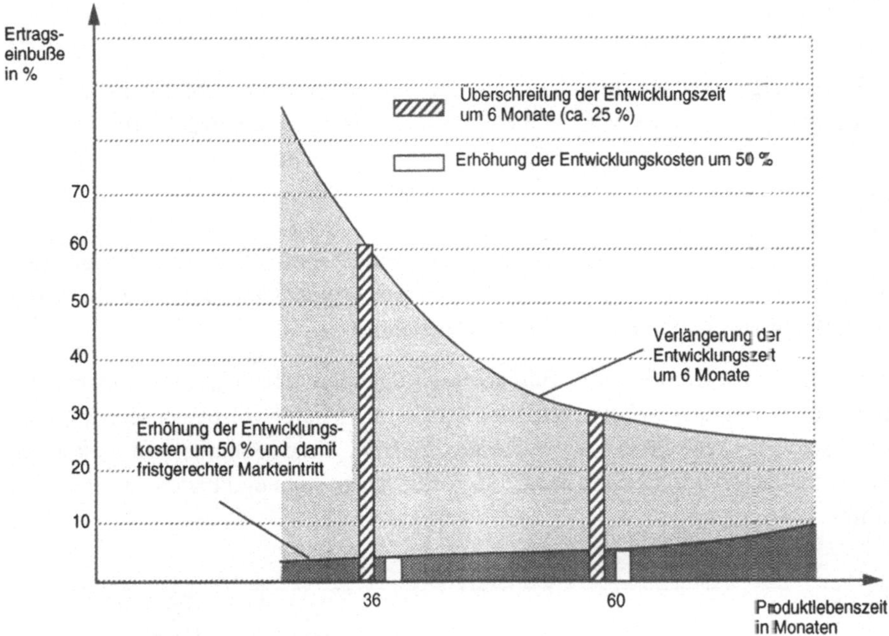

Bild 3.35   Ertragseinbußen als Folge verspäteter Markteinführung
(nach Bullinger 1990)

Vor diesem Hintergrund kann Simultaneous Engineering als eine auf den *Produktentwicklungsprozeß* angewandte Form des Projektmanagements verstanden werden, bei der durch eine Synchronisation der Produkt- und Prozeßentwicklung oftmals erhebliche Zeiteinsparungspotentiale freigesetzt werden.

Ziele des Simultaneous Engineering-Ansatzes

❑ *Simultaneous Engineering* zielt auf die Beherrschung der technologischen Produktkomplexität (bezüglich Funktionalität, Prozeßsicherheit, Kosten, Qualität, Recyclingfähigkeit; d. h.: Konzeptsicherheit) über den gesamten Produktlebenszyklus durch organisatorische Optimierung der Arbeitsschritte
  • Konzeptentstehung (Gestalten),
  • Erprobung,

• Bewertung und
• Entscheidung.

❑ Verkürzung von Produktentwicklungsprozessen (Fast-to-Market-Strategie), um eingesparte Zeit
  • sowohl kundenwirksam werden zu lassen (Serviceschnelligkeit, höhere Zahl von Produktereignissen je Zeiteinheit)
  • als auch für Konzeptsicherung, Qualitätserhöhung und Innovation zu nutzen (Zeitgewinn in der Prozeßkette als Investition in den Markt betrachten).

❑ Erreichung einer marktwirksamen und umweltgerechten Markt-Produktabstimmung sowie einer beherrschten Produkt-Prozeßabstimmung (Eiff 1991).

Definitionen
Simultaneous Engineering (SE) ist das gleichzeitige Entwickeln von Produkt und Produktionseinrichtungen mit Hilfe firmeninterner Projektteams unter weitgehender Einbeziehung von Zulieferern und Systemherstellern.

Umfassender kann Simultaneous Engineering folgendermaßen beschrieben werden: Simultaneous Engineering bewirkt das stärkere Parallelisieren von bisher sequentiellen Vorgängen, um so die Produktentwicklungszeit bzw. ›time to market‹ zu verkürzen. Dies erfolgt unter Berücksichtigung von technischen Abhängigkeiten, Kosten und Qualität.

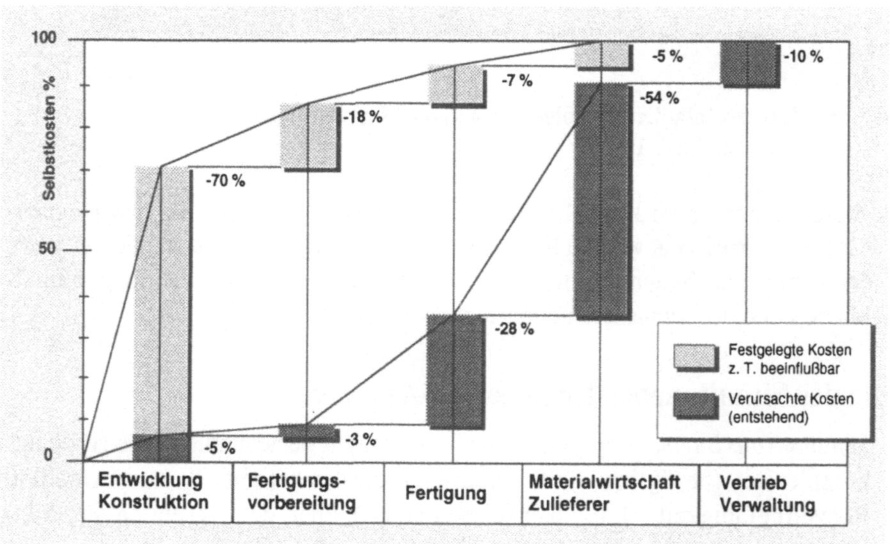

Bild 3.36   Rationalisierungseffekte des Simultaneous Engineering

Somit ist unter Simultaneous Engineering die Fortentwicklung der ›Ganzheitlichen Planung‹ zu verstehen, die alle Wirksysteme in den Planungsprozeß einbezieht und die seit vielen Jahren erfolgreich praktiziert wird (Jong 1990).

Davon sind nicht nur die Entwicklungsabteilungen des eigenen Unternehmens betroffen. Beim Simultaneous Engineering werden darüber hinaus auch die Lieferanten von Produktionsmaterial und Produktionseinrichtungen viel früher als bisher üblich in den Entwicklungsprozeß einbezogen. Ziel ist es, die unternehmensinternen Bereiche, die an der Entwicklung von Produkt und Produktionseinrichtungen beteiligt sind, und unternehmensexterne Partner (z. B. Zulieferer für Teile und Baugruppen, Maschinenhersteller und Planungsunternehmen) in das SE-Team zu integrieren (vgl. Bild 3.37).

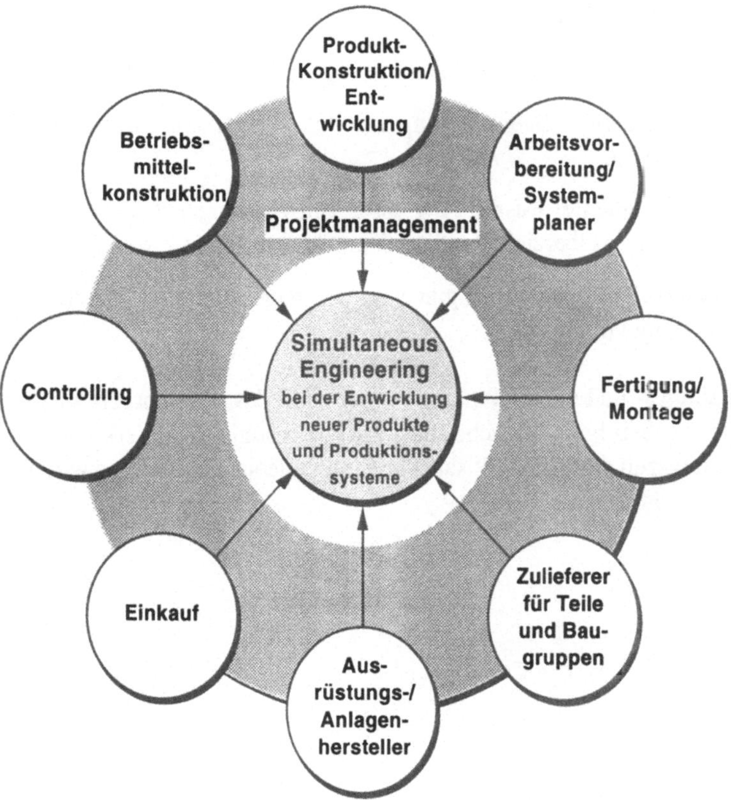

Bild 3.37 Simultaneous Engineering bei der Entwicklung neuer Produkte und Produktionssysteme

Die unternehmensübergreifende Arbeitsteiligkeit bei der Herstellung eines Produkts wird u. a. aufgrund der Bestrebungen zur Verringerung der Fertigungstiefe so groß, daß in sehr vielen Fällen die partnerschaftliche Beteiligung von Zulieferfirmen im SE-Team ratsam ist (Witte 1989).

Das Teamworkkonzept bewirkt eine Einbindung aller erforderlichen Fachleute (z. B. aus Produktion, Service, Marketing, Material, Logistik) und der externen Zulieferer gleich zu Beginn der Entwicklungsarbeit für das neue Produkt.

Eine erfolgreiche Arbeit des Teams wird nur dann zum Ziel (d. h. Erfolg) führen, wenn die Teammitglieder von ihren Linienvorgesetzten für die Hauptentwicklungszeit ganzzeitig in das Team delegiert werden. Der Aspekt der räumlichen Nähe bewirkt ebenfalls eine bessere Zielerreichung (Schnittstellenverminderung).

Simultaneous Engineering ist somit ein Managementansatz, der Teamarbeitsformen, renditebezogene Projektsteuerung und Ablaufmechanismen für wirtschaftliche Produktion umfaßt. Damit wird in der Entwicklung der ganzheitliche Arbeitsansatz verfolgt. Dies bedeutet:

- ›Alle Fachrichtungen sitzen gleichzeitig an einem Tisch (Teamworking)‹;

- Vorausschauende Beeinflussung aus der Perspektive späterer Produktion und Vermarktung;

- Eine permanente Ausrichtung aller Entwicklungsentscheidungen am unternehmerischen Oberziel ›Rendite‹ (Pantele und Lacey 1989).

Kurzgefaßt ist Simultaneous Engineering die Integration der Planung von Produkten, Produktion und Organisation.

Die abteilungs- und unternehmensübergreifende Zusammenarbeit aller am Entwicklungsprozeß beteiligten Bereiche und die daraus resultierende Verkürzung der Produktentwicklungszeit durch den Einsatz von Simultaneous Engineering wird exemplarisch in Bild 3.38 dargestellt.

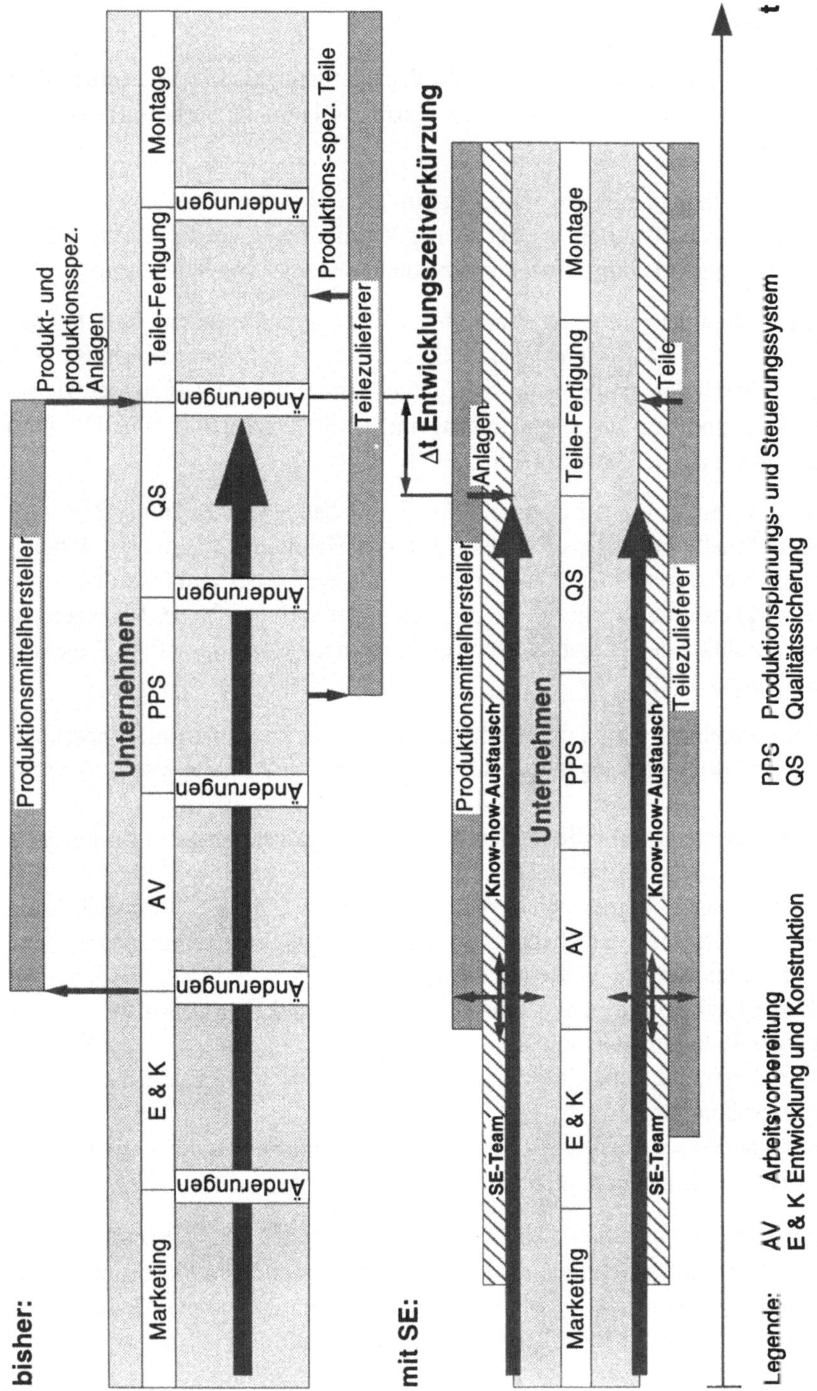

Bild 3.38   Verkürzung der Entwicklungszeit durch Simultaneous Engineering

3.8 Ausblick

Bedingt durch einen zunehmend härter werdenden internationalen Wettbewerb muß es das unternehmerische Ziel sein, die Kosten-Nutzen-Relation zu verbessern. Dies ist möglich durch

❏ die Verwirklichung neuer Organisationsformen,
❏ den Einsatz von Hilfsmitteln zur Entlastung der Mitarbeiter von Routinearbeit und
❏ die durchgängige Planung, Überwachung und Steuerung von Vorhaben.

Projektmanagement hat sich vielfach bewährt, z. B. in imponierender Weise bei den Entwicklungen in der Luft- und Raumfahrttechnik. Im allgemeinen ist Projektmanagement überall dort erfolgreich, wo negative Vorurteile und Anfangsschwierigkeiten beseitigt sind und wo Projektmanagement mit Konsequenz und Disziplin angewendet und verwirklicht wird (Rinza 1989).

Kreativität, Innovation, Einmaligkeit und Flexibilität haben sich zu keiner Zeit nach maschinellem Muster organisieren lassen. Je stärker Handlungsabläufe von Arbeitsprozessen durch eine zunehmende soziale Indeterminiertheit bestimmt werden, umso mehr versagen klassische Organisations- und Leitungsfunktionen. Neues Management mit flachen, durchlässigen Hierarchien und einem offenen Handlungsstil in Projekten ist gefordert (Balck 1989).

❏ Projektmanagement wird nicht benötigt, um Projekte zu realisieren, sondern um die Projektabwicklung gegenüber der konventionellen Arbeitsweise zu verbessern.
❏ Projektmanagement stellt die maßgeschneiderte Organisationsform für einzelne unternehmerische Vorhaben dar.
❏ Drängende Fragen werden in einer Gruppe auf Zeit, in der die einschlägige Kompetenz verschiedener Hierarchiestufen und Bereiche gleichberechtigt versammelt ist, rascher und effizienter beantwortet.
❏ Projektmanagement bringt den Einsatz von Team- und Gruppenstrukturen und damit einen Individualitätsschub mit sich.
❏ Projektmanagement stellt einen Eingriff in die klassische hierarchische Unternehmensstruktur dar.
❏ Besonders bedeutsam für den Erfolg von Projektmanagement ist die Akzeptanz des Projektmanagements durch die Mitarbeiter.

Änderungen im Kommunikations- und Kooperationsverhalten sind notwendig, damit sich Projektmanagement und Linienorganisation ideal ergänzen. Was dabei heute noch als Schwierigkeit erscheinen mag, ist die Tatsache, daß ein Projektleiter führen muß, ohne Weisungsbefugnis zu haben. Dies ist jedoch im Grunde eine Chance zur Weiterentwicklung unserer Arbeitsbeziehungen. Projektmanagement funktioniert nicht nach dem Prinzip ›Befehl und Gehorsam‹, sondern es beruht auf Überzeugung und Akzeptanz.

3.9 Wiederholungsfragen

1. Welche Ziele verfolgt der Ansatz des Projektmanagements?
2. Welche Voraussetzungen sind für ein erfolgreiches Projektmanagement erforderlich?
3. Welche Kennzeichen eignen sich zur Abgrenzung eines Projekts gegenüber anderen Aufgaben im Unternehmen?
4. Welche Anforderungen sollte ein Projektleiter erfüllen?
5. Welches Anforderungsprofil sollte bei Projektteammitarbeitern vorhanden sein?
6. Was sind die Ziele des Projektstrukturplans?
7. Wie ist ein Projektstrukturplan aufgebaut?
8. Was sind die Ziele der Kostenplanung?
9. Wie ist ein Projektmanagementregelkreis aufgebaut, und welche Tätigkeitsbereiche lassen sich unterscheiden?
10. Wo liegen mögliche Befürchtungen bei der Einführung von Projektmanagement, und wie können diese abgebaut werden?
11. Wodurch unterscheidet sich der Produktentwicklungsprozeß bei Anwendung von Simultaneous Engineering von der herkömmlichen Vorgehensweise?
12. In welchen Bereichen lassen sich Kosteneinsparungspotentiale durch Simultaneous Engineering realisieren?

4 Analyse von Arbeitstätigkeiten

Gesetzliche Vorgaben und gesellschaftspolitische Forderungen nach einer weitergehenden Humanisierung der Arbeitswelt stellen Aufgabenträger aus Politik, Wissenschaft und Wirtschaft vor eine Anzahl von Problemstellungen. Die menschliche Arbeit besitzt jedoch zu unterschiedliche Dimensionen (wie z. B. wissenschaftliche, moralische, politische und ökonomische) um diese Problemstellungen auf einfache Art und Weise zu beantworten. Dies bedeutet für die Arbeitswissenschaft, daß sie – damit all diesen Dimensionen Rechnung getragen werden kann – Methoden und Verfahren entwickeln muß, um Aufgaben und Anforderungen menschlicher Arbeit umfassend analysieren zu können. Aus den Ergebnissen dieser Analysen ist es dann nachfolgend möglich, Maßnahmen für die Arbeitsgestaltung abzuleiten.

Definition Arbeitsanalyse
Unter Arbeitsanalyse versteht man eine mit Hilfe systematischer Verfahren durchführbare Erhebung zu den Eigenheiten einer Tätigkeit. Ziel ist es, ein vollständiges Bild der Arbeitssituation, der Arbeitsaufgabe und der Arbeitsmittel zu erhalten.

Dieses Kapitel beschäftigt sich zunächst mit den theoretischen Grundlagen der Arbeitsanalyse und stellt darauf aufbauend einzelne Verfahren vor. Im Anschluß daran wird anhand von Fallbeispielen der praktische Einsatz zweier Verfahren skizziert.

4.1 Einsatz der Arbeitsanalyse

Arbeitsanalysen können zur Lösung mehrerer betrieblicher Fragestellungen herangezogen werden, die im Überblick in Bild 4.1 dargestellt sind. Diese Anwendungsgebiete lassen sich hauptsächlich in folgenden Betriebsbereichen wiederfinden:

- Arbeitswirtschaft;
- Organisation und Datenverarbeitung;
- Projektgruppen zur Arbeitsgestaltung;
- Personalabteilung;
- Arbeitssicherungsabteilung;
- werksärztlicher Dienst.

Anwendergruppen finden sich vor allem in der unteren und mittleren Führungsebene (z. B. Gruppenleiter, Abteilungsleiter der Arbeitsvorbereitung, usw.), in Stabsabteilungen (z. B. werksärztlicher Dienst) sowie bei freien Unternehmensberatern und Instituten.

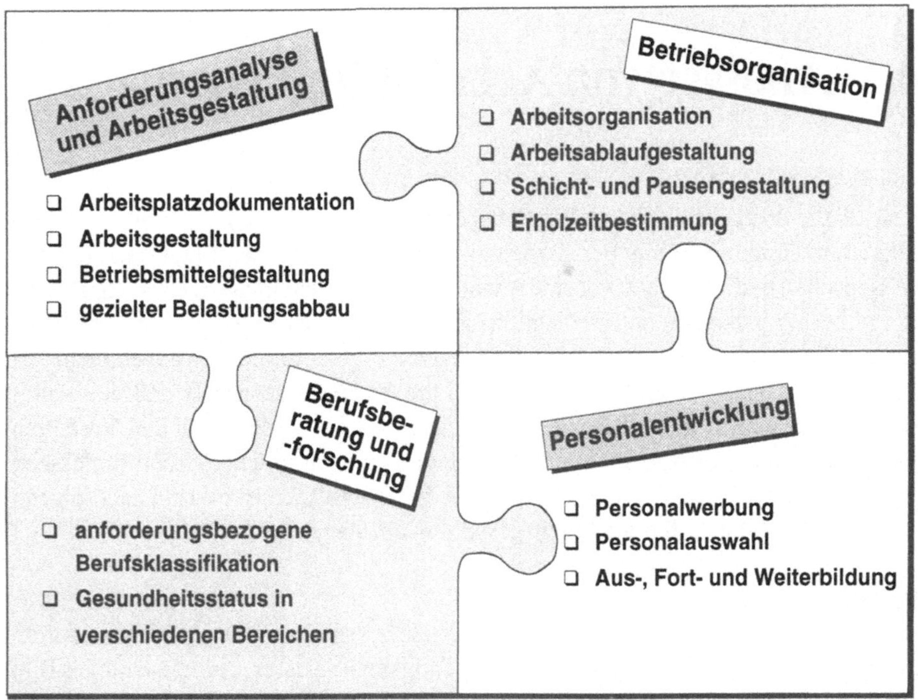

Bild 4.1   Anwendungsgebiete der Arbeitsanalyse

Trotz der Verschiedenartigkeit der Anwendungsgebiete und der Einsatzbereiche haben, wie in Bild 4.2 dargestellt ist, alle Arbeitsanalysemethoden zwei Zielsetzungen gemeinsam:

❑ Anpassung der Arbeit (Technik, Maschine) an den Menschen durch konstruktive und planerische Arbeitsgestaltung;

❑ Vorbereitung des Menschen auf die Arbeit durch Ausbildung, Übung und Personalauswahl.

Bild 4.2   Duale Zielsetzung der Arbeitsanalyse

4.2 Methoden der Arbeitsanalyse

Aufgrund der Komplexität der Arbeitssituation, der Arbeitsaufgaben und der Arbeitsmittel ist es nicht möglich, diese Zusammenhänge allgemeingültig durch ein Verfahren zu analysieren. Deshalb wurden im Laufe der Zeit mehrere Analysemethoden und -verfahren entwickelt, die unter anderem von dem jeweils gültigen Bild des Menschen und der Arbeit beeinflußt waren.

Unter Methoden zur Arbeitsanalyse werden alle grundsätzlichen Arten der Datengewinnung durch Beobachtungen, Befragungen oder Messungen, wie sie in der empirischen Sozialforschung zu finden sind, verstanden (vgl. Maier 1988). Die in Abschnitt 4.3 aufgeführten Verfahren stellen dagegen inhaltlich konkretisierte und theoretisch fundierte Vorgehensweisen zu einer umfassenden Arbeitsanalyse dar. Grundlage dieser Verfahren ist jedoch die Datengewinnung und -erfassung, die mit verschiedenen Methoden zur Arbeitsanalyse durchgeführt wird.

Um den Überblick über die Vielzahl dieser Methoden zu erleichtern, werden diese in der Regel nach dem Grad der Standardisierung in drei verschiedene Gruppen eingeteilt (vgl. Maier 1988) (vgl. Bild 4.3).

Bei *unstandardisierten* Methoden werden Informationen über die Arbeit in qualitativer Form nach sehr allgemeinen Richtlinien erhoben und in freier Formulierung niedergelegt. Werden eigene Beurteilungskategorien zur Durchführung der Analyse verwendet, so wird von *halbstandardisierten* Methoden gesprochen.

Unstandardisierte Methoden	Halbstandardisierte Methoden	Standardisierte Methoden
Vorhandene Arbeitsplatzbeschreibungen "Erzählende Beschreibungen", die je nach Interessensschwerpunkt unterschiedliche Aspekte der Arbeit berücksichtigen.	**Critical Incident Technique (CIT)** Konstruktion einer Checkliste zur Gewinnung von Informationen über effektives und weniger effektives Arbeitsverhalten der Stelleninhaber.	**Fragebogen** Erhebung und Verarbeitung einer großen Anzahl von Stichproben, da die Befragten vor vorgegebene Alternativen gestellt werden.
Freie Berichte der Stelleninhaber Beschreibung des eigenen Arbeitsplatzes in freier Formulierung.	**Arbeitstagebuch** Aufforderung an den Stelleninhaber, täglich seine Arbeitsaktivitäten in einer Art Tagebuch zu notieren.	**Beobachtungsinterviews** Befragung des Stelleninhabers in standardisierter Form und Einstufung der Antworten mit den parallel gemachten Beobachtungen.
Arbeitsausführung durch den Arbeitsanalytiker Erhebung unmittelbarer Informationen durch Selbstausübung einer bestimmten Tätigkeit.	**Beobachtung** Erfassung von Verhaltensweisen der arbeitenden Person und der Bedingungen am Arbeitsplatz.	**Checklisten** Beurteilung des Arbeitsplatzes anhand einer Liste von Feststellungen auf zutreffend oder nicht zutreffend.
Dokumentenanalyse Auswertung von Quellen, wie Statistiken, Berufsbeschreibungen, Operationsvorschriften, Wartungsanleitungen, Sicherheitsbestimmungen etc.	**Interviewtechniken** Wahrnehmung und Bewertung der Arbeitsbedingungen durch eine repräsentative Auswahl von Betroffenen.	

Bild 4.3 Überblick über die Methoden der Arbeitsanalyse

Im Gegensatz zu den un- und halbstandardisierten Methoden, bei denen sowohl den Befragten als auch den Befragern ein Ermessensspielraum bei der Beantwortung und Auswertung überlassen wird, werden bei *standardisierten* Methoden die einzelnen Aspekte des Arbeitsplatzes nach einem genau festgelegten Schema qualitativ und quantitativ erfaßt. Die Güte und Zuverlässigkeit der erhobenen Daten kann durch entsprechende statistische Verfahren überprüft werden.

4.3   Verfahren der Arbeitsanalyse

Aus arbeitswissenschaftlicher Sicht kann die menschliche Arbeit in eine psychische und eine physische Komponente unterteilt werden. Aus dieser Überlegung heraus sind zwei gänzlich unterschiedliche Ansätze mit ebenso unterschiedlichen Zielen zur Arbeitsanalyse entstanden (vgl. Oechsler 1988).

Bild 4.4 gibt einen Überblick über die unterschiedlichen Auffassungen bezüglich Inhalt, Nutzen und Zweck dieser beiden grundsätzlich verschiedenen Verfahrensrichtungen.

	Inhalt:	Nutzen und Zweck:
Psychologische Verfahren	Analyse des Verhaltens der arbeitenden Person und ihr Handeln in der mittelbaren und unmittelbaren Umgebung.	❑ Ermittlung motivationsfördernder Elemente der Arbeit ❑ Veränderungen im Arbeitsinhalt ❑ Veränderung der Organisationsstruktur ❑ Grundlage für Mitarbeiterbeurteilungen ❑ Verbesserung der Arbeitssicherheit
Arbeitswissen-schaftliche Verfahren	Analyse der objektiven Bedingungen und Anforderungen der Arbeitssituation mit technologischen und organisatorischen Inhalten.	❑ Verbesserung der Arbeitsabläufe ❑ Arbeitsvereinfachung ❑ Rationalisierung von Bewegung, Zeit und Anstrengung ❑ Verbesserung der Maschinen und technischen Ausrüstung ❑ Entwicklung von Normen

Bild 4.4   **Merkmale psychologischer und arbeitswissenschaftlicher Verfahren**

Verfahren der Arbeitsanalyse müssen geeignet sein, möglichst viele Fragestellungen zu beantworten. Daher sind diese so zu konzipieren, daß folgenden theoretischen, methodischen, aber auch praktischen Anforderungen Rechnung getragen wird:

Theoretische Begründung

Dem Verfahren muß ein an der Praxis orientiertes Modell zugrunde liegen, aus dem die zu analysierenden Tätigkeitsmerkmale schlüssig hervorgehen und anhand dessen die gewonnenen Daten interpretierbar sind.

Ökonomische Durchführung

Empirische Daten müssen relativ leicht ermittelt werden können, d. h. das Verfahren sollte einfach und auf einen großen Tätigkeitsbereich anwendbar sein.

Standardisierte Durchführung

Eine weitgehende Standardisierung ermöglicht eine einheitliche Erhebung, Bearbeitung und Auswertung der Daten. Dadurch wird die ökonomische Durchführung unterstützt.

Quantifizierbarkeit der Daten

Quantifizierte Daten erlauben eine bessere Vergleichbarkeit von Tätigkeiten und Stellen. Die Meßgenauigkeit kann durch Intervall- oder Verhältnisskalen erhöht werden. Dies beeinträchtigt jedoch die ökonomische Durchführung.

Angaben zur Zuverlässigkeit

Das Verfahren muß Angaben darüber enthalten, inwieweit mehrere Beurteiler zum gleichen Ergebnis kommen (Beurteilungszuverlässigkeit), und inwieweit ein Item, d. h. ein Einzelkriterium, einen bestimmten Tätigkeitsaspekt erfaßt (Meßgenauigkeit).

4.3.1 Psychologische Verfahren

Bild 4.5 gibt Aufschluß über verschiedene Verfahren der psychologischen Arbeitsanalyse. Im folgenden werden zwei Verfahren, VERA und TBS-K, in groben Grundzügen vorgestellt.

PAQ/FAA, Position Analysis Questionnaire/Fragebogen zur Arbeitsanalyse (Mc Cormick u. a. 1969, Frieling und Hoyos 1978)

Breitbandverfahren zur Einordnung unterschiedlicher Arbeitsplätze. Einordnung geschieht über einen Vergleich der Merkmale (Items) des Verfahrens. Vorwiegender Anwendungszweck: Gewinnung von Ähnlichkeitsaussagen über Arbeitsplätze auf der Basis festgelegter Merkmale.

TBS, Tätigkeitsbewertungssystem (Hacker u. a. 1980)

Analyse und Bewertung der Persönlichkeitsförderlichkeit von Arbeitsaufträgen bzw. realisierten Tätigkeiten. Einordnung des Auftrages in den Produktionsprozeß, die Mensch-Maschine-Funktionsteilung und die Arbeitsteilung. Tätigkeitsanalyse hinsichtlich kognitiver und manueller Verrichtungen. Ableitung von Lernerfordernissen.

VERA, Verfahren zur Ermittlung von Regulationserfordernissen in der Arbeitstätigkeit (Volpert u. a. 1983)

Bestimmung der Denk- und Planungsprozesse ("Regulationserfordernisse") bei der Ausführung von Arbeitsaufgaben zur Identifikation veränderungsbedürftiger Arbeitsplätzen bzw. Bewertung der ›Persönlichkeitsförderlichkeit‹ von Tätigkeiten.

JDS, Job Diagnostic Survey (Hackman und Oldham 1974)

Aussagen über Arbeitsmotivation, Arbeitszufriedenheit und Verhaltensvariablen in Abhängigkeit der Dimensionen Anforderungswechsel, Identifikation mit der Arbeitsaufgabe, Wichtigkeit der Arbeitsaufgabe, Autonomie und Rückmeldung.

Bild 4.5 **Psychologische Verfahren der Arbeitsanalyse**

4.3.1.1 VERA

Das *Verfahren zur Ermittlung von Regulationserfordernissen in der Arbeitstätigkeit* (VERA) soll Aussagen nach Volpert 1983 über den Umfang von Planungsaktivitäten, die an einem Arbeitsplatz notwendig bzw. möglich sind, liefern (vgl. Volpert 1983).

VERA basiert nach Volpert 1983 auf der *Handlungsregulationstheorie* und analysiert nur die Arbeitsaufgabe der Person, d. h. die Arbeitstätigkeit, wie sie durch die Arbeitsbedingungen im Betrieb gegeben ist. Die Handlungsregulationstheorie unterstellt, daß eine Arbeitstätigkeit je nach Schwierigkeitsgrad an den Arbeitenden bestimmte Handlungsanforderungen (Regulationserfordernisse) stellt. Unter Regulationserfordernis wird dabei verstanden, daß zur Ausführung von Handlungen Denk- und Tätigkeitsprozesse auf unterschiedlichen Ebenen benötigt werden. Arbeitstätigkeiten lassen sich demzufolge danach unterscheiden, welche Ebene der Handlungsregulation erforderlich ist.

Mit VERA werden, wie in Bild 4.6 dargestellt ist, verschiedene Arbeitstätigkeiten mit unterschiedlichem Schwierigkeitsgrad nach dem Ausmaß der intellektuellen und manuellen Beanspruchungen (den Regulationserfordernissen) in ein Stufenmodell mit 5 verschiedenen Ebenen (1R, 1, 2R, 2, 3R, 3, 4R, 4, 5R, 5) eingestuft. R bedeutet eine restriktive Ausprägung der entsprechenden Ebene, so daß von insgesamt 10 Stufen gesprochen werden kann.

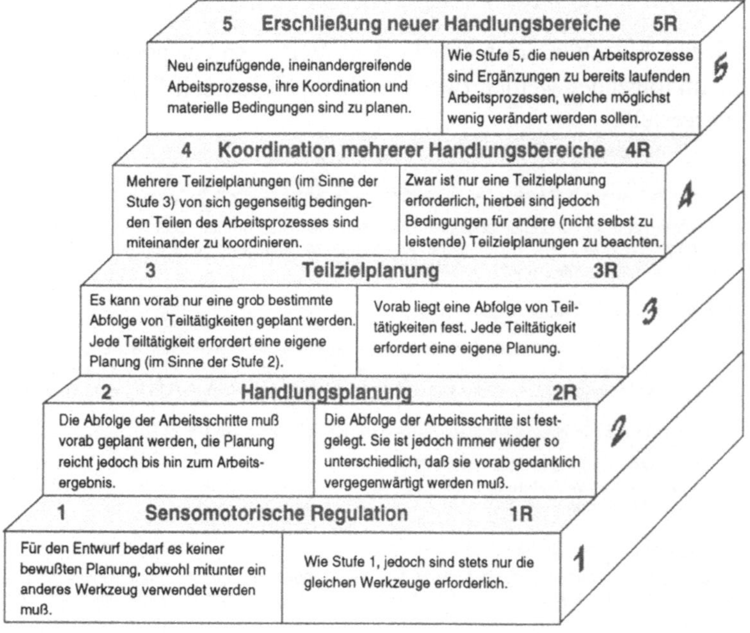

Bild 4.6   Ebenen der Regulationserfordernisse (nach Volpert 1983)

Das Fehlen von Regulationserfordernissen höherer Ebenen wird als Defizit angesehen, welches u. a. die *Persönlichkeitsentwicklung* behindert. Liegen solche Defizite vor, werden Maßnahmen zur Umgestaltung notwendig. Führen derartige Maßnahmen dazu, daß Arbeitsinhalte durch vorbereitende (z. B. Einrichten), nachgeordnete (z. B. Qualitätskontrolle) oder dispositive Tätigkeiten (z. B. Entscheidung über die Reihenfolge der Auftragsbearbeitung) angereichert werden, erhöhen sich bei diesen die Regulationserfordernisse. Die Umgestaltung war demzufolge persönlichkeitsfördernd.

Anwendungsmöglichkeiten von VERA ergeben sich auf der einen Seite bei Änderungen der Arbeitsorganisation, der Produktionsmittel und des herzustellenden Produkts durch Vorher-Nachher-Vergleiche. So kann etwa bei der Neustrukturierung von Arbeitstätigkeiten angegeben werden, welche betrieblichen Bedingungen erhalten bleiben müssen, damit vorhandene Regulationserfordernisse nicht abgebaut werden bzw. durch welche zusätzlichen Bedingungen Regulationserfordernisse erhöht werden können. Auf der anderen Seite unterstützen die Ergebnisse von VERA mit Hilfe einer im voraus abgeschätzten Verteilung der Regulationserfordernisse die Entwicklung von Arbeitsgestaltungsmaßnahmen.

Teil A: Allgemeine Orientierung	Teil B: Spezielle Orientierung	Teil C: Einstufung

A 1 Skizze des Arbeitsplatzumfeldes
A 2 Skizze des Arbeitsplatzes
A 3.1 Arbeitszuteilung
A 3.2 Arbeitsgegenstände
A 3.3 Arbeitsmittel
A 3.4 Anweisungsbefugnis
A 3.5 Kontakte zu Kollegen
A 3.6 Gruppenarbeit
A 3.7 Frauen-/Männerarbeitsplatz
A 4 Erfassung der gesamten Arbeitstätigkeit
A 5 Abgrenzung von Arbeitsaufgaben
A 6 Zeitlicher Anteil der Arbeitsaufgaben und Bestimmung der Nebenaufgaben
	B 1 Ausbildung
	B 2 Art der Arbeitsaufgabe
	B 3 Anzahl der Arbeitsstellen
	B 4 Wahl der Arbeitsstellen
	B 5 Dauer eines Arbeitsauftrages
	B 6 Verwendung von Meßgeräten
	B 7 Nutzung von Informationsunterlagen
	B 8 Eigenständigkeit bei der Auftragsfindung
	B 9 Neuartigkeit der Arbeitsaufträge
	B 10 Auftreten von Planungsphasen
	B 11 Alternative Vorgehensweisen
	B 12 Konkurrierende Ergebnisparameter
	B 13 Koordination paralleler Prozesse
	B 14 Weitermeldung von Ereignissen
	B 15 Verwertung von Ereignissen
	B 16 Prüfung des Arbeitsergebnisses
	B 17 Störanfälligkeit der Arbeitsaufgabe
	B 18 Behebung von Störungen
	B 19 Kognitiv bedeutsame Störungen
	B 20 Wahrscheinlichkeit dieser Störungen
		C 1 Beschreibung des Arbeitsablaufes
		  C 11 Anzahl der Arbeitseinheiten
		  C 12 Routine-Arbeitseinheiten
		  C 13 Abfolge der Arbeitseinheiten
		  C 14 Erprobungsphasen
		  C 15 Planungsabschnitte
		
		C 2 Stufenbeurteilung Fragenalgorithmus
		C 3 Stufenbeschreibung
		  1. Merkmale
		  2. Erhalt
		  3. Erhöhung

Bild 4.7   Aufbau von VERA (nach Volpert 1983)

Das Verfahren selbst besteht aus drei Teilen, die in Bild 4.7 aufgeführt sind. Methodische Grundlage bildet eine Kombination aus Befragungs- und Beobachtungstechniken. Die Untersuchung wird vom Arbeitsanalytiker entsprechend dem Aufbau von VERA Schritt für Schritt vorgenommen. Zu jedem Teilschritt sind Fragen vorgegeben, die in Antwortblättern protokolliert werden.

Im Teil A orientiert sich der Arbeitsanalytiker mit Hilfe verschiedener Skizzen zunächst grob über die gesamte Arbeitstätigkeit (vgl. Bilder 4.8, 4.9). Im Anschluß daran erfaßt er in standardisierter Form Einzelheiten der Arbeitsorganisation. Zuletzt wird die gesamte Arbeitstätigkeit in verschiedene Arbeitsaufgaben inhaltlich und zeitlich abgegrenzt.

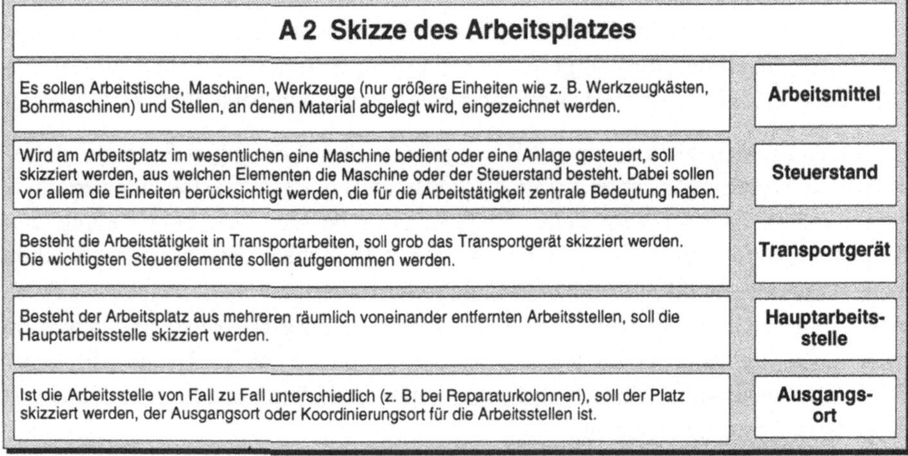

Bild 4.8   **Auszug 1 aus VERA, Teil A** (nach Volpert 1983)

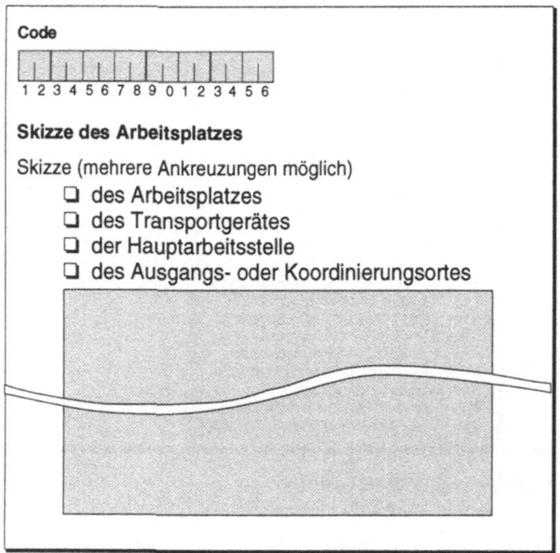

Bild 4.9   **Auszug 2 aus VERA, Teil A** (nach Volpert 1983)

Der zweite, in den Bildern 4.10 und 4.11 dargestellte Teil B, bezieht sich nur noch auf eine ausgewählte Arbeitsaufgabe. Diese wird anhand standardisierter Fragen vertiefend analysiert. Ziel ist es, genauere Kenntnisse über die Arbeitsaufgabe zu erlangen, damit z. B. die Notwendigkeit von Planungsmaßnahmen zur Um- bzw. Neugestaltung von Arbeitssystemen erkannt werden kann.

B 1 Ausbildung

Es geht um die Ausbildung, die die untersuchte Arbeitsaufgabe im Betrieb normalerweise erfordert. Dies braucht nicht identisch zu sein mit der tatsächlichen Ausbildung des Arbeitenden (hierzu muß evtl. auch der Vorgesetzte befragt werden).

Welche Ausbildung wird für die untersuchte Arbeitsaufgabe normalerweise vorausgesetzt?

(1) Anlernzeit weniger als 1 Woche
(2) Anlernzeit weniger als 1 Monat
(3) Anlernzeit mehr als 1 Monat
(4) außerbetriebliche oder überbetriebliche anerkannte interne Lehrgänge (z. B. Schweißer-Lehrgang), aber keine Lehre
(5) abgeschlossene Lehre
(6) abgeschlossene Lehre und zusätzliche Fachausbildung

B 2 Art der Arbeitsaufgabe

Hier soll angegeben werden, welche Tätigkeit die untersuchte Arbeitsaufgabe erfordert. Es geht dabei um die Tätigkeit, die überwiegend vorkommt.

Handelt es sich bei der untersuchten Arbeitsaufgabe vorwiegend um

(1) Prüf- und Kontrolltätigkeiten?
(2) Wartungs- und Instandsetzungsarbeiten?
(3) produzierende Tätigkeiten?
(4) Meßwartentätigkeiten?
(5) arbeitsvorbereitende Tätigkeiten?
(6) sonstige Tätigkeiten?

Bild 4.10   Auszug 1 aus VERA, Teil B (nach Volpert 1983)

CODE

1 2 3 4 5 6 7 8 9 0 1 2 3 4 5 6

Arbeitsaufgabe Nr. _______
Ziel:

(nach Antwortblatt A 5)

B 1	(1)	(2)	(3)	(4)	(5)	(6)	B 11	(1)	(2)		
B 2	(1)	(2)	(3)	(4)	(5)	(6)	B 12	(1)	(2)		
B 3	(1)	(2)	(3)				B 13	(1)	(2)		
B 4	(1)	(2)					B 14	(1)	(2)		
B 5	(1)	(2)	(3)	(4)	(5)	(6)	B 15	(1)	(2)		
B 6	(1)	(2)	(3)				B 16	(1)	(2)		
B 7	(1)	(2)	(3)				B 17	(1)	(2)	(3)	(4)	(5)
B 8	(1)	(2)	(3)				B 18	(1)	(2)	(3)	(4)	
B 9	(1)	(2)	(3)				B 19	(1)	(2)		
B 10	(1)	(2)	(3)				B 20	(1)	(2)	(3)	(4)	(5)

Skizze Der Arbeitsstelle:
(Nur erforderlich, falls die hier untersuchte Arbeitsaufgabe an einer anderen als der auf dem Antwortbaltt A2 skizzierten Arbeitsstelle ausgeführt wird!)

Bild 4.11   Auszug 2 aus VERA, Teil B (nach Volpert 1983)

Der in den Bildern 4.12 und 4.13 auszugsweise enthaltene Teil C ist das Kernstück von VERA. Zuerst wird der Arbeitsablauf exakter beschrieben, als dies in den Teilen A und B der Fall war. Dann werden entsprechend der Reihenfolge der vorgegebenen Fragen die Regulationserfordernisse der in Teil B ausgewählten Arbeitsaufgabe beurteilt und einer der Stufen des Stufenmodells zugeordnet. Schließlich muß diese Zuordnung begründet werden.

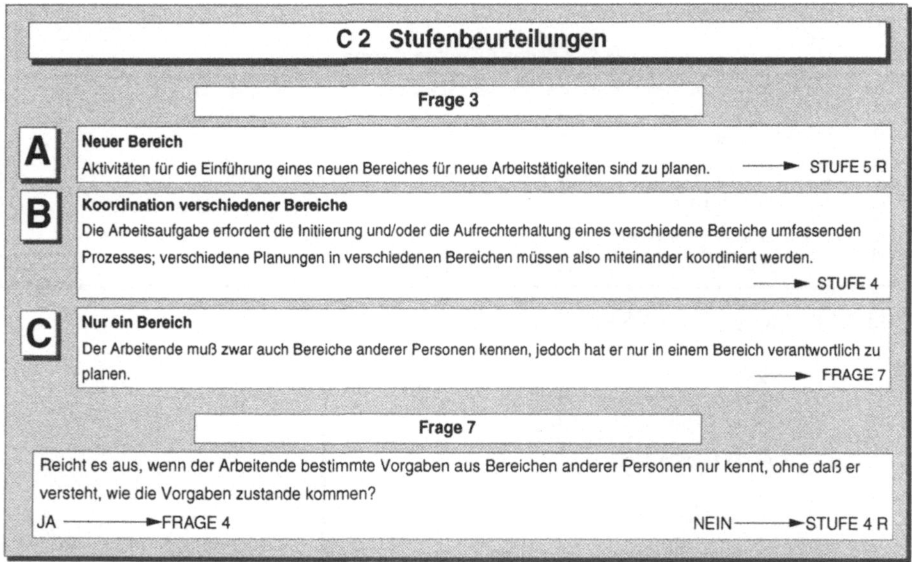

Bild 4.12   Auszug 1 aus VERA, Teil C (nach Volpert 1983)

Je höher das erreichte Regulationsniveau ist, desto mehr wird die Persönlichkeit gefördert und desto mehr Möglichkeiten zu eigenen Denk- und Planungsleistungen sind gegeben.

Mit der Zuordnung zu einer der Stufen ist die VERA-Analyse einer Arbeitsaufgabe abgeschlossen. Wurden im Teil A weitere Arbeitsaufgaben unterschieden, wird nun zum Anfang des Teiles B zurückgegangen und die ab dort beschriebenen Schritte werden für die nächste zu untersuchende Arbeitsaufgabe wiederholt, bis alle in Teil A unterschiedenen Arbeitsaufgaben analysiert sind.

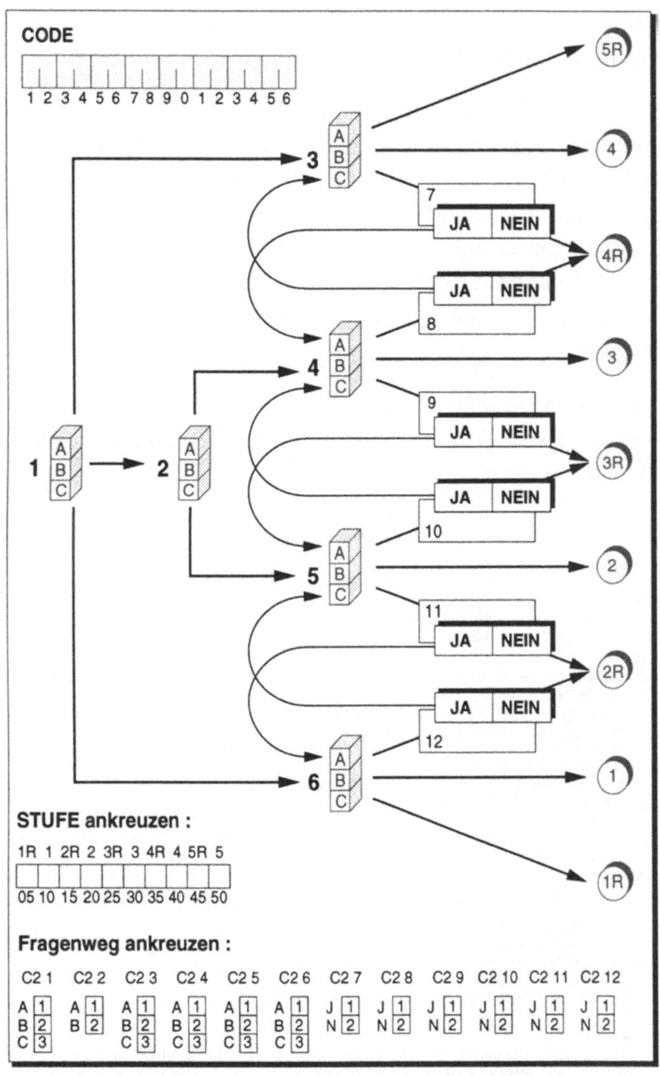

Bild 4.13   Auszug 2 aus VERA, Teil C (nach Volpert 1983)

4.3.1.2 TBS-K

Das TBS (*Tätigkeitsbewertungssystem*) liegt sowohl in einer Langform (TBS-L) als auch in einer Kurzfrom (TBS-K) vor und dient der Analyse und Bewertung sowie der Gestaltung effektivitätssteigernder, beanspruchungsoptimierender sowie gesundheits- und persönlichkeitsförderlicher Arbeitsinhalte. Unter *Persönlichkeitsförderlichkeit* wird in diesem Zusammenhang das Anliegen bezeichnet, Beeinträchtigungen der physischen Gesundheit und Hemmnisse der Persönlichkeitsentwicklung durch Arbeitsgestaltung zu überwinden. Unter Gesundheit versteht der Arbeitsanalytiker hierbei nicht nur den Ausschluß von Krankheit, sondern das vollständige körperliche, geistige und soziale Wohlbefinden (vgl. Hacker 1984).

Das hier vorgestellte Tätigkeitbewertungssystem in seiner Kurzform (TBS-K) wurde für Montage-, Bedien- und Steuerungstätigkeiten entwickelt. Es wird eingesetzt, um mit begrenztem Zeitaufwand (ca. 15 Minuten pro Arbeitstätigkeit) Arbeitsanalysen in Grobform durchzuführen. Dadurch werden lediglich die Schwerpunkte für weitergehende Untersuchungen ermittelt bzw. die Schwerpunkte für nachfolgend durchzuführende Umgestaltungsmaßnahmen erkannt. Die Nutzung dieser Kurzvariante ist für die im Verfahren unterwiesenen, nichtpsychologischen, arbeitswissenschaftlichen Spezialisten vorgesehen.

In Bild 4.14 ist der inhaltliche Aufbau des TBS-K, der sich in drei Hauptteile untergliedern läßt, dargestellt. Die einzelnen Teile bestehen aus Anforderungsarten, die unterschiedlich abgestuft sind.

Teil A: Analyse der äußeren direkt beobachtbaren Tätigkeitsausführung

A1   6 Stufen: Zyklusdauer
Die Zyklusdauer ist die zum einmaligen Abarbeiten der gesamten Arbeitsaufgabe benötigten Zeit.

A2   3 Stufen: Innerbetriebliche Arbeitsteilung
Sie besteht in der spezialisierten Gliederung der Arbeitsprozesse, die durch die Kombination unterschiedlicher Arbeitsfunktionen gestaltet werden können.

A3   4 Stufen: Vorgeschriebenheit der Arbeitsweise
Damit wird erfaßt, inwieweit die Arbeitskraft die Möglichkeit besitzt, eine eigene Vorgehensweise bei der forderungsgerechten Erfüllung der Arbeitsaufgabe selbst zu entwickeln.

A4   3 Stufen: Rückmeldung bezüglich der eigenen Arbeitstätigkeit
Rückmeldungen der eigenen Arbeitstätigkeit bestehen aus selbst- oder fremderhobenen Informationen über qualitative und quantitative Zustände von Tätigkeitsverlauf und -resultat.

A5   3 Stufen: Routinemäßige Tätigkeitsausführung
Diese liegt vor, wenn die Arbeitskraft nach längerer Übung bei gleichbleibender Qualität und Arbeitsleistung ihre Aufmerksamkeit von der Arbeit abwenden kann.

A6   4 Stufen: Kooperation
Darunter ist die kollektive Wechselwirkung mindestens zweier Arbeitskräfte im Arbeitsprozeß zu verstehen, die sich in geregelter Zusammenarbeit, bei zeitlicher und inhaltlicher Abstimmung äußert.

Teil B: Analyse der geistigen Leistungen, die durch die Arbeitsaufgabe in Anspruch genommen werden

B1   5 Stufen: Freiheitsgrade für Zielsetzungen
Sie stellen die Möglichkeit der Wahl zwischen mindestens zwei Tätigkeitsvarianten dar, die der Arbeitskraft bei der Ausführung zur Verfügung stehen, unabhängig davon, ob sie die Arbeitskraft nützt.

B2   5 Stufen: Planen und Entscheiden
Hier wird analysiert, wie die Arbeitskraft die Auswahl aus mehreren Tätigkeitsvarianten vornimmt und in ihrer Tätigkeit umsetzt.

B3   4 Stufen: Informationsaufnahme
Ist die Analyse von Signalen, aus denen die Arbeitskraft Auskunft über den Zustand der zu bearbeitenden Arbeitsgegenstände und der genutzten Arbeitsmittel erhält.

B4   4 Stufen: Informationsverarbeitung
Ist die Art und Weise, in der die Arbeitskraft die bei der Informationsaufnahme erhaltenen Signale verknüpft und bewertet.

Teil C: Analyse des Verhältnisses zwischen verfügbaren und für die Tätigkeit benötigten Qualifikationen

C1   3 Stufen: Nutzung der beruflichen Bildung
Analysiert wird nicht die geforderte Qualifikation, sondern das Verhältnis von Anforderungen und der durch die Arbeitskraft konkret erworbenenberuflichen Vorbildung.

C2   5 Stufen: Bleibende Lernerfordernisse
Es werden sowohl die organisierte Qualifikation als auch die nicht organisierte Qualifikation (Wissenszuwachs, selbständiges Lesen von Fachliteratur, gezielter Erfahrungsaustausch) analysiert.

C3   3 Stufen: Kommunikation
Damit ist die Möglichkeit zu gegen-seitigem Kontakt und Erfahrungsaustausch gemeint.

C4   5 Stufen: Verantwortung
Darunter ist der Umfang zu verstehen, in dem die Arbeitskraft die Möglichkeit hat, selbst auf das Resultat der eigenen Tätigkeit, in Abhängigkeit von seiner Komplexität, Einfluß zu nehmen.

Bild 4.14   Aufbau des TBS-K (nach Hacker 1984)

Die Einstufung der Anforderungsarten erfolgt mittels systematischer Tätigkeitsbeobachtungen und Beobachtungsinterviews. Als Arbeitsunterlage erhält der Analytiker ein *Profilblatt*, in dem alle Anforderungsarten mit den jeweils möglichen Stufen abgebildet sind (vgl. Bild 4.15). In dieses Formblatt trägt er für jede Anforderungsart die jeweils zutreffende Stufe ein. Einstufungen innerhalb des schraffierten Bereichs können dadurch sofort als Defizite für die betreffende Anforderungsart erkannt werden. Defizit bedeutet, daß die Ausgestaltung der Arbeit den Anforderungen einer persönlichkeitsförderlichen Arbeitsgestaltung nicht entspricht.

A 1	Zyklusdauer	1	2	3	4	5	6
A 2	Innerbetriebliche Arbeitsteilung	1		2		3	
A 3	Vorgeschriebenheit der Arbeitsweise	1	2	3	4		
A 4	Rückmeldungen über Arbeitstätigkeiten	1	2	3			
A 5	Routinemäßige Tätigkeitsausführung	1	2	3			
A 6	Kooperation	1	2	3	4		
B 1	Freiheitsgrade für Zielsetzungen	1	2	3	4	5	
B 2	Planen und Entscheiden	1	2	3	4	5	
B 3	Informationsaufnahme	1	2	3	4		
B 4	Informationsverarbeitung	1	2	3	4		
C 1	Nutzung der beruflichen Vorbildung	1	2	3			
C 2	Bleibende Lernerfordernisse	1	2	3	4	5	
C 3	Kommunikation	1	2	3			
C 4	Verantwortung	1	2	3	4	5	

Defizitbereich

Bild 4.15   Profilblatt des TBS-K (nach Hacker 1984)

Darüber hinaus wird über einen Schlüssel jeder Stufe der 14 Analysekriterien (Anforderungsarten) ein positiver, neutraler oder negativer Teilpunktwert zugeordnet. Die Addition dieser Teilpunktwerte führt zu einem Gesamtpunktwert (PF_W). Dieser kann, bedingt durch den Verrechnungsschlüssel, in einem Bereich zwischen -48 und +68 variieren. Der Gesamtpunktwert liefert eine Aussage über die Voraussetzungen, welche eine Arbeitstätigkeit im Hinblick auf die Persönlichkeitsförderlichkeit bietet (siehe Bild 4.16). Eine anforderungsarme Tätigkeit liegt dann vor, wenn das Ergebnis einen negativen Teilpunktwert liefert.

Die Bewertung der *Persönlichkeitsförderlichkeit* mit dem Faktor PF_B erfolgt durch die Zuordnung der Standardnoten 1 bis 5 zu den Gesamtpunktwertbereichen. Der Wert 1 drückt hierbei eine sehr positive, der Wert 5 eine äußerst negative Bewertung aus. Eine grobe Einteilung der untersuchten Arbeitsinhalte nach ihren *Umgestaltungserfordernissen* ergibt der Faktor PF_G, der durch die Zahl der Negativeinstufungen in den Hauptteilen B und C ermittelt wird.

Bewertungsfaktor PF$_B$	Gesamtpunktwert PF$_W$	Beurteilung der Arbeitstätigkeit
1	über 29	Sehr hohe Voraussetzungen für eine Persönlichkeitsförderlichkeit der Arbeitstätigkeit
2	8 bis 29	Hohe Voraussetzungen für eine Persönlichkeitsförderlichkeit der Arbeitstätigkeit
3	-9 bis 7	Geringe Voraussetzungen für eine Persönlichkeitsförderlichkeit der Arbeitstätigkeit
4	-25 bis -10	Sehr geringe Voraussetzungen für eine Persönlichkeitsförderlichkeit der Arbeitstätigkeit
5	unter -25	Keine Voraussetzungen für eine Persönlichkeitsförderlichkeit der Arbeitstätigkeit
Anzahl der Negativeinstufungen in B und C	**Umgestaltungsfaktor PF$_G$**	**Beurteilung der Arbeitsinhalte**
0 - 1	0	Keine Umgestaltung erforderlich
2 - 4	1	Umgestaltung empfehlenswert
5 - 8	2	Umgestaltung dringend erforderlich

Bild 4.16 Punktwerte des TBS-K (nach Hacker 1984)

Somit ergeben sich für die Auswertung der TBS-K-Ergebnisse zwei Möglichkeiten: Zum einen können über die Profilanalyse einzelne Schwächen schnell erkannt werden. Zum anderen ist es nachfolgend möglich, durch die Ermittlung der Punktwerte die Arbeitstätigkeit bezüglich der Persönlichkeitsförderlichkeit und der Umgestaltungserfordernisse zu beurteilen.

4.3.2 Arbeitswissenschaftliche Verfahren

AET (Arbeitswissenschaftliches Erhebungsverfahren zur Tätigkeitsanalyse) (Rohmert und Landau 1979)

Breitbandverfahren zur engpaßbezogenen Tätigkeits- bzw. Belastungsanalyse. Anwendung z. B. zur Arbeitsgestaltung/Arbeitsstrukturierung, Arbeitsbewertung, arbeitsmedizinischen Risikoerkennung sowie zur Technikfolgenabschätzung

MTM (Methods time measurement) (Antis und Honeycutt u. a. 1969)

Verfahren vorbestimmter Zeiten zur Ermittlung des Zeitbedarfs für bestimmte Bewegungselemente. MTM geht von 19 Bewegungselementen, denen eine empirisch ermittelte Normalzeit zugeordnet ist, aus. Die Zeit für einen Arbeitsablauf setzt sich aus den Zeiten für die einzelnen Bewegungselemente zusammen.

WF (Work factor system) (Quick und Duncan u. a. 1965)

Zu den Systemen vorbestimmter Zeiten gehörendes Verfahren, das vier Einflußfaktoren auf den Bewegungsablauf berücksichtigt: Der Körperteil, der zurückgelegte Weg, den Widerstand und die Kontrolle der Bewegung. Weitere Einflußgrößen sind die Merkmale bestimmtes Ziel, Steuern, Sorgfalt und Richtungsänderung. Ermittlung der Bewegungszeit anhand von Zeittabellen.

REFA-Lehre (REFA - Verband für Arbeitsstudien und Betriebsorganisation) (REFA-Methodenlehre)

Anwendungsbezogenes Methodenwissen, das sich auf die Erkenntnisse organisatorischer, soziologischer, psychologischer und ökonomischer Arbeitsgestaltung stützt. Inhalte sind wissenschaftliche Organisation der Arbeit in einem physisch-technischen Sinn (z. B. Zeitstudien) und als physiologische Erscheinung (Ermüdungsstudien).

Bild 4.17 Arbeitswissenschaftliche Verfahren zur Arbeitsanalyse

In Bild 4.17 sind einige Verfahren zur arbeitswissenschaftlichen Arbeitsanalyse abgebildet. Mit aufgenommen in der Übersicht ist die REFA-Lehre, die ein umfassendes arbeitswissenschaftliches Instrumentarium aufweist.

Besonders wichtig und verbreitet ist das im folgenden beschriebene Arbeitswissenschaftliche Erhebungsverfahren zur Tätigkeitsanalyse.

4.3.2.1 AET

Das Arbeitswissenschaftliche Erhebungsverfahren zur Tätigkeitsanalyse (AET) hat sich die systematische Dokumentation des Systems Mensch-Arbeit und die beanspruchungsrelevante Analyse von Belastungsdeterminanten zum Ziel gesetzt.

Die Erhebung basiert auf einer Kombination aus Befragung und Beobachtung, wobei bei vorwiegend körperlichen Tätigkeiten die Beobachtung überwiegt. Nicht beobachtbare Tätigkeitsinhalte werden in einem standardisierten Interview erfragt. Ergänzt wird die

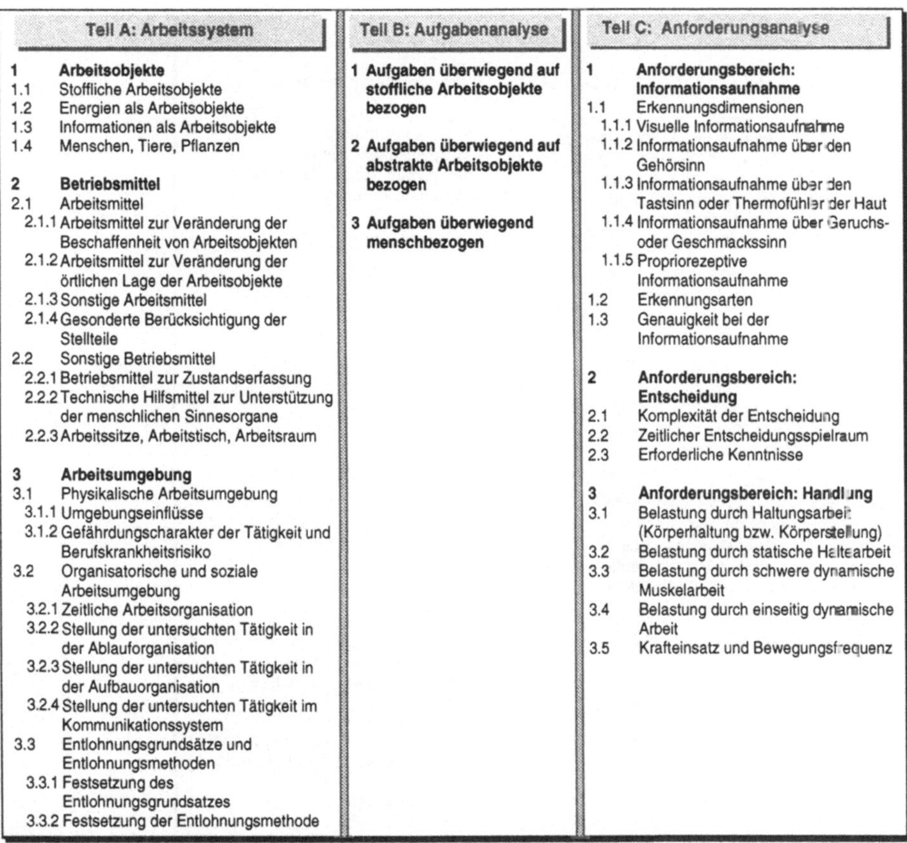

Teil A: Arbeitssystem	Teil B: Aufgabenanalyse	Teil C: Anforderungsanalyse
1 Arbeitsobjekte	1 Aufgaben überwiegend auf stoffliche Arbeitsobjekte bezogen	**1 Anforderungsbereich: Informationsaufnahme**
1.1 Stoffliche Arbeitsobjekte		1.1 Erkennungsdimensionen
1.2 Energien als Arbeitsobjekte		1.1.1 Visuelle Informationsaufnahme
1.3 Informationen als Arbeitsobjekte	2 Aufgaben überwiegend auf abstrakte Arbeitsobjekte bezogen	1.1.2 Informationsaufnahme über den Gehörsinn
1.4 Menschen, Tiere, Pflanzen		1.1.3 Informationsaufnahme über den Tastsinn oder Thermofühler der Haut
2 Betriebsmittel	3 Aufgaben überwiegend menschbezogen	1.1.4 Informationsaufnahme über Geruchs- oder Geschmackssinn
2.1 Arbeitsmittel		1.1.5 Propriorezeptive Informationsaufnahme
2.1.1 Arbeitsmittel zur Veränderung der Beschaffenheit von Arbeitsobjekten		1.2 Erkennungsarten
2.1.2 Arbeitsmittel zur Veränderung der örtlichen Lage der Arbeitsobjekte		1.3 Genauigkeit bei der Informationsaufnahme
2.1.3 Sonstige Arbeitsmittel		
2.1.4 Gesonderte Berücksichtigung der Stellteile		**2 Anforderungsbereich: Entscheidung**
2.2 Sonstige Betriebsmittel		2.1 Komplexität der Entscheidung
2.2.1 Betriebsmittel zur Zustandserfassung		2.2 Zeitlicher Entscheidungsspielraum
2.2.2 Technische Hilfsmittel zur Unterstützung der menschlichen Sinnesorgane		2.3 Erforderliche Kenntnisse
2.2.3 Arbeitssitze, Arbeitstisch, Arbeitsraum		
		3 Anforderungsbereich: Handlung
3 Arbeitsumgebung		3.1 Belastung durch Haltungsarbeit (Körperhaltung bzw. Körperstellung)
3.1 Physikalische Arbeitsumgebung		3.2 Belastung durch statische Haltearbeit
3.1.1 Umgebungseinflüsse		3.3 Belastung durch schwere dynamische Muskelarbeit
3.1.2 Gefährdungscharakter der Tätigkeit und Berufskrankheitsrisiko		3.4 Belastung durch einseitig dynamische Arbeit
3.2 Organisatorische und soziale Arbeitsumgebung		3.5 Krafteinsatz und Bewegungsfrequenz
3.2.1 Zeitliche Arbeitsorganisation		
3.2.2 Stellung der untersuchten Tätigkeit in der Ablauforganisation		
3.2.3 Stellung der untersuchten Tätigkeit in der Aufbauorganisation		
3.2.4 Stellung der untersuchten Tätigkeit im Kommunikationssystem		
3.3 Entlohnungsgrundsätze und Entlohnungsmethoden		
3.3.1 Festsetzung des Entlohnungsgrundsatzes		
3.3.2 Festsetzung der Entlohnungsmethode		

Bild 4.18 Aufbau des AET (nach Rohmert und Landau 1979)

Datenermittlung fallweise durch ein Gespräch mit dem Vorgesetzten. AET löst Arbeitssysteme in einzelne Elemente auf und beschreibt und skaliert deren Abhängigkeiten, so daß Belastungsabschnitte nach Dauer, Höhe und Reihenfolge sowie ihrer zeitlichen Lage innerhalb einer Arbeitsschicht quantifiziert werden können (vgl. Rohmert und Landau 1979).

AET wurde so konzipiert, daß es universell als Breitbanduntersuchungsverfahren zur Untersuchung von Arbeitsinhalten und Arbeitsbedingungen eingesetzt werden kann. Der inhaltliche Aufbau umfaßt die in Bild 4.18 ersichtlichen Hauptteile.

Insgesamt beschreiben 216 (AET-) Merkmale das Arbeitssystem (Größe des Arbeitsraumes, Lärm etc.), die Aufgaben des Stelleninhabers (bestücken, bearbeiten, sprechen in der Öffentlichkeit etc.) und die Anforderungen an den Stelleninhaber (zeitlicher Entscheidungsdruck, allgemeine Schulbildung, Fremdsprachenkenntnisse etc.). Mit den in Bild 4.19 aufgelisteten Merkmalschlüsseln werden diese Merkmale nach Belastungshöhe, nach Belastungsdauer, nach zeitlicher Verteilung oder zur Dokumentation der Arbeitssystemmerkmale eingestuft (vgl. Rohmert und Landau 1979).

Bild 4.19   AET-Merkmalschlüssel (Auszug) (nach Rohmert und Landau 1979)

Je höher die Schlüsselstufung, desto höher ist auch die Belastung. Bild 4.20 zeigt beispielhaft fünf der 216 AET-Merkmale mit gekürztem Merkmalstext und Angabe des zugehörigen Merkmalschlüssels, mit der das Merkmal eingestuft wird.

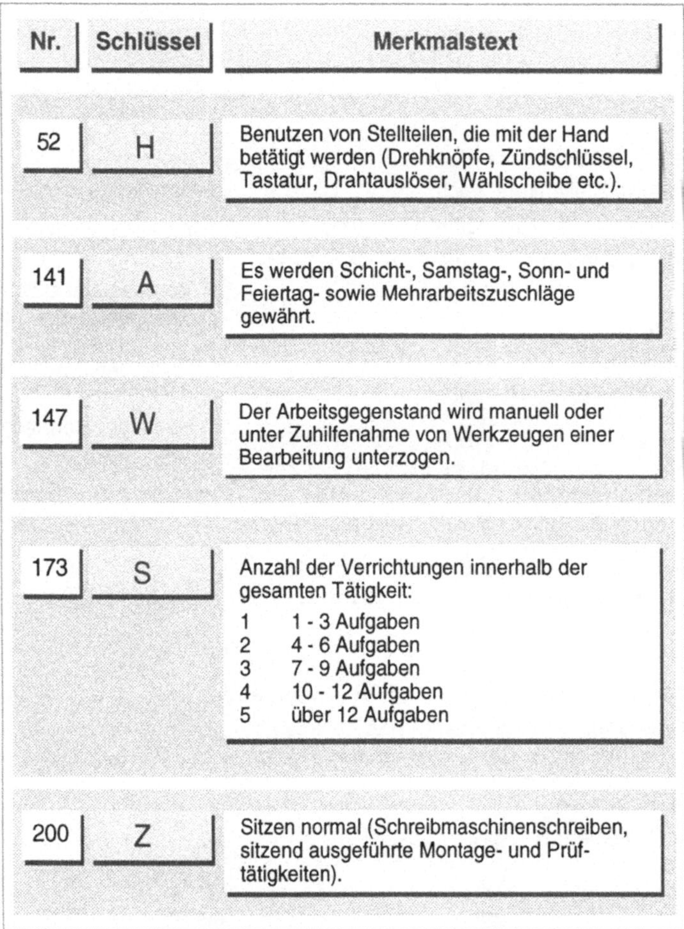

Bild 4.20   AET-Merkmale (Auszug) (nach Rohmert und Landau 1979)

Vorgehensweise beim AET

Im ersten Schritt wird, wie in Bild 4.21 als Beispiel gezeigt wird, ein AET-*Analyseprotokoll* mit einer *Tätigkeitsbeschreibung* erstellt.

Die AET-Merkmale, die für die zu untersuchende Tätigkeit in Frage kommen, werden im zweiten Schritt anhand der vorgegebenen Merkmalschlüssel durch Einstufung beurteilt. Dies wird, wie in Bild 4.22 dargestellt ist, in einer profilartigen Darstellung grafisch umgesetzt (vgl. Rohmert und Landau 1979).

AET-Analyseprotokoll und Tätigkeitsbeschreibung

Firma/ Organisation: XYZ

Vollst. Adresse   A-Straße 1

          B-Stadt

Relative AET-Nr.:   80

Abteilung: Lackiererei

Betriebsinterne Stellenkennzeichnung: L2/4

Anzahl vergleichbarer Tätigkeiten im Betrieb: 7

Tätigkeitsbezeichnung: Spritzlackieren

Beurteilername: Meyer

Beurteiler-Nr.:   9

Beurteilungsdatum: 21.10.1992

Tätigkeitsbeschreibung (Aufgaben):

Teile vorbereiten, Farbe vorbereiten, Lackieren bzw. Grundieren, Teile zum Trocknen aufhängen, Reinigung des Werkzeugs, Reinigung der Kabine

Erzeugnisname/ Arbeitsobjekt: Säule für Auswuchteinheit

Werkzeuge/ Maschinen:

D-Spritzwand 357 A

Beurteilertyp:

Arbeitsanalytiker	[x]
Vorgesetzter des Stelleninhabers	[ ]
Stelleninhaber	[ ]
Sonstiger Beurteiler	[ ]

Teilnehmer eines AET-Seminars [x]

Arbeitsplatz: Vorwiegend stehend vor wasserberieselter Spritzwand

Arbeitsumgebung: Werkhalle mit 7 Spritzkabinen und 5 Vorbereitungsplätzen; Lärm, Zugluft

Anzahl der Schichten: 1

Dauer der Schichten: von 7.00   bis 15.50

          von   bis

          von   bis

Pausen: von 9.15   bis 9.30

        von 11.45   bis 12.30

Berufsbezeichnung des Stelleninhabers: Lackierer

Alter: 35

Geschlecht: m

Ausbildung: Hauptschulabschluß/ Lackiererlehre

Bild 4.21   AET-Analyseprotokoll und Tätigkeitsbeschreibung am Beispiel ›Spritzlackieren‹ (nach Landau und Rohmert 1981)

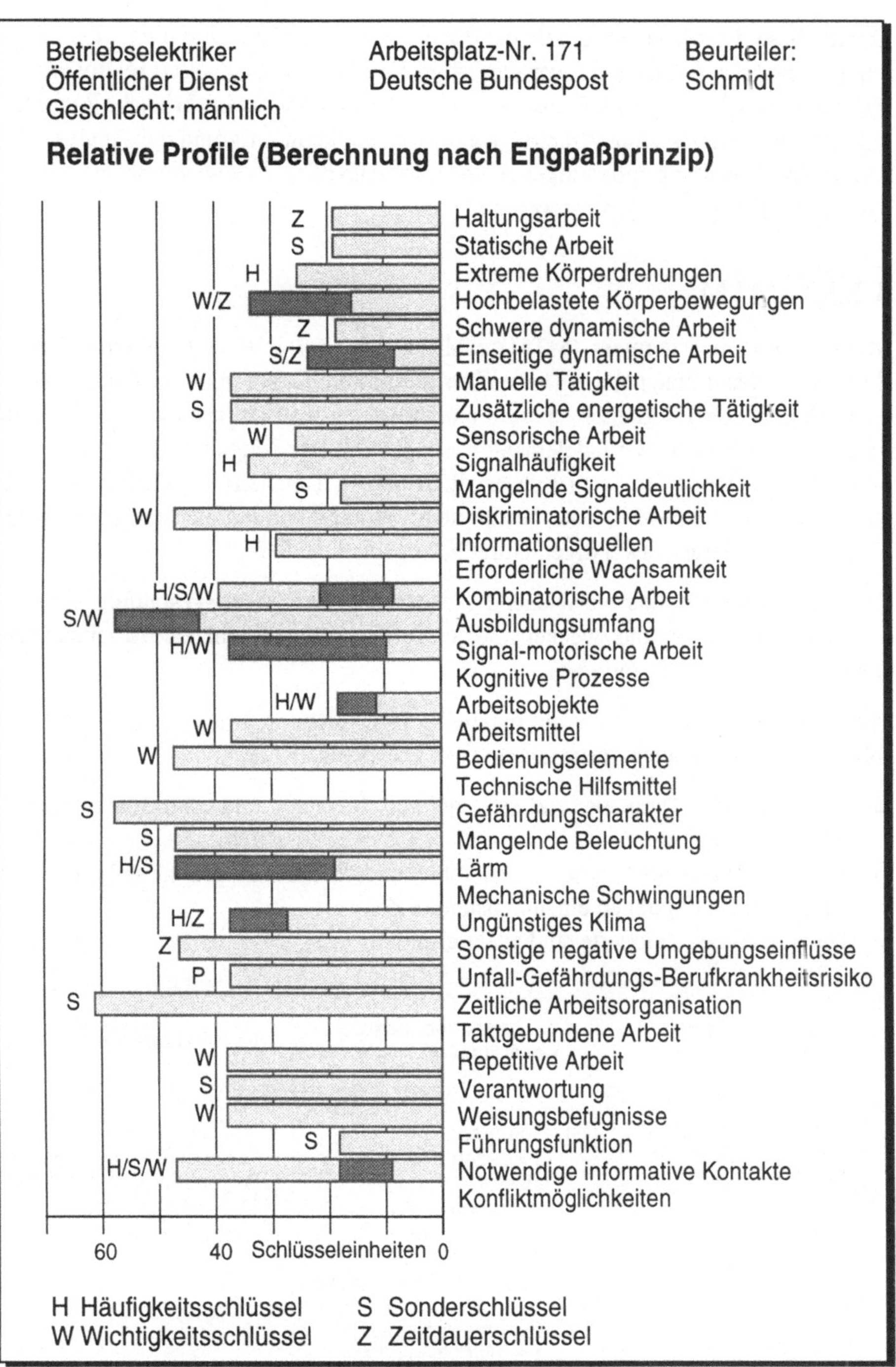

Bild 4.22 AET-Tätigkeitsprofil am Beispiel ›Betriebselektriker‹
(nach Landau und Rohmert 1981)

Durch diese Profilanalyse erhält der Planer einen raschen Überblick über Belastungshöhe bzw. Belastungsdauer der Tätigkeiten. Es läßt sich somit relativ einfach ablesen, in welchem Bereich Belastungen auftreten und in welchem kritische Beanspruchungen zu erwarten sind. Arbeitssysteme können damit aufgrund der Analyse verschiedener Gestaltungsmöglichkeiten und unterschiedlicher Gewichtung der Arbeitssystemkriterien gezielt geplant werden.

4.3.2.2 MTM

Methods-time-measurement (MTM) zählt zu den *Systemen vorbestimmter Zeiten.* Systeme vorbestimmter Zeiten versuchen, bestimmte Gesetzmäßigkeiten des zeitlichen Ablaufs von Tätigkeiten zu ermitteln, indem der menschliche Bewegungsablauf bis in kleinste Schritte (Grundelemente) zerlegt wird. Der Zeitbedarf für die einzelnen Grundbewegungen wird empirisch ermittelt und in Tabellen festgehalten. Zur Bestimmung der Gesamtzeit einer bestimmten Tätigkeit werden alle dafür relevanten Teilzeiten der dafür notwendigen Grundbewegungen addiert.

Die MTM-Methode dient vorwiegend der methodischen Arbeitsgestaltung, der *Zeitanalyse* zu Vorkalkulationszwecken und der Verbesserung bestehender Arbeitsabläufe sowie der *Vorgabezeitermittlung.*

MTM kommt ausschließlich für manuelle Tätigkeiten in Frage. Dabei wird von folgenden Überlegungen ausgegangen (vgl. Hackstein 1977):

❑ Jede manuelle Tätigkeit setzt sich aus verschiedenen und erkennbaren Grundbewegungen zusammen.
❑ Jede Grundbewegung hat bei einer durchschnittlichen Leistungshöhe und gegebenen situativen Bedingungen einen konstanten Zeitwert.
❑ Die konstanten Zeitwerte sind exakt ermittelt.

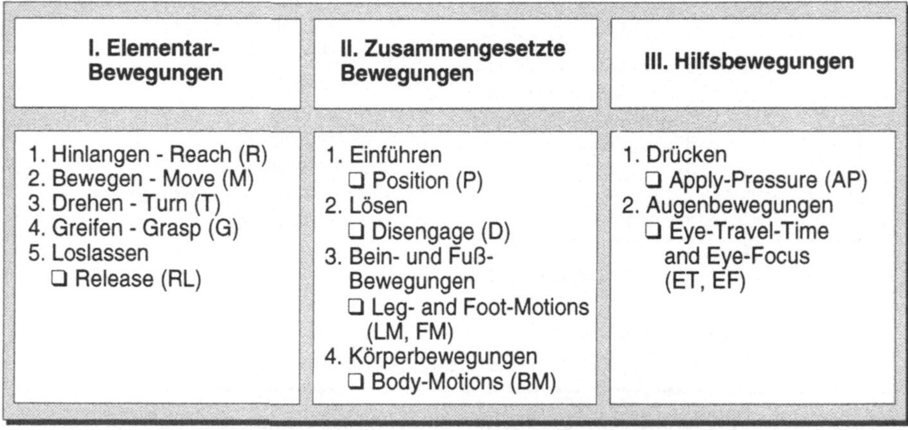

Bild 4.23   Arbeitsbewegungen nach MTM (nach Hackstein 1977)

MTM faßt, wie in Bild 4.23 zu sehen ist, Arbeitsbewegungen in drei Gruppen mit insgesamt 19 Bewegungselementen zusammen. Die zu untersuchende menschliche Handarbeit wird zunächst in ihre einzelnen Bewegungselemente zerlegt. In den Bildern 4.24 und 4.25 sind die Elementarbewegungen ›Hinlangen‹ und ›Greifen‹ erläutert.

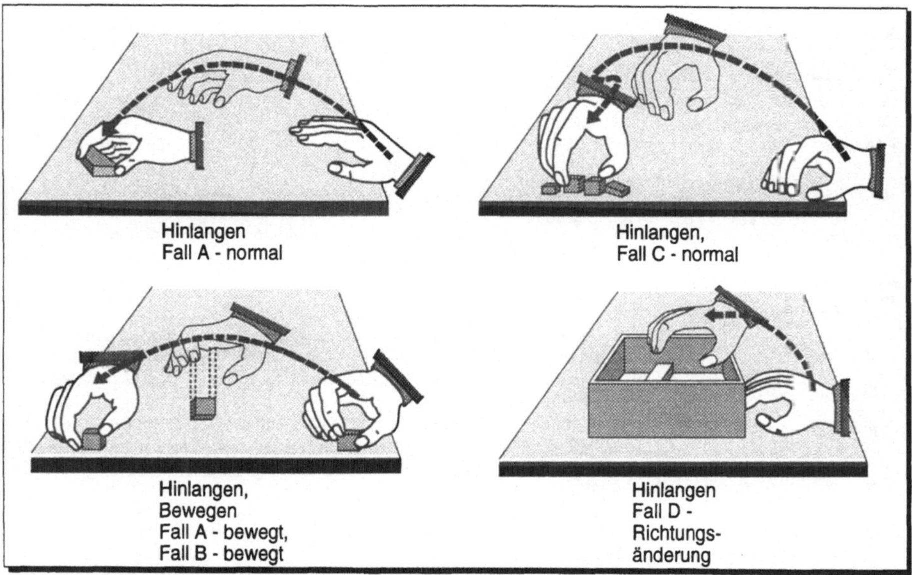

Bild 4.24 MTM-Elementarbewegung ›Hinlangen‹ (nach Hackstein 1977)

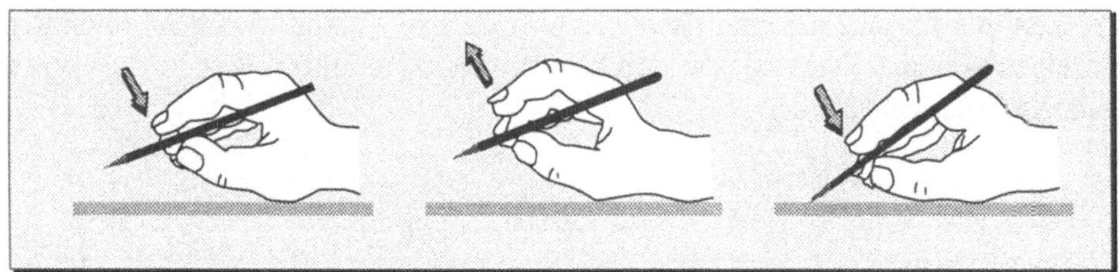

Bild 4.25 MTM-Elementarbewegung ›Greifen‹ (nach Hackstein 1977)

Danach weist das MTM-Verfahren jeder Grundbewegung einen vorbestimmten Normalzeitwert zu. Dieser ist durch die Natur der Grundbewegung und die Einflüsse, unter denen sie ausgeführt werden (z. B. Bewegungslänge, Gewicht des bewegten Gegenstandes), bestimmt. Die für die Grundbewegung erforderliche Arbeitszeit ist in einer MTM-Normalzeitwerttabelle vorgegeben. Die MTM-Zeiteinheit wird als *TMU* (time measurement unit) bezeichnet; 1 TMU entspricht 0,036 Sekunden.

Bild 4.26 zeigt Ausschnitte aus den Normalzeitwerttabellen für die Elementarbewegungen ›Loslassen‹, ›Greifen‹, ›Bringen‹ und ›Hinlangen‹. So beträgt beispielsweise die Normalzeit für das Hinlangen zu einem alleinstehenden Gegenstand, der sich an einem von Arbeitsgang zu Arbeitsgang veränderlichen in 40 cm entfernten Ort befindet, 19,8 TMU = 0,7128 sec.

<table>
<tr><th colspan="3">Loslassen - RL - (Release)</th><th colspan="5">Bringen - M - (Move)</th></tr>
<tr><td>Sym-
bol</td><td>TMU</td><td>Beschreibung der Fälle</td><td>Bew.-
länge
bis (cm)</td><td colspan="3">Normalzeitwert in TMU
M-A M-B M-C</td><td>Beschreibung der Fälle</td></tr>
<tr><td>RL1</td><td>2,0</td><td>Durch Öffnen der Finger</td><td></td><td></td><td></td><td></td><td></td></tr>
<tr><td>RL2</td><td>0,0</td><td>Durch Aufheben des Kontaktes</td><td>6</td><td>4,1</td><td>5,0</td><td>5,8</td><td>A Einen Gegenstand zur ande-
ren Hand oder gegen einen
Anschlag bringen.</td></tr>
</table>

Greifen - G - (Grasp)			Bringen (Forts.)				
Sym- bol	TMU	Beschreibung der Fälle	20	9,6	10,5	12,4	B Einen Gegenstand in eine un- gefähre oder eine unbe- stimmte Lage bringen.
G1A	2,0	**Zufaßgriff:** Greifen eines leicht zu fas- senden, allein liegenden Gegen- standes.	30	12,7	13,3	16,8	
G2	5,6	**Nachgreifen:** Verlegen des Kontroll- punktes an einen Gegenstand, ohne die Kontrolle über diesen zu verlieren.	70	25,2	22,8	30,3	C Einen Gegenstand in eine genau bestimmte Lage bringen.
			75	26,7	24,0	30,3	

Hinlangen - R - (Reach)

Bew.- länge bis (cm)	R-A	R-B	R-C R-D	R-E	Beschreibung der Fälle
10	6,1	6,3	8,4	6,8	A Hinlangen zu einem alleinstehenden Gegenstand, der sich immer an einem genau bestimmten Ort befindet, in der anderen Hand liegt oder auf dem die andere Hand ruht.
20	7,8	10,0	11,4	9,2	B Hinlangen zu einem alleinstehenden Gegenstand, der sich an einem von Arbeitsgang zu Arbeitsgang veränderlichen Ort befindet.
30	9,5	12,8	14,1	11,7	C Hinlangen zu einem Gegenstand, der mit gleichen oder ähnlichen Gegenständen so vermischt ist, daß er ausgewählt werden muß.
40	13,9	19,8	20,9	17,8	D Hinlangen zu einem Gegenstand, der klein oder sehr genau oder mit Vorsicht gegriffen werden muß.
70	16,5	24,1	25,0	21,4	E Verlegen der Hand in eine nicht bestimmte Lage, sei es zur Erlangung des Gleichgewichtes, zur Vorbereitung der folgenden Bewegung oder um die Hand aus der Arbeitszone zu entfernen.

Bild 4.26   MTM-Zeittabellen (Auszug) (nach Hackstein 1977)

Die Zeit, die für eine gesamte Bewegung erforderlich ist, wird durch Addition der einzelnen Vorgabezeiten errechnet. Als Beispiel dazu ist in Bild 4.27 die Analyse eines Hammerschlags abgebildet.

Nr.	Elementarbewegung	Analyse	Zeit [TMU]
1	Hinlangen	R 40 B	19,8
2	Hammer ergreifen	G 1 A	2,0
3	Anheben	M 5 B	4,5
4	Nachgreifen	G 2	5,6
5	Ausholen	M 75 B	24,0
6	Schlagen	M 75 C	30,3
7	Ablegen	M 30 B	13,3
8	Loslassen	RL 1	2,0
9	Hand in Ruhe	R 40 E	17,8
			119,3
	119,3 TMU x 0,036 sec/TMU = **4,3 sec**		

Bild 4.27   MTM-Berechnung für die Tätigkeit ›Hammerschlag‹

4.3.3 Zusammenfassung

Die vorgestellten Verfahren der Arbeitsanalyse sind auf bestimmte Untersuchungs-
anliegen und -inhalte ausgerichtet, besitzen unterschiedliche theoretisch-wissen-
schaftliche Grundlagen und beleuchten hierdurch jeweils nur spezifische Aspekte der
menschlichen Arbeit. Der direkte Vergleich der einzelnen Verfahren wäre nur
unzureichend und unzutreffend.

Der Vorteil der Standardverfahren liegt darin, daß sie zumeist schnell verfügbar sind
und über die jeweiligen Kriterien Literaturwerte vorliegen. Weiterhin können die
Untersuchungsergebnisse relativ einfach mit denen anderer Untersuchungen, die auf
dem gleichen Verfahren basieren, verglichen werden.

Mit Standardverfahren lassen sich jedoch nicht alle betrieblichen Arbeitsanalysen
durchführen. Hinsichtlich der speziellen Fragestellung sind die Ergebnisse oftmals
unbefriedigend. Universelle Verfahren, die es erlauben, die gesamte Struktur einer
Arbeitstätigkeit zu erfassen, sind wegen ihres hohen konstruktiven Aufwands schwer
zu realisieren. Daher steht der Analytiker bei der Entscheidung für ein Analyseverfahren
in der Regel vor der Alternative, entweder für den speziellen Untersuchungsfall gezielt
ein Instrument zu entwickeln oder ein verbreitetes Verfahren einzusetzen.

Der Vorteil bei der Entwicklung eines individuellen Instrumentariums liegt darin, daß
die Erhebungsmethode (z. B. Fragebogen, Interviewleitfaden) an die spezielle Fragestellung und an die Besonderheiten der zu untersuchenden Arbeitstätigkeit angepaßt
werden kann. Nachteile sind darin zu sehen, daß eine solche Vorgehensweise mit
erheblichem Aufwand verbunden sein kann und eine Vergleichbarkeit mit anderen
Untersuchungsergebnissen kaum gegeben ist. Der Arbeitsanalytiker sollte sich deshalb
zuerst über den Sinn und Zweck der Analyse im Klaren sein und daraufhin seine
Entscheidung treffen, ein Standardverfahren einzusetzen oder selbst ein Verfahren zu
entwickeln.

4.4 Fallbeispiele

In den folgenden Fallbeispielen wird sowohl ein arbeitswissenschaftliches Verfahren,
(AET), als auch ein psychologisches Verfahren (TBS-K) im praktischen Einsatz
vorgestellt. Im ersten Praxisbeispiel vergleicht das AET, kombiniert mit einer
somatografischen Untersuchung, zwei Verpackungsmaschinen und zeigt deren Schwachstellen und Mängel auf. Das zweite Beispiel verdeutlicht anhand der Einführung einer
Fertigungsinsel im Gießereiwesen, wie sich arbeitswissenschaftliche (AET) und psychologische Verfahren (TBS-K) gegenseitig ergänzen.

4.4.1 Gestaltung von Verpackungsarbeit in der Nahrungsmittelherstellung

In einem Schmelzkäsewerk wurde eine halbautomatische Maschine zur Schmelz-käseverpackung durch einen vollautomatischen Prototypen ersetzt. Der neue Verpackungsautomat wies sowohl eine Reihe von Verbesserungen als auch ergonomische Mängel auf. Anhand einer Arbeitsanalyse sollte die Grundlage für eine Weiterentwicklung des Prototypen geschaffen werden. Dabei galt es, insbesondere auf folgende Fragen näher einzugehen (vgl. Landau und Rohmert 1981):

❑ Durch welche Merkmale (Arbeitsmittel, Anforderungen) unterscheidet sich der neue Verpackungsautomat von dem herkömmlichen Halbautomaten?

❑ Welche Prioritäten bestehen bei korrektiven Gestaltungsmaßnahmen?

Für die Lösung der Aufgabenstellung entschied man sich für das Arbeitswissenschaftliche Erhebungsverfahren zur Tätigkeitsanalyse. Zusätzlich wurden somatographische Untersuchungen durchgeführt.

```
Firma/ Organisation: Schmelzkäsewerk

Abteilung:  Verpackung Schmelzkäs‹
Anzahl vergleichbarer Tätigkeiten im Betrieb:  ./.
Tätigkeitsbezeichnung: Verpackung Schmelzkäse (Masch.führung)
Beurteilername:      Landau
Beurteiler-Nr.:      1                              Beurteilertyp:
Beurteilungsdatum:   22.10.92          Arbeitsanalytiker
Tätigkeitsbeschreibung:

   Arbeiten bei Lauf:
   Maschinenüberwachung (Füllgutbehälter, Siegelnaht,
   Siegelstempel, Gewicht),
   Runddosen nachfüllen, Etikettenmagazin füllen

   Arbeiten bei Stand:
   Boden- und Deckelfolie wechseln,
   kleinere Maschinenstörungen beseitigen

Erzeugnisname/ Arbeitsobjekt: Runddose mit 8 Käseecken
                     + 7,6 g Deckel + 17,9 g Boden
Werkzeuge/ Maschinen:

   Verpackungsautomat, Schere, Spiegel, Abfüllkorb,
   Putzlappen, Papiertücher, Bürste, Leimtonne, Kar-
   tons mit leeren Runddosen, Plus/ Minus-Kontroll-
   waage

Arbeitsplatz:           stehend am Abfüllplat:
Arbeitsumgebung:        Fabrikhalle, Lärm, Klima
Anzahl der Schichten:   2
Dauer der Schichten:
                        von 06.00 Uhr bis 14.30 Uhr
                        von 14.30 Uhr bis 23.00 Uhr

Pausen:                 von 10.30 Uhr bis 11.00 Uhr
                        von 17.30 Uhr bis 18.00 Uhr
Berufsbezeichnung des Stelleninhabers:
Alter:      ca. 25 Jahre
Geschlecht: w
Ausbildung: Einarbeitungszeit nach vorhandener Praxis an
            Halbautomaten ca. 4 Wochen
            davon systematisches Training: ca. 14 Tage
```

Bild 4.28   AET-Analyseprotokoll (Verpackungsautomat) (nach Landau und Rohmert 1981)

Zur Durchführung empfahl sich folgende Vorgehensweise:

- ❑ Tätigkeitsbeschreibung anhand von AET-Analyseprotokollen;
- ❑ Durchführung eines AET-Profilvergleichs;
- ❑ Untersuchungen mit Hilfe der Somatografie;
- ❑ Erstellung einer ergonomischen Mängelliste;
- ❑ Ausarbeitung von Gestaltungsvorschlägen.

Firma/ Organisation: Schmelzkäsewerk

Abteilung: Schmelzkäse
Anzahl vergleichbarer Tätigkeiten im Betrieb: ca. 6
Tätigkeitsbezeichnung: Verpackung Schmelzkäse (Halbautomat)
Beurteilername:
Beurteiler-Nr.: Landau
1   Beurteilertyp:
Beurteilungsdatum: 22.10.92   Arbeitsanalytiker
Tätigkeitsbeschreibung:

<u>Arbeiten bei Lauf:</u>
Runddosen (RD) aus Karton bereitstellen, leere Kartons bei-
seite legen. RD aufnehmen, Deckel abnehmen, Unterteil über 8
Käseecken stülpen, ggf. Fehlpackungen ausscheiden, RD mit
Deckel verschließen und auf Band legen, stichprobenweise
Gewichtskontrolle, Maschinenlauf beobachten
<u>Arbeiten bei Stand:</u>
Folien-, Etiketten- und Farbbandwechsel, kleinere Maschinen-
störungen beheben

Erzeugnisname/ Arbeitsobjekt: Runddose mit 8 Käseecken
                           + 7,6 g Deckel + 17,9 g Boden
Werkzeuge/ Maschinen:
Halbautomat, Etikettenkasten; Abfüllkübel,
Papiertücher, Plus/ Minus-Kontrollwaage, Kartons mit
leeren Runddosen auf Haltevorrichtung

Arbeitsplatz: stehend am Abfüllplat:
Arbeitsumgebung: Fabrikhalle, Lärm, Klima
Anzahl der Schichten: 2
Dauer der Schichten: von 06.00 Uhr bis 14.30 Uhr
                        von 14.30 Uhr bis 23.00 Uhr

Pausen: von 10.30 Uhr bis 11.00 Uhr
                        von 17.30 Uhr bis 18.00 Uhr
Berufsbezeichnung des Stelleninhabers:
Alter: ca. 35 Jahre
Geschlecht: w
Ausbildung: betriebliche Erfahrung in anderen Bereichen
                        Einarbeitungszeit 14 Tage - 4 Wochen

Bild 4.29   AET-Analyseprotokoll (Halbautomat) (nach Landau und Rohmert 1981)

Die Bilder 4.28 und 4.29 enthalten eine Auflistung der wesentlichen Tätigkeiten der beiden Arbeitspersonen an beiden Automaten. Die feststellbaren Unterschiede der beiden Systeme konzentrierten sich auf die Arbeitsaufgabe der bedienenden Person.

- ❑ Am Verpackungsautomaten mußte die bedienende Person nur das Überwachen der Maschine, das Beschicken mit Verpackungsmaterial (Runddosen. Verpackungs-folien, Etiketten usw.) und die Behebung kleinerer Störungen übernehmen.
- ❑ Am Halbautomaten ist über diese Aufgaben hinaus eine arbeitsablaufbedingte Mitarbeit in Form einer kurzzyklischen, taktgebundenen Tätigkeit erforderlich. Die Stelleninhaberin muß die Runddose manuell mit einem Deckel verschließen.

Der nächste Analyseschritt, die Profilanalyse, stellt das Schmelzkäseverpacken an dem neuen Verpackungsautomaten dem herkömmlichen halbautomatischen Verfahren gegenüber (vgl. Bild 4.30).

Bild 4.30   **Vergleich der AET-Tätigkeitsprofile bei der Schmelzkäseverpackung am Verpackungs- und Halbautomaten** (nach Landau und Rohmert 1981)

AET-Profilvergleich

Als Ergebnis des Profilvergleichs konnte festgehalten werden, daß der Vollautomat gegenüber dem Halbautomaten sowohl Vorteile als auch Nachteile besitzt. So ist beispielsweise eine Verminderung der Anforderungen an die Arbeitskraft zu verzeichnen, jedoch muß die Arbeitskraft aufgrund der fortgeschrittenen Technik und wegen der Komplexität der Entscheidungen über eine größere Anzahl von Kenntnissen verfügen. Darüber hinaus sind ergonomische Verbesserungen am Vollautomaten dringend erforderlich (höhere Belastung durch schwere dynamische Arbeit).

Aufgrund dieser Ergebnisse wurden weitergehende Untersuchungen am Vollautomaten angestellt. Diese zielten insbesondere auf eine Analyse der räumlichen Anordnung einiger Baugruppen des Verpackungsautomaten. Zeitaufnahmen sowie Video- und Fotoaufnahmen, die die Bewegungsabläufe und Körperstellungen der Arbeitsperson während des gesamtem Arbeitsablaufes aufzeichneten, sollten hierbei den gesamten Arbeitsablauf beschreiben. Man erhoffte sich dabei, Rückschlüsse auf ergonomische Konsequenzen zu erhalten.

Somatografie

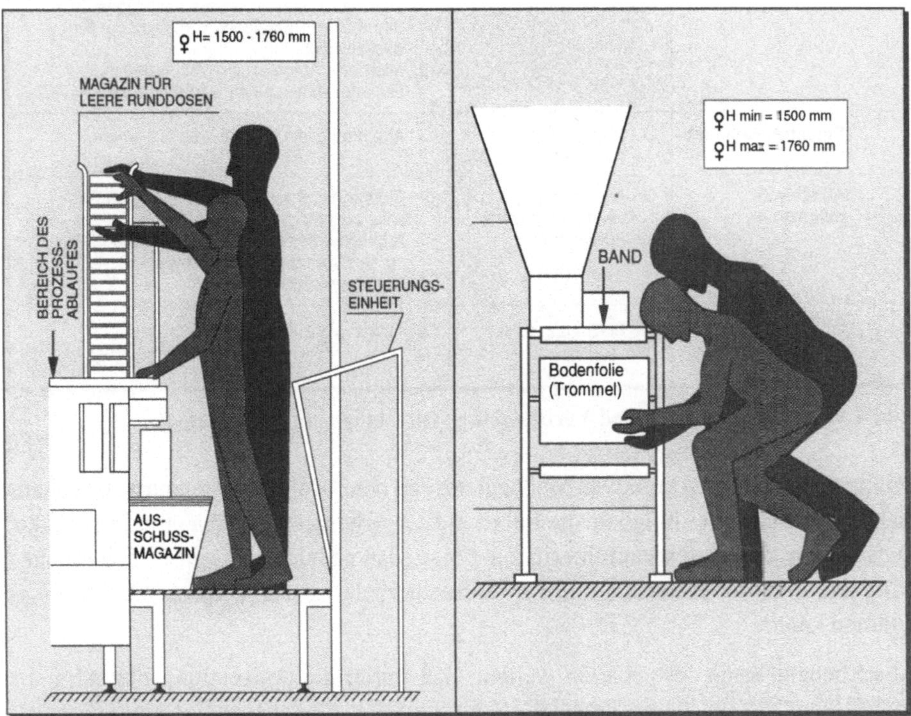

Bild 4.31 Schematische Anordnung des zentralen Arbeitsbereiches am Verpackungsautomaten (nach Landau und Rohmert 1981)

Mit Hilfe der Somatografie wurde die räumliche Anordnung der Arbeitsplatzelemente genauer untersucht. Bild 4.31 zeigt den zentralen Arbeitsbereich der Maschinenführerin. Ihre Aufgabe ist es u. a., den automatischen Ablauf des Verpackens zu kontrollieren, bei einer Störung über eine Steuerungseinheit in den Prozeß einzugreifen sowie ein Magazin mit Runddosen und den Automaten mit Bodenfolie zu beschicken.

Aufgrund der Ist-Zustands-Analyse wurde eine Anzahl von Mängeln festgestellt. Zugleich machte das Analyseteam zu jeder Schwachstelle einen entsprechenden Verbesserungsvorschlag. Insgesamt konnte festgehalten werden, daß sich die Mängel vor allem auf das Gebiet der Materialhandhabung und auf die Beschickung des Verpackungsautomaten konzentrierten. Beispielhaft sind im folgenden Bild 4.32 einige der markanten Mängel mit dem dazugehörigen Verbesserungsvorschlag aufgeführt.

Schwachstelle	Mangel	Verbesserungsvorschläge
Runddosen-magazin	❑ Beschickungsöffnung zu hoch angeordnet	❑ Verkleinerung der Gesamthöhe des Magazins (dies führt jedoch zu einer Verringerung der Gesamtaufnahmekapazität) ❑ alternativ: Versetzen des gesamten Magazins nach unten mit einer selbsttätigen Zuführung der Runddosen von unten zur Entdeckelstation ❑ alternativ: Automatische Zuführung der Runddosen aus einem zentralen Magazin
Steuerungseinheit	❑ Plazierung hinter der Arbeitsperson	❑ Anordnung im unmittelbaren Greifraum
Ausschuß-magazin	❑ Anordnung führt zur Verkleinerung des Fußraumes	❑ Abführen des Ausschusses über eine Rutsche zum Magazin außerhalb des Arbeitsraumes (als Folge davon wird Platz zur Unterbringung eines schwenkbaren Sitzes gewonnen)
Aufnahme-vorrichtung der Bodenfolie	❑ Plazierung zu tief	❑ Anordnung in Ellbogenhöhe

Bild 4.32 Schwachstellen und Verbesserungsvorschläge am Vollautomat

Mit bereits wenigen korrektiven Maßnahmen und ohne großen Kostenaufwand seitens des Herstellers war es möglich, die Belastung der Arbeitsperson bedeutend zu senken. Dies hat für die Maschinenführerin zur Folge, daß sie sich mehr ihrer eigentlichen Aufgabe, d. h. der Kontrolle und der Aufrechterhaltung des Verpackungsprozesses widmen kann.

Abschließend kann festgehalten werden, daß durch die Anwendung des AET als analytisches Vergleichsinstrument die Schwachstellen eines neuen Systems erkennbar wurden und es damit entscheidend zu dessen Weiterentwicklung und Verbesserung beigetragen hat.

4.4.2 Planung einer Fertigungsinsel in einer NE-Metallgießerei

In einer Studie wurden die arbeitsphysiologischen und -psychologischen Auswirkungen nach der Einführung von Gruppenarbeit im Gießereiwesen untersucht. Als Analyseverfahren kamen das AET zur Gewinnung arbeitsphysiologischer und das TBS-K zur Gewinnung arbeitspsychologischer Ergebnisse zum Einsatz. Während beim TBS-K alle Analysekriterien Verwendung fanden, beschränkte man sich beim AET jedoch nur auf die AET-Merkmale 200 bis 212. Diese werden zu Haltungsarbeit, statischer Haltearbeit, schwerer dynamischer Muskelarbeit und einseitiger dynamischer Muskelarbeit zusammengefaßt und mit dem Merkmalschlüssel Z charakterisiert (vgl. Nespeta 1989).

Ausgangszustand vor der Umgestaltung

Der Ausgangszustand war durch eine hohe Arbeitsteiligkeit gekennzeichnet, d. h. die Ausführung der Arbeitstätigkeiten erfolgte durchgängig an Einzelarbeitsplätzen.

Für die in einer Gießerei typischen Tätigkeiten ›Schmelzen‹, ›Kokillenguß‹, ›Entkernen‹ und ›Bandsägen/-schleifen‹ wurden durch das AET hohe bis sehr hohe Belastungen im Verlauf der Schichtarbeit ermittelt. Geringe bis mittlere Belastungen waren dagegen im Weiterverarbeitungsbereich für die Arbeitsgänge ›Bohren und Gewindeschneiden‹, ›Abpressen mit Vorrichtung‹ sowie für das ›Einrichten‹ zu verzeichnen. Das Bild 4.33 zeigt die Ergebnisse.

Anforderungsarten \ Arbeitstätigkeiten	Einrichten	Abpressen mit Vorrichtung	Bohren und Gewindeschneiden	Feilen und Richten	Bandschleifen	Bandsägen	Entkernen	Kokillengießen	Kernschießen	Schmelzen und Schmelze transportieren
Haltungsarbeit	40	40	50	50	60	50	80	50	50	50
Statische Haltearbeit	20	0	40	0	80	80	90	80	40	40
Schwere dynamische Muskelarbeit	20	20	20	20	20	20	40	40	20	40
Einseitige dynamische Muskelarbeit	40	0	20	60	0	0	0	0	20	20

Bild 4.33 Belastungszustände als Ergebnis des AET (bezogen auf den Ausgangszustand) (nach Nespeta 1989)

222   *Analyse von Arbeitstätigkeiten*

Für den psychischen Bereich der menschlichen Arbeit, der mit dem TBS-K analysiert
wurde, war im *Tätigkeitsprofil* festzustellen, daß die meisten Tätigkeiten als an-
forderungsarm bewertet werden mußten (Einstufungen im schraffierten Negativ-
bereich) (vgl. Bild 4.34 und 4.35). Für 80 % aller vorkommenden Tätigkeiten ergab sich
aus arbeitspsychologischer Sicht, daß Umgestaltungsmaßnahmen dringend erforderlich sind ($PF_G=2$).

Arbeitstätigkeit

Analysekriterien	Schmelzen	Kernschießen	Kokillengießen	Entkernen	Bandsägen
A 1 Zyklusdauer	1 2 3 4 5 6	1 2 3 4 5 6	1 2 3 4 5 6	1 2 3 4 5 6	1 2 3 4 5 6
A 2 Innerbetriebliche Arbeitsteilung	1 2 3	1 2 3	1 2 3	1 2 3	1 2 3
A 3 Vorgeschriebenheit der Arbeitsweise	1 2 3 4	2 3 4	2 3 4	1 2 3 4	1 2 3 4
A 4 Rückmeldungen über Arbeitstätigkeiten	2 3	2 3	1 2 3	1 2 3	1 2 3
A 5 Routinemäßige Tätigkeitsausführung	1 2 3	1 2 3	2 3	1 2 3	1 2 3
A 6 Kooperation	1 2 3 4	1 2 3 4	1 2 3 4	1 2 3 4	1 2 3 4
B 1 Freiheitsgrade für Zielsetzungen	1 2 3 4 5	1 2 3 4 5	1 2 3 4 5	1 2 3 4 5	1 2 3 4 5
B 2 Planen und Entscheiden	1 2 3 4 5	1 2 3 4 5	1 2 3 4 5	1 2 3 4 5	1 2 3 4 5
B 3 Informationsaufnahme	1 2 3 4	1 2 3 4	1 2 3 4	1 2 3 4	1 2 3 4
B 4 Informationsverarbeitung	1 2 3 4	2 3 4	1 2 3 4	1 2 3 4	2 3 4
C 1 Nutzung der beruflichen Vorbildung	1 2 3	1 2 3	1 2 3	1 2 3	1 2 3
C 2 Bleibende Lernerfordernisse	1 2 3 4 5	1 2 3 4 5	1 2 3 4 5	1 2 3 4 5	1 2 3 4 5
C 3 Kommunikation	1 2 3	2 3	2 3	1 2 3	2 3
C 4 Verantwortung	1 2 3 4 5	3 4 5	1 2 3 4 5	1 2 3 4 5	1 2 3 4 5

Defizitbereich	PF_W	PF_B	PF_G	PF_W	PF_B	PF_G	PF_W	PF_B	PF_G	PF_W	PF_B	PF_G	PF_W	PF_B	PF_G
	+5	3	1	-24	4	2	-18	4	2	-38	4	2	-19	4	2

Bild 4.34   **Ergebnisse des TBS-K, Teil 1 (bezogen auf den Ausgangszustand)**
(nach Nespeta 1989)

Arbeitstätigkeit

Analysekriterien	Bandschleifen	Feilen und Richten	Bohren und Gewindeschneiden	Abpressen	Einrichten
A 1 Zyklusdauer	1 2 3 4 5 6	1 2 3 4 5 6	1 2 3 4 5 6	1 2 3 4 5 6	1 2 3 4 5 6
A 2 Innerbetriebliche Arbeitsteilung	1 2 3	1 2 3	1 2 3	1 2 3	1 2 3
A 3 Vorgeschriebenheit der Arbeitsweise	1 2 3 4	1 2 3 4	1 2 3 4	1 2 3 4	1 2 3 4
A 4 Rückmeldungen über Arbeitstätigkeiten	1 2 3	1 2 3	1 2 3	1 2 3	1 2 3
A 5 Routinemäßige Tätigkeitsausführung	1 2 3	1 2 3	1 2 3	1 2 3	1 2 3
A 6 Kooperation	1 2 3 4	1 2 3 4	1 2 3 4	1 2 3 4	1 2 3 4
B 1 Freiheitsgrade für Zielsetzungen	1 2 3 4 5	1 2 3 4 5	1 2 3 4 5	1 2 3 4 5	1 2 3 4 5
B 2 Planen und Entscheiden	1 2 3 4 5	1 2 3 4 5	1 2 3 4 5	1 2 3 4 5	1 2 3 4 5
B 3 Informationsaufnahme	1 2 3 4	1 2 3 4	1 2 3 4	1 2 3 4	1 2 3 4
B 4 Informationsverarbeitung	1 2 3 4	1 2 3 4	1 2 3 4	1 2 3 4	1 2 3 4
C 1 Nutzung der beruflichen Vorbildung	1 2 3	1 2 3	1 2 3	1 2 3	1 2 3
C 2 Bleibende Lernerfordernisse	1 2 3 4 5	1 2 3 4 5	1 2 3 4 5	1 2 3 4 5	1 2 3 4 5
C 3 Kommunikation	1 2 3	1 2 3	1 2 3	1 2 3	1 2 3
C 4 Verantwortung	1 2 3 4 5	3 4 5	1 2 3 4 5	1 2 3 4 5	1 2 3 4 5

Defizitbereich	PF_W	PF_B	PF_G	PF_W	PF_B	PF_G	PF_W	PF_B	PF_G	PF_W	PF_B	PF_G	PF_W	PF_B	PF_G
	-19	4	2	-10	3	2	-21	4	2	-24	4	2	+8	2	0

Bild 4.35   **Ergebnisse des TBS-K, Teil 2 (bezogen auf den Ausgangszustand)**
(nach Nespeta 1989)

Zustand nach der Umgestaltung

Nach der Umgestaltung bestand im Gegensatz zum verrichtungsorientierten Ausgangszustand in der Fertigungsinsel keine feste Zuordnung zwischen Arbeitsplatz, Betriebsmittel und Arbeitsperson. Da jeder Mitarbeiter jede Arbeitstätigkeit in der Fertigungsinsel beherrschte und außerdem mehr Arbeitsplätze als Mitarbeiter im System vorhanden waren, bot sich für jeden Mitarbeiter grundsätzlich die Möglichkeit, im Rahmen von groben Absprachen innerhalb der Arbeitsgruppe, seine Arbeitstätigkeit individuell frei zu wählen. Der Arbeitsplatz eines Fertigungsinsel-Mitarbeiters war nunmehr das gesamte Arbeitssystem Fertigungsinsel.

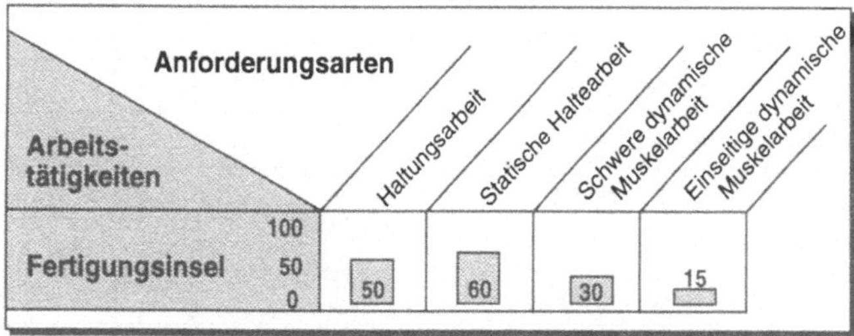

Bild 4.36 Ergebnisse des AET nach der Umgestaltung (nach Nespeta 1989)

Die AET-Ergebnisse nach der Umgestaltung (vgl. Bild 4.36) zeigten, daß Spitzenbelastungen, wie sie im Ausgangszustand z. B. beim Kokillengießen oder beim Entkernen auftraten, durch Job-rotation für die in der Fertigungsinsel beschäftigten Mitarbeiter über die gesamte Schichtzeit deutlich gesenkt werden konnten. Diese Verbesserungen waren darauf zurückzuführen, daß die unterschiedlichen Arbeitstätigkeiten auch unterschiedliche Körperregionen und Muskelgruppen beanspruchen. Dagegen wurden Arbeitspersonen, die im Ausgangszustand an der Bohrmaschine bzw. an der Abpressvorrichtung beschäftigt und dadurch geringen Belastungen ausgesetzt waren, in der neuen Arbeitssituation durch zusätzliche Ausübung belastenderer Tätigkeiten nach der Umgestaltung zum Teil höher beansprucht.

Mit den in Bild 4.37 dargestellten TBS-K-Ergebnissen konnte festgestellt werden, daß die Arbeitsinhalte für die Mitarbeiter in der Fertigungsinsel aufgrund eines Gesamtpunktwerts von +38 sehr hohe Voraussetzungen für eine *Persönlichkeitsförderlichkeit* der Arbeitstätigkeit besitzen. Somit liegen aus arbeitspsychologischer Sicht nach der Umstrukturierung keine weiteren Umgestaltungserfordernisse mehr vor ($PF_G = 0$).

Die Einführung von Gruppenarbeit geht auch im Gießereiwesen mit einer deutlichen Verbesserung unter arbeitsphysiologischen und arbeitspsychologischen Gesichtspunkten einher. Die Gießereiarbeit in einer Fertigungsinsel ist nach der Umgestaltung im Durchschnitt von einer geringeren körperlichen Belastung gekennzeichnet, und die

Arbeit kann, gesamt betrachtet, als persönlichkeitsförderlicher bezeichnet werden. Beides zusammen führt zu einer deutlichen Verbesserung der Arbeitsqualität.

A 1	Zyklusdauer	1	2	3	4	5	6
A 2	Innerbetriebliche Arbeitsteilung	1		2		3	
A 3	Vorgeschriebenheit der Arbeitsweise	1	2		3	4	
A 4	Rückmeldungen über Arbeitstätigkeiten	1	2		3		
A 5	Routinemäßige Tätigkeitsausführung	1	2		3		
A 6	Kooperation	1	2	3	4		
B 1	Freiheitsgrade für Zielsetzungen	1	2	3	4	5	
B 2	Planen und Entscheiden	1	2	3	4	5	
B 3	Informationsaufnahme	1	2	3	4		
B 4	Informationsverarbeitung	1	2	3	4		
C 1	Nutzung der beruflichen Vorbildung	1	2	3			
C 2	Bleibende Lernerfordernisse	1	2	3	4	5	
C 3	Kommunikation	1	2	3			
C 4	Verantwortung	1	2	3	4	5	

Defizitbereich	PF W	PF B	PF G
	+38	1	0

Bild 4.37 Ergebnisse des TBS-K nach der Umgestaltung (nach Nespeta 1989)

Dieses Praxisbeispiel zeigt deutlich die unterschiedlichen Zielrichtungen psychologischer und arbeitswissenschaftlicher Verfahren. Nur durch die Verwendung von Verfahren beider Richtungen bei der Analyse läßt sich eine Arbeitstätigkeit in ihrer Gesamtheit untersuchen.

4.5   Wiederholungsfragen

1. Was wird unter Arbeitsanalyse verstanden?
2. Skizzieren Sie die Anwendungsgebiete der Arbeitsanalyse.
3. Wie können Methoden zur Arbeitsanalyse eingeteilt werden und welche gibt es?
4. Welche Verfahrensrichtungen zur Arbeitsanalyse können unterschieden werden?
5. Nennen Sie die verschiedenen Inhalte, Nutzen und Zweck der Verfahrensrichtungen.
6. Welchen Anforderungen müssen Analyseverfahren gerecht werden?
7. Nennen Sie psychologische Verfahren zur Arbeitsanalyse.
8. Was versteht man unter Regulationserfordernissen?
9. Wie ist VERA aufgebaut?

10. Welches Ziel verfolgt das TBS-K?
11. Was wird unter Persönlichkeitsförderlichkeit verstanden?
12. Welche Möglichkeiten zur Auswertung bietet das TBS-K?
13. Nennen Sie arbeitswissenschaftliche Verfahren zur Arbeitsanalyse.
14. Welche Merkmalschlüssel beinhaltet das AET?
15. Welche Schlußfolgerungen können aus den AET-Tätigkeitsprofilen gezogen werden?
16. Was versteht man unter Systemen vorbestimmter Zeiten?
17. Nennen Sie Vor- und Nachteile von Standardverfahren zur Arbeitsanalyse.

5 Arbeitsbewertung

Ziel eines jeden Arbeitsverhältnisses ist auf der einen Seite die Einbringung der persönlichen Leistung entsprechend der gestellten Arbeitsaufgabe und auf der anderen Seite eine gerechte Entlohnung entsprechend der geleisteten Arbeit. Dazu ist es im Vorfeld erforderlich, den Schwierigkeitsgrad von Arbeitstätigkeiten aufgrund von *Anforderungsarten* zu bestimmen und zu klassifizieren, wozu verschiedene Methoden mit unterschiedlichen Einsatzschwerpunkten zur Verfügung stehen. Unternehmer und Topmanager haben längst erkannt, daß die Bewertungsmaßstäbe, mit denen sie Leistung messen, das Verhalten von Mitarbeitern entscheidend beeinflussen und die Methode der Arbeitsbewertung entscheidenden Einfluß auf die Motivation der Mitarbeiter hat.

Die Bestimmung des Entgelts auf der Basis der Arbeitsbewertung wird somit Aufgabe der Tarifpartner, die entsprechend gesetzlichen Rahmenbedingungen das Gehalt bzw. den Lohn aushandeln.

Die Ermittlung des Entgelts für außertariflich beschäftigte Mitarbeiter (in der Regel leitende Angestellte) wird in den Betrieben sehr unterschiedlich gehandhabt. Während im Bereich der Tarifangestellten die jeweiligen Tarifabkommen die Grundlage für die Entgeltpolitik bilden, spielen für außertariflich Angestellte Titel, Stellung in der Betriebshierarchie, Betriebszugehörigkeit oder ›Marktwert‹ für die Entgeltfindung eine bedeutende Rolle. Eine *analytische* Arbeitsbewertung wird hierbei nur selten angewandt, da Anforderungsmerkmale wie ›Schöpferisches Denken‹, ›Phantasie‹ oder ›Improvisationsvermögen‹, die insbesondere Arbeitnehmer höherer Qualifikationsebenen aufweisen müssen, nur unter großen Schwierigkeiten quantifizierbar sind. Deshalb haben nur wenige Unternehmen ein Gehaltssystem für den außertariflichen und leitenden Angestelltenbereich entwickelt. Oftmals werden meist jährliche Gehaltsprüfungen vorgenommen oder in Anlehnung an die erfolgten Tarifabschlüsse werden prozentuale Gehaltszuschläge gewährt.

Aus Sicht der Arbeitswissenschaft sind für die Lohngestaltung gewerblicher Arbeitnehmer die zwei in Bild 5.1 aufgeführten Elemente von Bedeutung. Einerseits wird auf der Basis der Anforderungen, die eine Arbeitsaufgabe an einen Mitarbeiter stellt, das anforderungsgerechte Entgelt, andererseits wird auf der Basis von *Leistungskriterien* die persönliche, d. h. die individuelle Leistung des Mitarbeiters und als Folge davon das leistungsgerechte Entgelt ermittelt (vgl. REFA 1991a).

Die Ermittlung des *leistungsabhängigen* Lohnanteils geschieht mittels Beurteilen, Messen oder Zählen des Leistungsergebnisses, die Ermittlung des *anforderungsabhängigen* Grundentgelts mit Hilfe der Arbeitsbewertung.

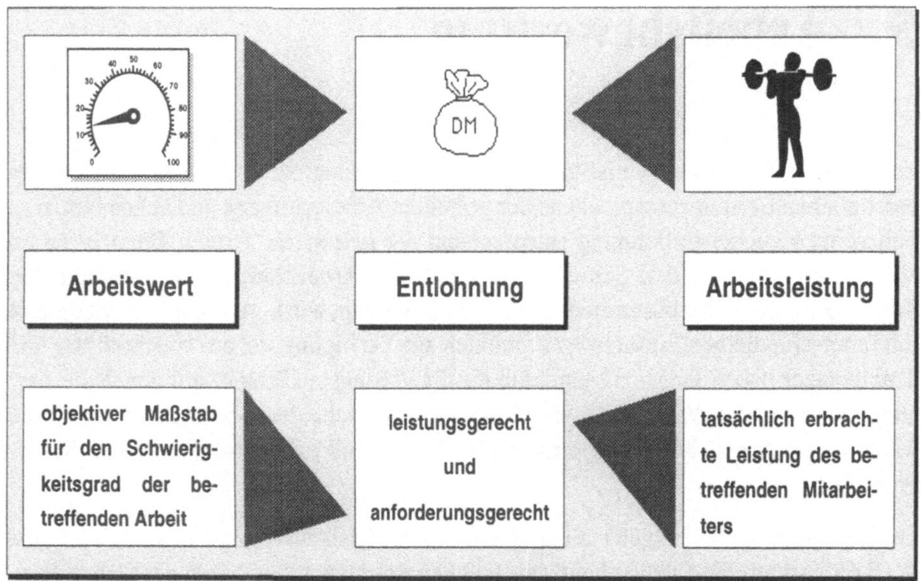

Bild 5.1   Einflußfaktoren auf die Entlohnung

Definition Arbeitsbewertung

Arbeitsbewertung heißt Erfassen und Messen der feststellbaren Unterschiede in der Arbeitsschwierigkeit. Grundlagen sind die verschiedenen Arbeitsanforderungen der einzelnen Arbeitsplätze bzw. Arbeitstätigkeiten.

Dies bedeutet, daß die Arbeitsbewertung lediglich die Relationen zwischen den Schwierigkeitsgraden, d. h. die relativen Lohnhöhen festlegt. Die absoluten Geldwerte für die Entlohnung handeln die Tarifpartner in Tarifverhandlungen aus.

Die *Anwendungsgebiete* der Arbeitsbewertung sind in Bild 5.2 skizziert. Das Hauptanwendungsgebiet der Arbeitsbewertung liegt in der anforderungsabhängigen Lohndifferenzierung. Dabei wird davon ausgegangen, daß Personen, die an Arbeitsplätzen mit höheren Anforderungen arbeiten, ein höheres Entgelt erhalten als solche, die an Plätzen mit geringeren Anforderungen tätig sind. Für die anforderungsabhängige Lohnfindung ist es daher erforderlich, die unterschiedlichen Anforderungen von Tätigkeiten zu bewerten.

Die Arbeitsbewertung ist auf dem Gebiet der Personalorganisation Voraussetzung, um vorhandene Mitarbeiter aus- bzw. weiterzubilden oder um erforderliche Mitarbeiter einzustellen und den Personalbedarf zu decken. Dafür muß nicht nur in quantitativer Hinsicht, sondern auch in qualitativer Hinsicht bekannt sein, welche Anforderungen die zu besetzenden Arbeitsplätze an das Personal stellen. Dies kann mit einer Anforderungsermittlung im Zuge einer Arbeitsbewertung erreicht werden.

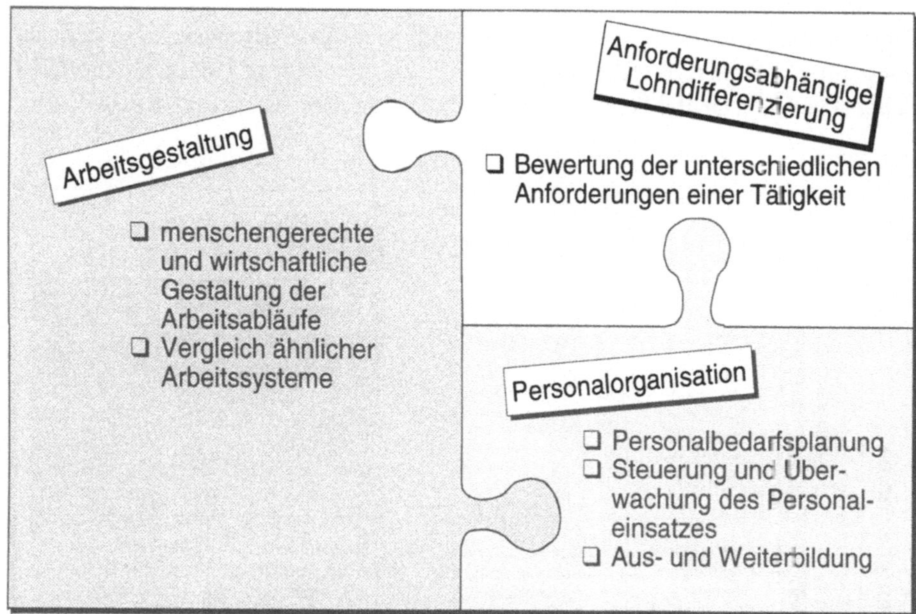

Bild 5.2   Anwendungsgebiete der Arbeitsbewertung

Durch die Beschreibung von Arbeitssituationen ist es möglich, aufbau- und ablauf-
organisatorische Mängel zu erkennen. Außerdem kann die Arbeitsbewertung zum
Vergleich von Arbeitssystemen sowie zur Aufdeckung von Belastungen, schädlichen
Umgebungseinflüssen und Gefahrenquellen herangezogen werden.

5.1   Anforderungsarten an die Arbeit

Die Arbeitsbewertung geht zunächst von den Anforderungen aus, die eine Tätigkeit an
den arbeitenden Menschen stellt. Diese Anforderungen werden in Anforderungsarten
aufgeteilt, die in einer Vielzahl von Anforderungskatalogen aufgelistet sind. Grundlage
dieser Kataloge ist das 1950 während einer Konferenz für Arbeitsbewertung in Genf
entwickelte *Genfer Schema*.

Das Genfer Schema geht von den insgesamt vier *Anforderungsarten*
❑   Können,
❑   Belastung,
❑   Verantwortung und
❑   Arbeitsbedingungen

aus, wobei die beiden ersten zusätzlich nach geistigen und körperlichen Anforderungen
unterschieden werden. Somit lassen sich insgesamt sechs Anforderungsarten unterscheiden.

Einen weiteren, in der Praxis häufig anzutreffenden Anforderungskatalog stellt das etwas differenziertere *REFA Schema* dar. Der Zusammenhang zwischen dem REFA Schema und dem Genfer Schema ist in Bild 5.3 zusammengestellt (vgl. REFA 1991a).

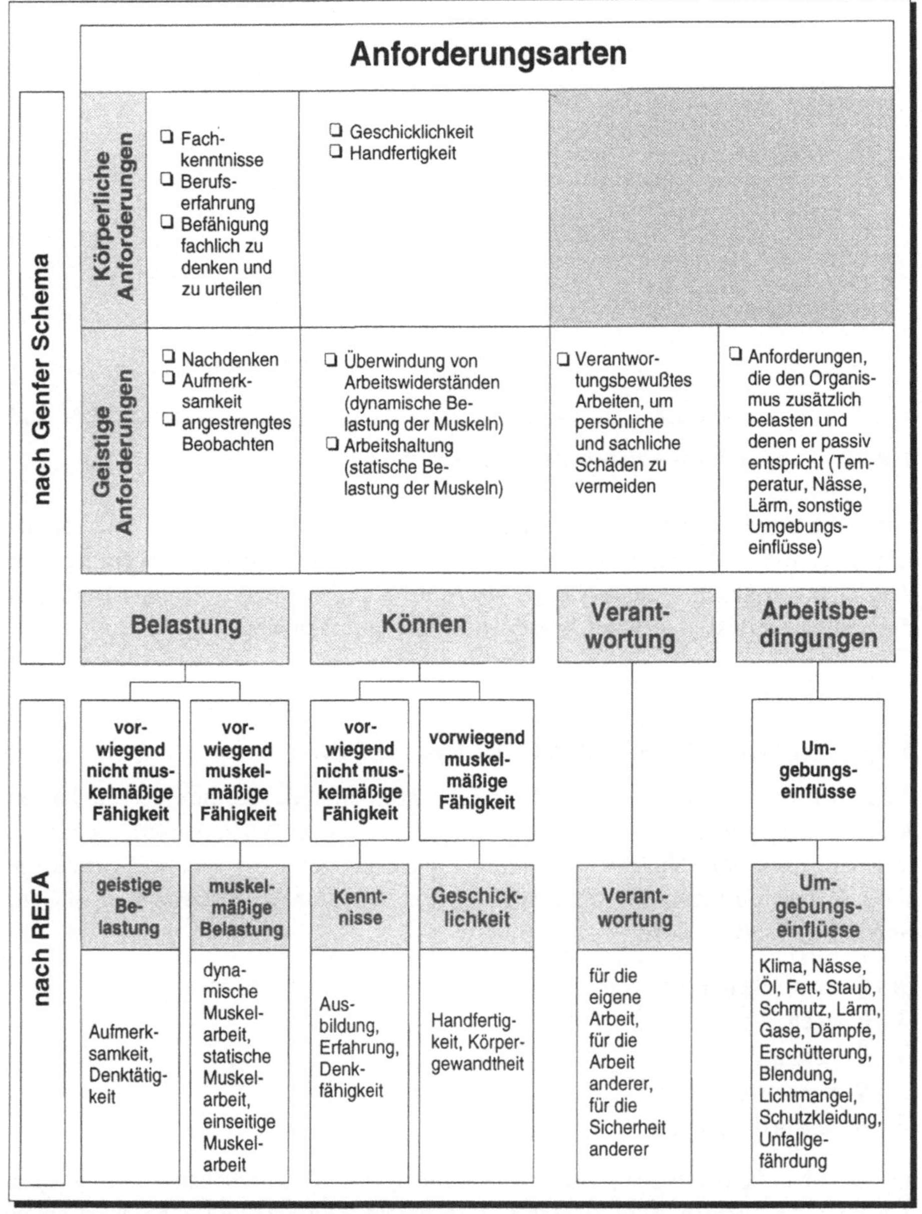

Bild 5.3   Anforderungsarten nach Genfer Schema und REFA (1991a)

5.2 Verfahren der Arbeitsbewertung

In der Praxis existieren eine Reihe von Arbeitsbewertungsverfahren, die sich sowohl in Einzelheiten als auch in ihren Grundsätzen unterscheiden. Es ist jedoch möglich, die Verfahren aufgrund der jeweiligen Vorgehensweise in vier Grundtypen einzuteilen. Dazu lassen sich die Erfassungsmethoden für die Anforderungshöhe durch zwei Kriterien differenzieren: Zum einen durch die qualitative Analyse der zu bewertenden Arbeit (globale oder detaillierte Erfassung der Arbeitstätigkeit) und zum anderen durch die quantitative Einstufung (Verwendung einer Ordinal- oder Intervallskala zur Merkmalsmessung).

Aus der Kombination beider Differenzierungskriterien werden die in Bild 5.4 vorgestellten Grundtypen abgeleitet.

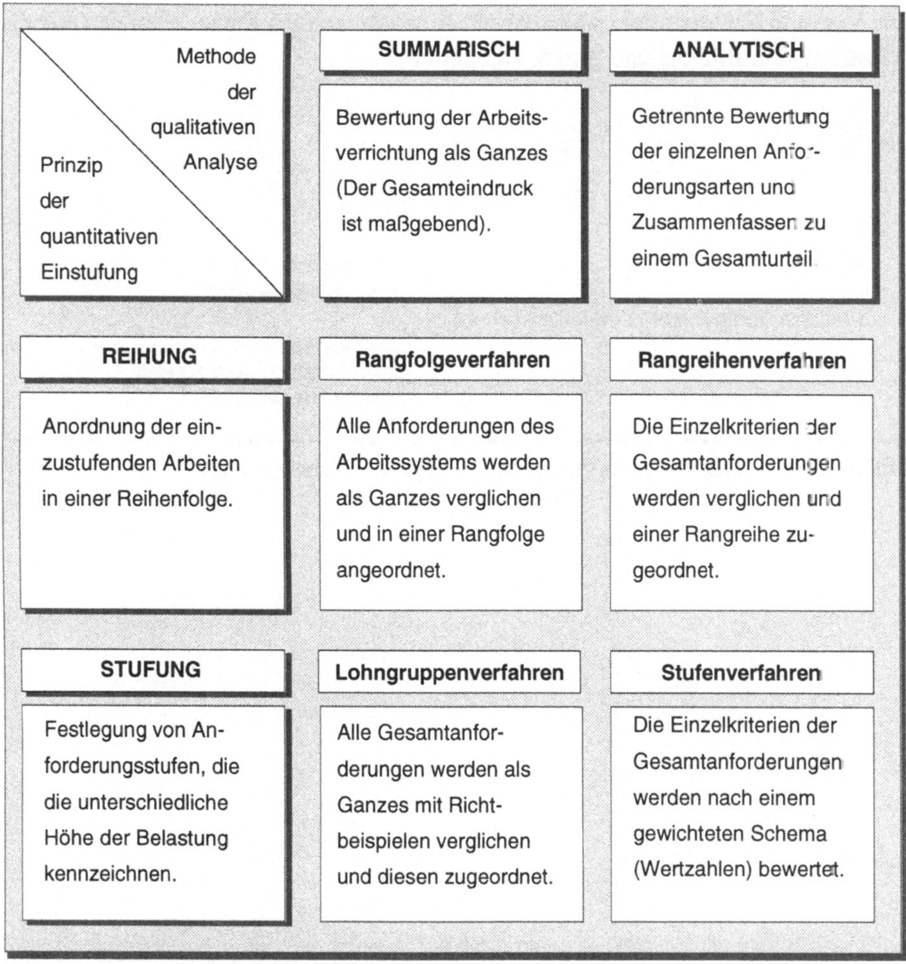

Bild 5.4   Verfahren der Arbeitsbewertung

5.2.1 Summarische Arbeitsbewertung

Unter summarischer Arbeitsbewertung werden Verfahren zur anforderungsgerechten Grundlohndifferenzierung verstanden, die die Arbeitsschwierigkeit einer Tätigkeit in ihrer Gesamtheit erfassen und die Tätigkeit entsprechend einstufen.

Arbeitsanforderungen gehen in erster Linie durch die zur Arbeitsausführung erforderliche Ausbildung bzw. durch das erforderliche Können in das Verfahren ein. Daher ist eine detaillierte Anforderungsanalyse nicht erforderlich; der Gesamteindruck der Tätigkeit ist für die Bewertung maßgeblich.

Ziel der summarischen Arbeitsbewertung ist es, für die zu bewertende Tätigkeit einen *Rang* oder eine *Lohngruppe* für gewerbliche Arbeitnehmer bzw. eine *Gehaltsgruppe* für Angestellte zu erhalten.

Die Vor- und Nachteile der summarischen Arbeitsbewertung sowie deren Verfahrensschritte sind in Bild 5.5 und Bild 5.6 dargestellt.

❏ einfache Durchführung ❏ in allen Tarifgebieten vereinbart	❏ wird betrieblichen Anforderungen nicht immer gerecht ❏ Globaleinschätzung kann durch zu grobe Zuordnungen zu Fehlern oder Verfälschungen führen

Bild 5.5   Vor- und Nachteile der summarischen Arbeitsbewertung

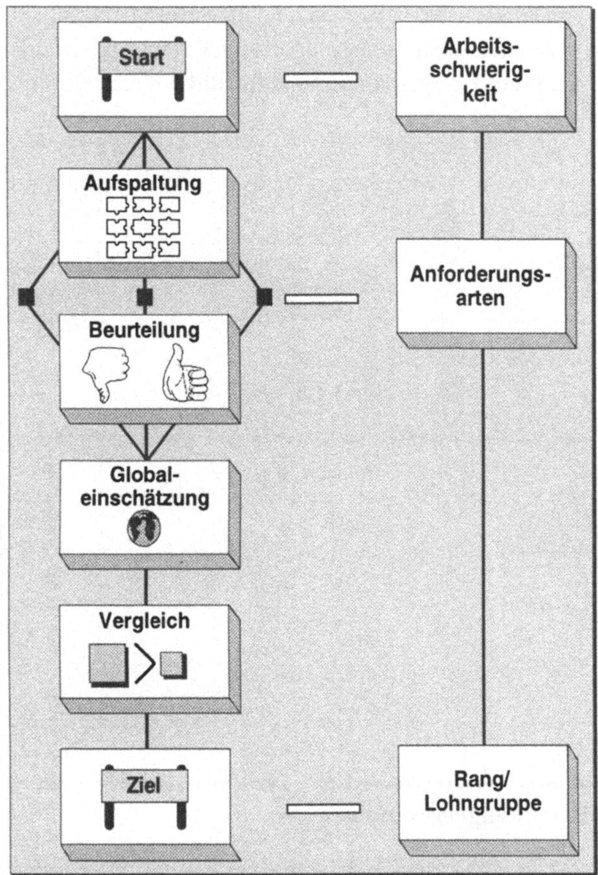

Bild 5.6   **Verfahrensschritte der summarischen Arbeitsbewertung**
(nach Oechsler 1992)

5.2.1.1 Rangfolgeverfahren

Beim Rangfolgeverfahren werden alle vorkommenden Tätigkeiten paarweise gegenübergestellt, miteinander verglichen und je nach Arbeitsschwierigkeit in eine Rangfolge gebracht. An erster Stelle ist die schwierigste und an letzter Stelle die einfachste
Tätigkeit angeordnet.

Zur systematischen Durchführung des *paarweisen Vergleichs* hat es sich, wie in Bild
5.7 dargestellt, als zweckmäßig erwiesen, alle im Unternehmen vorzufindenden Arbeitsplätze in einem Schema aufzulisten. Der Arbeitsplatz, der Vorrang vor dem
Vergleichsarbeitsplatz genießt, wird mit einem Pluszeichen (+), falls er nachgeordnet
ist mit einem Minuszeichen (–) und bei Gleichbewertung mit einem Gleichheitszeichen
(=) versehen. Nach der anschließenden Auszählung erhält der Arbeitsplatz mit den
meisten Pluszeichen Rang 1, der mit den zweithäufigsten Pluszeichen Rang 2, usw.

(Die gleiche Anzahl von Pluszeichen bedeutet Gleichbewertung). Die einzelnen Ränge werden abschließend verschiedenen Lohngruppen zugeordnet (vgl. Maier 1988). Die Vor- und Nachteile des Rangfolgeverfahrens sind in Bild 5.8 dargestellt.

Vergleichsarbeitsplatz / Arbeitsplatz	Organisator	Chefsekretärin	Verkäufer	Einkäufer	Lagerarbeiter	Bote	Rangfolge	Lohngruppe
Organisator		+	+	+	+	+	1	A
Chefsekretärin	-		+	+	+	+	2	A
Verkäufer	-	-		=	+	+	3	B
Einkäufer	-	-	=		+	+	3	B
Lagerarbeiter	-	-	-	-		+	4	C
Bote	-	-	-	-	-		5	C

Bild 5.7   Beispiel für das Rangfolgeverfahren

👍	👎
❏ einfach und leicht verständlich ❏ Beurteilung des Ranges gründet sich lediglich auf den gesunden Menschenverstand und nicht auf die Beurteilung formaler Regeln	❏ schon bei einer relativ kleinen Anzahl von Tätigkeiten ist die Zahl der Paarvergleiche sehr hoch ❏ die Wertfolge aller betreffenden Arbeiten summarisch zu ermitteln gestaltet sich als schwierig

Bild 5.8   Vor- und Nachteile des Rangfolgeverfahrens

5.2.1.2 Lohngruppenverfahren

Beim Lohngruppenverfahren werden Tätigkeiten in einem Katalog verbal beschrieben und mit einer bestimmten Lohngruppe, deren Höhe durch den *Lohngruppenschlüssel* festgelegt ist, verbunden. Der *tarifliche Ecklohn* hat dabei in der Regel den Schlüssel

Lohngruppe, Schlüssel	Arbeitsplatztätigkeit
1 75 %	Arbeiten mit geringen Belastungen, die ohne vorherige Arbeitskenntnisse und ohne jegliche Ausbildung nach kurzer Anweisung ausgeführt werden können.
2 79 %	Arbeiten mit geringen Belastungen, die ohne jegliche Ausbildung nach kurzer Anweisung und durch Übung ausgeführt werden können oder Arbeiten der Lohngruppe 1, jedoch mit mittleren Belastungen.
3 83 %	Arbeiten mit geringen Belastungen, die ohne jegliche Ausbildung nach kurzer Einarbeitungszeit ausgeführt werden können oder Belastungen der Lohngruppe 2, jedoch mit mittleren Belastungen oder Arbeiten der Lohngruppe 1, jedoch mit erschwerenden Belastungen.
4 86 %	Arbeiten mit geringen Belastungen, die eine gewisse Sach- und Arbeitskenntnis erfordern und nach einer kurzfristigen Arbeitszeit ausgeführt werden können oder Arbeiten der Lohngruppe 3, jedoch ... .
5 90 %	Arbeiten, die eine Anlernzeit von 10 bis 12 Wochen erfordern oder Arbeiten der Lohngruppe 4, jedoch ... .
6 95 %	Arbeiten, die ein Können erfordern, das durch eine Anlernzeit von mehr als 12 Wochen erreicht wird oder Arbeiten der Lohngruppe 5, jedoch ... .
7 100 %	Arbeiten, die neben beruflichen Fertigkeiten und Berufskenntnissen einen Ausbildungsstand erfordern, wie er entweder durch eine fachentsprechende Berufslehre oder eine entsprechende Ausbildung mit zusätzlicher Berufserfahrung erzielt wird oder Arbeiten der Lohngruppe 6, jedoch ... .
8 107 %	Arbeiten, die Fertigkeiten und Berufserfahrungen voraussetzen, die über die Anforderungen der Lohngruppe 7 hinausgehen oder Arbeiten der Lohngruppe 7, jedoch mit erschwerenden Belastungen.
9 114 %	Arbeiten, die ihrem Schwierigkeitsgrad nach an das fachliche Können weitere Anforderungen stellen, die eine mehrjährige Berufserfahrung voraussetzen oder Arbeiten der Lohngruppe 8, jedoch ... .
10 121 %	Arbeiten, die außer umfangreichen Berufskenntnissen und einer mehrjährigen Berufserfahrung auch noch ein betriebliches Spezialwissen voraussetzen oder Arbeiten der Lohngruppe 7, jedoch ... .
11 128 %	Arbeiten, deren Anforderungen durch die mitübertragene Verantwortung und Selbständigkeit im Anforderungsmaß noch über denen der Lohngruppe 10 liegen oder Arbeiten der Lohngruppe 10, jedoch ... .
12 135 %	Arbeiten, die hervorragendes Können, Dispositionsvermögen, umfassendes Verantwortungsbewußtsein und theoretische Kenntnisse erfordern oder Arbeiten der Lohngruppe 11, jedoch mit erschwerenden Belastungen.

Bild 5.9 **Lohn- und Gehaltsrahmentarifvertrag I der Metallindustrie Nordwürttemberg-Nordbaden** (1988)

100 %. Die zu bewertenden Arbeitstätigkeiten werden mittels der so beschriebenen Tätigkeiten den verschiedenen Lohngruppen, auch Entgeltgruppen genannt, zugeordnet.

Als Beispiel stellt Bild 5.9 den *Lohngruppenkatalog* der Metallindustrie Nordwürttemberg-Nordbaden dar. Bild 5.10 zeigt Vor- und Nachteile des Lohngruppenverfahrens.

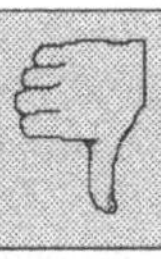

❏ einfach

❏ leicht verständlich

❏ leicht ausführbar

❏ durch die umfangreiche Katalogsammlung besteht die Gefahr, daß die Beispiele schnell veralten

❏ betrieblichen Anforderungen wird die Übernahme bestehender Kataloge nicht immer gerecht

Bild 5.10   Vor- und Nachteile des Lohngruppenverfahrens

5.2.2   Analytische Arbeitsbewertung

Unter analytischer Arbeitsbewertung werden Verfahren zur anforderungsgerechten Grundlohndifferenzierung verstanden, wobei der Anteil jeder einzelnen Anforderungsart an der Gesamtanforderung des Arbeitssystems an den Menschen festgestellt wird (= Teilarbeitswert, Wertzahl, Punkte). Durch Summation der einzelnen Werte kann die *Wertzahlsumme* (der Arbeitswert) der Tätigkeit ermittelt werden. Bei dieser Summation wird eine Gewichtung, die die Bedeutung der einzelnen Anforderungsarten widerspiegelt, vorgenommen. Die Verfahrensschritte sowie die Vor- und Nachteile zeigen Bild 5.11 und Bild 5.12. Ziel der analytischen Arbeitsbewertung ist es, eine Wertzahlsumme zu erhalten, die auch mit *Arbeitswert-* oder *Punktsumme* bezeichnet wird. Vielfach ist eine Bündelung der Arbeitswerte bzw. Punkte zu Arbeitswertgruppen üblich.

Die Gewichtung kann bei den analytischen Verfahren auf zwei Arten erfolgen. Zum einen als *gebundene Gewichtung* (hier stellt der Zahlenwert bereits den Anforderungswert dar), zum anderen als *getrennte Gewichtung* (hier wird der Zahlenwert mit einem Gewichtungsfaktor multipliziert).

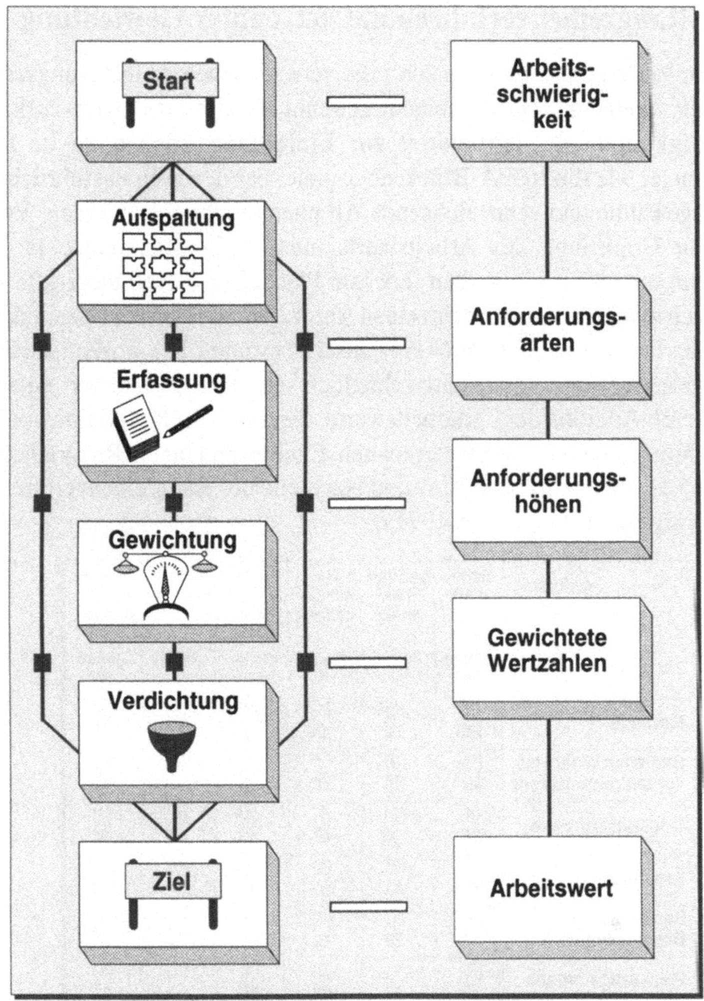

Bild 5.11   Verfahrensschritte der analytischen Arbeitsbewertung

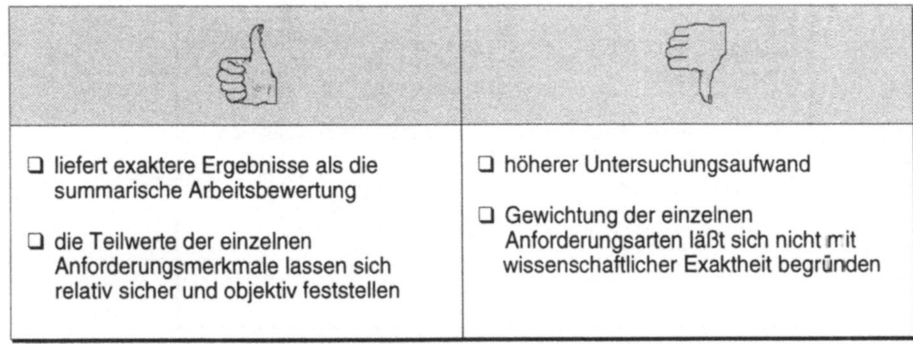

❏ liefert exaktere Ergebnisse als die summarische Arbeitsbewertung ❏ die Teilwerte der einzelnen Anforderungsmerkmale lassen sich relativ sicher und objektiv feststellen	❏ höherer Untersuchungsaufwand ❏ Gewichtung der einzelnen Anforderungsarten läßt sich nicht mit wissenschaftlicher Exaktheit begründen

Bild 5.12   Vor- und Nachteile der analytischen Arbeitsbewertung

5.2.2.1 Rangreihenverfahren mit getrennter Gewichtung

Bei diesem Verfahren werden zunächst die verschiedenen Anforderungsarten in eine Rangordnung gebracht. Dies geschieht getrennt für alle im Betrieb vorkommenden Arbeitstätigkeiten. Als Hilfsmittel zur Einreihung können zuvor festgelegte Richtbeispiele, wie die REFA-Brückenbeispiele, bei denen in ausführlicher Art und Weise ausgewählte und kennzeichnende Arbeiten beschrieben werden, Verwendung finden. Zur Ermittlung des Arbeitswerts müssen die Rangplätze in addierbare Zahlenwerte umgewandelt werden (höchste Platzziffer = 100; niedrigste Platzziffer = 0). Danach wird der Anteil der einzelnen Anforderungsart an der Gesamtanforderung in Form eines Gewichtungsfaktors (= Prozentsatz) bestimmt. Die prozentuale *Gewichtung* kann für jede Anforderungsart unterschiedlich sein. Der Gesamtwert einer Tätigkeit läßt sich durch Addition der Teilarbeitswerte, die durch Multiplikation von Rangwert mit Gewichtungsfaktor entstehen, errechnen. Ein Beispiel für ein Rangreihenverfahren ist in Bild 5.13 abgebildet. Die Vor- und Nachteile des Rangreihenverfahrens sind in Bild 5.14 dargestellt (vgl. REFA 1991a).

Anforderungsart / Tätigkeit	Kenntnisse (Rang) %	geistige Belastung (Rang) %	Geschicklichkeit (Rang) %	muskelmäßige Belastung (Rang) %	Verantwortung (Rang) %	Umweltbedingungen (Rang) %
Montage	(1) 100	(3) 70	(1) 100	(3) 70	(3) 70	(8) 40
Bedienen einer Universaldrehmaschine	(2) 85	(4) 65	(3) 75	(2) 85	(6) 50	(6) 60
Qualitätskontrolle	(4) 65	(1) 100	(7) 40	(6) 50	(2) 85	(7) 55
Kranführung	(3) 75	(2) 85	(2) 80	(7) 45	(1) 100	(4) 70
Bedienen einer Bohrmaschine	(5) 60	(5) 60	(4) 70	(5) 60	(7) 40	(3) 75
Werkzeugausgabe	(6) 50	(7) 40	(6) 60	(4) 65	(4) 65	(5) 65
Transportarbeiten	(7) 40	(6) 50	(5) 50	(1) 100	(5) 60	(2) 80
Hofkehren	(8) 30	(8) 30	(8) 30	(8) 30	(8) 25	(1) 100
Gewichtung der Anforderungsart	25 %	10 %	15 %	15 %	20 %	15 %

Für die Tätigkeit ›Bedienen einer Universalmaschine‹ ergibt sich beispielsweise folgender Arbeitswert:

$$\frac{85 \cdot 25}{100} + \frac{65 \cdot 10}{100} + \frac{75 \cdot 15}{100} + \frac{85 \cdot 15}{100} + \frac{50 \cdot 20}{100} + \frac{60 \cdot 15}{100}$$

$$= 71{,}25\ \%\ \text{bzw. Punkte}$$

Bild 5.13 Rangreihenverfahren mit getrennter Gewichtung (nach REFA 1991a)

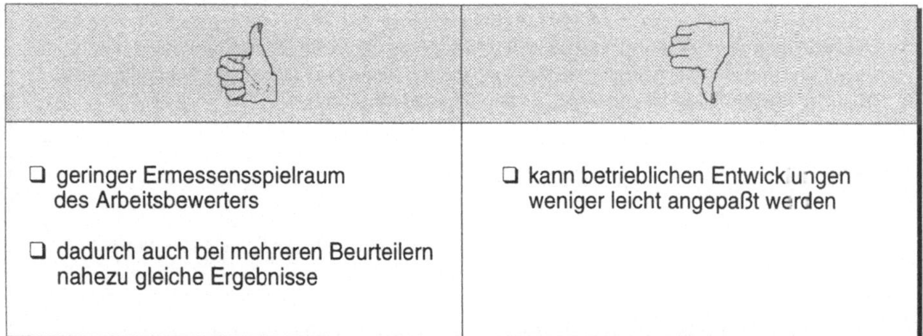

Bild 5.14   Vor- und Nachteile des Rangreihenverfahrens

5.2.2.2 Stufenverfahren mit gebundener Gewichtung

Bei diesem Verfahren, das in der Praxis in verschiedenen Ausprägungen angewandt wird, werden für jede Anforderungsart zumeist verbal beschriebene *Anforderungsstufen*, die den unterschiedlichen Grad der Anforderungen zum Ausdruck bringen sollen, festgelegt. Den einzelnen Anforderungsstufen werden Punkte zugeordnet, die es erlauben, den festgestellten Anforderungsgrad in Zahlen auszudrücken. Die Anzahl der Stufen ist bei den einzelnen Anforderungsarten unterschiedlich (vgl. REFA 1991a).

Beim Stufenverfahren mit gebundener Gewichtung sind die Stufenzahlen unmittelbar die Anforderungswerte (= Punkte). Die einzelnen Anforderungsarten der zu bewertenden Tätigkeit werden mit Hilfe der zugehörigen Stufendefinitionen durch Zuordnung der entsprechenden Punktzahl quantifiziert. Durch die Addition der Punktzahlen der Anforderungsarten gewinnt man einen *Arbeitswert*, dem letztendlich eine Arbeitswertgruppe zugeordnet wird.

In Bild 5.15 sind die Stufendefinitionen für die Anforderungsart ›Belastung der Sinne und Nerven‹ (Aufmerksamkeit), wie sie in der Tarifvereinbarung für die Metallindustrie in Rheinland-Pfalz zu finden sind, wiedergegeben.

Die Belastung der Sinne und Nerven wird umso größer, je länger diese Beanspruchung dauert, je intensiver bei geringer Reizwirkung auf die Sinne die notwendige Aufmerksamkeit ist und je rascher hintereinander Reaktionen erfolgen müssen.

Punkte	Stufendefinitionen
0	Für einfache, rein schematische Arbeitsverrichtungen, die keine oder nur geringe Konzentration oder Aufmerksamkeit erfordern.
1	Für Arbeiten, die eine erhöhte Aufmerksamkeit bei Arbeitsverrichtungen im Zusammenhang mit dem richtigen Arbeitsablauf und der Arbeitsgüte erfordern.
2	Für Arbeiten, die eine hohe Aufmerksamkeit bei Arbeitsverrichtungen im Zusammenhang mit dem richtigen Arbeitsablauf und der Arbeitsgüte bei voneinander unabhängigen Vorgängen erfordern.
3	Für umfangreiche Arbeiten, die wegen ihrer Vielseitigkeit und Genauigkeit ein ständig konzentriertes Beobachten und Verfolgen von Arbeitsabläufen mit zahlreichen Betriebsmitteln und eine Bereitschaft zum notwendigen Handeln und Eingreifen verlangen.
4	Für sehr schwierige und komplizierte Arbeiten, die wegen ihrer Vielseitigkeit und hohen Genauigkeit oder Empfindlichkeit eine besondere Beanspruchung der Sinne und Nerven durch hohe angespannte Aufmerksamkeit bei der Beobachtung und Verfolgung zahlreicher, voneinander abhängiger Arbeitsabläufe mit zahlreichen und teuren Betriebsmitteln erfordern und eine angespannte Bereitschaft zum notwendigen Eingreifen und Handeln verlangen.
5	Für sehr umfangreiche und komplizierte Arbeiten, die wegen ihrer großen Schwierigkeit und Genauigkeit oder Empfindlichkeit und Vielseitigkeit eine ununterbrochene, intensive Aufmerksamkeit sowie eine Verfolgung zahlreicher, teilweise in rascher Reihenfolge ablaufender, voneinander abhängiger Vorgänge mit vielen wertvollen und empfindlichen Betriebsmitteln erfordern und eine angespannte Breitschaft zum selbständigen Eingreifen und Handeln verlangen.

Bild 5.15 **Stufendefinitionen für die Anforderungsart ›Belastung der Sinne und Nerven‹ (nach REFA 1991a)**

Bild 5.16 gibt anhand eines tariflichen Richtbeispiels für die Metallindustrie in Rheinland-Pfalz ein zu den Stufenverfahren zählendes Punktbewertungsverfahren wieder. Dem Bild ist zu entnehmen, daß der oben beschriebenen Anforderungsart ›Belastung der Sinne und Nerven‹ 1,5 von 5 möglichen Punkten für eine Blechschlosserarbeit zugeordnet werden. Gleichzeitig ist zu erkennen, daß nicht nur die vollen Punktzahlen vergeben werden, sondern auch Zwischenwerte zugelassen sind. Das Ergebnis, der Arbeitswert, beträgt in diesem Beispiel 22,0 Punkte. Dieser entspricht der Arbeitswertgruppe 09.

Tarifliche Richtbeispiele für die Metallindustrie in Rheinland-Pfalz	Arbeitsbeispiel für: **Blechschlos- serarbeit**	Arbeitswertgruppe	09
		Lfd. Nr.	3

Beschreibung des Arbeitsystems Beispiel		**Quantifizierung der Anforderungen (Bewertung)**		
Anfertigen der Verkleidung für Flüssig-keitsabfüllmaschinen. Tätigkeit des ersten Schlossers.	9	A	**I. Können** Arbeitskenntnisse (Ausbildung, Erfah-rung, Denkfähigkeit)	7,0
Beschreibung der Arbeit **Werkstück:** Glatte Wellblechverkleidung aus	5	B	Geschicklichkeit (Handfertigkeit, Körpergewandtheit)	2,5
nichtrostendem Stahlblech, 15 mm dick,	**Können insgesamt**			9,5
bestehend aus 2 Kopfenden, 4-5 Mittelteilen und einer Tischabdeckung. Abmessungen (mm): Mittelteil ca. 600 x	7	A	**II. Verantwortung** für die eigene Arbeit (Betriebsmittel und Erzeugnisse)	2,5
800, Kopfteil (abgewinkelt) ca. 1500 x 800. Masse: ca. 10 - 15 kg pro Teil.	3	B	für die Arbeit anderer	1,0
Arbeitsunterlagen:	3	C	für die Sicherheit anderer	0,5
	Verantwortung insgesamt			4,0
Arbeitsauftrag **Betriebsmittel:** Anreiß- und Schlosserwerkzeug,	5	A	**III. Arbeitsbelastung** geistig 1. Sinne und Nerven (Aufmerksamkeit)	1,5
Richtplatte, Werkbank mit Schraub-stock, elektrische Handbohrmaschine,	3		2. Denktätigkeit	1,0
elektrische Blechschere.	6	B	muskelmäßig	2,5
Arbeitsplatz:	**Arbeitsbelastung insgesamt**			5,0
Einzelarbeitsplatz, wechselnd an der Werkbank und den zu verkleidenden Maschinen in einer großen, hellen und bei Bedarf durch Warmluftgebläse	3	a	**IV. Umgebungs-einflüsse** Schmutz (Verschmutzung)	0,5
beheizten Blechwerkstatt. Arbeits-verrichtung im Stehen und Gehen.	2	b	Staub	0
	1,5	c	Öl	0
	3	d	Temperatur	0
Arbeitsvorgang und Arbeitsablauf:	2	e	Nässe	0
U. a.: An fast fertigmontierter Maschine	2	f	Gase, Dämpfe	0
Maße abnehmen, Zuschnittmaße auf	2,5	g	Lärm	1,5
selbst auszustellenden Material-bezugsscheinen angeben und in der	2	h	Erschütterung	0,5
Blechschneiderei zuschneiden lassen. Zuschnitte entgraten, anreißen, zum	1	i	Blendung oder Lichtmangel	0
Biegen an Abkantpresse. Parallel zur	1,5	k	Erkältungsgefahr	0
restlichen Maschinenmontage vorge-fertigte Bleche anpassen, Öffnungen	2	l	Hinderliche Schutzkl.	0
für Schalter, Manometer usw. her-stellen und Bleche an Maschinen-	3	m	Unfallgefahr	1,0
anlage einhängen.	**Umgebungseinflüsse insges.**			3,5
	Arbeitswert			22,0
	Arbeitswertgruppe			09

Bild 5.16 **Tarifliches Richtbeispiel nach dem Punktbewertungsverfahren** (nach REFA 1991a)

Die Vor- und Nachteile des Stufenverfahrens sind in Bild 5.17 dargestellt.

❑ Ergebnisse sind leicht erklärbar ❑ Lohnwert kann durch Multiplizieren des Arbeitswerts mit einem gleichbleibenden Geldfaktor ermittelt werden ❑ kann betrieblichen Gegebenheiten leicht angepaßt werden	❑ Arbeitsbewerter sollte eine hohe fachliche Qualifikation besitzen

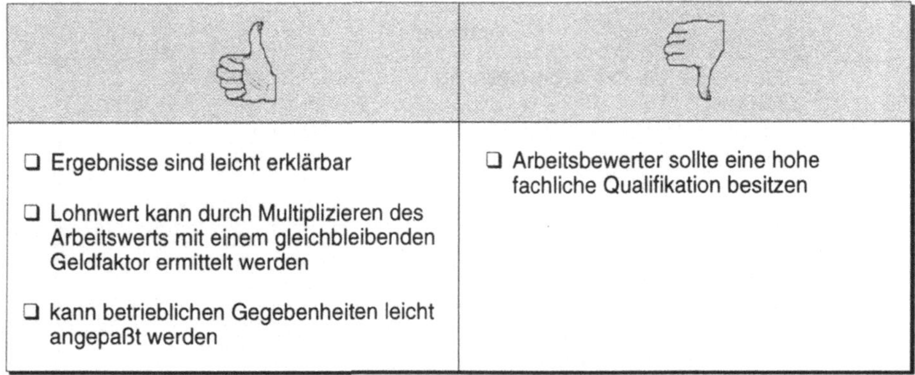

Bild 5.17 Vor- und Nachteile des Stufenverfahrens

5.2.3 Zusammenfassende Bewertung der Verfahren

Um die vier Standardverfahren vergleichend beurteilen zu können, wurden diese mit den in Bild 5.18 abgebildeten Kriterien bewertet.

Differenzierung

Die arbeitsspezifischen Schwierigkeiten können analytisch-differenziert betrachtet werden.

keine	0
grob	2
angemessen	4
verfeinert	7
stark verfeinert	10

Quantifizierung

Die Quantifizierung der Arbeitsschwierigkeit wird soweit als möglich objektiviert.

nicht überprüfbar	0
unsicher	1
zutreffend	3
treffsicher	6
überprüfbar	12

Anpassung

Das Verfahren ist an inner- und außerbetriebliche Veränderungen gut anpassbar.

starr	0
hinreichend	2
elastisch	5

Vielseitigkeit

Für die vielseitigen Verwendungszwecke fallen Zwischenergebnisse an.

keine	0
gering	3
groß	7

Bewertungsbegründung

Die Bewertungsergebnisse können klar und eindeutig begründet werden.

mangelhaft	0
lückenhaft und ungenau	2
genau	4
eindeutig und klar	7

Bild 5.18 Kriterien zur Beurteilung der Arbeitsbewertungsverfahren

Für jedes Kriterium wurden verschiedene Anspruchsniveaus definiert und jedem Niveau eine Wertzahl zugeordnet. Die Wertzahlenverläufe bringen zahlenmäßig den Niveauunterschied zum Ausdruck. Je höher das Beurteilungsniveau, desto höher ist auch die zugeordnete Wertzahl.

Bewertungsverfahren	Differenzierung	Quantifizierung	Anpassung	Vielseitigkeit	Bewertungsbegründung	Verfahrenswert
Rangfolgeverfahren	2	0	0	3	0	5
Lohngruppenverfahren	2	1	2	3	2	10
Rangreihenverfahren	7	3	5	7	4	26
Stufenverfahren	10	6	2	7	7	32

Bild 5.19   Vergleich der Arbeitsbewertungsverfahren

Die Ergebnisse dieser vergleichenden Bewertung sind in Bild 5.19 zu finden. Das Vergleichsergebnis kann mit dem Hauptproblem, der unterschiedlichen Differenzierung und Bewertung der Anforderungsarten, erklärt werden. Summarischen Verfahren sind im Hinblick auf eine differenzierte Betrachtung der Arbeitsschwierigkeit Grenzen gesetzt. Demgegenüber erlauben die Differenzierungsmöglichkeiten der analytischen Arbeitsbewertung eine verfeinerte Beurteilung der Arbeitsschwierigkeit. Die Entgeltfestsetzung wird im Gegensatz zu der eher subjektiven, gefühlsmäßigen Beurteilung der summarischen Verfahren auf eine annähernd als objektiv zu bezeichnende Ebene der Bewertung gehoben. Parallel zu der analytischen Vorgehensweise wird die Bewertung jedoch komplizierter, was zum Teil auf Verständnisschwierigkeiten bei den zu beurteilenden Arbeitnehmern stoßen kann.

Somit liefern die analytischen Bewertungsverfahren mit Abstand die sichersten Ergebnisse, wobei das Stufenverfahren aufgrund der am stärksten differenzierten Vorgehensweise noch besser beurteilt werden muß als das Rangreihenverfahren.

5.3 Arbeitsbewertung und Arbeitsrecht

In der Bundesrepublik gibt es kein eigenständiges Gesetzeswerk ›Arbeitsrecht‹. Vielmehr geschieht die Gestaltung der Rechtsbeziehung zwischen Arbeitgeber und Arbeitnehmer durch vielerlei Gesetze, Vorschriften und Verordnungen. Ebenso sind die für die Arbeitsbewertung geltenden Regelungen in verschiedenen Kodizes verankert. Die dafür in Frage kommenden Rechtsquellen sind in Bild 5.20 zu finden (vgl. Brede 1991).

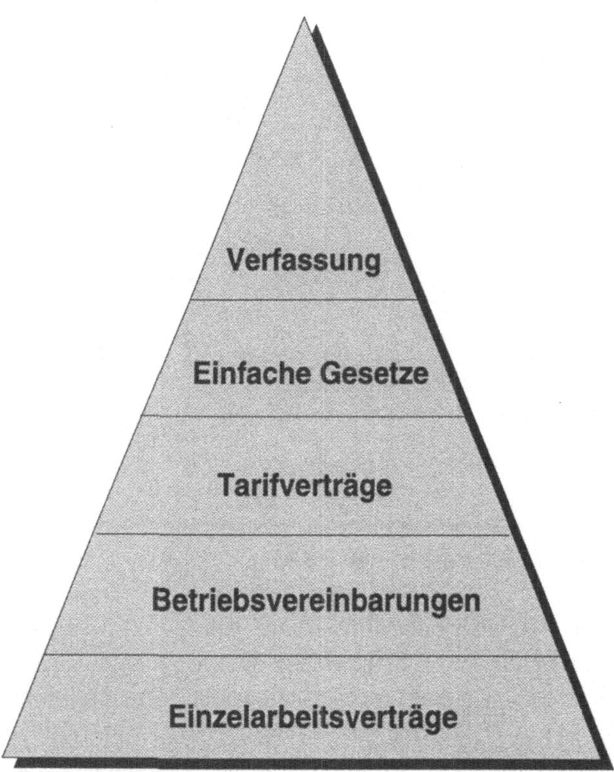

Bild 5.20 Rechtsquellen

Die pyramidenförmige Darstellung gibt zugleich eine Rangfolge der *Rechtsquellen* wieder. So haben sich niedere Rechtsquellen stets an der höherwertigen Rechtsquelle auszurichten.

An der Spitze steht die verfassungsrechtliche Ordnung, das Grundgesetz und die einzelnen Länderverfassungen, gefolgt von einfachen Gesetzen, z. B. dem Bürgerlichen Gesetzbuch (BGB) und dem Handelsgesetzbuch (HGB). Einige gesetzliche und tarifvertragliche Regelungen zeigt Bild 5.21. Von besonderer Bedeutung für die Arbeitsbewertung ist der Gleichheitsgrundsatz des Art. 3 im Grundgesetz. Danach verbietet das Grundgesetz beispielsweise eine unterschiedliche Behandlung aufgrund des Geschlechts, der Abstammung oder der Rasse; d. h. ein Verfahren zur Arbeitsbewertung, das unterschiedliche Regelungen für Männer und Frauen oder für deutsche und ausländische Arbeitnehmer festlegen wollte, wäre verfassungswidrig. Für die Gestaltung der Arbeitsverträge gelten die Bestimmungen über den Dienstvertrag im Bürgerlichen Gesetzbuch (§§ 611 ff. BGB). Fragen der betrieblichen Lohngestaltung und damit der Arbeitsbewertung sind nach dem Willen des Gesetzgebers in erster Linie durch Tarifverträge und nur ergänzend durch Betriebsvereinbarungen zu regeln (§ 77, Abs. 3 BetrVG). Abweichende Abmachungen in einem Einzelvertrag oder in einer Betriebsvereinbarung sind rechtsunwirksam, außer sie sind für den Arbeitnehmer günstiger oder durch den Tarifvertrag gestattet.

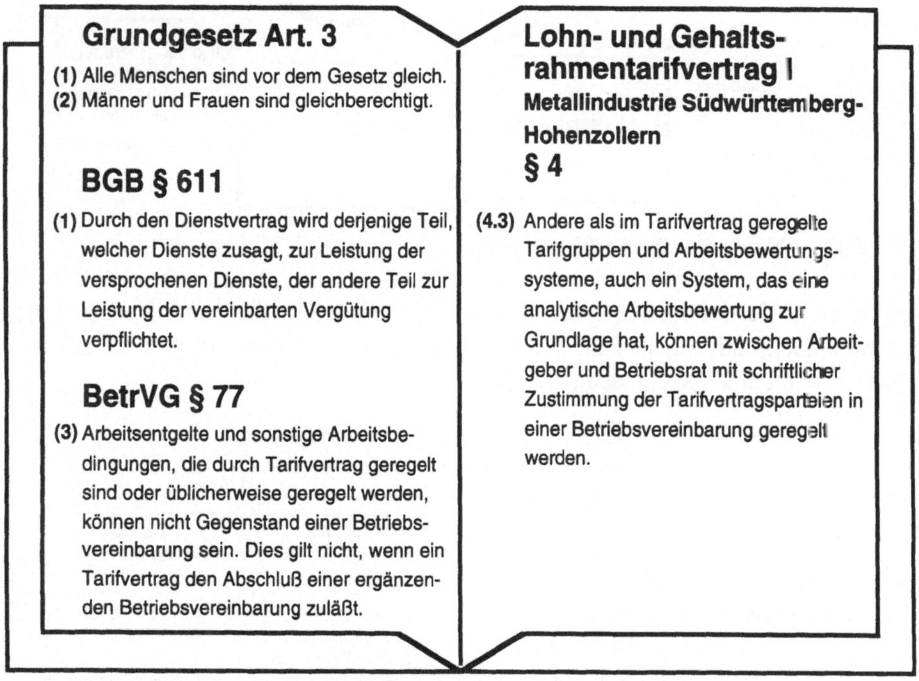

Grundgesetz Art. 3

(1) Alle Menschen sind vor dem Gesetz gleich.
(2) Männer und Frauen sind gleichberechtigt.

BGB § 611

(1) Durch den Dienstvertrag wird derjenige Teil, welcher Dienste zusagt, zur Leistung der versprochenen Dienste, der andere Teil zur Leistung der vereinbarten Vergütung verpflichtet.

BetrVG § 77

(3) Arbeitsentgelte und sonstige Arbeitsbedingungen, die durch Tarifvertrag geregelt sind oder üblicherweise geregelt werden, können nicht Gegenstand einer Betriebsvereinbarung sein. Dies gilt nicht, wenn ein Tarifvertrag den Abschluß einer ergänzenden Betriebsvereinbarung zuläßt.

Lohn- und Gehaltsrahmentarifvertrag I
Metallindustrie Südwürttemberg-Hohenzollern
§ 4

(4.3) Andere als im Tarifvertrag geregelte Tarifgruppen und Arbeitsbewertungssysteme, auch ein System, das eine analytische Arbeitsbewertung zur Grundlage hat, können zwischen Arbeitgeber und Betriebsrat mit schriftlicher Zustimmung der Tarifvertragsparteien in einer Betriebsvereinbarung geregelt werden.

Bild 5.21 Gesetzliche und tarifvertragliche Regelungen

5.4 Arbeitsbewertung in der Tarifpolitik

Lohn- und Arbeitsbedingungen werden nach dem Grundsatz der Tarifautonomie (Art. 9 GG) in autonomer Verantwortung zwischen den Tarifpartnern in Tarifverhandlungen geregelt. Laut § 2 Tarifvertragsgesetz sind Tarifpartner auf der einen Seite Gewerkschaften und auf der anderen Seite einzelne Arbeitgeber sowie Vereinigungen von Arbeitgebern. Die verschiedenen Möglichkeiten, wie eine Tarifverhandlung ablaufen kann, von der schnellen Einigung bis zum Streik, ist in Bild 5.22 dargestellt.

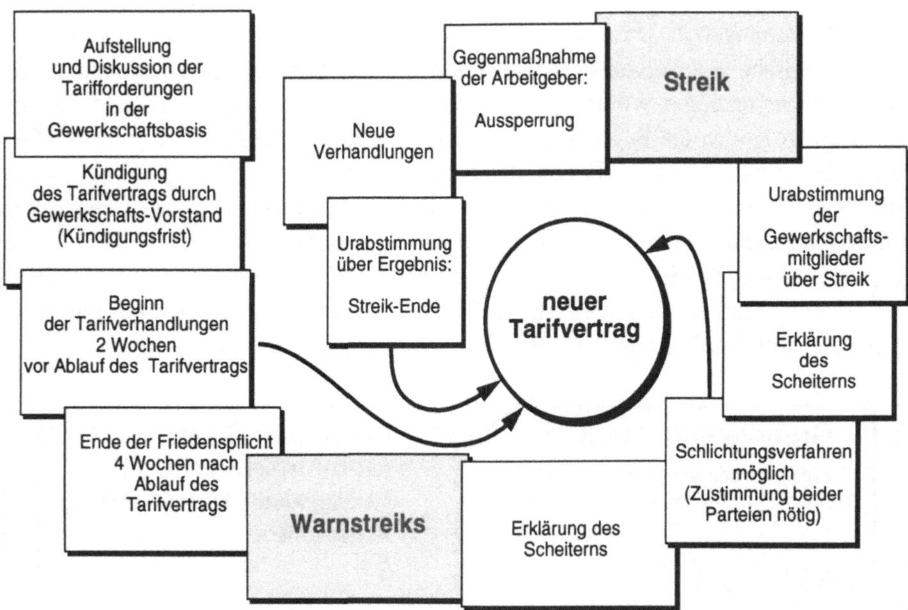

Bild 5.22   Ablauf einer Tarifverhandlung

Ergebnis der Tarifverhandlungen sind neue Tarifverträge. In der Praxis werden Tarifverträge nach dem Inhalt, dem persönlichen, dem fachlichen und dem räumlichen
Geltungsbereich unterschieden (vgl. Bild 5.23) (vgl. Theis 1983).

Differenzierung der Tarifverträge nach			
Inhalt	**Persönlicher Geltungsbereich**	**Fachlicher Geltungsbereich**	**Räumlicher Geltungsbereich**
❑ Lohn- und Gehalts-Tarifvertrag ❑ Lohn- und Gehalts-Rahmentarifvertrag ❑ Rationalisierungs-schutz-Tarifvertrag ❑ Urlaubs-Tarifvertrag ❑ etc.	❑ Tarifvertrag für Arbeiter ❑ Tarifvertrag für Angestellte ❑ Tarifvertrag für Auszubildende ❑ Tarifvertrag für Fachpersonal ❑ Tarifvertrag für Werksschutz ❑ Tarifvertrag für Teilzeitbeschäftigte	❑ Tarifvertrag für einen gesamten Wirtschaftsbereich (z. B. Metall- und Elektroindustrie, Öffentlicher Dienst) ❑ Tarifvertrag für eine Branche (z. B. Eisen- und Stahlindustrie, Druckindustrie) ❑ Tarifvertrag für eine Firma (z. B. VW)	❑ Tarifvertrag für eine Firma (z. B. VW) ❑ Tarifvertrag für eine Region (z. B. Bayern, Nord-württemberg-Nordbaden) ❑ Tarifvertrag für das gesamte Bundes-gebiet

Bild 5.23   Tarifvertragsarten (nach Theis 1983)

Für den Bereich der Entlohnung ist insbesondere die inhaltliche Unterscheidung der Tarifverträge wichtig. So finden sich in den Lohn- und Gehaltsrahmentarifverträgen Grundsätze und Verfahren der Eingruppierung, Lohn- und Gehaltsgruppenbeschreibungen, Verfahren der Arbeitsbewertung sowie der Gesamtkomplex der leistungsbezogenen Lohn- und Gehaltsdifferenzierung. Fragen der Arbeitszeit, des Urlaubs, der bezahlten Freistellung, des Beginns und der Beendigung des Arbeitsverhältnisses sind in Manteltarifverträgen enthalten. In Lohn- und Gehaltstarifverträgen werden vor allem Geldsätze für Lohn- und Gehaltsgruppen der summarischen Arbeitsbewertung, Geldsätze für die Arbeitswerte bei Anwendung der analytischen Arbeitsbewertung und Abkommen über Ausbildungsvergütungen geregelt.

Bild 5.24   Anwendungsmöglichkeiten der Arbeitsbewertungsverfahren in den Tarifgebieten der Metallindustrie

Wie unterschiedlich die Arbeitsbewertung in den einzelnen Tarifgebieten verankert ist, wird im folgenden exemplarisch mittels der Tarifverträge für Arbeiter in der Metallindustrie aufgezeigt. Bild 5.24 zeigt zunächst, in welchen Tarifgebieten die summarische bzw. die analytische Arbeitsbewertung Anwendung finden kann.

In Bild 5.25 sind die Unterschiede der summarischen Arbeitsbewertung für die einzelnen Tarifgebiete der Metallindustrie dargestellt. Dabei ist festzustellen, daß nur die Anforderungsart ›Kenntnisse‹ in die Tarifverträge aller Tarifgebiete eingeht. Die anderen Anforderungsarten werden teilweise nicht oder nur für bestimmte Lohngruppen berücksichtigt.

Tarifgebiet	Kennt-nisse	Geschick-lichkeit	Verant-wortung	Belastung		
				muskel-mäßig	geistig	Umge-bung
Schleswig-Holstein	x	x (3-8)	x (8, 9)	x		x*
Hamburg	x	x (3, 4-7)		x		x*
Bremen	x	x (3-9)	x (10, 11)	x (2, 7)		x*
Nordwestliches Niedersachsen	x	x (6, 7)	x (8, 9)	x (2, 4)		x*
Niedersachsen	x	x (3-5, 8)	x (9, 10)	x	x	x
Osnabrück	x		x	x	x	x
Nordrhein-Westfalen	x	x (7, 8)	x (9, 10)	x		x*
Hessen	x		x (9)	x (2, 4)		x*
Rheinland-Rheinhessen	x	x (8, 9)	x (10)	x (3, 6)	x	x
Pfalz	x	x (8, 9)	x (10)	x (3, 6)	x	x
Saarland	x	x (3, 5, 6)	x (8)	x (02, 03, 1-3)		
Bayern	x		x (10)	x (1-6)	x (1-6)	x*
Nordwürttemberg-Nordbaden	x	x (7, 8)	x (11, 12)	x	x	x*
Südwürttemberg-Hohenzollern	x	x (2-4, 8)		x	x	x
Südbaden	x	x	x**	x	x	x
Berlin	x (2-8)	x	x (3-8)	x (1-3)	x (3-8)	x
(Lohngruppe)	x Anwendung		x* Erschwerniszulage		x** Belastung	

Bild 5.25   Unterschiede der summarischen Arbeitsbewertung in der Metallindustrie
(nach Theis 1983 und Inst. f. angew. Arbeitswiss. 1991)

Bei der analytischen Arbeitsbewertung werden die einzelnen Anforderungsarten des Genfer Schemas in der Regel zwar vollständig verwendet und zum Teil sehr detailliert erfaßt, jedoch in den einzelnen Tarifgebieten unterschiedlich gewichtet.

Bild 5.26 faßt die Anforderungsarten mit den einzelnen Gewichtungen, wie sie in den Tarifverträgen angegeben sind, zusammen (vgl. Theis 1983 und Inst. f. angew. Arbeitswiss. 1991).

		Nordrhein-Westfalen	Rheinland-Rhein-hessen/Pfalz	Bayern	Nord-württemberg/Nordbaden	Südbaden
Können	Kenntnisse	1,0	0,9	1,0	1,0	1,0
	Geschicklichkeit	1,0	0,5	0,9	0,8	0,8
Belastung	Sinne und Nerven	1,0	0,5	0,9	0,9	1,0
	Denken	0,8	0,3	0,8	0,8	0,8
	Muskelbelastung	0,8	0,6	0,8	0,8	0,8
Verantwortung	für die eigene Arbeit	0,8	0,7	0,8	0,8	0,8
	für die Arbeit anderer	0,6	0,3	0,6	0,6	0,6
	für die Sicherheit anderer	0,1	0,3	0,9	0,9	0,9
Umgebungs-einflüsse	Schmutz	0,5	0,3	0,5	0,3	0,3
	Staub	0,3	0,2	0,3	0,3	0,3
	Öl		0,15		0,2	0,2
	Temperatur	0,3	0,3	0,3	0,3	0,3
	Nässe	0,2	0,2	0,2	0,2	0,2
	Gas, Dämpfe	0,2	0,2	0,2	0,2	0,2
	Lärm	0,4	0,25	0,4		0,6
	Erschütterung	0,1	0,2	0,1	0,1	0,1
	Blendung, Lichtmangel	0,2	0,1		0,2	0,2
	Erkältungsgefahr	0,2	0,15	0,2	0,2	0,2
	hinderliche Kleidung	0,1	0,2	0,1	0,1	0,1
	Unfallgefahr	0,3	0,3	0,3	0,3	0,3

Bild 5.26 Gewichtungsfaktoren der analytischen Arbeitsbewertung in der Metallindustrie (nach Theis 1983 und Inst. f. angew. Arbeitswiss. 1991)

Es zeigt sich, daß den Anforderungsarten ›Können‹ und ›Belastung‹ hohe Gewichtungen zugeordnet, während hingegen die sehr detailliert aufgeführten ›Umgebungseinflüsse‹ gering gewichtet werden.

Bild 5.27 gibt die Verteilung der beiden Bewertungsverfahren innerhalb des Tarifgebiets Nordwürttemberg/Nordbaden der Metallindustrie für das Jahr 1991 an. Über 90 % der Beschäftigten werden von der analytischen Arbeitsbewertung erfaßt, diese sind jedoch in nur knapp 60 % der Betriebe beschäftigt. Dies läßt den Schluß zu, daß die aufwendigere analytische Arbeitsbewertung eher in Großbetrieben, die einfachere summarische Arbeitsbewertung eher in mittelständischen Betrieben zum Einsatz kommt.

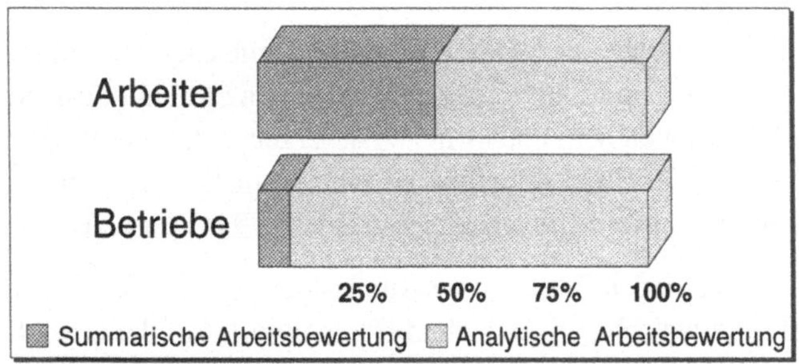

Bild 5.27 Arbeitsbewertung in Nordwürttemberg-Nordbaden 1991 (Quelle: IG Metall 1991)

5.5 Lohnformen und Lohndifferenzierung

Bei Lohnformen, in der Praxis auch Entlohnungsgrundsätze genannt, unterscheidet
man im wesentlichen die drei Hauptformen

❑ *Zeitlohn,*
❑ *Akkordlohn* und
❑ *Prämienlohn.*

Die folgende Zusammenstellung in Bild 5.28 gibt einen Überblick über die Inhalte der
einzelnen Lohnformen.

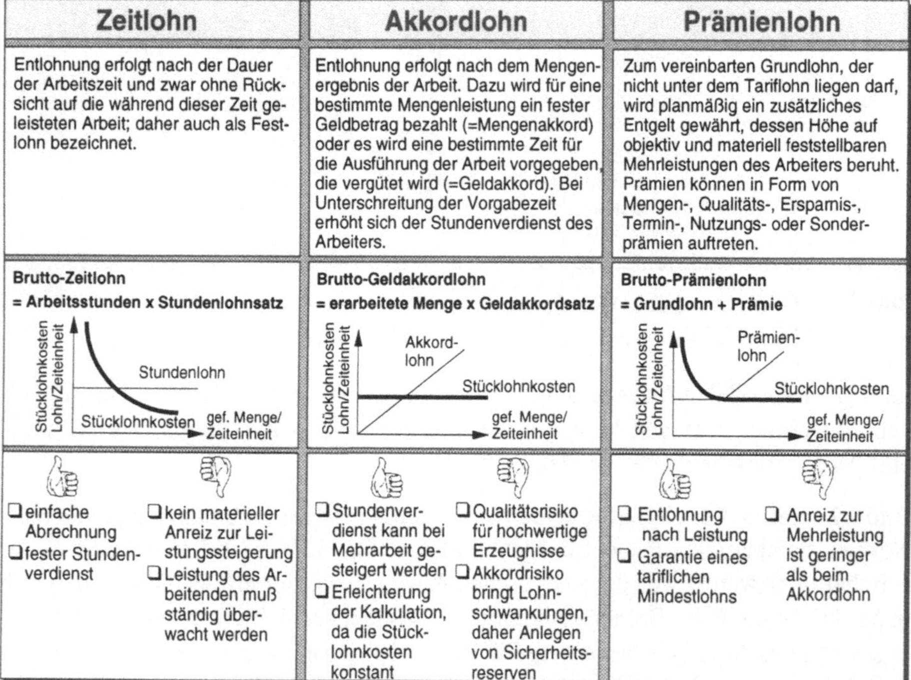

Bild 5.28   Übersicht über die Lohnformen

In einer Umfrage untersuchte der VDMA (Verband Deutscher Maschinen- und An-
lagenbauer) die Verteilung und Entwicklung der einzelnen Entlohnungsformen für den
Fertigungsbereich bei seinen Mitgliedsfirmen. Als Ergebnis konnte festgehalten werden, daß die Tendenz in der Bundesrepublik sich immer mehr zugunsten der Prämienentlohnung verschiebt. Dieser Sachverhalt ist in Bild 5.29 ersichtlich.

Die Verbindung zwischen den Entlohnungsgrundsätzen Zeit-, Akkord- und Prämienlohn und der anforderungsabhängigen Lohndifferenzierung auf der einen Seite sowie
der leistungsabhängigen Lohndifferenzierung auf der anderen Seite wird in Bild 5.30
hergestellt. In diesem Bild ist zusätzlich zu den oben vorgestellten Entlohnungsformen

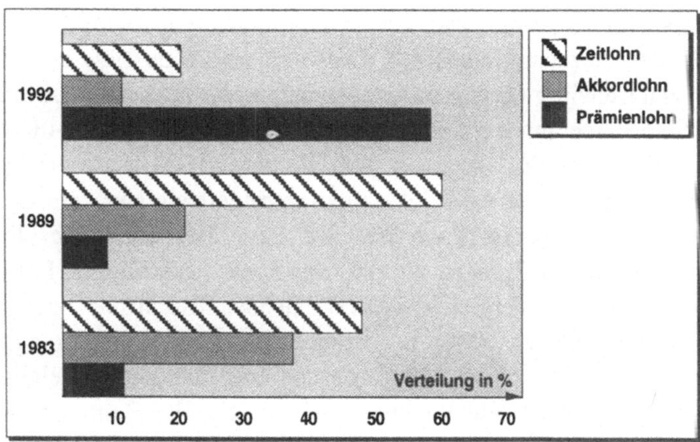

Bild 5.29 Verteilung der Lohnformen (nach: VDMA 1992)

die Sonderform ›Zeitlohn mit Leistungsbewertung‹ aufgenommen. Dabei wird die Leistung des Mitarbeiters in größeren Zeitabständen überprüft und mit Hilfe ermittelter Leistungswerte/-punkte eine *Leistungszulage* gewährt. Aus Bild 5.30 wird deutlich, daß die anforderungsabhängige Lohndifferenzierung in alle abgebildeten Lohnformen eingeht, während die leistungsabhängige Lohndifferenzierung für die Ermittlung des reinen Zeitlohns keine Berücksichtigung findet.

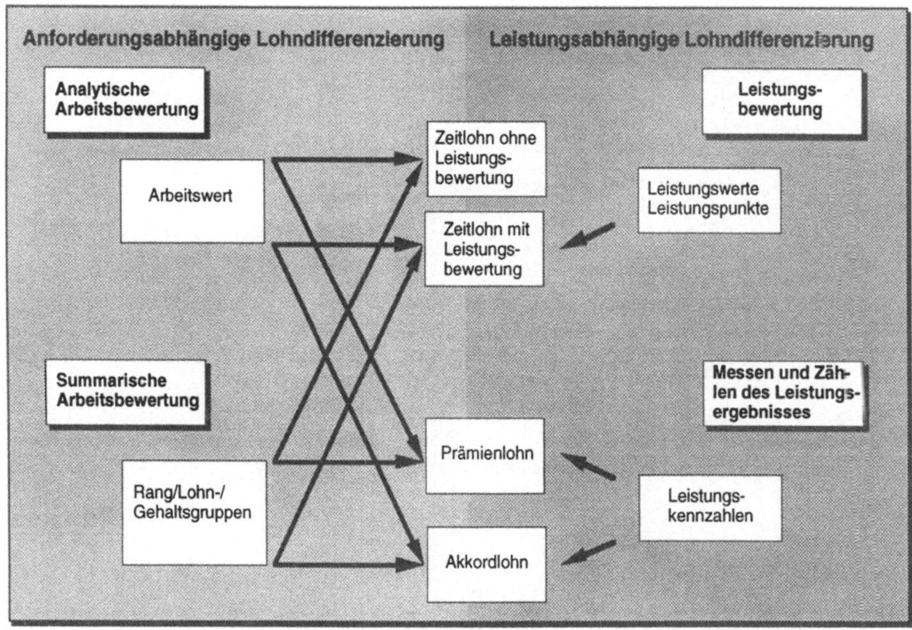

Bild 5.30 Zusammenhang zwischen den Lohnformen und der Lohndifferenzierung
(nach REFA 1991)

Ein Fallbeispiel für ein *leistungsbezogenes* Gehaltsmodell im öffentlichen Dienst wird im Dortmunder Sozialamt eingesetzt. Dort wird seit Ende 1993 den Mitarbeitern angeboten, sich freiwillig für eine Mehrleistung mit entsprechend höherer Bezahlung zu melden. Eine Steigerung von z. B. 120 auf 140 bearbeitete Fälle pro Mitarbeiter wirkt sich in einer monatlichen Zulage von ca. 400 DM bis 450 DM brutto aus. Durch dieses Modell soll sowohl die Personalfluktuation verringert als auch die Leistung und Qualität der Arbeit gesteigert werden. Auf dem Tiefbauamt der Dortmunder Stadtverwaltung werden Zulagen gezahlt, wenn die tatsächlichen Leistungen die erwarteten Leistungen im Vergleich zu den anfallenden Kosten übersteigen. In einigen Bochumer Ämtern werden neben der bislang relevanten Beförderungsreife auch Leistungsgesichtspunkte bei der Beförderung und damit der Gehaltserhöhung mitberücksichtigt. In der Stadtverwaltung von Herne sollen Bautrupps Zulagen für termingerecht ausgeführte Aufträge erhalten. Durch diese finanziellen Zulagen sollen bei den Mitarbeitern wirtschaftliches Arbeiten und mehr Kostenbewußtsein gefördert werden.

Komponenten der Lohnsäule

Für den Arbeitnehmer setzt sich das endgültige Arbeitsentgelt jedoch nicht nur ausschließlich aus den anforderungs- und leistungsabhängigen Anteilen zusammen.

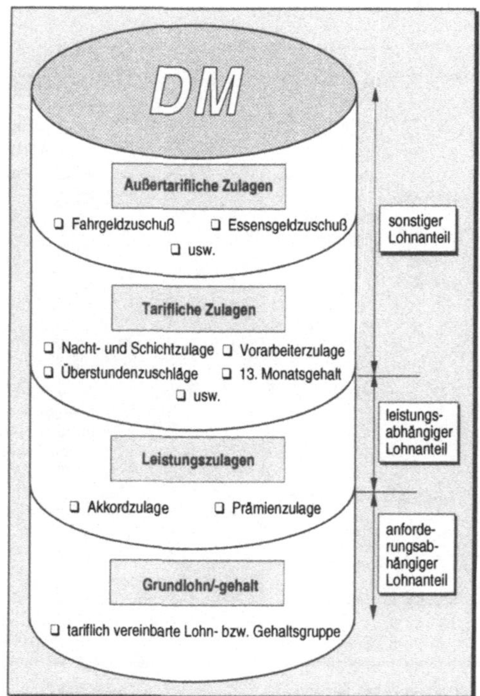

Bild 5.31   Aufbau der Lohnsäule

Beide Anteile werden, wie in Bild 5.31 dargestellt, durch sonstige Lohnanteile ergänzt. Diese bestehen aus *tariflichen* und *außertariflichen Zulagen*. Die sonstigen Lohnanteile werden üblicherweise einzelvertraglich geregelt. Das tarifliche Grundentgeld macht dabei in der Regel den größten Anteil aus. Die leistungsbezogenen Entgeltanteile sind bei den verschiedenen Entlohnungsgrundätzen unterschiedlich geregelt. Für den Zeitlohn liegen sie bei etwa 10-20 %, für den Akkord- und Prämienlohn in der Regel zwischen 40 und 160 % des tariflichen Grundentgelts.

Die allgemeingültige Lohnsäule läßt sich auf die Lohnformgestaltung in dezentralen Unternehmensstrukturen, z. B. Fertigungsinseln, übertragen.

Eine Neuregelung der Lohngestaltung ist hier notwendig, da das betriebliche Lohnsystem – in der Regel Einzelakkordlöhne – *Gruppenarbeit* behindert und somit dezentralen Unternehmensstrukturen zuwiderläuft. Es besteht der Anspruch, ein neues Lohnsystem harmonisch in das Gesamtentlohnungssystem eines Betriebs einzupassen. In Bild 5.32 werden exemplarisch Grundsätze und Möglichkeiten der Lohnformgestaltung in Fertigungsinseln aufgezeigt. Das Gesamtentgelt beinhaltet einen ergebnisorientierten, variablen Individualanteil (z. B. für Sorgfalt, Sicherheit, Teamfähigkeit, Arbeitseinsatz) und einen variablen Gruppenanteil (z. B. für Qualität, Qualifikation, Nutzungsentgelt, Verhaltensentgelt). Der Gruppenanteil ist für alle Mitglieder der Gruppe identisch.

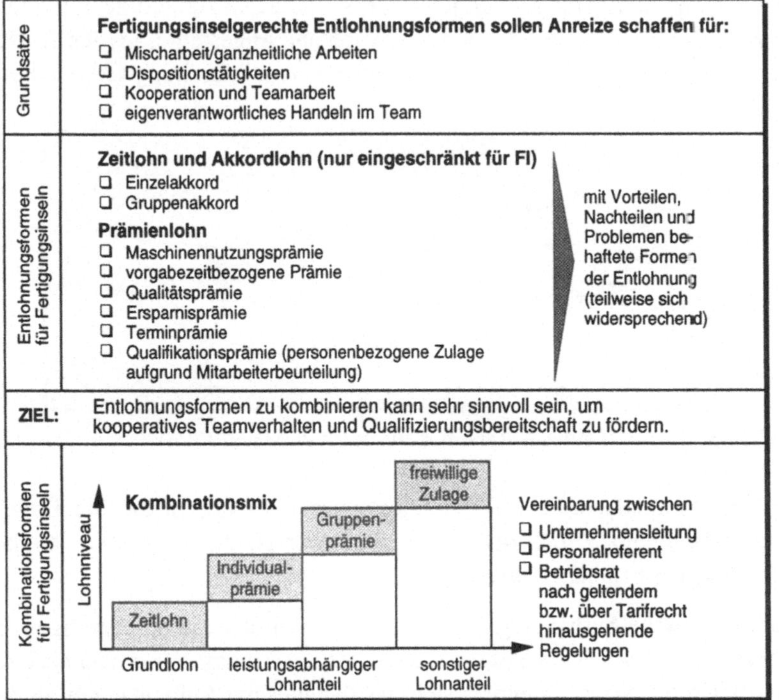

Bild 5.32 Beispiel für die Lohnformgestaltung in Fertigungsinseln (FI)

Möglicherweise sind folgende Konzepte für ein Fertigungsinselteam angemessen und auf ihre Effektivität hin im konkreten Planungsfall zu überprüfen:

- ❑ Kapital- und Erfolgsbeteiligungskonzepte;
- ❑ Qualitäts- oder Gruppenprämien;
- ❑ Verbesserte Sozialleistungen;
- ❑ Verbesserung des betrieblichen Vorschlagswesens;
- ❑ Einrichtung von Lernstätten- oder Qualitätszirkeln mit Prämien;
- ❑ Zuschläge für dispositive Aufgaben;
- ❑ Rationalisierungsprämien;
- ❑ Veränderte Arbeitszeitregelungen für das Fertigungsinselteam.

Die Aufzählung beinhaltet sicher nur einige denkbare Lösungsansätze, um eine neue Lohnstruktur zu implementieren. Ein neues Lohnsystem kann nur unter gemeinsamer Beteiligung der betrieblichen Vertragsparteien (Betriebsrat und Personalabteilung) ausgehandelt werden. Eventuell müssen bis zum endgültigen Aufbau von dezentralen Unternehmensstrukturen im Betrieb Übergangslösungen für die Entlohnungsproblematik gefunden werden.

1. Beispiel eines zukünftigen Entlohnungsmodells
Ein Entwurf eines *Entgeltrahmentarifvertrags* wird zur Zeit zwischen Gewerkschaft und Arbeitgebern in der Metallindustrie diskutiert. Das zukünftige Entlohnungsmodell könnte, als gemeinsames Modell für Arbeiter und Angestellte, aus den drei Komponenten ›*Grundentgelt*‹, ›*dynamisches Aufbauentgelt*‹ und ›*Leistungsentgelt*‹ bestehen (vgl. Bild 5.33).

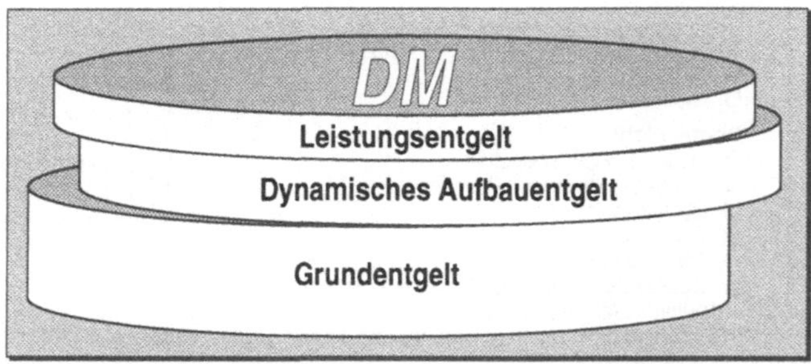

Bild 5.33   Entwurf eines Entgeltmodells (nach IG Metall 1994)

Im Grundentgelt sind zwölf Entgeltgruppen definiert, in die die Eingruppierung aufgrund der ganzheitlich zu betrachtenden Arbeitsaufgabe, die alle Tätigkeiten eines Beschäftigten beinhaltet, erfolgt.

Das dynamische Aufbauentgelt berücksichtigt auftretende Veränderungen der Arbeitsaufgabe, wie z. B. bei einer organisatorischen Umstrukturierung oder bei einer Weiterqualifizierung. Dabei orientiert sich das dynamische Aufbauentgelt an den Bewertungsmerkmalen

❑ Denkprozeß,
❑ Verantwortung für Arbeitsergebnis und Sicherheit anderer,
❑ Zusammenarbeit und Menschenführung,
❑ Geschicklichkeit und Körpergewandtheit,
❑ Belastung der Sinne und Nerven sowie der Muskeln,
❑ Zusatzkenntnisse und zusätzliche Qualifizierungsmaßnahmen
❑ sowie an einem weiteren Bewertungsmerkmal, das den speziellen Bedürfnissen des jeweiligen Betriebs vorbehalten bleibt.

Das Leistungsentgelt vergütet besondere Leistungen, die keine Berücksichtigung im Grundentgelt finden. Dieses Entgeltsystem soll die Verlagerung von Verantwortung auf die Mitarbeiter der ausführenden Ebene berücksichtigen. Denn Qualitätsverantwortung berücksichtigt nicht nur die Verminderung von Fehlern, sondern auch die Suche nach neuen Wegen zur effektiveren Gestaltung der Arbeit.

2. Beispiel eines zukünftigen Entlohnungsmodells
Zur Zeit erfolgt eine weitere Erschließung von Rationalisierungspotentialen mit ›*Gain-Sharing*-Modellen‹. Dabei erarbeiten die Mitarbeiter, ausgehend von einem beliebig definierten Betriebspunkt des Lohnsystems, kontinuierlich an Verbesserungen und Einsparungen, z. B. bzgl. Zeit, Verschleiß oder Kosten, die sie nach eigener Entscheidung an die Unternehmensleitung ›verkaufen‹ können. Dies erfolgt entweder in Form einer einmaligen Prämienzahlung oder in Form einer kontinuierlichen Erhöhung ihrer Entlohnung. Durch den Verkauf der erarbeiteten, effektiveren Arbeit erhöht sich dann der Betriebspunkt des Lohnsystems und somit das Niveau der durchschnittlichen Arbeitsleistung. Hauptvorteil ist die ganzheitliche Produktivitätsorientierung der Mitarbeiter eines Arbeitssystems. Schwierig ist allerdings die exakte Meßbarkeit und Bewertung der Verbesserungsleistungen.

5.6 Anforderungen an Entgeltsysteme der Zukunft

Veränderungen in der Arbeitswelt, wie die Einführung neuer Organisationsformen, die Forderung nach kontinuierlicher Verbesserung, nach Kreativität und Innovation erfordern eine Anpassung der Entgeltsysteme. Entgeltsysteme zur Leistungsmessung der einzelnen Mitarbeiter müssen sich am Unternehmenserfolg sowie an der Effizienz der Arbeitstätigkeiten zur Steigerung der Wertschöpfung orientieren, und nicht nur quantifizierbare finanzielle Kriterien erfüllen. Sie müssen verschiedene technologische und organisatorische Veränderungen berücksichtigen. Natürlich müssen Entgeltsysteme aus Sicht der Mitarbeiter eine gerechte Entlohnung für die erbrachte Arbeitsleistung bewirken und aus Sicht der Unternehmer den bestmöglichen Beitrag der Mitarbeiter zum Erreichen des Unternehmensziels leisten. Somit richtet sich die Bezahlung zum einen nach dem Beitrag, den die Mitarbeiter zum Erreichen des Unternehmensziels einbringen und zum anderen nach dem Verhältnis ihres individuellen zum kollektiven Beitrag. Entgeltsysteme sollen jedoch auch Wünschen, Anforderungen und Leistungen entsprechen, die über den Wunsch der Mitarbeiter nach ›gutem Einkommen‹, wie in Bild 5.34 dargestellt, hinausgehen. Zu berücksichtigen sind, auch unter dem Aspekt der Erhöhung der von einer Arbeitstätigkeit ausgehenden Anreizwirkungen, erweiterte interessante Arbeitsinhalte, ein am ganzen Arbeitsgegenstand orientiertes Arbeitsverhalten, Verantwortungsbereitschaft, kommunikatives und soziales Verhalten sowie Kunden- und Qualitätsorientierung.

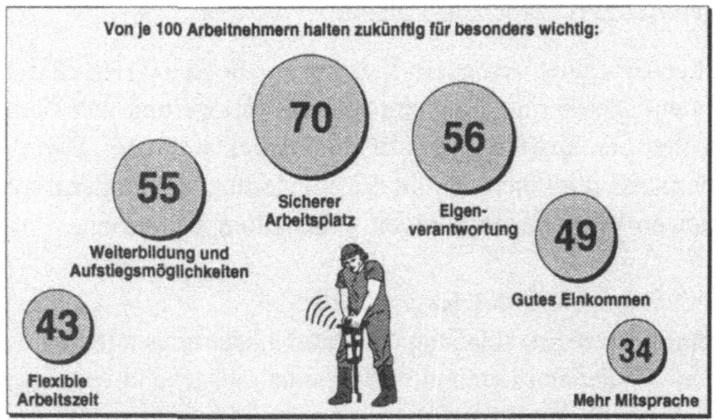

Bild 5.34   Was sich Arbeitnehmer wünschen (nach WJD/EMNID)

Anforderungen an zukünftige Entgeltsysteme und damit an neue Arbeitsbewertungsverfahren lassen sich, wie in Bild 5.35 skizziert, umreißen.

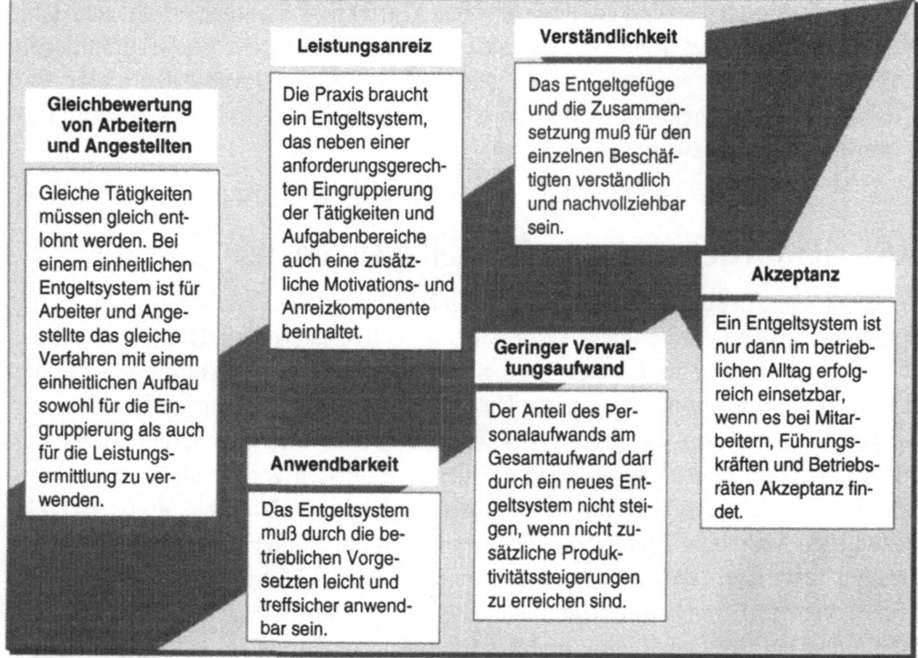

Bild 5.35   Anforderungen an Entgeltsysteme der Zukunft

5.7 Fallbeispiele

Nachfolgend wird anhand zweier Fallbeispiele aufgezeigt, wie sich Arbeitsbewertungsverfahren im Einklang mit den entsprechenden Tarifverträgen über Tarifgrenzen hinweg im betrieblichen Einsatz darstellen.

5.7.1 Die Siemens-Arbeitsbewertung für gewerbliche Mitarbeiter

Der anforderungsbezogene Grundlohn wird bei Siemens mittels eines eigenen Bewertungssystems, der Siemens-Arbeitsbewertung (*SAB*), ermittelt. Als Arbeitsmittel dienen hierbei eine Punkttabelle, eine Lohngruppentabelle und eine Richtbeispielsammlung.

Anforderungsarten			Punkte je Anforderung														
			0	0,5	1	1,5	2	2,5	3	3,5	4	5	6	7	8	9	10
Können	Kenntnisse		0	0,5	1	1,5	2	2,5	3	3,5	4	5	6	7	8	9	10
Können	Geschicklichkeit		0	0,5	1	1,5	2	2,5	3	3,5	4	4,5	5	5,5	6		
Verantwortung	bei der eigenen Arbeit	betreut = b	0	0,5	1	1,5											
Verantwortung		zeitweise betreut = z		0,5	1	1,5	2	2,5	3	3,5	4	4,5					
Verantwortung		selbständig = s			1	1,5	2	2,5	3	3,5	4	4,5	5	5,5	6	7	
Verantwortung	für die Arbeit anderer		0	0,5	1	1,5	2	2,5	3								
Verantwortung	f. d. Sicherh. anderer		0	0,5	1	1,5	2	2,5	3	4							
Arbeitsbelastung	geistig		0	0,5	1	1,5	2	2,5	3	3,5	4	4,5	5	5,5	6	7	
Arbeitsbelastung	muskelmäßig		0	0,5	1	1,5	2	2,5	3	3,5	4	5	6				
Umgebungseinflüsse	Schmutz		0	0,5	1	1,5	2	2,5	3								
Umgebungseinflüsse	Staub		0	0,5	1	1,5	2	2,5	3								
Umgebungseinflüsse	Öl		0	0,5	1	1,5											
Umgebungseinflüsse	Temperatur		0	0,5	1	1,5	2	2,5	3								
Umgebungseinflüsse	Nässe		0	0,5	1	1,5											
Umgebungseinflüsse	Gase, Dämpfe		0	0,5	1	1,5	2	2,5	3								
Umgebungseinflüsse	Lärm		0	0,5	1	1,5	2	2,5	3	3,5							
Umgebungseinflüsse	Erschütterung		0	0,5	1	1,5											
Umgebungseinflüsse	Blendung, Lichtmangel		0	0,5	1	1,5											
Umgebungseinflüsse	Erkältungsgefahr		0	0,5	1	1,5											
Umgebungseinflüsse	hinderliche Schutzkl.		0	0,5	1	1,5	2										
Umgebungseinflüsse	Unfallgefahr		0	0,5	1	1,5	2	2,5	3								

Bild 5.36   Punkttabelle der Siemens-Arbeitsbewertung (SAB)

Der SAB liegen, in Anlehnung an das Genfer Schema, die vier Hauptanforderungsarten
›Können‹, ›Verantwortung‹, ›Arbeitsbelastung‹ und ›Umgebungseinflüsse‹ mit den
entsprechenden Einzelanforderungen zugrunde.

Die verschiedenen Einzelanforderungen werden, wie in Bild 5.36 dargestellt, mittels
einer Punkttabelle bewertet.

Ist es bei einer Arbeitsaufgabe erforderlich, Einzelanforderungen höher zu bewerten als
es die Punkttabelle zuläßt, so können höhere Punktzahlen verwendet werden. In diesem
Fall ist die Lohngruppentabelle und die Richtbeispielsammlung zu ergänzen.

Wurde anhand der Punkttabelle eine Punktsumme, der sog. Arbeitswert, ermittelt, so
kann in der Lohngruppentabelle nachgeschlagen werden, welche der elf Lohngruppen
diesem Arbeitswert entspricht (vgl. Bild 5.37).

Arbeitswert	Lohngruppe
bis 3,5	01
bis 4,5	02
bis 6,0	03
bis 7,5	04
bis 9,5	05
bis 12,0	06
bis 15,0	07
bis 18,0	08
bis 21,0	09
bis 24,5	10
über 24,5	11

Bild 5.37 Lohngruppentabelle

Jede dieser Lohngruppen repräsentiert einen entsprechenden DM-Grundlohn. Beträgt
der Arbeitswert jedoch mehr als 28 Punkte, so wird für jeden darüber hinausgehenden
Punkt ein Steigerungsbetrag gewährt (halbe Punkte werden hierbei aufgerundet).

Die Richtbeispielsammlung enthält Arbeitsbeschreibungen mit der zugehörigen analytischen Bewertung. Ein Beispiel hierzu ist in Bild 5.38 abgebildet.

Dem Bewerten einer neuen Arbeitsaufgabe muß in jedem Fall eine Analyse des
Arbeitsvorgangs mit seinen Begleitumständen vorangehen. In normalen Fällen genügt
ein Durchdenken der Arbeitsaufgabe, d. h. es ist klarzustellen, welche Faktoren für die
Bewertung der Anforderungsarten von Bedeutung sind.

SAB (Siemens-Arbeitsbewertung)	Richtbeispiel für die Tätigkeit **Stanzen, Biegen, Pressen, Ziehen, Prägen**	Beispiel-Nr. 58/03/1

Arbeitsaufgabe

Vorlochen, prägen und abschneiden von Halteblechen.

Beschreibung der Arbeit

Werkstück:

Halteblech 117 x 26,5; 1,25 dick aus B1 DIN 1541 St V 23, Streifenabmessung 2000 x 120. Gewicht des Streifens etwa 2,4 kg.

Arbeitsunterlagen:

Schriftlicher Arbeitsauftrag, mündliche Unterweisung.

Betriebsmittel:

Exzenterpresse 27 t, Folgewerkzeug mit Vorlochern, Seitenschneider, Prägenadel und Abschneider, Streifenauflage, Spritzkanne mit Öl-Petroleum-Gemisch, Schutzhandschuhe.

Arbeitsplatz:

Einzelarbeitsplatz in einer hellen, luftigen, heizbaren Stanzerei mit etwa 45 Pressen von 6-350 t. Arbeitsverrichtung im Stehen.

Arbeitsvorgang und Arbeitsablauf:

Die Presse wird vom Einrichter eingerichtet. Stanzstreifen werden angeliefert. Mehrere Streifen links neben der Presse in Höhe des Pressentisches auf Streifenauflage legen und nach Bedarf einölen. Einen Streifen aufnehmen, bis zum Anschlag in Werkzeug einführen, die ersten Teile mit Fußschaltung im Einzelhub, restliche Teile des Streifens im Dauerlauf vorlochen und abschneiden. Reststück in Abfallbehälter werfen. Die auf den Pressentisch fallenden Werkstücke (73 pro Streifen) ungeordnet in Transportbehälter ablegen und sie hierbei stichprobenweise nach Sicht prüfen. Gefüllte Behälter werden durch Transportarbeiter abtransportiert. Betreuung durch Einrichter. Kontrolle stündlich durch Platzrevision.

Fertigungsart: Serien von ca. 5000 Stk. im Wechsel mit gleichartigen Arbeiten.

Zeitaufwand etwa: 3 Minuten für 100 Stück.

Bewertung

I. Können		
Arbeitskenntnisse	0,5	
Geschicklichkeit	0,5	
Können insgesamt		1,0

II. Verantwortung		
für die eigene Arbeit	0	
für die Arbeit anderer	0	
für die Sicherheit anderer	0	
Verantwortung insgesamt		0

III. Arbeitsbelastung		
geistig	0,5	
muskelmäßig	1,5	
Arbeitsbelastung insgesamt		2,0

IV. Umgebungseinflüsse		
Schmutz	0	
Staub	0	
Öl	0,5	
Temperatur	0	
Nässe	0	
Gase, Dämpfe	0	
Lärm	1	
Erschütterung	0	
Blendung oder Lichtmangel	0	
Erkältungsgefahr	0	
Hinderliche Schutzkl.	0	
Unfallgefahr	0,5	
Umgebungseinflüsse insges.		2,0

Arbeitswert		**5,0**
Lohngruppe		**D3**

Bild 5.38 Muster eines Richtbeispiels der SAB

Bei komplexeren Arbeitstätigkeiten und vor allem bei neuartigen schwierigen Aufgaben ist eine schriftliche Darstellung ratsam. Falls auch diese nicht zur einwandfreien Beurteilung des technischen Arbeitsablaufs und aller Arbeitsumstände ausreicht, ist eine Begutachtung der Arbeitstätigkeit vor Ort erforderlich. Keinesfalls kann ohne ausreichende Kenntnis der Arbeitsschwierigkeiten eine Arbeitsbewertung vorgenommen werden.

Nach dieser Vorbereitungsphase wird anhand der Richtbeispielsammlung festgestellt, welches *Richtbeispiel* mit der zu bewertenden Arbeitsaufgabe vergleichbar ist. Dabei können jedoch folgende Möglichkeiten auftreten:

❑ Die Sammlung enthält ein Richtbeispiel, das sich mit der neuen Aufgabe vollständig deckt.

❑ Die Sammlung enthält kein deckungsgleiches Richtbeispiel, aber immerhin solche, bei denen für eine Anforderungsart ein unmittelbarer Vergleich möglich ist.

❑ Die Sammlung enthält kein Richtbeispiel, das unmittelbar zur Bewertung herangezogen werden kann.

Wie in jeder der drei Möglichkeiten zu verfahren ist, kann Bild 5.39 entnommen werden.

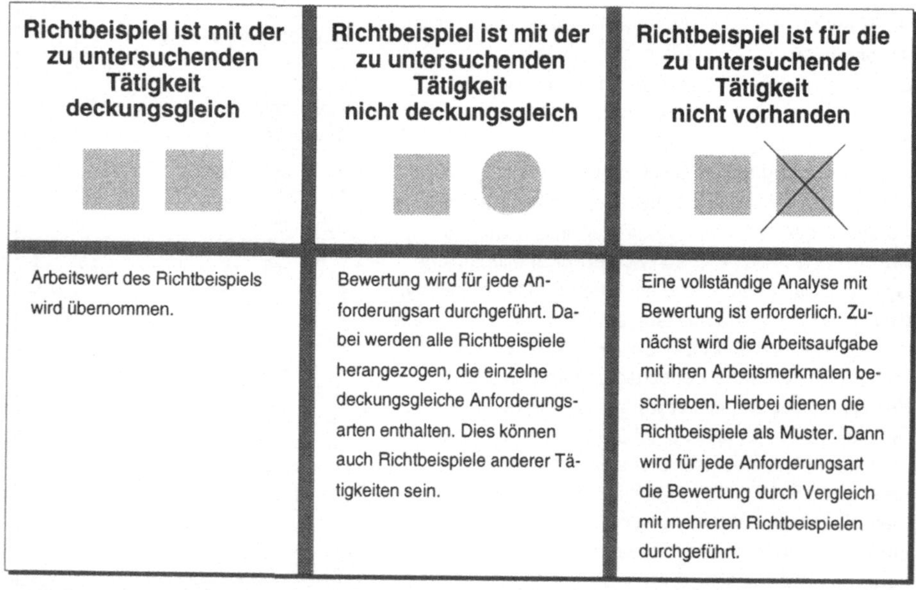

Bild 5.39   Vorgehensweise der SAB

Dieses vorgestellte analytische Verfahren, das zu den Stufenverfahren gezählt werden kann, ist bei Siemens für über 60 % der Mitarbeiter innerhalb mehrerer Tarifgebiete gültig. Nur für gewerbliche Mitarbeiter mit stark wechselnden Aufgabenbereichen und für Angestellte erfolgt die Einteilung in die verschiedenen Lohngruppen nach einer summarischen Arbeitsbewertung, wie sie in dem entsprechenden Tarifvertrag enthalten ist.

5.7.2 Anforderungs- und leistungsgerechte Entlohnung in teilautonomen Gruppen

Teilautonome Gruppen setzen hohe Anforderungen an die Qualifikation der in dieser Arbeitsform eingesetzten Mitarbeiter. Ziel eines Lohnsystems für teilautonome Gruppen ist die individuelle, auf den einzelnen Mitarbeiter bezogene Entlohnung, die jedoch auch kollektive, d. h. die Gruppe berücksichtigende Elemente enthält.

Bild 5.40 verdeutlicht den Zusammenhang zwischen individueller, kollektiver, anforderungs- und leistungsbezogener Entlohnung.

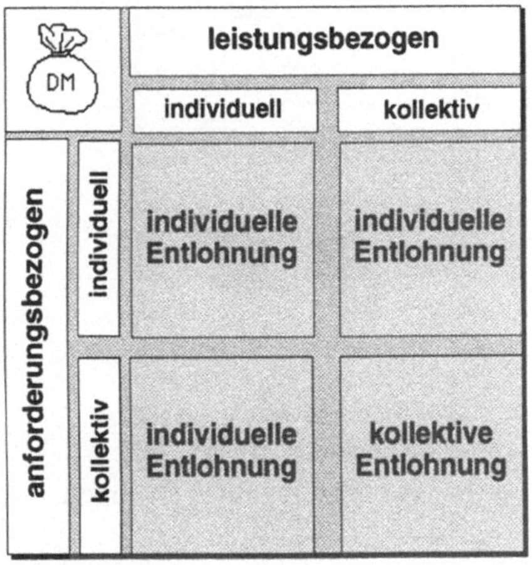

Bild 5.40 Individuelle und kollektive Entlohnung

Danach wird dann von einer individuellen Entlohnung gesprochen, wenn mindestens ein Entgeltbestand, d. h. entweder das anforderungsbezogene Grundentgelt oder das Leistungsentgelt individuell ermittelt wird (vgl. Inst. f. angew. Arbeitswiss. 1991).

Als Beispiel für eine Entlohnung in teilautonomen Gruppen wird das Entlohnungssystem der Getrag Getriebe- und Zahnradfabrik GmbH & Cie., Ludwigsburg, vorgestellt. Dieses Entlohnungssystem wurde im Zusammenhang mit einer innerbetrieblichen Umstrukturierung, u. a. der Einführung von Gruppenarbeit, implementiert. Es wurde in einer Betriebsvereinbarung, die über drei Tarifgrenzen hinaus gültig ist, niedergelegt und gilt nur für die in den teilautonomen Gruppen beschäftigten Mitarbeiter. Die übrigen Beschäftigten werden nach dem herkömmlichen System entlohnt.

Das gesamte Entgelt setzt sich in dem neuen Entlohnungsystem neben den sonstigen Lohnanteilen wie Urlaubsgeld usw. aus den folgenden fünf Bestandteile zusammen (vgl. Bild 5.41):

❑ fixe Grundentlohnung;
❑ variabler Leistungsanteil;

❑   Verhaltenszulage;
❑   Nutzungszulage;
❑   Qualitätszulage.

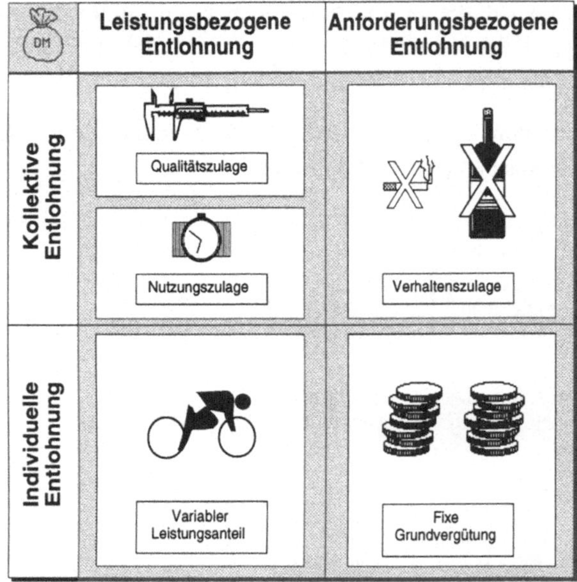

Bild 5.41   Aufbau eines Entlohnungssystems in teilautonomen Gruppen

Der Mitarbeiter wird für die Ermittlung der fixen Grundentlohnung, die der anforderungsbezogenen Lohndifferenzierung entspricht, anhand eines Anforderungskatalogs einer der zehn Entgeltgruppen (SA 1 – SA 5 für Systemanlagenbetreuer, SM/SE 1 – SM/SE 3 für Instandhaltung und GK 1 + GK 2 für Fertigungsvorgesetzte) zugeordnet.

Die individuelle variable Grundentlohnung (Leistungsbeurteilung) geschieht halbjährlich durch die Beurteilung des Fachvorgesetzten mittels eines Beurteilungsbogens. Mit diesem Beurteilungsbogen werden anhand verschiedener Kriterien wie Arbeitsquantität, -qualität, -einsatz, -sorgfalt und betriebliches Zusammenwirken Punkte vergeben. Die sich aus der Beurteilung ergebenden Punktzahlen werden gebündelt und über Leistungsstufen ein Prozentsatz ermittelt, um die das fixe Grundentgelt erhöht wird (vgl. Bild 5.42).

Das Prinzip der kollektiven Entlohnung wird mittels Prämien für Verhalten, Nutzung und Qualität verwirklicht.

Das Verhalten der Gruppe wird regelmäßig von einer paritätisch besetzten Bewertungskommision überprüft und anhand der in Bild 5.43 beschriebenen Kriterien bewertet.

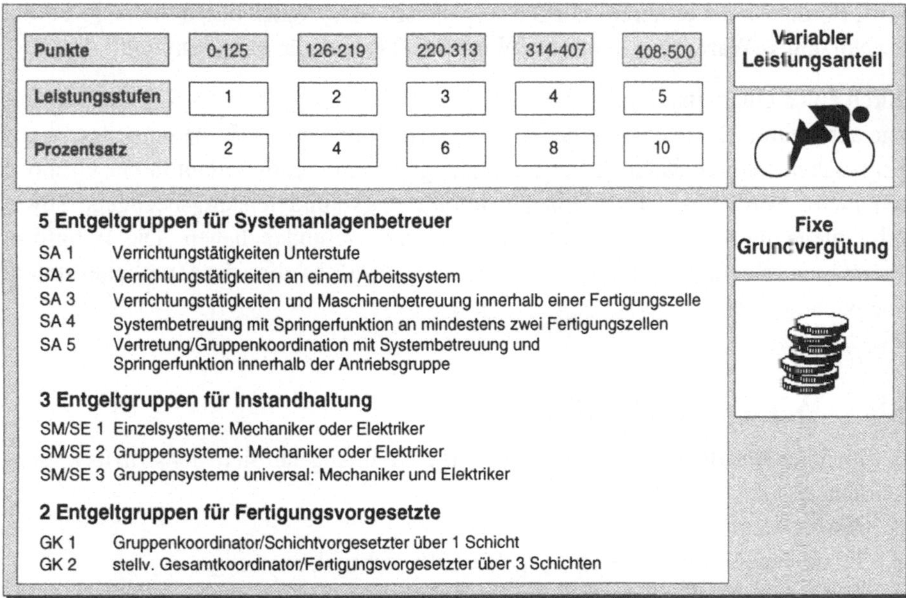

Bild 5.42   Fixe und variable Grundentlohnung

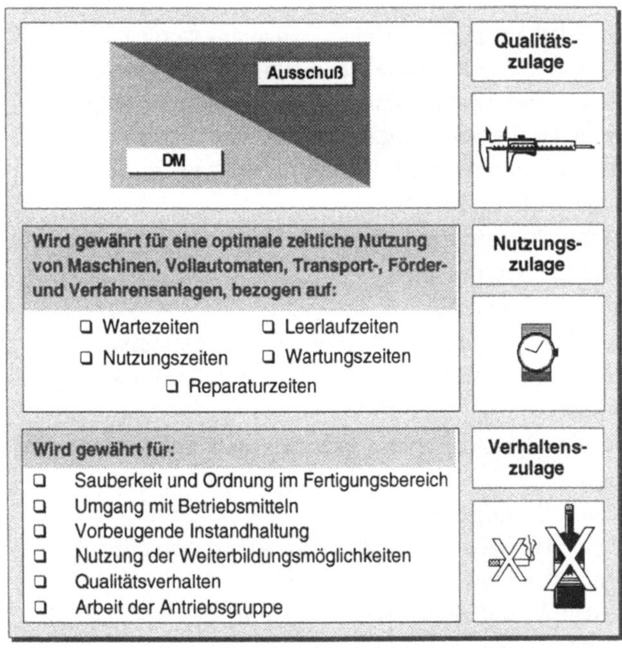

Bild 5.43   Prämienentlohnung

Die Nutzungszulage, die für eine optimale zeitliche Nutzung der Maschinen, Transport-, Förder- und Verfahrensanlagen sorgen soll, wird täglich durch die Auswertung der Nutzungs-, Wartungs-, Leerlauf-, Warte- und Reparaturzeiten ermittelt.

Durch einen Qualitätsfaktor, der den Ausschuß widerspiegelt, wird eine Qualitätszulage ausbezahlt. Diese beginnt bei einer Ausschußrate unter 3 %. Abschließend kann festgehalten werden, daß in dieses Entlohnungssystem, das für teilautonome Gruppen konzipiert worden ist, die Elemente anforderungs- und leistungsbezogene sowie individuelle und kollektive Entlohnung Eingang gefunden haben. Die Lohnform ›Prämienentlohnung‹ spielt in diesem System für die Motivation der Mitarbeiter zudem eine wichtige Rolle.

5.8   Wiederholungsfragen

1. Welches sind die Einflußfaktoren auf die Entlohnung aus Sicht der Arbeitswissenschaft?
2. Was versteht man unter Arbeitsbewertung?
3. Skizzieren Sie die Anwendungsgebiete der Arbeitsbewertung.
4. Was ist das Genfer Schema?
5. Wie unterscheiden sich die REFA-Anforderungstafeln vom Genfer Schema?
6. Wie können Arbeitsbewertungsverfahren eingeteilt werden?
7. Was wird unter summarischer Arbeitsbewertung verstanden?
8. Skizzieren Sie Verfahren der summarischen Arbeitsbewertung.
9. Was wird unter analytischer Arbeitsbewertung verstanden?
10. Skizzieren Sie Verfahren der analytischen Arbeitsbewertung.
11. Wozu dient ein Richtbeispiel?
12. Wie können Arbeitsbewertungsverfahren beurteilt werden und welches Ergebnis liefert eine derartige Beurteilung?
13. Welche Lohnformen gibt es?
14. Nennen Sie die Unterschiede zwischen diesen Lohnformen.
15. Skizzieren Sie die Entwicklung der Lohnformen in der Bundesrepublik während der letzten 10 Jahre.
16. Skizzieren Sie den Zusammenhang zwischen den Lohnformen und der Lohndifferenzierung.
17. Wie ist die Lohnsäule aufgebaut?
18. Welche Rechtsquellen haben Einfluß auf die Arbeitsbewertung?
19. Welche Tarifpartner gibt es?
20. Skizzieren Sie den Ablauf einer Tarifverhandlung.
21. Wie können Tarifverträge unterschieden werden?
22. Verdeutlichen Sie den Zusammenhang zwischen leistungs- und anforderungsabhängiger, individueller und kollektiver Entlohnung.
23. Welche Anforderungen werden an Entgeltsysteme der Zukunft gestellt?

6 Organisation der Arbeitszeit

6.1 Einleitung

Ideen zur Organisation der Arbeitszeit sind das Abbild der gesellschaftlichen Rahmenentwicklung unserer Zeit. In einer Zeit struktureller und technologischer Veränderungen, in einer Zeit der weltweiten Globalisierung der Märkte, der Schaffung des Europäischen Binnenmarkts mit freiem Verkehr von Produktionsgütern, Dienstleistungen, Kapital und Personal wächst die Notwendigkeit, den Weg zu gehen weg von starren Arbeitszeiten zu einer offenen und flexiblen Arbeitszeitgestaltung. Dynamische und flexible Märkte benötigen flexible Verhaltensmuster.

Alle Mitarbeiter besitzen den Wunsch und die Fähigkeit, nicht nur gedankenlos im Sekundentakt die endlos vor ihnen liegende Arbeitszeit abzuarbeiten, sondern sie aktiv als empfundene Lebenszeit mitzugestalten. Dies wird ihnen durch eine partnerschaftliche Führung ermöglicht. Sie bedeutet neben der umfassenden Information aller Mitarbeiter und der Schaffung von Freiräumen für den Einzelnen auch, alle Betroffenen in den unternehmerischen Entscheidungsprozeß auf verschiedenen betrieblichen Ebenen einzubeziehen. Arbeitsinhaltsinnovation beinhaltet Arbeitszeitinnovation. Die Verlagerung des Entscheidungsprozesses mit der zugehörigen *Zeitsouveränität* an die Basis bewirkt die Identifikation des Mitarbeiters mit seiner Tätigkeit und macht ihn zum selbstverantwortlichen, flexiblen Kleinunternehmer. Dieses Potential ist es, das wir aus Sicht der wachsenden Ansprüche der Arbeit an den Menschen suchen und brauchen. Dieses Potential ist es auch, das wir aus Sicht der wachsenden Ansprüche des Menschen an die Arbeit fordern. Offene Mitarbeiter benötigen flexible, partizipative Arbeitszeitmodelle.

Damit flexible Verhaltensmuster gelernt werden können, obliegt es der sozialen, gesellschaftlichen und organisatorischen Kompetenz des Managements, die Atmosphäre und Zeitsouveränität zu schaffen, in der – bei Identifikation mit den Unternehmenszielen – die aktive Mitarbeit und Kreativität der Mitarbeiter gefördert wird. Arbeitszeitflexibilisierung ist kein Selbstzweck. Ziel ist es, den Investitionsstandort Deutschland zu stärken.

Nachfolgend werden ausgehend von der historischen Entwicklung Veränderungen, Ziele und Rahmenbedingungen dargestellt und einige sich daraus ergebende Möglichkeiten zur Organisation der Arbeitszeit aufgezeigt. Dauer, Lage und Ort als Parameter der Arbeitszeit, betriebliche Erfordernisse und individuelle Bedürfnisse der Mitarbeiter stehen im Mittelpunkt.

Historische Entwicklung der Arbeitszeit und Auswirkungen auf die Flexibilisierung der Arbeitszeit

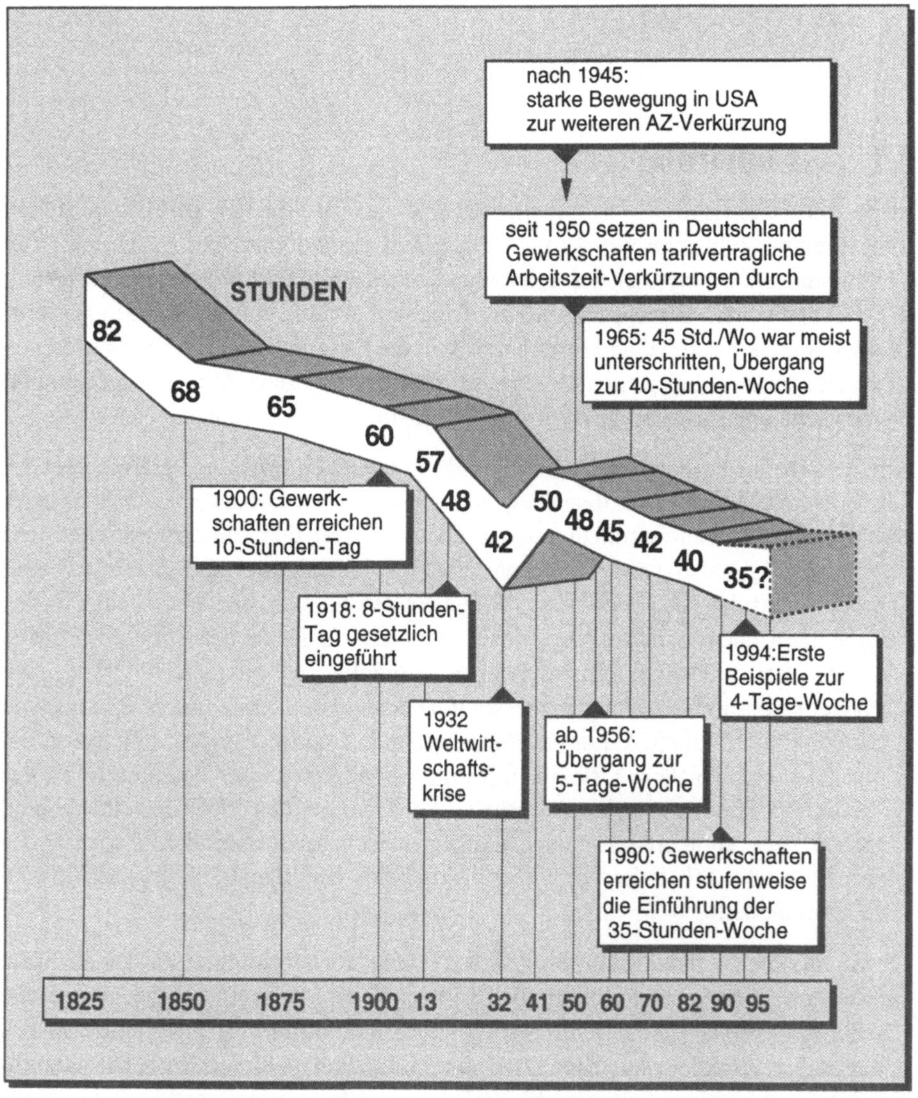

Bild 6.1   Entwicklung der wöchentlichen Arbeitszeit in der westdeutschen Industrie

Von der Zeit der ersten industriellen Revolution an zeigt sich eine fast kontinuierliche Abnahme der Arbeitszeit. Bild 6.1 dokumentiert Meilensteine wie die Einführung des 8-Stunden-Tags im Jahre 1918 und den Übergang von der 6-Tage-Woche zur 5-Tage-Woche 1956. 1984 galt die 40-Stunden-Woche für 99 % der Arbeitnehmer. Momentan wird in der westdeutschen Industrie im Durchschnitt 37 Stunden pro Woche gearbeitet.

Ab 1.10.1995 gilt, z. B. laut Manteltarifvertrag für die Metallindustrie die 35-Stunden-Woche. In einzelnen Firmen ist diese Wochenstundenzahl bereits unterschritten (vgl. 28,8-Stunden-Woche bei Volkswagen). Diese Verkürzung der Arbeitszeit geht Hand in Hand mit einer Verbesserung der Arbeitsbedingungen und einer Verlängerung des Jahresurlaubs, der sich von 1950 bis 1995 von ursprünglich drei Wochen auf circa sechs Wochen verdoppelte. Diese Arbeitszeitverkürzung spiegelt sich im internationalen Vergleich in Bild 6.2 wider. Dabei ist Deutschland, mit einer Differenz von 265 Stunden zum Spitzenreiter USA, das Land mit den geringsten Arbeitszeiten. Durch die Entwicklung der Bevölkerungsstruktur, mit dem zu erwartenden Rückgang v. a. von jungen Erwerbstätigen, verringert sich zusätzlich langfristig das Arbeitspotential und die Innovationskraft der deutschen Wirtschaft, wodurch der Produktionsstandort Deutschland mit in Frage gestellt wird.

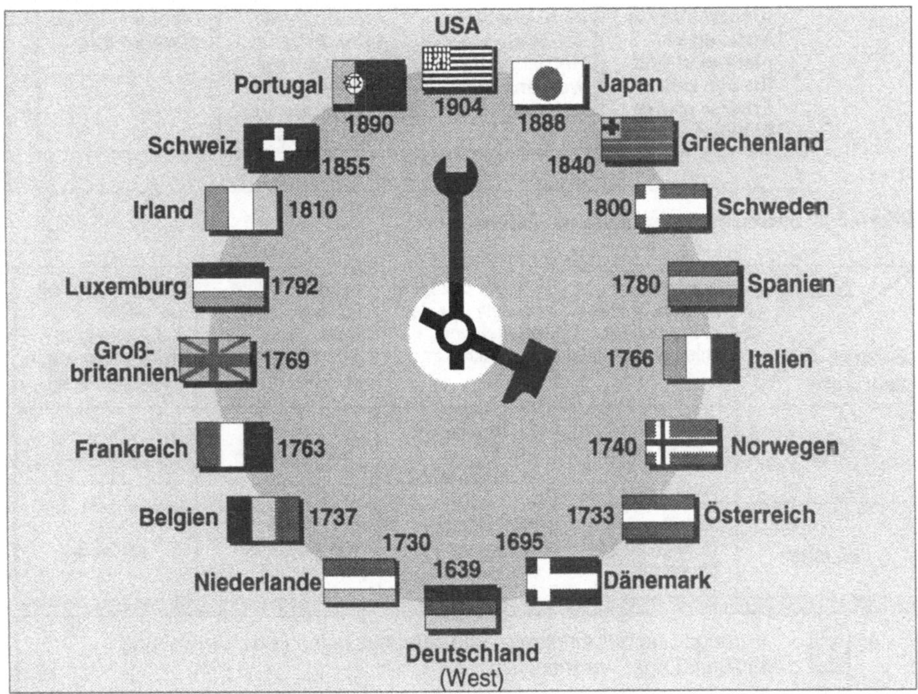

Bild 6.2   Internationaler Vergleich der Arbeitszeiten
(nach Institut der deutschen Wirtschaft Köln 1994)

Auf der einen Seite brachte diese Entwicklung der *Arbeitszeitverkürzung* für die Arbeitnehmer eine bisher permanente Erhöhung der individuell nutzbaren Freizeit. Erfolgte früher die Arbeit alleine zur Befriedigung elementarer Grundbedürfnisse, so erfolgt sie heute mehr denn je sowohl zur Ermöglichung einer erfüllten Freizeitgestaltung als auch zur Selbstverwirklichung. Dieser *Wertewandel* mit veränderten Erwartungen an die Erwerbstätigkeit zeigt sich v. a. bei der signifikanten Zunahme von

❑ persönlichen Freiräumen,

❑ Zeitsouveränität,

❑ Selbständigkeit,

❑ Selbstverwirklichung,

❑ Attraktivität des Arbeitsinhalts,

❑ Freizeit und

❑ Familie.

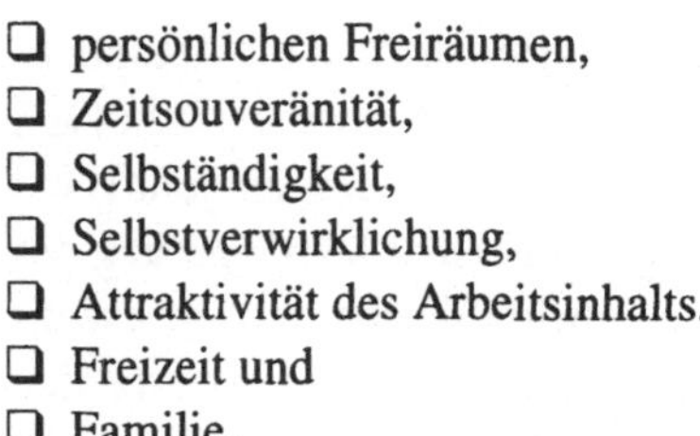

Bild 6.3   Definition verschiedener Zeiten

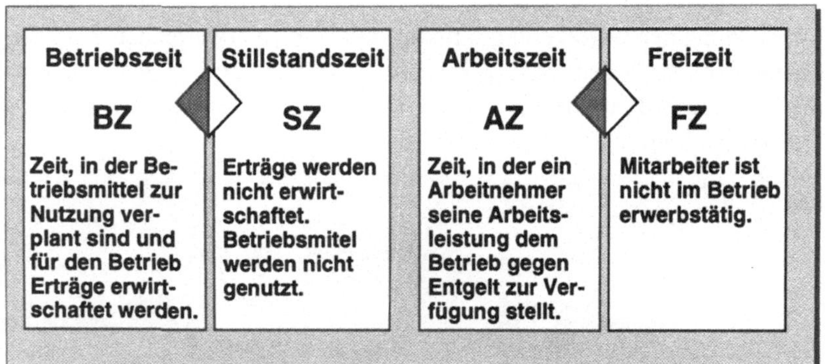

Zeitarten / Bezugszeiträume	Betriebszeit So viele Stunden ließen sich die Anlagen werktags nutzen:	Regelarbeitszeit So viele Stunden arbeitet eine Vollzeitkraft im Betrieb:	Leerzeit So viele Stunden werden die Anlagen nicht genutzt:	Anlagennutzung Bei starrer Kopplung von Betriebszeit und Regelarbeitszeit :
Tag	24 Stunden	7,5 Stunden (bei 37,5 Stundenwoche)	16,5 Stunden	ca. 31 %
Woche	144 Stunden (6 Tage zu 24 Stunden)	37,5 Stunden (5 Tage zu 7,5 Stunden)	106,5 Stunden	ca. 26 %

1. Verringerung der Ansprech- und Öffnungszeiten (z. B. Verwaltung, Einkauf, Lager, Vertrieb)
2. Verringerung der Nutzungszeit der Betriebsmittel bei Abhängigkeit von Maschinenlaufzeiten von Arbeitszeiten
3. Verlängerung der Amortisationszeiten, um Zins und Tilgung der Investitionen zu erwirtschaften
4. Erhöhtes Überstundenpensum
5. Zusätzliche Schaffung von Arbeitsplätzen und Produktionsmitteln

Bild 6.4   Leerzeit und Anlagennutzung sowie Auswirkungen bei starrer Verknüpfung von Arbeitszeit und Betriebszeit (nach Hegner et al. 1989)

Auf der anderen Seite bewirkt diese Entwicklung für die Arbeitgeber bei einer starren Kopplung von Arbeitszeit und Betriebszeit eine Verkürzung der Ansprech- und Öffnungszeiten, der Betriebsnutzungszeiten, der Maschinenlaufzeiten, eine Erhöhung der Leer- und Stillstandszeiten sowie eine Erhöhung der Kapitalkosten je Stück. So betrug nach einer Umfrage der EG-Kommission aus dem Jahre 1989 die durchschnittliche *Betriebsnutzungszeit* in der westdeutschen Industrie noch 53 Stunden pro Woche, wohingegen sie sich in Belgien auf 77 Stunden pro Woche belief (vgl. Institut der deutschen Wirtschaft Köln 1993). Vergleiche dazu Bild 6.3 und Bild 6.4. Heutzutage werden zunehmend Anstrengungen unternommen, die Betriebszeiten u. a. durch flexible Arbeitszeitmodelle zu verlängern.

Zuerst wurde die Arbeitszeitverkürzung durch Tage mit relativ geringen Auswirkungen auf die Produktionseffektivität, z. B. Brückentage, ausgeglichen. Jetzt erfolgt sie u. a. durch die Gleichberechtigung und Einbeziehung der Frauen in die Erwerbstätigkeit. Aufgabe einer flexiblen Arbeitszeitgestaltung ist es somit, den Anforderungen aus unternehmerischen Flexibilitätsinteressen zur Betriebszeiterweiterung und Mitarbeiterwünschen nach Arbeitszeitsouveränität zur Vereinbarung von Beruf und Familie Rechnung zu tragen (vgl. Bullinger 1989). Dies führt weg von starren Produktionsstrukturen zu flexiblen Strukturen mit variablen Arbeitsabläufen, variablem Einsatz von qualifiziertem Personal und flexiblen Arbeitszeitmodellen. Siehe dazu Bild 6.5.

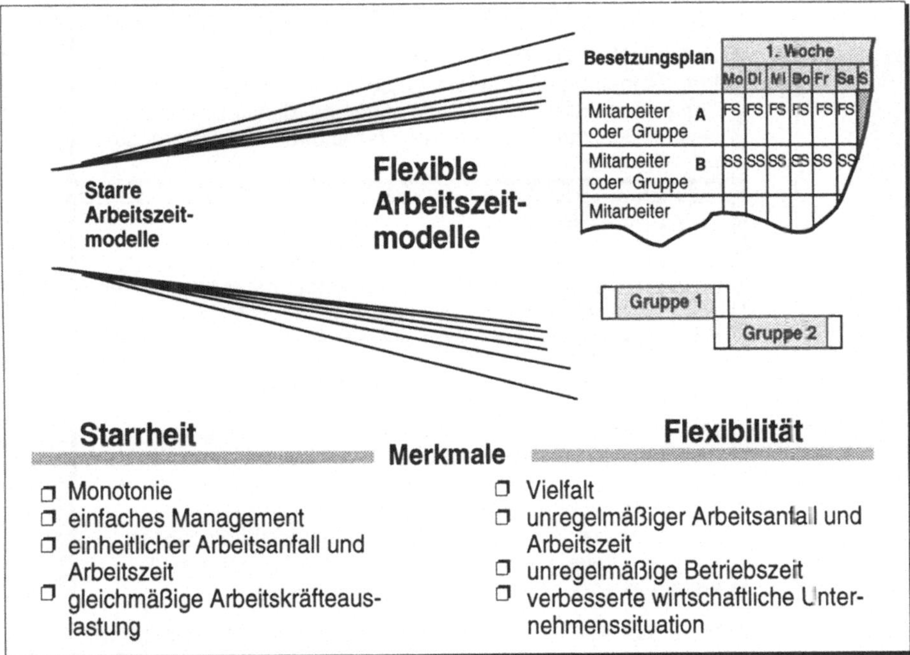

Bild 6.5   Zunahme und Merkmale flexibler Arbeitszeitmodelle

6.2   Gesetzliche und tarifliche Rahmenbedingungen

Bei der Gestaltung betrieblicher flexibler Arbeitszeiten werden größere Spielräume benötigt. Dennoch muß der Einfluß geltender Gesetze beachtet werden. Diese lassen sich, wie in Bild 6.6 zu sehen ist, in vier Ebenen einordnen. Jedes einzelne Gesetz beeinflußt dabei auf seine Weise die in Bild 6.7 gezeigten vier Strukturelemente der betrieblichen Arbeitszeit (vgl. Fraunhofer-Institut 1992).

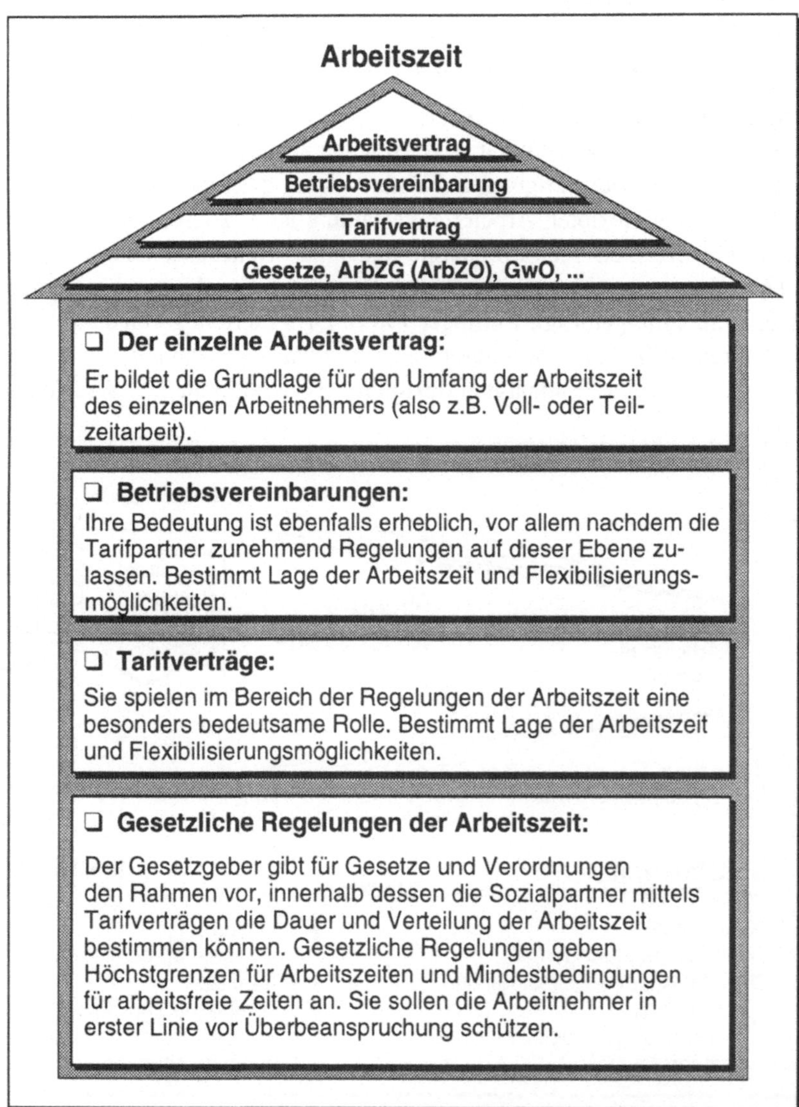

Bild 6.6   **Vier Regelungsebenen der betrieblichen Arbeitszeit**

Bild 6.7   Vier Strukturelemente der betrieblichen Arbeitszeit

Die die Arbeitszeit bestimmenden Rechtsquellen lassen sich des weiteren in die beiden Klassen ›*Arbeitszeitschutzgesetze*‹ und ›*kompetenzabgrenzende*‹ *Gesetze* wie in Bild 6.8 unterteilen.

Rechtsquellen zur Arbeitszeitbestimmung	
Arbeitszeitschutzgesetze	**Kompetenzabgrenzende Gesetze**
• Arbeitszeitgesetz ArbZG	• Tarifvertragsgesetz TVG
• Jugendarbeitsschutzgesetz JArbSchG	• Betriebsverfassungsgesetz BetrVG
• Mutterschutzgesetz MuSchG	• Arbeitsvertragsrecht z.B. auf der Basis von
• Gewerbeordnung GewO	- Bürgerlichem Gesetzbuch (§ 611 ff BGB) - Handelsgesetzbuch (§ 59 ff HGB)
• Ladenschlußgesetz LadSchlG	- Gewerbeordnung (GewO) - Beschäftigungsförderungsgesetz (BeschFG)
• Branchenspezifische Arbeitszeitregelungen	

Bild 6.8   Arbeitszeitbestimmende Rechtsquellen in zwei Gruppen
           (nach Fraunhofer-Institut 1992)

6.2.1   Arbeitszeitschutzgesetze

6.2.1.1 Arbeitszeitgesetz (ArbZG)

Mit der Vereinigung Deutschlands im Oktober 1990 ist es nötig geworden, eine einheitlich geltende Regelung des öffentlich-rechtlichen Arbeitsrechts zu schaffen. Das Arbeitszeitgesetz ist das wichtigste der gesetzlichen Arbeitszeitschutzgesetze und gilt mit Ausnahmen für einzelne Funktionen und Wirtschaftsbereiche, wie z. B. Leiter von öffentlichen Dienststellen, Beschäftigte in Bäckereien etc., für alle volljährigen Arbeitnehmer.

Das ›Arbeitszeitgesetz (ArbZG)‹, das seit dem 1. Juli 1994 in Kraft ist, löst die aus dem Jahre 1938 stammende *Arbeitszeitordnung* (ArbZO) und 27 weitere Gesetze und Verordnungen ab. Grundsätzliche Intention des Arbeitszeitgesetzes ist die Sicherstellung des Gesundheitsschutzes der Arbeitnehmer durch die Festlegung der Höchstarbeitszeit, die Festlegung von Mindestruhepausen und -zeiten, sowie Regelungen bzgl. der Nacht- und Sonntagsarbeit. Ebenso sollen die Rahmenbedingungen für die Vereinbarung flexibler Arbeitszeiten verbessert werden. Nachfolgend sind einige der wichtigsten Regelungen dargestellt. Durch die Fülle der Ausnahmeregelungen kann die Arbeitszeit flexibler als bisher den Arbeitserfordernissen angepaßt werden.

Dauer der Arbeitszeit

Hauptregelungsgegenstand des Arbeitszeitgesetzes ist die Dauer der täglichen Arbeitszeit, nicht jedoch wie in tariflichen Regelungen die der wöchentlichen Arbeitszeit. Das Arbeitszeitgesetz definiert diese als die täglich zur Leistung der Arbeit zur Verfügung stehende Zeit ohne Pausen. Die werktägliche Arbeitszeitdauer ist gemäß Bild 6.9 auf täglich acht Stunden und wöchentlich 48 Stunden festgelegt. Der Samstag wird in dem Arbeitszeitgesetz als gewöhnlicher Werktag behandelt. Die tatsächliche Arbeitszeit und die Verteilung der festgelegten Arbeitszeit auf die einzelnen Wochentage beibt weiterhin den Tarifverträgen, den Betriebsvereinbarungen und dem Arbeitsvertrag vorbehalten.

1 Woche mit 48 Stunden Arbeitszeit

**6 Werktage Montag bis Samstag
mit je 8 Stunden Arbeitszeit**

Mo	Di	Mi	Do	Fr	Sa	So
8 Std.	8 Std.	8 Std.	8 Std.	8 Std.	8 Std.	

Bild 6.9   **Definition und Regelung der Arbeitszeitdauer im Arbeitszeitgesetz**
(nach Arbeitszeitgesetz 1994)

Ausnahmen von der täglichen Regelarbeitszeit

Diese tägliche Arbeitszeit kann auf bis zu zehn Stunden verlängert werden, wenn diese Verlängerung innerhalb eines Ausgleichszeitraums von sechs Monaten oder innerhalb von 24 Wochen im Durchschnitt auf acht Stunden ausgeglichen wird.

Ein weiterer Spielraum, in dessen Rahmen sich flexible Arbeitszeitmodelle bewegen können, ist dadurch gegeben, daß abweichend davon in Tarifverträgen oder in Betriebsvereinbarungen die folgenden Ausnahmeregelungen vereinbart werden können. Siehe dazu Bild 6.10.

❑ Festlegung eines anderen *Ausgleichszeitraums*.

❑ Verlängerung der täglichen Arbeitszeit ohne Ausgleich auf bis zu zehn Stunden an höchstens 60 Tagen im Jahr.

❑ Verlängerung der täglichen Arbeitszeit ohne Ausgleich auf über zehn Stunden, wenn in die Arbeitszeit in erheblichem Umfang Arbeitsbereitschaft fällt.

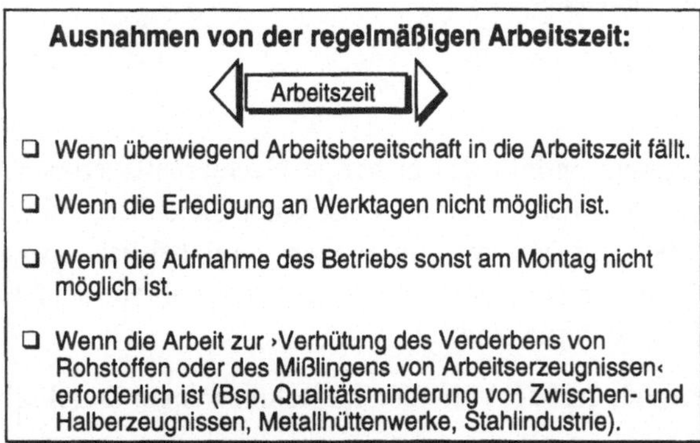

Bild 6.10 Ausnahmen von der werktäglichen Arbeitszeit (nach ArbZG)

Im Vergleich dazu sieht die EU-Arbeitszeitrichtlinie bei einer werktäglichen Höchstarbeitszeit von 13 Stunden einen gesetzlichen Ausgleichszeitraum von höchstens vier Monaten und einen tariflichen Ausgleichszeitraum von höchstens 12 Monaten vor. Die EU-Arbeitszeitrichtlinie muß bis spätestens November 1996 im nationalen Recht berücksichtigt werden.

Ruhezeit

Die Ruhezeit ist die Zeit, in der keine Arbeitsleistung erbracht werden darf und die zwischen zwei Arbeitstagen liegt. Die Dauer der regelmäßigen Ruhezeit ist auf mindestens elf Stunden festgelegt. Abweichungen davon sind z. B. in Gaststätten oder Krankenhäusern möglich. Eine Kürzung um zwei Stunden ist möglich, wenn die Art der Arbeit dies erfordert.

Ruhepausen

Die Ruhepausen sind die Arbeitsunterbrechungen, die im Gegensatz zur Ruhezeit innerhalb eines Arbeitseinsatzes stattfinden. Sie sind im voraus festgelegte Unterbrechungen der Arbeitszeit mit bestimmter Dauer, in denen der Arbeitnehmer keine

Arbeitsleistung erbringen darf. Dabei gilt die in Bild 6.11 aufgezeigte Ruhepausen-regelung. Die Pausen von 30 Minuten und 45 Minuten sind in einzelne Zeitabschnitte von je 15 Minuten aufteilbar.

Tägliche Arbeitszeit	Erwachsene	Jugendliche
mehr als 6 Stunden	30 min.	60 min.
mehr als 9 Stunden	45 min.	

Bild 6.11   Regelung der Ruhepausen (ArbZG)

Nachtarbeit

Durch das Arbeitszeitgesetz entfällt das bisherige Nachtarbeitsverbot (Ausnahme: Bergbau) für Arbeiterinnen. Unter dem Gesichtspunkt der Gleichberechtigung wird die Regelung der Nachtarbeit für Männer und Frauen vereinheitlicht. Somit gilt für Nachtarbeitnehmer, Männer und Frauen gleichermaßen, die während der Nachtzeit von 23.00 Uhr bis 6.00 Uhr beschäftigt sind:

❑ Die tägliche Arbeitszeit darf acht Stunden im Rahmen enger Durchschnittswerte nicht übersteigen.

❑ Sie haben Anspruch auf Zusatzurlaub oder Lohnzuschlag.

❑ Nachtarbeitnehmer mit Kindern unter 12 Jahren oder Pflegebedürftigen sind auf Wunsch von der Nachtarbeit freizustellen, wenn diese Personen nicht von einer anderen im Haushalt lebenden Person betreut werden können.

❑ Die tägliche Arbeitszeit kann auf bis zu zehn Stunden verlängert werden, wenn innerhalb von vier Wochen im Durchschnitt acht Stunden täglich nicht überschritten werden.

❑ Die tägliche Arbeitszeit kann bei überwiegender Arbeitsbereitschaft ebenfalls über zehn Stunden hinaus verlängert werden.

Sonntags- und Feiertagsarbeit

Durch das Arbeitszeitgesetz soll das Arbeitsverbot an Sonn- und Feiertagen grundsätzlich beibehalten und auf alle Beschäftigungsbereiche ausgedehnt werden.

Dabei sind allerdings 16 Ausnahmen möglich, die meist den Bereich der Daseinsvorsorge und den Dienstleistungsbereich betreffen, so z. B. Arbeitnehmer der öffentlichen Sicherheit und Ordnung, Arbeitnehmer in Gaststätten, Rettungsdienste, Kranken-pflegepersonal, Kulturveranstaltungen, Kirchen, Sport- und Freizeiteinrichtungen, Nachrichtenagenturen, Messen, Verkehrsbetriebe, Energieversorgungsbetriebe, Landwirtschaft, Reinigungs- und Instandhaltungsteams.

Auch aufgrund der internationalen Konkurrenzsituation ist Sonn- und Feiertagsarbeit gestattet, wenn bei einer weitgehenden Ausnutzung der gesetzlich zulässigen wöchentlichen Betriebszeiten (144 Stunden) und bei längeren Betriebszeiten im Ausland die Konkurrenzfähigkeit unzumutbar beeinträchtigt ist und erst durch Sonn- und Feiertagsarbeit die Beschäftigung gesichert werden kann.

Industrielle Sonn- und Feiertagsarbeit wird nur dann erlaubt, wenn technische Erfordernisse eine ununterbrochene Produktion erfordern, wenn Naturerzeugnisse oder Rohstoffe, die für die Produktion benötigt werden, sonst verderben, angestrebte Arbeitsergebnisse mißlingen oder Produktionseinrichtungen zerstört oder beschädigt würden. Alle kraft Gesetzes geltenden Ausnahmeregelungen gelten unter der Voraussetzung, daß die Arbeiten nicht an Werktagen vorgenommen werden können.

Die zuvor bei der werktäglichen Arbeitszeit dargestellten Höchstarbeitszeiten und Ausgleichszeiträume gelten auch hier. Die Arbeitszeitdauer an Sonn- und Feiertagen darf grundsätzlich acht Stunden nicht überschreiten. Ein Ausnahmeverlängerung auf zehn Stunden muß innerhalb von sechs Monaten ausgeglichen werden.

Ausgeglichen wird jeder Sonn- bzw. Feiertagsarbeitstag innerhalb von zwei bzw. acht Wochen durch einen Ersatzruhetag in der Woche. Bei der Berechnung der höchstmöglichen Wochenarbeitszeit ist die Sonntags- und Feiertagsarbeit mit zu berücksichtigen. Jeder Beschäftigte muß an mindestens 15 Sonntagen im Jahr arbeitsfrei haben.

In verarbeitenden Gewerbebetrieben beträgt die regelmäßige Sonn- und Feiertagsarbeit etwa 4 %; unter allen Arbeitnehmern in Deutschland etwa 8 %.

6.2.1.2 Jugendarbeitsschutzgesetz (JArbSchG)

Jugendarbeitsschutzgesetz (JArbSchG)	
Das Jugendarbeitsschutzgesetz regelt die Arbeitszeit für Jugendliche unter 18 Jahren	
Arbeitszeit/Dauer:	❑ max. 8 Std./Tag, max. 5 Tage/Wo, 40 Std./Wo ❑ bei Gleitzeit: max. 8,5 Std./Tag, max. 5 Tage/Wo, 40 Std./Wo
Berufsschultag:	❑ mind. 1 mal pro Woche gibt es einen mindestens 5 stündigen Berufsschultag, der mit 8 Stunden angerechnet wird
Schichtarbeit:	❑ max. 10 Std./Tag
Ruhezeit:	❑ mind. 12 Std.
Lage:	❑ Arbeitsverbot bei Ein-/Normalschicht: 20.00 Uhr bis 6.00 Uhr ❑ Arbeitsverbot bei Mehrschicht: 22.00 Uhr bis 6.00 Uhr
Samstags-, Sonntagsarbeit:	❑ weitgehend Arbeitsverbot

Bild 6.12 Jugendarbeitsschutzgesetz

Ergänzend zum Arbeitszeitgesetz (ArbZG), das die Arbeitszeit für Arbeitnehmer über 18 Jahren regelt, gilt das Jugendarbeitsschutzgesetz für Jugendliche unter 18 Jahren. Wie aus Bild 6.12 ersichtlich, beinhaltet es im Vergleich zum Arbeitszeitgesetz eine strengere Handhabung der Arbeitszeit sowohl in Hinsicht auf die Dauer und Lage der Arbeitszeit als auch bezüglich Ruhezeit und Ruhepausen.

6.2.1.3 Mutterschutzgesetz (MuSchG)

Ein besonderer Schutz gilt werdenden und stillenden Müttern. Um diesem Anspruch gerecht zu werden, gelten bezüglich der Arbeitszeit die in Bild 6.13 dargestellten Einschränkungen, die bei der Anwendung flexibler Arbeitszeitmodelle beachtet werden müssen.

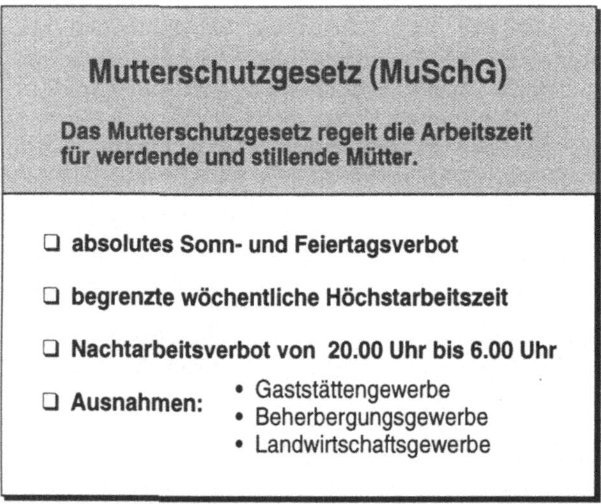

Bild 6.13 Mutterschutzgesetz

6.2.2 Kompetenzabgrenzende Gesetze

Die im vorigen Kapitel dargestellten gesetzlichen Regelungen lassen die Möglichkeit für tarifvertragliche und einzelvertragliche Regelungen der Arbeitszeit offen. Diese gelten für bestimmte Autonomiebereiche, wie z. B. die Metallindustrie, die Textilindustrie oder die Gastronomie.

6.2.2.1 Tarifvertragliche Regelungen

Innerhalb der gesetzlichen Höchstgrenzen und Bestimmungen durch das Arbeitszeitgesetz gelten die in Bild 6.14 beispielhaft dargestellten Tarifverträge für einzelne Autonomiebereiche als gültige Rechtsnormen.

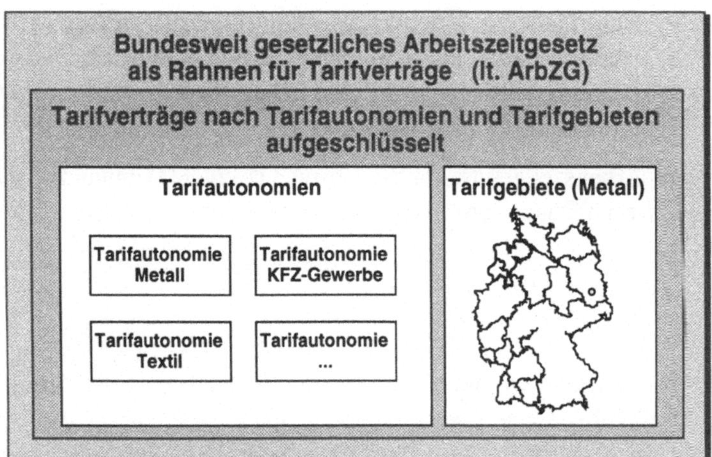

Bild 6.14   Geltungsbereiche Arbeitszeitgesetz <->Tarifverträge

Sie regeln gemäß Bild 6.15 innerhalb des gesetzlichen Rahmens eigenverantwortlich Rechte und Pflichten zwischen den betrieblichen Akteuren, Arbeitgebern und Arbeitnehmern sowie deren gesetzlichen Organisationen.

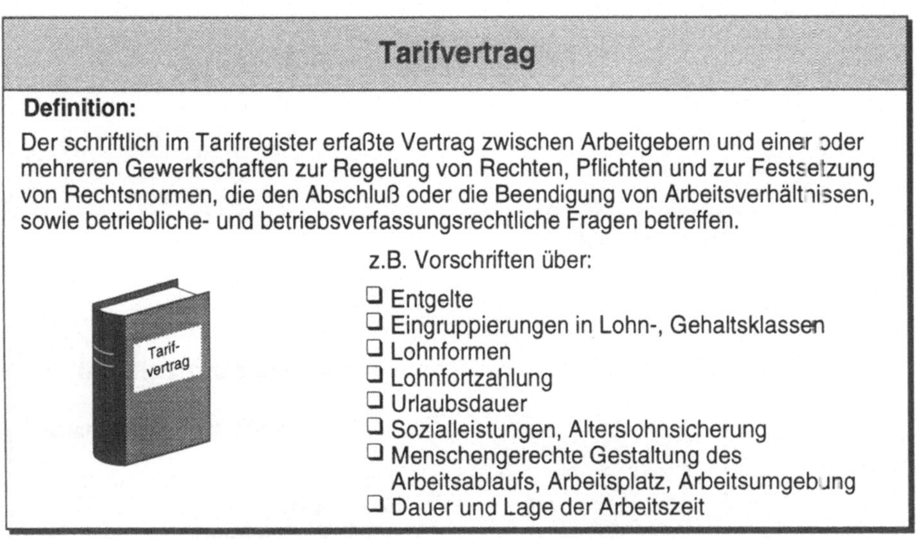

Bild 6.15   Definition Tarifvertrag

Grundgedanke des Tarifrechts ist, daß Arbeitsentgelt und Arbeitsbedingungen für einen Großteil der Arbeitnehmer durch Kollektivregelungen festgelegt sind und dadurch einzelne Arbeitnehmer nicht gegenüber anderen benachteiligt werden. Sie gelten für einen bestimmten Zeitraum. Sie machen Arbeitsbedingungen kalkulierbar und vermeiden Arbeitskämpfe für diesen Zeitraum.

Regelungsgegenstände sind bezüglich der Arbeitszeit die Dauer und in eingeschränktem Maße die Lage der Arbeitszeit. Diese werden nach Bild 6.16 und 6.17 erweitert oder eingeschränkt. Ausgangspunkt ist die wöchentliche Arbeitszeit und nicht die tägliche Arbeitszeit (vgl. Industriegewerkschaft Metall).

Wie bei dem Arbeitszeitgesetz ergibt sich daraus ein Maximum für die tägliche Arbeitszeit von zehn Stunden pro Tag, das nur in Ausnahmefällen überschritten werden kann.

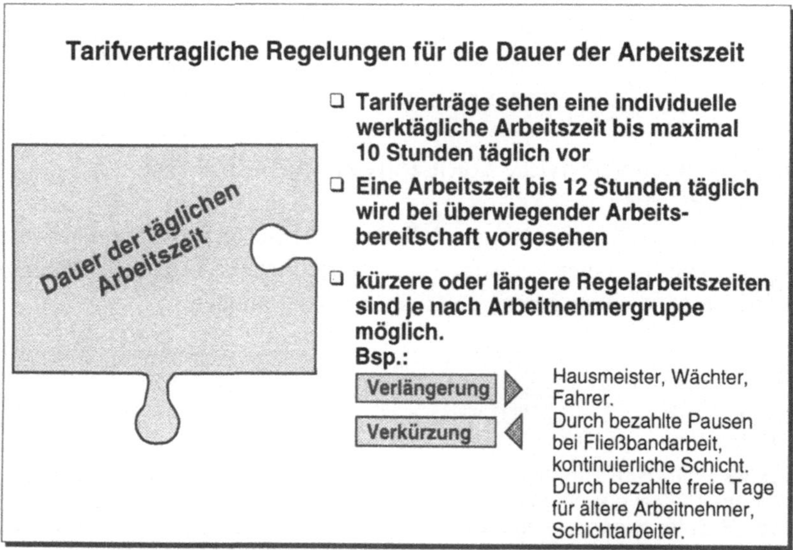

Bild 6.16   Dauer der Arbeitszeit

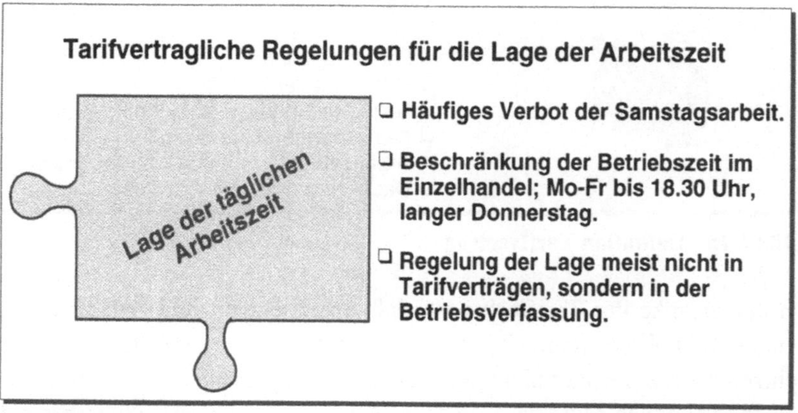

Bild 6.17   Lage der Arbeitszeit

Daraus ist ersichtlich, daß auch Tarifverträge keine absolut starre Arbeitszeitregelung vorschreiben, sondern zahlreiche Flexibilisierungsmöglichkeiten für diverse Arbeitszeitmodelle gestatten. Diese sind in Bild 6.18 dargestellt und haben das Ziel, weder eine Überforderung noch eine Unterforderung der Arbeitnehmer zu bewirken und gleichzeitig den wirtschaftlichen Nutzen zu mehren. Wichtig ist es nun, den Zusammenhang zwischen flexiblen tarifvertraglichen Regelungen, flexiblen Arbeitszeitmodellen und flexiblen Arbeitsstrukturen zu schaffen.

Flexibilisierungsmöglichkeiten

Fast alle neu abgeschlossenen Tarifverträge mit Arbeitszeitverkürzungen unter 40 Stunden sehen Flexibilisierungsmöglichkeiten vor:

Regelarbeitszeiten können innerhalb bestimmter Spannen (Metall: 35-40 Std./Wo.) über längere Zeiträume (bis zu einem halben Jahr) ungleichmäßig verteilt werden.

Wochenende kann evtl. in die Arbeitswoche einbezogen werden.

Die wöchentliche Arbeitszeit muß nur im Durchschnitt mit der wöchentlichen Arbeitszeit eines vorgegebenen Ausgleichszeitraums übereinstimmen (Bsp. Saisonale Schwankungen).

Verlängerte Betriebszeiten gegenüber der Arbeitszeit der Arbeitnehmer werden nicht verboten, sondern meist gewünscht.

Freizeitblockbildung von Stunden oder Tagen als Ausgleich.

Arbeitszeitdifferenzierung: z. B. in der Metallindustrie besteht für 18 % der Mitarbeiter die Möglichkeit, ihre Normalarbeitszeit auf 40 Stunden pro Woche zu erhöhen, mit der Wahl zwischen Freizeitausgleich oder Bezahlung.

Bild 6.18 Flexibilisierungsmöglichkeiten der Arbeitszeiten gemäß Tarifverträgen

In Bild 6.19 sind exemplarisch die wichtigsten Bestimmungen des Metall-Tarifvertrags dargestellt (vgl. Industriegewerkschaft Metall 1990).

Manteltarifvertrag der Metallindustrie

Wochenstundenzahl	36 Stunden ab 01.04.93; 35 Stunden ab 01.10.95 (Sonderregelung für Personen mit Arbeitsbereitschaft, z. B. Kraftfahrer, Pförtner, Wächter).
Mehrarbeit	Bis zu 10 Stunden in der Woche bzw. maximal 20 Stunden im Monat mit Zustimmung des Betriebsrats. Bei mehr als 20 Stunden ist eine Betriebsvereinbarung notwendig. Vereinbarung gilt für max. acht Wochen.
Verlängerte Arbeitszeit	Bis zu 12 Stunden täglich bzw. 43 Std./Woche, wenn die Arbeitsbereitschaft mehr als 40 % der regelmäßigen Arbeitszeit beträgt, z. B. Maschinist, Kraftfahrer, Wächter.
Ausgleich bei Mehrarbeit	Freizeitausgleich oder bezahlte Freistellung bei Mehrarbeit über 16 Stunden im Monat vom Arbeitnehmer wählbar; unter 16 Stunden im Monat Wahlmöglichkeit des Betriebs. Der Freizeitausgleich hat in den folgenden 3 Monaten zu erfolgen.
Verteilung der Arbeitszeit	Die Wochenarbeitszeit pro Mitarbeiter kann von Montag bis Freitag gleichmäßig oder ungleichmäßig auf bis zu 5 Werktage oder auf mehrere Wochen verteilt werden.
IRWAZ	Bis zu 40 Std. mit Zustimmung des Beschäftigten. Nicht mehr als 18 % der Beschäftigten dürfen in verlängerter IRWAZ arbeiten. Über 40 Std., wenn die durchschnittliche Arbeitszeit im Ausgleichszeitraum von 6 Monaten erreicht wird (IRWAZ: individuelle regelmäßige wöchentliche Arbeitszeit).
Ausgleichszeitraum	Bei ungleichmäßiger Verteilung der wöchentlichen Arbeitszeit innerhalb von 6 Monaten; Zeitguthaben kann über freie, maximal fünf zusammenhängende Tage ausgeglichen werden. Bei Vereinbarung einer IRWAZ von bis zu 40 Wochenstunden: Ausgleich zur tariflichen Arbeitszeit innerhalb von zwei Jahren nach Wahl.
Samstagsarbeit	Die Zustimmung des Betriebsrats ist erforderlich: "Die Tarifvertragsparteien erklären übereinstimmend, daß die Einbeziehung des Samstags in ein betriebliches Arbeitszeitmodell maßgeblich von den betrieblichen Belangen abhängt und unter Berücksichtigung der berechtigten Interessen der Beschäftigten ... zu erfolgen hat."
Sonntagsarbeit	Es gelten die gesetzlichen Regelungen, Zustimmung des Betriebsrats erforderlich.
Schichtarbeit	Nach Vereinbarung mit dem Betriebsrat kann Schichtarbeit eingeführt werden. Mitarbeiterbelange sollen berücksichtigt werden.
Gleitzeit	Gleitzeit sollte in jedem Fall aus Gründen der Vereinbarkeit von Familie und Beruf ermöglicht werden.
Teilzeit	Teilzeit liegt vor, sobald die Arbeitszeit geringer als die tariflich vereinbarte Wochenstundenzahl ist. Bei Teilzeit soll die tägliche Arbeitszeit mindestens 3 Stunden betragen und zusammenhängend erbracht werden können.

Bild 6.19   **Die wichtigsten Bestimmungen des Manteltarifvertrags der Metallindustrie Nordwürttemberg/Nordbaden** (1990)

Differenzen gibt es nicht nur zwischen den Tarifverträgen, sondern auch im Vergleich zwischen Tarifvertrag und gesetzlichem Arbeitszeitgesetz. Bezüglich der werktäglichen Arbeitszeit, der maximal zulässigen Arbeitszeit und der Samstagsregelung gibt das Arbeitszeitgesetz einen größeren Rahmen vor (vgl. Bild 6.20).

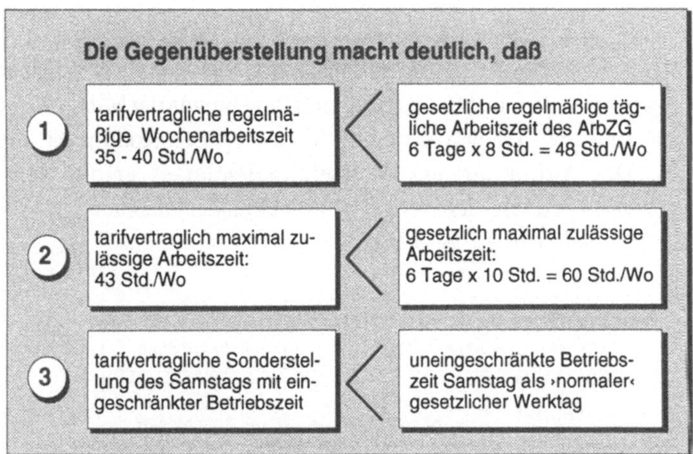

Bild 6.20   Vergleich Tarifvertrag versus Arbeitszeitgesetz am Beispiel der Metallindustrie

6.2.2.2 Betriebsverfassungsgesetz (BetrVG)

Betriebsvereinbarungen sind ein Instrument zur Gestaltung von Arbeitszeitmodellen. Die Aufgaben des Betriebsverfassungsgesetzes im einzelnen sind in Bild 6.21 dargestellt (vgl. Fraunhofer-Institut 1992).

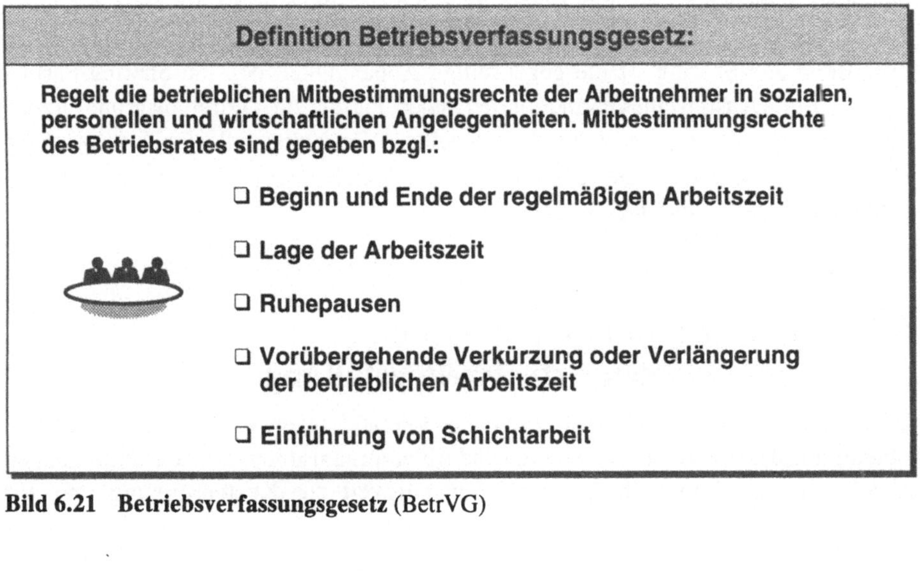

Bild 6.21   Betriebsverfassungsgesetz (BetrVG)

6.2.2.3 Beschäftigungsförderungsgesetz (BeschFG)

Im folgenden sind Regelungen der Teilzeit und des Job-Sharings durch das Beschäftigungsförderungsgesetz dargestellt.

Teilzeit

Für die Teilzeitbeschäftigten gelten grundsätzlich die gleichen arbeitsrechtlichen Bedingungen wie für Vollzeitkräfte. Wichtig sind Regelungen der Mindestbeschäftigung pro Arbeitstag und pro Arbeitswoche zur Sicherung der Kontinuität des Arbeitsverhältnisses. Die Aufteilung des Vollzeitarbeitsplatzes erfolgt bei der Teilzeitbeschäftigung auf beliebig viele vertraglich voneinander unabhängige Arbeitnehmer. Die Regelung der Mehrarbeit zeigt Bild 6.22.

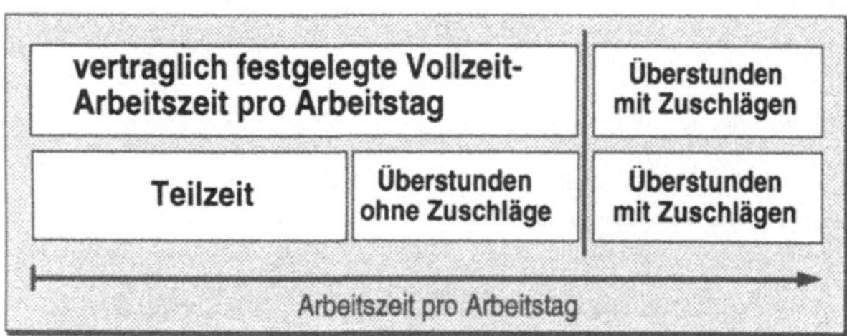

Bild 6.22 Überstundenregelung für Teilzeitarbeit gemäß dem Beschäftigungsförderungsgesetz

Job-Sharing

Job-Sharing (Arbeitsplatzteilung) unterliegt neben dem Arbeitszeitgesetz ebenfalls dem Beschäftigungsförderungsgesetz. Es ist ein Sonderfall der Teilzeitbeschäftigung, wobei ein Arbeitsplatz auf mindestens zwei Arbeitnehmer aufgeteilt wird. Sie legen ihre Aufgaben, Dauer und Lage ihrer individuellen Arbeitszeit eigenverantwortlich fest. Beim Job-Sharing ist die gegenseitige Abhängigkeit der Job-Sharing-Partner wichtig. Beim Ausfall eines Partners ist der andere Partner zur Vertretung grundsätzlich nur dann verpflichtet, wenn für den einzelnen Vertretungsfall eine Vereinbarung abgeschlossen wurde und sie zumutbar ist. Der Wegfall eines Partners berechtigt nicht automatisch zur Kündigung des anderen.

6.3 Formen und Möglichkeiten der flexiblen Arbeitszeitgestaltung

Um den zuvor dargestellten gesellschaftlichen Veränderungen, wie z. B. der gestiegenen Beteiligung der Mitarbeiter an Arbeits- und Ablauforganisation, der sich verkürzenden Arbeitszeit der Arbeitnehmer, der Notwendigkeit zur Kostensenkung und zur

Betriebszeiterweiterung gerecht zu werden, wurden im Rahmen der Organisationsstrukturierung flexible Arbeitszeitmodelle entwickelt.

Flexible Arbeitszeitmodelle, individuell oder durch Betriebsvereinbarung ermöglicht, bewirken wie in Bild 6.23 verdeutlicht die Interessenabstimmung von betrieblichen Zeitnotwendigkeiten und individuellen Zeitbedürfnissen durch die drei Parameter Dauer, Lage und Ort der Arbeitszeit. Denn zur Verbesserung der Wettbewerbssituation reichen Kostensenkungsprogramme allein nicht aus. Ein Unternehmen kann es sich nicht leisten, auf motivierte, qualifizierte und leistungsfähige Mitarbeiter zu verzichten und ihr Potential nicht zu entwickeln. Ein wichtiges Element dabei ist die Vermittlung von Zeitsouveränität zur Vereinbarkeit von Familie und Beruf. Dadurch wird die Basis sowohl zur Erhöhung der Leistungsbereitschaft der Mitarbeiter als auch des wirtschaftlichen Erfolgs des Unternehmens geschaffen.

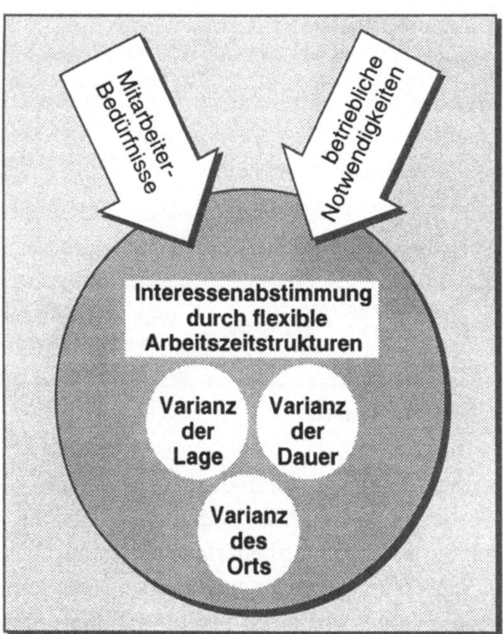

Bild 6.23   Interessenabstimmung durch flexible Arbeitszeitstrukturen

Sie gehen auf die in Bild 6.24 dargestellten humanitären, ökonomischen und organisatorischen Ziele ein, müssen jedoch ständig auf sich ändernde Produktionsstrukturen, wie z. B. Formen der Arbeitsteilung, auftragsbezogene, bestandslose Just-in-Time-Strategien etc. flexibel abgestimmt werden. Durch die Flexibilität als Charaktereigenschaft der Arbeitszeitmodelle ist eine Anpassung an verschiedene betriebliche, technische und gesellschaftliche Bedingungen möglich. Flexible Arbeitszeitmodelle berücksichtigen, daß Problemlösungen sowohl innerhalb als auch außerhalb einer 8-Stunden-Schicht gefunden werden können.

Auch um den Produktionsstandort Deutschland im EU-Binnenmarkt zu erhalten, ist die konsequente Anwendung neuer Arbeitszeitmodelle notwendig. Einen Einblick in die Vielfalt der Modelle zeigt Bild 6.25.

Bild 6.24   Ziele flexibler Arbeitszeitregelungen

So werden z. B. Jahresarbeitszeitverträge an großer Bedeutung gewinnen. Sie bieten die Möglichkeit ohne vorherige Festlegung der täglichen oder wöchentlichen Arbeitszeit äußerst flexibel auf Schwankungen des Kapazitätsbedarfs zu reagieren. Gleichwohl, ob dies vorhersehbare saisonale Schwankungen oder unvorhersehbare Schwankungen bestimmter Dauer sind, kann die Jahresarbeitszeit nach Aufgabenstellung ad hoc verteilt werden. Die Zeitabrechnung erfolgt über Zeitkonten. Ebenso ist es möglich, die Jahresarbeitszeit differenziert nach der Funktion der Mitarbeiter individuell und flexibel festzulegen.

So ist es auch im außertariflichen Bereich üblich, daß keine feste Arbeitszeit vereinbart wird. Im Rahmen der *Arbeitszeitsouveränität* entscheiden Führungskräfte eigenverantwortlich über ihre Arbeitszeit entsprechend ihrer Aufgabenstellung. Dies beinhaltet ein hohes Maß an Flexibilität und Mobilität der Mitarbeiter.

Einige der häufig verwendeten flexiblen Arbeitszeitmodelle werden nachfolgend näher beschrieben.

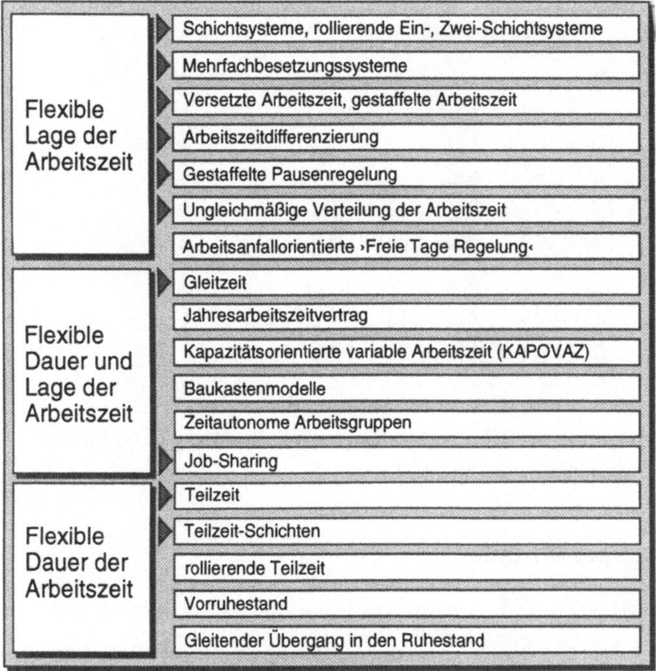

Bild 6.25 Überblick über flexible Arbeitszeitmodelle

6.4   Gleitzeit

Definition

Die Gleitzeit ist eine Form der Arbeitsorganisation, bei der Arbeitnehmer innerhalb eines gewissen Rahmens über Beginn, Ende, Lage und Dauer ihrer täglichen Arbeitszeit entscheiden.

Verbreitung der Gleitzeit

Gleitzeit ist die beliebteste Form zur Flexibilisierung der Arbeitszeit. Nach einer 1991 durchgeführten Umfrage verwenden circa die Hälfte der Produktionsbetriebe Gleitzeitmodelle für etwa 50 % der Belegschaft. Dabei nimmt die Anwendung von Gleitzeitmodellen stetig zu (vgl. Fraunhofer-Institut 1992). Vor allem in größeren Betrieben wird häufiger als in kleineren Betrieben nach einem Gleitzeitmodell gearbeitet. Gleitzeit wird sehr stark in den Verwaltungs- und Planungsbereichen angewendet, existiert jedoch nur bei weniger als der Hälfte der Betriebe in den Fertigungs- und Montagebereichen (vgl. Bild 6.26). Dies ist dadurch bedingt, daß bisher nur in seltenen Fällen Schichtarbeit, die im Fertigungs- und Montagebereich überwiegt, mit Gleitzeit kombiniert wird.

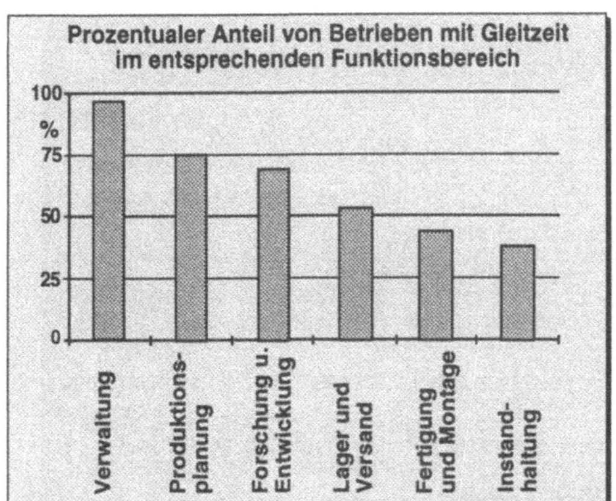

Bild 6.26   **Verbreitung der Gleitzeit in Baden-Württemberg nach Funktionsbereichen**
(nach Fraunhofer-Institut 1992)

Bestimmungsparameter

Kernzeit	Feste, fixe, tägliche Mindestarbeitszeit mit Anwesenheitspflicht. 2 Grundtypen: Modell der unterbrochenen Kernzeit Modell der durchgängigen Kernzeit
Gleitzeitspannen	Sind der Kernzeit vor- oder nachgelagert. Innerhalb dieser Spannen, in denen keine Anwesenheitspflicht besteht, kann der Mitarbeiter entsprechend dem individuellen Arbeitsanfall und Ermessen Beginn und Ende seiner täglichen Arbeitszeit selbst oder in Absprache festlegen
Rahmenarbeitszeit (Gleitzeitrahmen)	Maximal mögliche tägliche Arbeitszeit
Zeitguthaben / Zeitschuld	Der Mitarbeiter kann durch Über- bzw. Unterschreitung der Normalarbeitszeit Zeitguthaben bzw. Zeitschuld bis zum vereinbarten Umfang auf einem Zeitkonto aufbauen
Ausgleichszeitraum	Zeitraum, in dem das Zeitguthaben / Zeitschuld ausgeglichen und die individuelle Arbeitszeit der tariflich festgelegten Arbeitszeit entsprechen muß
Ausgleichseinheit	Zeiteinheiten (stunden- , halbtage-, tageweise), durch die Zeitguthaben ausgeglichen werden können
Sollzeit	Die vom Mitarbeiter zu erbringende Zeit innerhalb eines bestimmten Ausgleichszeitraums
Pausenregelung	Starre Dauer und Lage, variable Lage innerhalb eines Gleitbereichs, gestaffelt innerhalb einer Arbeitsgruppe

Bild 6.27   **Bestimmungsparameter für Gleitzeitmodelle**

Bild 6.27 zeigt Bestimmungsparameter von Gleitzeitmodellen, durch deren Varianz Möglichkeiten zur Flexibilisierung der Arbeitszeit gegeben sind. Alternativ zur dargestellten Ausgleichsmöglichkeit durch Zeiteinheiten ist der Ausgleich durch finanzielle Werteinheiten realisierbar. So erfolgte z. B. bei der Firma Hewlett-Packard der Ausgleich des Zeitkontos 1993 zu 85 % durch einen Zeitausgleich und zu 15 % durch einen Wertausgleich.

6.4.1 Gleitzeitmodelle

Die drei Hauptvarianten

Bei Gleitzeitmodellen unterscheidet man bei homogener Arbeitszeit und tagesbezogener Betrachtungsweise vor allem drei Varianten, die in Bild 6.28 dargestellt sind (vgl. Fraunhofer-Institut 1992).

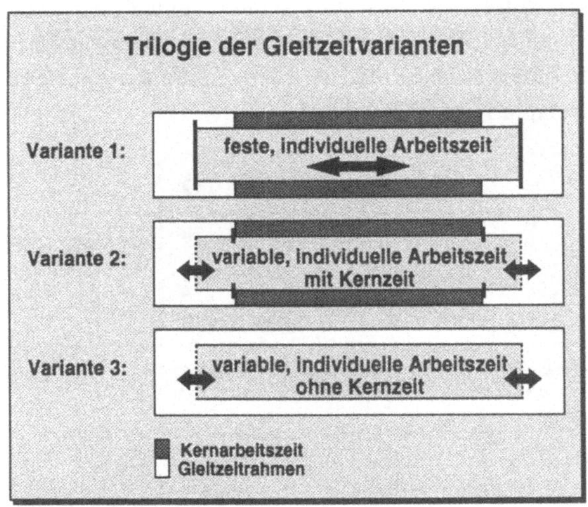

Bild 6.28 Drei Hauptvarianten von Gleitzeitmodellen

Variante 1: Gleitzeit mit täglich festgelegter Arbeitsdauer (mit *Kernzeit* ohne *Zeitübertragungsmöglichkeit*): Der Arbeitsbeginn kann innerhalb eines vorgegebenen *Gleitrahmens* beliebig gewählt werden, wobei das Arbeitsende durch die täglich zu leistende Sollarbeitszeit bestimmt wird.

Variante 2: Gleitzeit mit täglich variabler Arbeitsdauer (mit Kernzeit mit Zeitübertragungsmöglichkeit): Sowohl der Arbeitsbeginn als auch das Arbeitsende und somit die tägliche Arbeitszeit kann innerhalb der vorgegebenen *Gleitzeitspanne* gewählt werden. Die dadurch unter- oder überschrittene Sollarbeitszeit kann durch Zeitschulden oder Guthaben übertragen werden und innerhalb eines vereinbarten Zeitraums ausgeglichen werden.

Variante 3:   Gleitzeit mit täglich variabler Arbeitsdauer (ohne Einschränkung durch Kernzeit): Arbeitsbeginn und Arbeitsende werden völlig frei und ohne Einschränkung durch Kernzeit gewählt. Der Zeitausgleich erfolgt wie in Variante 2.

Häufigstes Gleitzeitmodell

Das häufigste Gleitzeitmodell entspricht Variante 2 mit den folgenden Merkmalen (vgl. Fraunhofer-Institut 1992) (vgl. Bild 6.29):

Die durchschnittliche Länge des Gleitrahmens (Kernzeit + Gleitspanne) liegt bei zehn Stunden und beinhaltet eine Kernzeit von sechs Stunden pro Tag. Dabei kann ein Zeitguthaben von +/- 10 Stunden angesammelt und auf den nächsten Monat übertragen werden. Überstunden müssen nicht am Monatsende ausgeglichen werden. Das Zeitguthaben wird tageweise durch Gleittage abgebaut. Die Möglichkeit zum wochen-, monate- oder halbjahresweisen Gleiten wird seltener angeboten. Der häufigste Ausgleichszeitraum liegt bei vier Wochen. Arbeitsanfallschwankungen werden dadurch ausgeglichen, daß bei erhöhtem Arbeitsanfall der Gleitzeitrahmen voll ausgenützt wird und bei geringem Arbeitsanfall gegleitet wird.

Kernzeit:	6 Std./Tag
Gleitspanne:	4 Std./Tag
Rahmenarbeitszeit:	10 Std./Tag
Zeitübertrag:	+/- 10 Std./Monat
Ausgleichszeitraum:	4 Wochen
Ausgleichseinheit:	tageweise
Einsatzbereich:	Verwaltung

Bild 6.29   Häufigstes Gleitzeitmodell

6.4.2   Merkmale von Gleitzeitmodellen

Unumstritten sind die Vorteile, die sich durch Gleitzeitarbeit sowohl für die persönliche Zeitsouveränität der Mitarbeiter als auch für die flexible Anpassung der Arbeitszeit an den Arbeitsanfall ergeben. Auf der anderen Seite sind Mitarbeiterabsprachen dann zu beachten, wenn das Tun und Handeln eines Einzelnen nicht isoliert, sondern unter und mit Einfluß auf andere Mitarbeiter erfolgt. Bei der Regelung der Gleitzeit sind folgende Absprachen zu beachten:

❑ *Individueller isolierter Einzelarbeitsplatz:* Arbeitszeitlage ist individuell wählbar und erfordert im allgemeinen keine Absprache. Absprache ist nur in Sonderfällen notwendig.

❑ *Verkettete Arbeitsplätze:* Da der einzelne Arbeitsplatz in eine Gruppe oder Abteilung eingebunden ist, besteht keine freie Wahl von Beginn und Ende der individuellen Arbeitszeit. Gruppenabsprachen sind erforderlich, damit die Gleitzeitregelung weder zur Mehrfachbesetzung noch zur Unterbesetzung, sondern zur Optimierung der Arbeitsauslastung der Arbeitnehmer und der Betriebsmittel führt.

Die Vor- und Nachteile von Gleitzeit-Arbeitszeitmodellen zeigt das Bild 6.30.

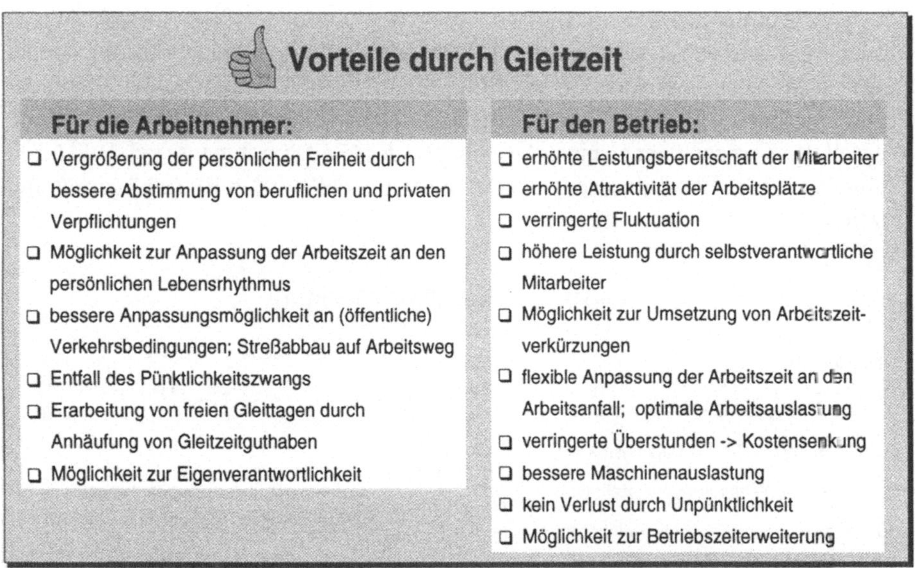

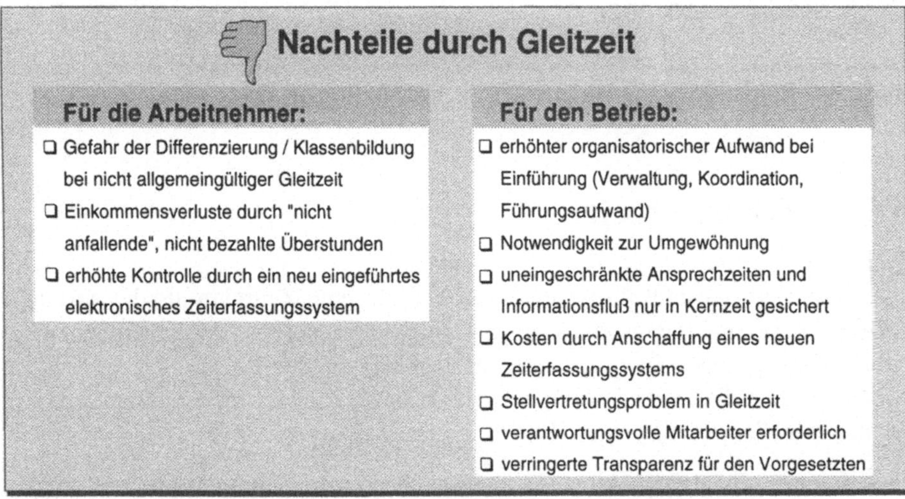

Bild 6.30   Vorteile und Nachteile von Gleitzeit-Arbeitszeitmodellen

Gleitzeit, als Instrument zur Flexibilisierung der Arbeitszeit

❑   bewirkt die Entkopplung von Arbeitszeit und Betriebszeit,
❑   ist ein Instrument der humanen Arbeitsgestaltung,
❑   genügt Wirtschaftlichkeitskriterien und
❑   fördert die Selbstverantwortung der Mitarbeiter.

Weitere Entwicklung von Gleitzeit

Der aktuelle Status quo mit einer kleinen Zeitübertragungsmöglichkeit auf den nächsten
Monat, einer langen Kernarbeitszeit und geringen Gleitmöglichkeiten hat noch einen
relativ unflexiblen Charakter. Bei der Entwicklung von Gleitzeitmodellen besteht ein
Trend zu größeren Dispositionsmöglichkeiten, wie zu einer Verkürzung bzw. einem
Wegfall der Kernzeit oder zu einer Ausdehnung des Gleitzeitrahmens (vgl. Bild 6.31).
Dadurch wird die Flexibilisierung der Arbeitszeitmodelle in den Betrieben zusätzlich
erweitert.

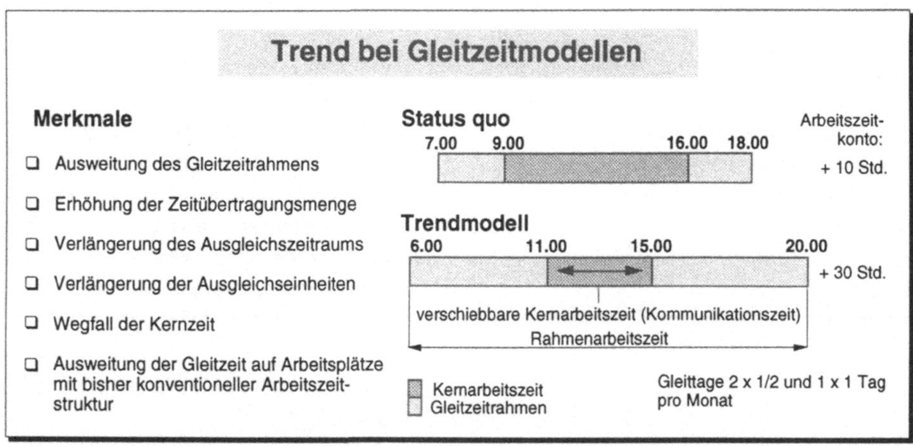

Bild 6.31   Entwicklung von Gleitzeit (vgl. Fraunhofer-Institut 1992)

6.5   Schichtarbeit

Definition
Die Arbeitsaufgabe fällt über einen erheblich längeren Zeitraum als die wirkliche
Arbeitszeit eines Arbeitnehmers an und wird von mehreren Arbeitnehmern oder
Arbeitnehmergruppen in festgelegter aneinandergereihter Reihenfolge am selben
Arbeitsplatz erfüllt. Deren jeweilige Arbeitszeit addiert sich zur Betriebszeit, die von
der individuellen Arbeitszeit entkoppelt ist.

Überall dort, wo gleiche Arbeitsleistungen über einen Zeitraum geleistet werden
müssen, der über der Arbeitszeit einer einzelnen Person liegt, wird Schichtarbeit

geleistet. Dabei können die Ursachen für Schichtarbeit von unterschiedlichster Natur sein. Nach Bild 6.32 unterscheidet man in soziale, technische und wirtschaftliche Motive.

Soziale Motive betreffen vor allem den öffentlichen Dienst und den Dienstleistungssektor zur Sicherung der Versorgung und der Sicherheit der Bevölkerung. Davon betroffene Berufsgruppen sind z. B. Wachdienst, Flughafen-, Krankenhaus- oder Postpersonal.

Technische Motive ergeben sich zwingend aus dem technologischen Produktionsprozeß, wohingegen *wirtschaftliche Motive* sich erst aus einer wertenden Betrachtung der betriebswirtschaftlichen Position des Unternehmens im internationalen Vergleich ergeben. Diese entscheidet über die wirtschaftliche Situation und die zukünftige Existenz des Unternehmens. So beeinflussen die Marktnachfrage nach Produkten, die Art der technischen Betriebsmittel oder die gewünschte Nutzungszeit die Länge der gewünschten Betriebszeit. Kapitalintensive Anlagen mit hohen Investitionskosten, wie z. B. in der Fertigung (Großanlagen, Spezialmaschinen, NC/CNC) oder in der Konstruktion (CAD-Anlage, EDV) erfordern längere Betriebszeiten, um eine höhere Kapazitätsauslastung ohne veränderte technische Einrichtungen zu erreichen. Dies erfolgt durch die zeitliche Aneinanderreihung von individuellen Arbeitszeiten mit einer Entkopplung von Betriebszeit und Arbeitszeit.

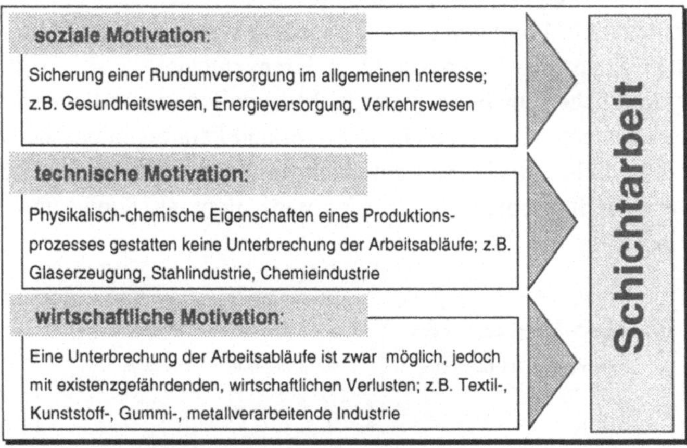

Bild 6.32   Motivgruppen für Schichtarbeit

Verbreitung

Schichtarbeit wurde aus dem sozialen Einsatzbereich (z. B. Krankenhäuser, Notärzte, Pflegedienst, Sicherheitsdienst) auf das produzierende Gewerbe übertragen und ist in den Betrieben überaus stark verbreitet. 1991 wird Schichtarbeit in der Hälfte der Produktionsbetriebe praktiziert, wobei ein Viertel aller Beschäftigten in Schicht arbeitet. Dabei nimmt die Verbreitung von Schichtarbeit mit der Größe der Betriebe proportional zu. Ab einer Mitarbeiteranzahl von über 500 wird Schichtarbeit in fast jedem Betrieb eingesetzt und findet zu 90 % in der Fertigung und Montage statt (vgl. Fraunhofer-Institut 1992).

Bestimmungsparameter

Wenn die Motivation der Mitarbeiter zur Schichtarbeit sinkt, dann liegt es häufig an den Nachteilen dieser Arbeitsform, wie z. B. deren Starrheit. Diese läßt sich durch eine flexible Organisation der Schichtarbeit verbessern, wozu die in Bild 6.33 dargestellten Parameter zur Verfügung stehen.

Die Parameter Schichtzyklus, -wechselzeitpunkt und -länge werden je nach Anforderungen festgelegt. Der Schichtzyklus definiert den Zeitraum, nach dem sich der Schichtplan eines Mitarbeiters wiederholt. Der Schichtwechselzeitpunkt kennzeichnet den Zeitpunkt der Schichtübergabe und die Schichtlänge die Dauer der Früh-, Spät- oder Nachtschicht (vgl. Fraunhofer-Institut 1992). Die teilkontinuierliche und nichtkontinuierliche Schicht wird auch zum Begriff der diskontinuierlichen Schicht zusammengefaßt.

Von Bedeutung ist die Unterteilung in voll-, teil- und nichtkontinuierliche Schichtarbeit (vgl. Bundesanstalt für Arbeitsschutz 1991).

❏ *voll-*   kontinuierliche (auch kontinuierliche / Kontischicht genannt) Schichtarbeit bedeutet, daß 24 Stunden pro Tag an jedem Wochentag gearbeitet wird, d. h. auch an Sonn- und Feiertagen (z. B. Krankenhaus).
❏ *teil-*   kontinuierliche Schichtarbeit entspricht der vollkontinuierlichen Schichtarbeit in drei Schichten, wobei nicht an Sonn- und Feiertagen gearbeitet wird.
❏ *nicht-* kontinuierliche Schichtarbeit entspricht der Zweischicht im Wechsel zwischen Früh- und Spätschicht. Auch hier wird nicht an Sonn- und Feiertagen gearbeitet

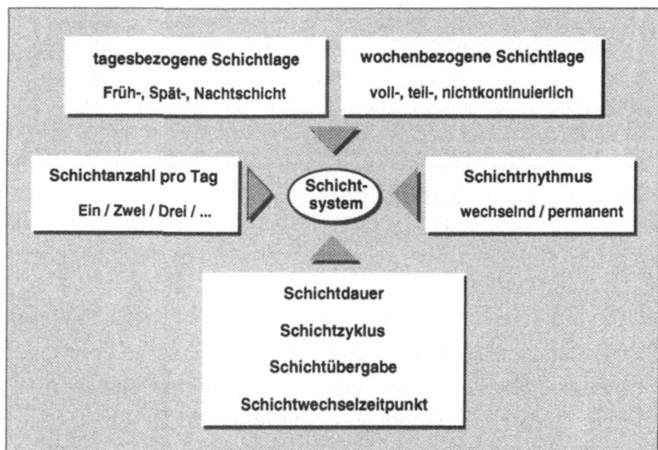

Bild 6.33 Bestimmungsparameter von Schichtsystemen

6.5.1 Schichtmodelle

Häufigstes Schichtmodell

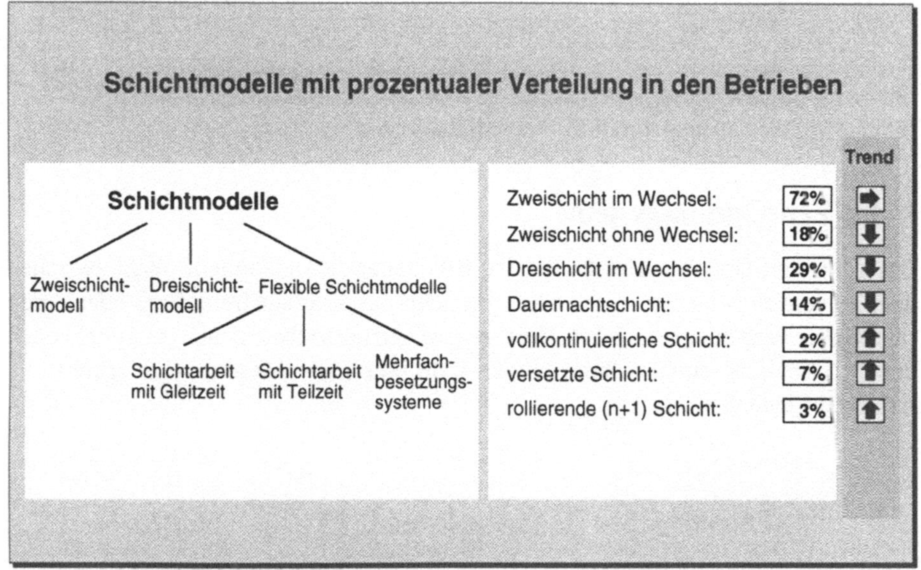

Bild 6.34   Verteilung von Schichtmodellen

Das am häufigsten angewendete Schichtmodell gemäß Bild 6.34 ist die klassische Zweischicht im Wechsel zwischen Früh- und Spätschicht und ist v. a. in der Fertigung und Montage anzutreffen. Zwei Arbeitsgruppen wechseln sich dabei in ihrer Lage der Arbeitszeit ab. Die Betriebszeit liegt zwischen 5.00 Uhr und 22.00 Uhr und beträgt 17 Stunden. Da die Arbeitszeit meist 40 Stunden pro Woche mit einem 8-stündigen Arbeitstag beträgt, erfolgt der Ausgleich zur geringeren tariflichen Arbeitszeit momentan über 9-18 Freischichten pro Jahr. Bei einer Differenz von fünf Stunden pro Woche zwischen tariflicher Arbeitszeit und betrieblicher Arbeitszeit ergeben sich pro Arbeitnehmer dabei circa 30 Freischichten pro Jahr.

Freischichten zum Ausgleich der Mehrarbeit bedeuten jedoch durch die größer werdende Diskrepanz von Arbeitszeit gemäß Betriebsbedingungen zur geringeren tariflichen Arbeitszeit, dargestellt in Bild 6.35, eine zunehmend schwieriger werdende Schichtplanerstellung. Die Arbeitsinhalte der Arbeitnehmer, die jeweils in Freischicht sind, werden durch sogenannte ›Springer‹ erledigt. Durch die hohe Anzahl der Freischichten wird der Ausgleich durch Springer und deren Koordinierung immer problematischer. Es kommt zu Unter- und Überbesetzungen. Die Umsetzung der Arbeitszeitverkürzung wird deshalb alternativ zum Freischichtsystem durch andere Schichtmodelle (z. B. Mehrfachbesetzungssystem) realisiert.

Die Überstundenproblematik wird prinzipiell durch Lohn-Zeit-Optionssysteme gelöst.

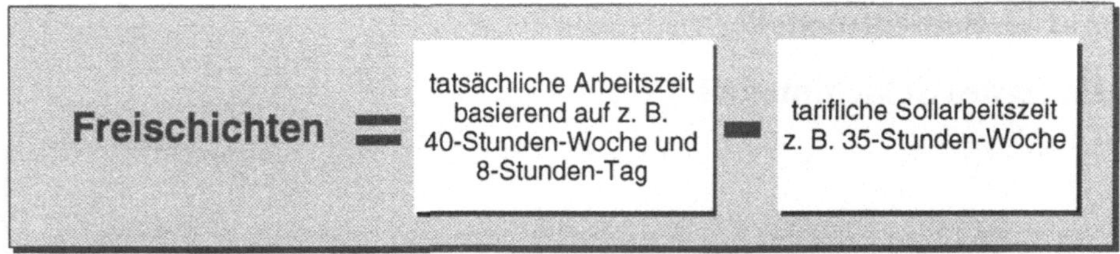

Bild 6.35   Freischichten durch Arbeitszeitbilanz

Lohn-Zeit-Optionssysteme

Bei Lohn-Zeit-Optionssystemen hat der Mitarbeiter die individuelle Wahl zwischen dem Ausgleich seiner geleisteten Überstunden durch arbeitsfreie Tage oder deren finanzieller Vergütung (vgl. Bild 6.36). Dies erweitert die Mitbestimmungsmöglichkeiten des Mitarbeiters entsprechend seiner individuellen Wünsche und erhöht die Arbeitszufriedenheit.

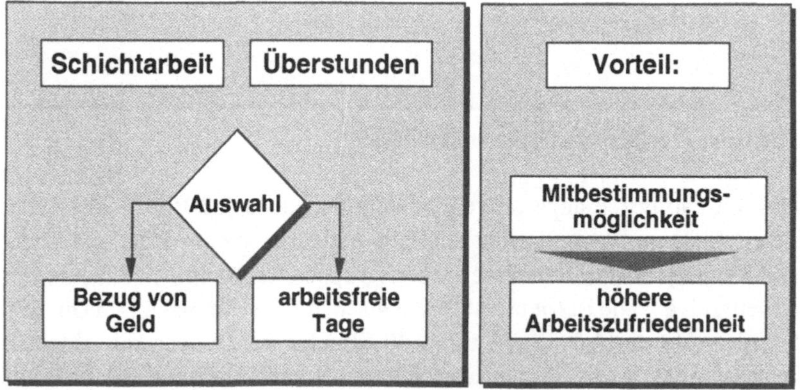

Bild 6.36   Prinzip der Lohn-Zeit-Optionssysteme

Alternative Schichtmodelle

Zur Bildung flexibler Schichtmodelle besteht die Möglichkeit der Kombination von Schichtarbeit mit Gleitzeit oder mit Teilzeit, von Schichtmodellen mit Überlappung oder Übergabe oder von Mehrfachbesetzungssystemen. Dies entschärft die Problematik der Unter- und Überbesetzung.

Bild 6.37 zeigt verschiedene Modelle für:

❑   Schichtarbeit mit Gleitzeit;
❑   Schichtarbeit mit Überlappung;
❑   Schichtarbeit mit Übergabe.

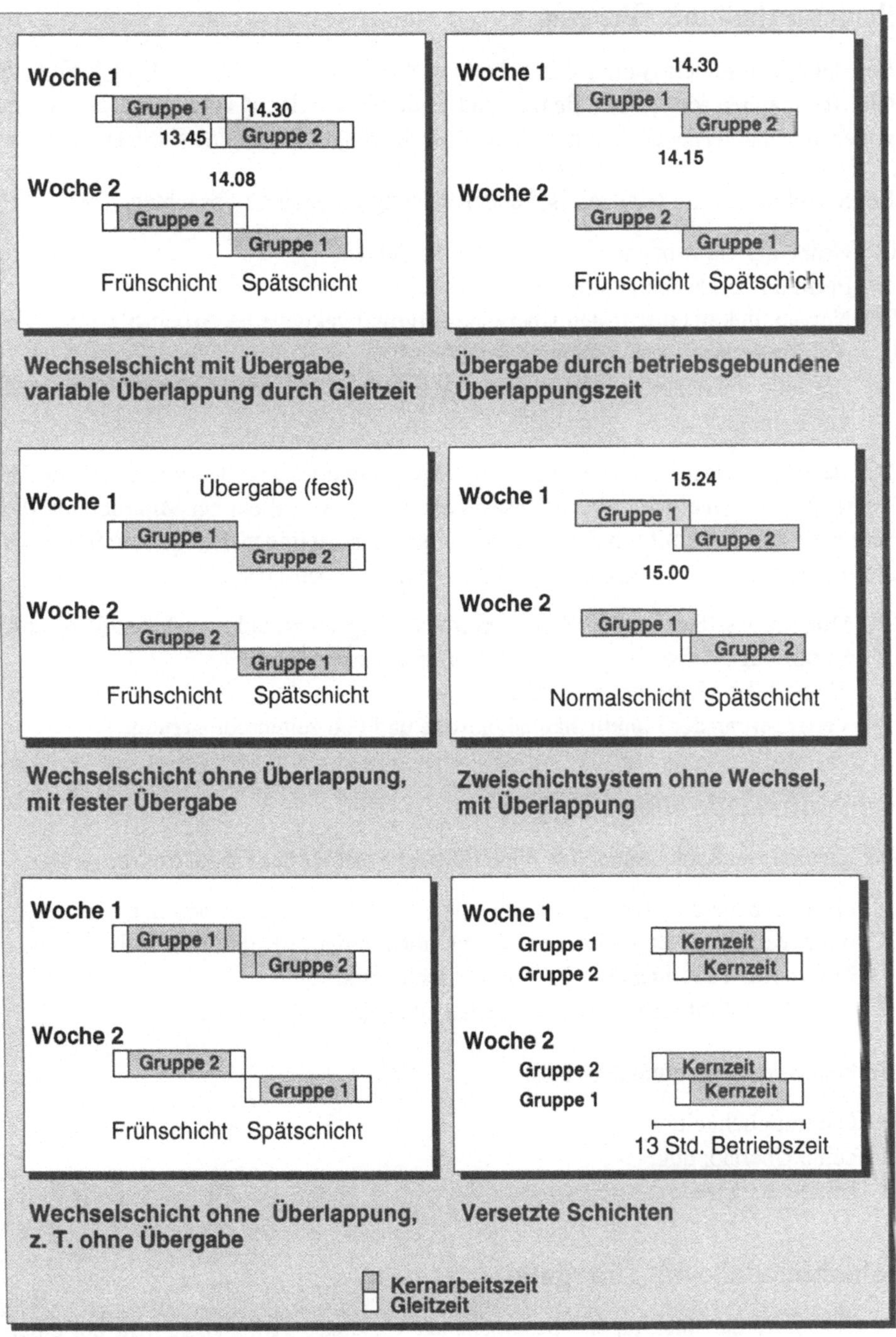

Bild 6.37 **Alternative Schichtmodelle mit Gleitzeit, mit Überlappung oder mit Übergabe** (vgl. Hegner et al. 1989, Fraunhofer-Institut 1992)

Schichtarbeit mit Gleitzeit

Bei dem Zweischichtsystem mit Schichtwechsel und Gleitzeit aus Bild 6.37 sind Gleitzeitspannen jeweils am Beginn und Ende einer Schicht vorhanden. Selbst bei voller Ausnützung der Gleitzeitspannen folgen die beiden Schichten nahtlos aneinander.

Bei Schichtarbeit mit Gleitzeit ist bei der Planung folgendes zu beachten:

❑ Größe der Gleitspannen zwischen den Schichten;
❑ Form und Notwendigkeit einer Übergabe;
❑ Notwendigkeit einer festen Übergabe aufgrund gekoppelter Arbeitsplätze;
❑ Art des Ersatzes von gleitenden Mitarbeitern;
❑ Einfluß von Überlappungen und Gleitspannen auf Maschinenbelegung und Leerzeiten.

Mehrschichtbetriebe mit Gleitzeit erfordern verantwortungsvolles Verhalten bei der Einhaltung der Übergabezeiten. Dieses Verhalten ist vor allem bei Mitarbeitern, die bereits Erfahrungen mit Job-Rotation gemacht haben, zu finden. Einige Vorteile durch die Anwendung von Gleitzeit im produktiven Schichtbetrieb sind u. a.:

❑ Motivationssteigerung durch Statusverbesserung des produktiven Schichtbetriebs;
❑ Kurzfristige Anpassung an wechselhaften Kapazitätsbedarf;
❑ Wegfall der Mehrarbeitszuschläge;
❑ Verringerung der Pünktlichkeitskontrolle und Fehlzeitenreduzierung.

Schichtmodelle ohne Übergabe

Der Einsatz von Schichtmodellen ohne Übergabe erfolgt bei Produktionsprozessen

❑ ohne besondere Anforderungen an eine Kontinuität des Produktionsprozesses,
❑ ohne Kopplung und ohne zwingend notwendige Absprachen zwischen den Mitarbeitern aufeinanderfolgender Schichten und
❑ ohne Anforderungen an eine möglichst hohe Kapazitätsauslastung.

Merkmale des Schichtmodells sind:

❑ Gleitmöglichkeit;
❑ keine Überlappung;
❑ keine Übergabe.

Schichtmodelle mit Übergabe

Im Gegensatz zur nachfolgend besprochenen versetzten Arbeitszeit wird bei einer erforderlichen Übergabe bedingt durch den Produktionsablauf zwischen zwei Schichten nur von einer Überlappung der Arbeitszeit der beiden Schichten gesprochen. Bei der Übergabe erfolgt ein Mitarbeiterwechsel.

Anwendung finden Schichtmodelle mit Übergabe durch Überlappung bei

❑ kapitalintensiven Anlagen zur Verbesserung der Kapazitätsauslastung,
❑ einem erforderlichen Informationsaustausch über den Produktionsablauf an den nachfolgenden Mitarbeiter und
❑ Produktionsprozessen, bei denen eine Unterbrechung der Kontinuität zu einem erheblichen wirtschaftlichen Verlust führt, z. B. in der Chemie- und Textilindustrie.

Die Kriterien zur Auswahl eines dieser Modelle sind:

❑ Art und Umfang der Übergabe;
❑ Informationsaustausch zwischen den benachbarten Schichten.

Versetzte Schichten

Versetzte Schichten und Mehrfachbesetzungssysteme entstehen besonders aus dem Umstand der Arbeitszeitverkürzung. Sie dienen der Aufrechterhaltung der Betriebszeiten oder der Erweiterung der Ansprech- und Betriebszeiten unter der Prämisse der Produktivitätssteigerung. Dabei ist bei bestimmten Aufgabenumfeldern während der gesamten Betriebszeit eine bestimmte Mindestanwesenheit in Verbindung mit einer benötigten Qualifikation erforderlich. Während der Überlappungszeit erfolgt bezüglich des Produktionsablaufs kein Mitarbeiterwechsel am Arbeitsplatz.

Bei versetzten Schichten gelten für einzelne Abteilungen, Arbeitsgruppen oder Mitarbeiter versetzte Anfangs- und Endzeiten der Arbeitszeit, die von denen der benachbarten Abteilungen, Arbeitsgruppen bzw. Mitarbeiter abweichen. Diese sind von der Betriebsleitung vorgeschlagen und den Mitarbeitern oder Mitarbeitergruppen zur Auswahl angeboten. Eine Gruppenabsprache dient sowohl zur Auswahl der Arbeitszeitlage als auch zur Regelung von Vertretungsfällen.

Anwendung:

❑ Zur Ausweitung der Betriebs- und Ansprechzeiten;
❑ Zur Verbesserung der Kapazitätsauslastung kapitalintensiver Bereiche, in denen bisher ohne Schicht gearbeitet wurde und ein klassisches Schichtsystem nicht akzeptiert wird, z. B. Einkauf, Verkauf, Verwaltung, Konstruktion (CAD-Anlage), Produktion.

Sonderfall:

Versetzte Arbeitszeiten entsprechen einem Sonderfall des Gleitzeit-Arbeitszeitmodells ohne Zeitguthaben und ohne Zeitübertrag mit gleichmäßig verteilter, vorbestimmter, versetzter Arbeitszeit.

Mehrfachbesetzungssysteme
(auch Rollierende Schichtsysteme, (n+1)-Schicht)

Besondere Bedeutung kommen Mehrfachbesetzungssystemen oder sogenannten rollierenden Schichtsystemen zu. Sie sind für Ein-, Zwei- oder Dreischichtbetriebe anwendbar. Deren Prinzip und Organisation zeigt Bild 6.38.

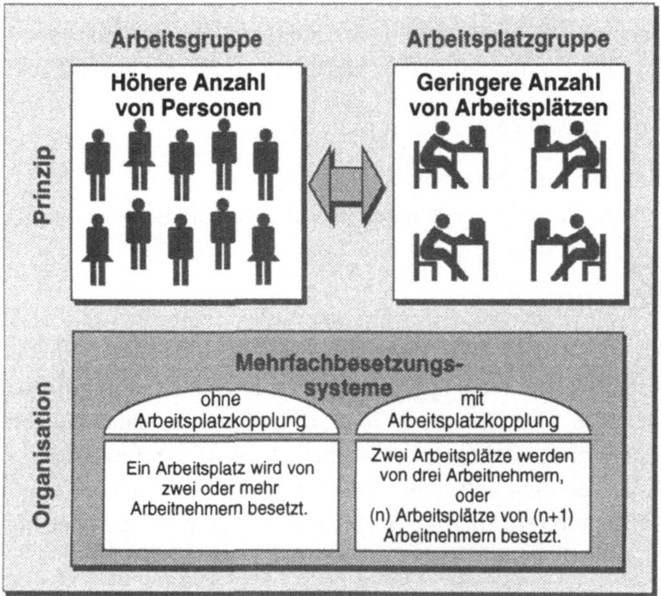

Bild 6.38   Prinzip des Mehrfachbesetzungssystems

Bei Mehrfachbesetzungssystemen sind innerhalb einer Arbeitsgruppe mehr Mitarbeiter (n+1) als Arbeitsplätze (n) vorhanden. Bei der Schichtplanbelegung werden die individuellen Arbeitszeiten der Mitarbeiter so gelegt, daß höchstens die gleiche Anzahl an Mitarbeitern wie Arbeitsplätze vorhanden sind. Damit Mitarbeiter flexibel eingesetzt werden können oder ein Mitarbeiter an seinen freien Tagen von Kollegen vertreten werden kann, ist eine Weiterqualifizierung notwendig.

Durch den Einsatz der zusätzlichen Mitarbeiter, die nach vorbestimmtem, regelmäßigem Einsatz als Springer mit vollwertigen Arbeitsinhalten fungieren, ergibt sich durch die wechselnden Freizeitblöcke ein ›rollierendes‹ System. Die Verteilung der Arbeitstage über die Woche ist nicht jede Woche gleich, d. h. sie ›rollt‹. Große zusammenhängende Freizeitblöcke bewirken die Erhöhung der Mitarbeiterzufriedenheit und die Erweiterung der Betriebszeiten trotz Arbeitszeitverkürzung.

Beispiele für Mehrfachbesetzungssysteme sind in Bild 6.39 für Zwei- und Dreischicht dargestellt. Beim Dreischichtsystem mit einer täglichen Schichtlänge von 8,25 Stunden ergibt sich über 4 Wochen eine durchschnittliche wöchentliche Arbeitszeit von 37,1 Stunden. Jede vierte Woche ist arbeitsfrei. Die sich durch das Mehrfachbesetzungssystem für die Mitarbeiter und für den Betrieb ergebenden Vor- und Nachteile zeigt Bild 6.40.

Zweischichtbetrieb

Besetzungsplan	1. Woche							2. Woche							3. Woche							4. Woche						
	Mo	Di	Mi	Do	Fr	Sa	So	Mo	Di	Mi	Do	Fr	Sa	So	Mo	Di	Mi	Do	Fr	Sa	So	Mo	Di	Mi	Do	Fr	Sa	So
Frühschicht	A	A	A	A	B	B		B	B	B	B	C	C		C	C	C	C	A	A		A	A	A	A	B	B	
Spätschicht	B	B	C	C	C			C	C	A	A	A			A	A	B	B	B			B	B	C	C	C		

A, B, C = Arbeitnehmer

Dreischichtbetrieb

Besetzungsplan	1. Woche							2. Woche							3. Woche							4. Woche						
	Mo	Di	Mi	Do	Fr	Sa	So	Mo	Di	Mi	Do	Fr	Sa	So	Mo	Di	Mi	Do	Fr	Sa	So	Mo	Di	Mi	Do	Fr	Sa	So
Mitarbeiter oder Gruppe A	F	F	F	F	F	F		S	S	S	S	S	S		N	N	N	N	N	N								
Mitarbeiter oder Gruppe B	S	S	S	S	S	S		N	N	N	N	N	N									F	F	F	F	F	F	
Mitarbeiter oder Gruppe C	N	N	N	N	N	N									F	F	F	F	F	F		S	S	S	S	S	S	
Mitarbeiter oder Gruppe D								F	F	F	F	F	F		S	S	S	S	S	S		N	N	N	N	N	N	

Frühschicht (F): 6.00-14.15 Uhr, Spätschicht (S): 14.00-22.15 Uhr, Nachtschicht (N): 22.00-6.15 Uhr

Bild 6.39 **Beispiel eines Mehrfachbesetzungssystems als Zweischicht- bzw. Dreischichtsystem** (nach Bihl 1989, nach Fraunhofer-Institut 1992)

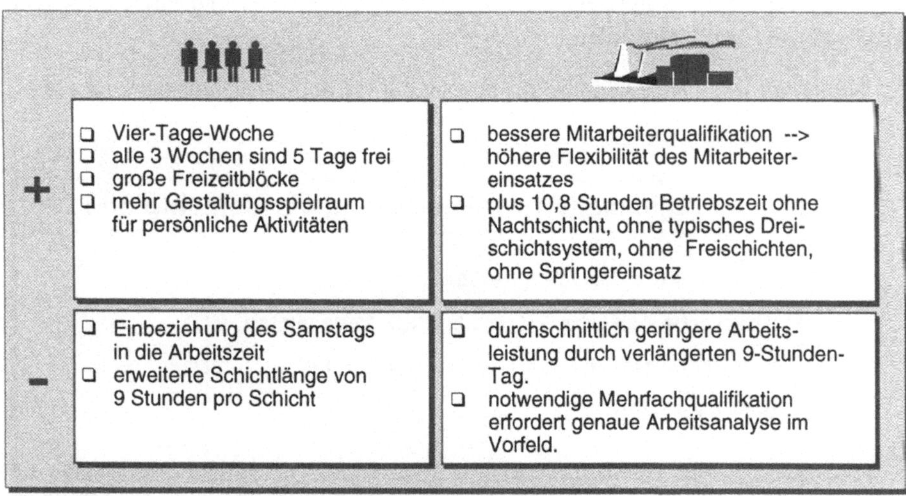

Bild 6.40 **Vor- und Nachteile für Mitarbeiter und Betrieb durch Mehrfachbesetzungssysteme**

Schichtarbeit an Samstagen und Sonntagen

1991 war die Verbreitung in den Betrieben relativ gering. Nur 11 % der Betriebe setzten Schichtarbeit am Samstagvormittag und nur 3 % am Samstagnachmittag ein. Anzutreffen ist Samstagvormittagsarbeit schwerpunktmäßig in bestimmten Branchen, wie z. B. der Textil-, Holz- oder Kunststoffindustrie.

Das Arbeitszeitgesetz macht keinen Unterschied zwischen Samstag und den übrigen Werktagen. Jedoch erfordert Samstagnachmittagsarbeit mit Ausnahmen die Zustimmung des Betriebsrats. Auch z. B. der Manteltarifvertrag der Textilindustrie läßt Samstagsarbeit nur bis 12.00 Uhr ohne Zustimmung des Betriebsrats zu. Betriebe der Holz- und Kunststoffindustrie, sonstige metallbe- und verarbeitende Betriebe und Kleinbetriebe sind oft nicht Mitglied im Arbeitgeberverband und damit auch nicht tarifvertraglich gebunden.

Noch geringer verbreitet ist Schichtarbeit am Sonntag. In einigen wenigen Industriezweigen erfordern technische Zwänge oder die Gefahr der Verderblichkeit des Produkts einen kontinuierlichen Produktionsprozeß und schließen Samstags- und Sonntagsarbeit ein. Davon betroffene Industriezweige sind die Papier- und Druckindustrie, die Chemieindustrie und die Nahrungsmittelindustrie.

6.5.2   Merkmale von Schichtmodellen

Festlegung der Schichtpläne

Bei der mitarbeiterorientierten Schichtplanerstellung gilt global die Vorgabe, daß nicht nur betriebliche Erfordernisse, sondern auch sozial verträgliche und gesundheitliche Aspekte erfüllt werden müssen. Daneben müssen gesetzliche und tarifvertragliche Gegebenheiten beachtet werden.

Die häufigsten vier Möglichkeiten zur Festlegung der Schichtpläne zeigt Bild 6.41.

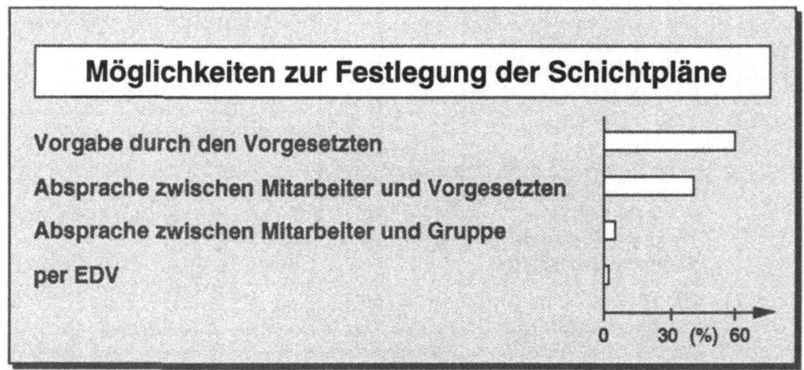

Bild 6.41   Festlegung der Schichtpläne

Typisch ist weiterhin die Festlegung durch den Vorgesetzten. Die Festlegung der Schichtpläne zu ca. 40 % unter Mitsprache der Mitarbeiter zeigt, daß der Trend zur stärkeren Mitwirkung der Mitarbeiter geht. Die Festlegung allein durch Gruppenabsprache hat sich noch nicht durchgesetzt.

Die Problematik bei Schichtarbeit

Nicht nur Lage und Dauer der Arbeitszeit stellen eine Belastung dar, sondern auch deren Verteilung und Rhythmus. So wird von den Betrieben Schichtarbeit nicht generell als problematisch gesehen. Problematisch gesehen wird jedoch v. a. die Dauernachtschicht beim Dreischichtbetrieb und der wechselnde Schichtrhythmus. Die Risiken und Probleme ergebenden sich aus dem Widerspruch zwischen natürlichem Tagesrhythmus und *Arbeitsrhythmus*. Bild 6.42 zeigt die Abhängigkeit verschiedener Körperfunktionen vom Tagesverlauf. Zu beachten ist die menschliche Leistungsabsenkung nachts zwischen zwei und vier Uhr. Die Folgen der Phasenverschiebung zwischen täglichem, natürlichem Leistungsmaximum und Arbeitsleistung zeigt Bild 6.43.

Die Maßnahmen zur Minderung der Nachteile lassen sich in vier Bereiche einteilen:

❑ Verbesserung der Wohnverhältnisse zur Verbesserung der Schlafbedingungen;
❑ Verbesserung von Schichtplänen entsprechend physiologischen und sozialen Erkenntnissen;
❑ Maßnahmen gegen soziale Isolation, z. B. zeitliche Anpassung von Weiterbildungskursen oder Hobbys an Schichtpläne;
❑ Ersetzen eines starren Schichtsystems durch ein flexibles System.

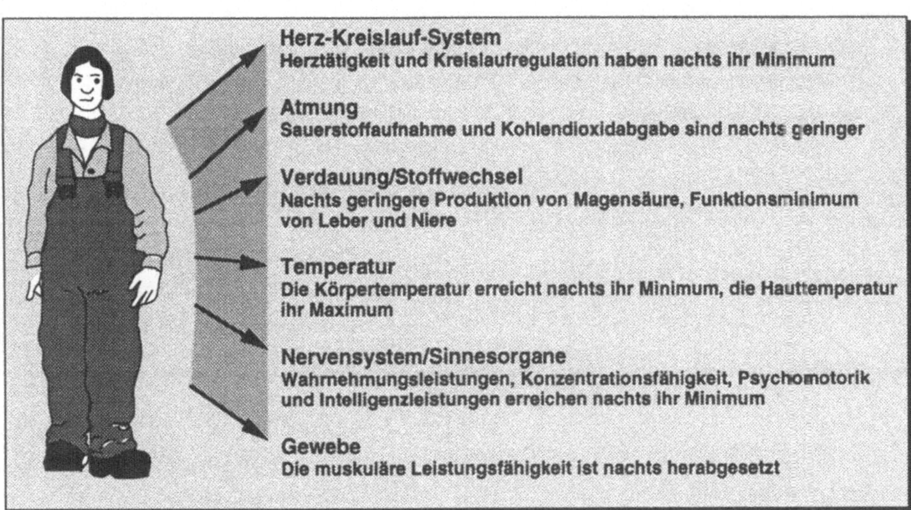

Bild 6.42   Verlauf physiologischer Funktionen im Tagesrhythmus
(nach Münstermann und Preiser 1978)

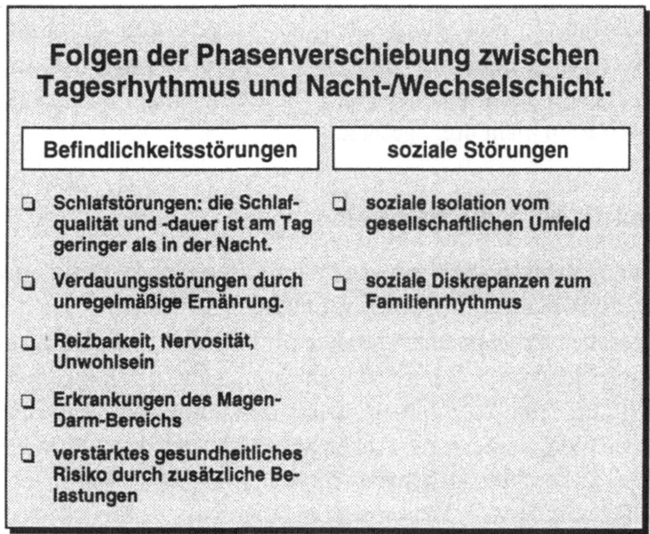

**Bild 6.43   Folgen der Phasenverschiebung zwischen
Tagesrhythmus und Nacht-/Wechselschicht**

Die Vor- und Nachteile von Schichtmodellen sind in Bild 6.44 dargestellt.

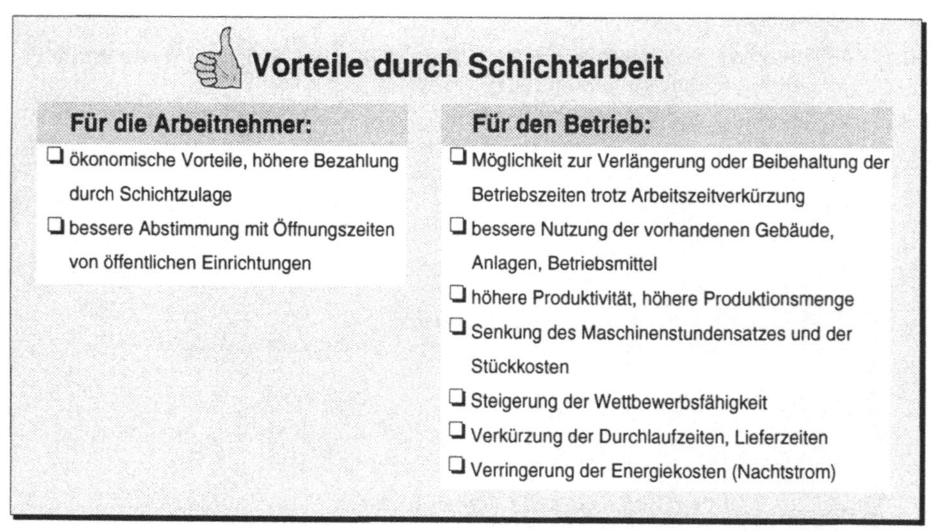

Nachteile durch Schichtarbeit

Für die Arbeitnehmer:

gesundheitliche Beschwerden:
- Schlafstörungen, Magen-Darm-Krankheiten, Nervosität
- Umstellungsschwierigkeiten
- höherer Krankenstand, vermehrte Fehlzeiten

soziale Einschränkungen:
- Vereinbarkeit von Familie und Beruf,
- Problem der Kinderbetreuung
- eingeschränkte Teilnahme am allgemeinen sozialen, kulturellen Leben
- nicht auf Schicht abgestimmte öffentliche Verkehrsmittel (v.a. Nachtschicht)

Für den Betrieb:

- Problem der Personalbeschaffung durch geringe Akzeptanz der Mitarbeiter v.a. durch höhere Qualifikationsanforderungen
- steigender Facharbeiteranteil in der Produktion; durch die Automatisierung wurden einfache Tätigkeiten ersetzt
- höhere Lohnkosten (Schichtzuschläge)
- höhere Anforderungen an die Personalführung und Betriebsvertretung
- Unattraktivität der Arbeitsplätze

Bild 6.44   Vorteile und Nachteile durch Schichtmodelle

Weitere Entwicklung von Schichtarbeit

Trotz Betriebszeiterweiterung durch Schichtbetrieb wird es zu einer Abnahme der Beschäftigten in Fertigungs- und Montagebereichen kommen, da viele dieser Bereiche zunehmend automatisiert werden.

In der weiteren Entwicklung wird es zu einer Flexibilisierung und zu einer Ausweitung von Schichtmodellen kommen. Dies äußert sich in einer Zunahme von

- versetzten Schichten,
- Mehrschichtsystemen,
- Samstagsfrühschicht,
- Mehrfachbesetzungssystemen und
- Voll- und Teilzeitschichten mit mehr Gestaltungsspielräumen.

Die dargestellten Nachteile und Rahmenbedingungen führen zu einer Abnahme von

- vollkontinuierlicher Schicht,
- Samstagsspätschicht und
- Sonntagsschicht.

Herkömmliche Schichtmodelle mit allein finanziellen Anreizen bewirken eine nur ungenügende Motivation und sichern nicht die Bereitschaft zur Schichtarbeit. Deshalb besteht die Notwendigkeit zur Verbesserung der Attraktivität der Schichtarbeit durch:

- flexible Arbeitszeiten im Schichtbetrieb;
- Freischichten;

❑ alternative Schichtmodelle:
  • Lohn-Zeit-Optionssysteme:
    – Mehrfachbesetzungssysteme mit rollierenden freien Tagen;
    – versetzte Schichten.

6.6   Teilzeit

Definition
Teilzeitarbeit liegt dann vor, wenn die Länge der individuell vereinbarten Arbeitszeit geringer ist als die regelmäßige Arbeitszeit vergleichbarer Vollzeitkräfte.

Dabei reicht die Bandbreite der Arbeitszeit prinzipiell von einer Wochenstunde bis zur Untergrenze der tariflich festgelegten Vollzeit-Arbeitszeit. Generell sollte die tägliche Arbeitszeit mindestens drei Stunden betragen und zusammenhängend erbracht werden.

Nach einer 1994 erschienenen Studie von McKinsey sind 60 % aller Arbeitsplätze teilbar und 30 % aller Mitarbeiter sind bereit, Teilzeitarbeit zu leisten. Durch einen stärkeren Einsatz von Teilzeitarbeit sind demnach theoretisch zwei Mio. Arbeitsplätze realisierbar. Das große Potential zur Flexibilisierung der Arbeitszeit, das Teilzeitarbeit aufgrund des geringeren Arbeitspensums und der liberalen Handhabung der Lage der Arbeitszeit ergibt, drückt sich in der Vielzahl der vorhandenen Modelle aus. Generell ist es dabei wichtig, daß Teilzeitarbeitsplätze in sozial gesicherter Form und auch für qualifizierte Tätigkeiten geschaffen werden, die Karrieremöglichkeiten nicht automatisch verhindern.

Verbreitung

Teilzeitarbeit ist in den unterschiedlichsten Ausprägungen denkbar. Deshalb ist es auch nicht verwunderlich, daß 12 % der Betriebe, wie Dienstleistungsbetriebe, öffentliche Einrichtungen, Handel, Gastronomie, Banken und Verwaltung, und mehr als 80 % der Produktionsbetriebe Teilzeitarbeit einsetzen. Dabei steigt die Anwendung mit der Betriebsgröße. Dennoch ist die aktuelle Anzahl von Teilzeitarbeitsplätzen mit 5 % aller Beschäftigten der Produktionsbetriebe, 12 % der Beschäftigten in Baden-Württemberg, 7 % in den neuen Bundesländern und 16 % in den alten Bundesländern relativ gering (vgl. Fraunhofer-Institut 1992).

Die größte Anwendung findet Teilzeitarbeit in den Funktionsbereichen Verwaltung und Fertigung. Wahrgenommen wird sie meist (zu 95 %) von Frauen, die im Angelerntenbereich oder als kaufmännische Angestellte tätig sind. Der Bereich der Facharbeiter und der technischen Angestellten hat dagegen einen relativ höheren männlichen Anteil. Die Verteilung von Teilzeitarbeit in Abhängigkeit von der Qualifikation ist im Bild 6.45 dargestellt.

Anders sieht es im Dienstleistungsgewerbe aus, in dem ein Drittel aller Mitarbeiter in Teilzeitarbeit beschäftigt sind. Im Handel und der Gastronomie gibt es traditionell schon seit langem verlängerte Öffnungszeiten, was durch Teilzeitarbeit und eine Entkopplung von Arbeitszeit und Betriebszeit erreicht wird.

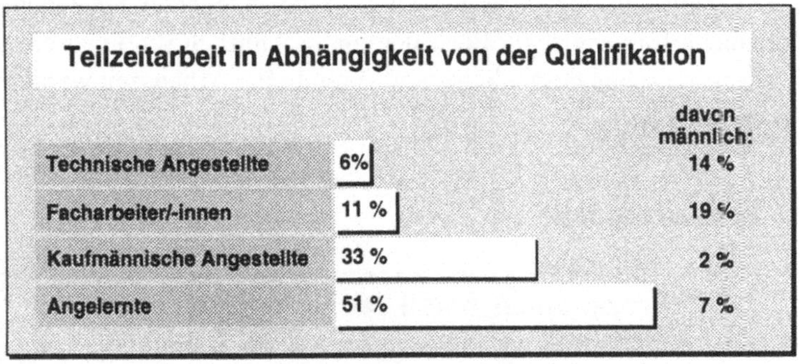

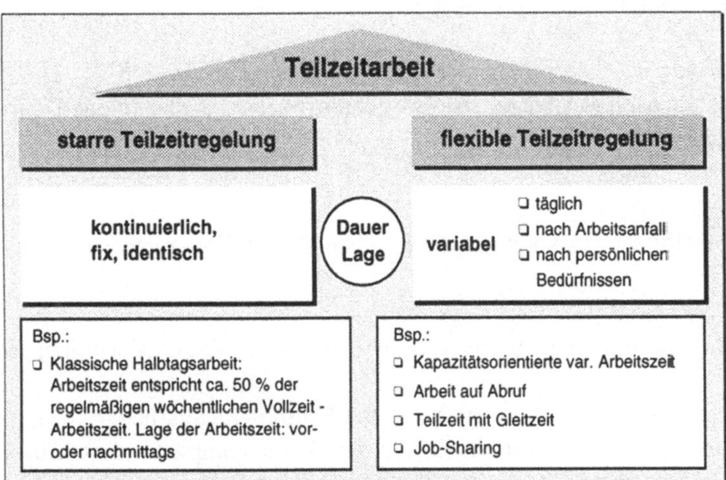

Bild 6.45 Verteilung von Teilzeitarbeit in Abhängigkeit von der Qualifikation

Bestimmungsparameter der Teilzeitarbeit

Durch die Einflußparameter
- ❑ Dauer,
- ❑ Verteilung und Lage,
- ❑ Flexibilität und
- ❑ Zeitpunkt der Arbeitszeitfestlegung

folgt die Untergliederung in starre und flexible Teilzeitmodelle. Dies ist in Bild 6.46 dargestellt.

Bild 6.46 Untergliederung der Teilzeitmodelle

Bei starren Teilzeitmodellen ist die Lage und Verteilung der täglichen Arbeitszeit von vornherein unveränderbar festgelegt. Bei flexiblen Teilzeitmodellen ist die Lage und Verteilung der vertraglichen Arbeitszeit nicht starr festgelegt. Es wird zwar ein bestimmter Arbeitseinsatz geplant, jedoch kann davon jederzeit abgewichen werden. Die Entlohnung erfolgt meist auf Basis der durchschnittlich vereinbarten Arbeitszeit. Zeitdifferenzen zwischen tatsächlicher und vereinbarter Arbeitszeit werden auf einem Zeitkonto verrechnet.

6.6.1   Teilzeitmodelle

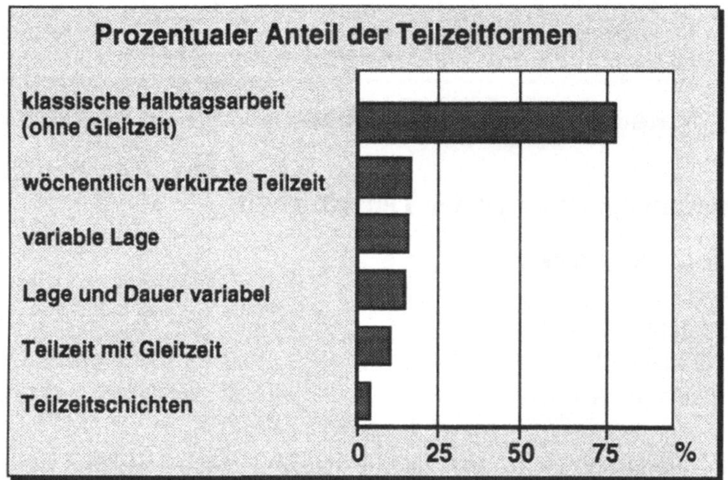

Bild 6.47   Teilzeitmodelle (vgl. Fraunhofer-Institut 1992)

Die Varianz der wichtigsten Teilzeitmodelle zeigt Bild 6.47. Die klassische Halbtagsarbeit ohne Gleitzeit ist das gebräuchlichste Teilzeitmodell mit folgenden Merkmalen:

Arbeitszeitdauer:
    regelmäßig, verkürzt mit einer wöchentlichen Dauer von 18-30 Stunden.

Arbeitszeitlage:
    nach bestimmtem Turnus festgelegt, immer vormittags oder immer nachmittags.

Einige starre Teilzeitmodelle mit halbierter Vollzeit-Regelarbeitszeit zeigt Bild 6.48. Sie unterscheiden sich nach der Länge des Betrachtungszeitraums. Ein Tausch der Arbeitszeitlage unter den Mitarbeitern ist nach Absprache mit dem Vorgesetzten zwar möglich, aber nicht die Regel.

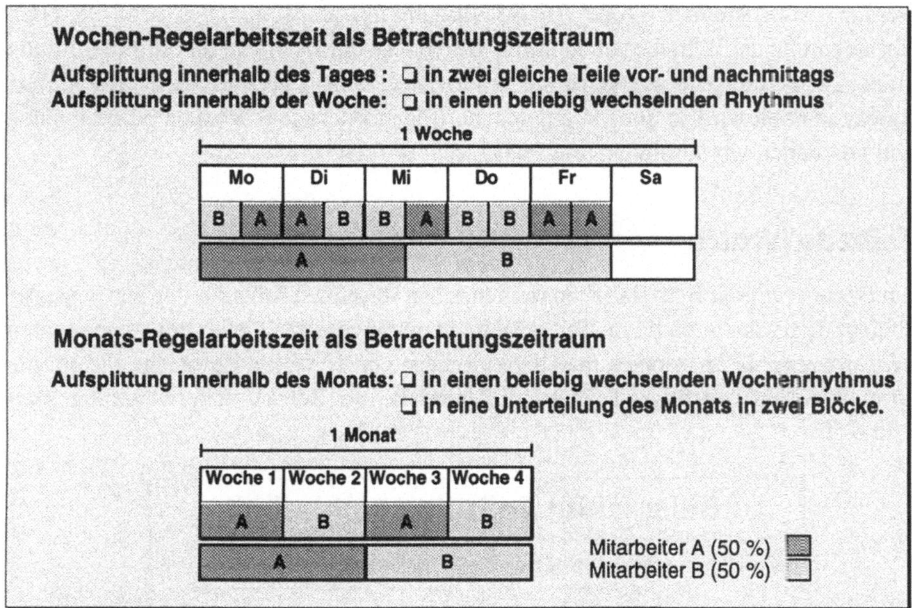

Bild 6.48   Teilzeitmodelle mit halbierter Vollzeit-Regelarbeitszeit

Differenzierte Arbeitszeitvolumina

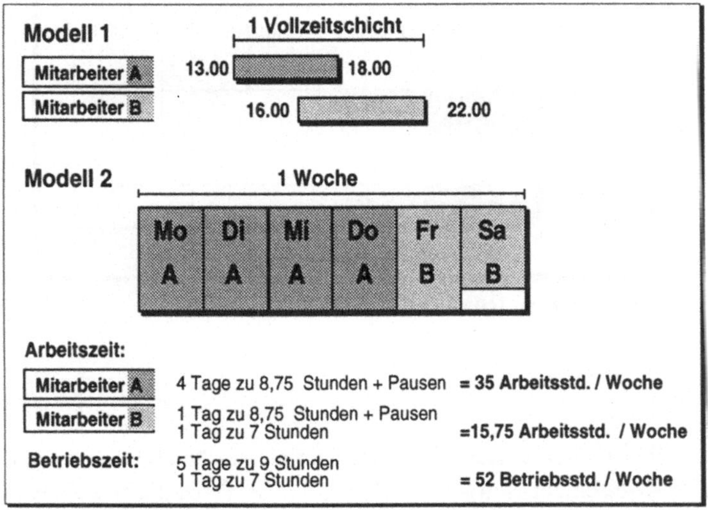

Bild 6.49   Teilzeitmodelle mit differenzierten Zeitvolumina

Bei der Aufsplittung der Arbeitszeit eines Vollzeitarbeitsplatzes oder einer
Vollzeitschicht in sich überlappende oder hintereinandergelagerte Teilzeitschichten

werden unterschiedlich große Arbeitszeitvolumina realisiert. Dies kann zu einer Verlängerung der Betriebszeiten führen. Bild 6.49 zeigt Beispiele für die Aufsplittung eines Tages und die Aufsplittung einer Woche in Tages-Blockzeitarbeit. Bei Blockzeitarbeit wird an einigen aufeinanderfolgenden Tagen, Wochen oder Monaten voll gearbeitet, woraufhin längere Freizeitblöcke folgen.

Teilzeitschichten

Zur Erweiterung der Betriebszeiten werden neben versetzten Arbeitszeiten und normaler Schichtarbeit auch vielfach Teilzeitschichten eingesetzt. Unter der sogenannten *›Hausfrauenschicht‹* versteht man die Zeit meist von 16.00 bis 22.00 Uhr, die auf die normale Arbeitszeit folgt. Teilzeitschichtmodelle zur Betriebszeiterweiterung zeigt Bild 6.50.

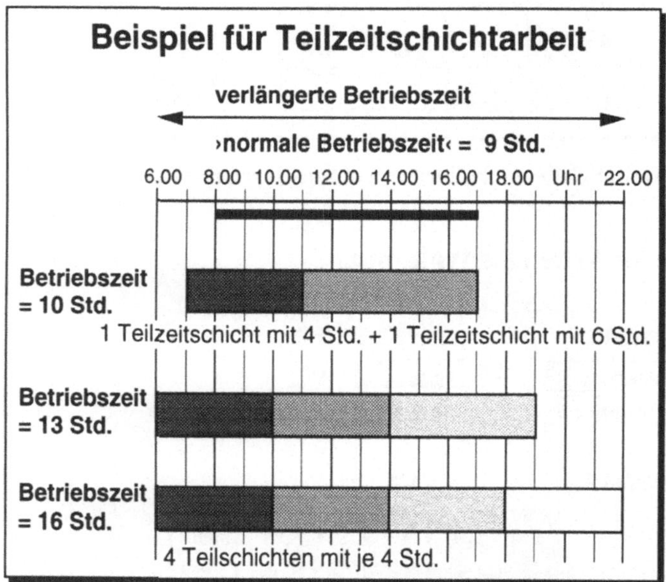

Bild 6.50   Teilzeitschichtmodelle zur Betriebszeiterweiterung
(nach Bittelmeyer et al. 1987)

Fallbeispiel 1:

Ein erstes Fallbeispiel eines Betriebs der elektrotechnischen Industrie zeigt Bild 6.51. Anstatt eines Zweischicht-Betriebs werden drei feste Teilzeitschichten bei konstanter Betriebszeit durchgeführt.

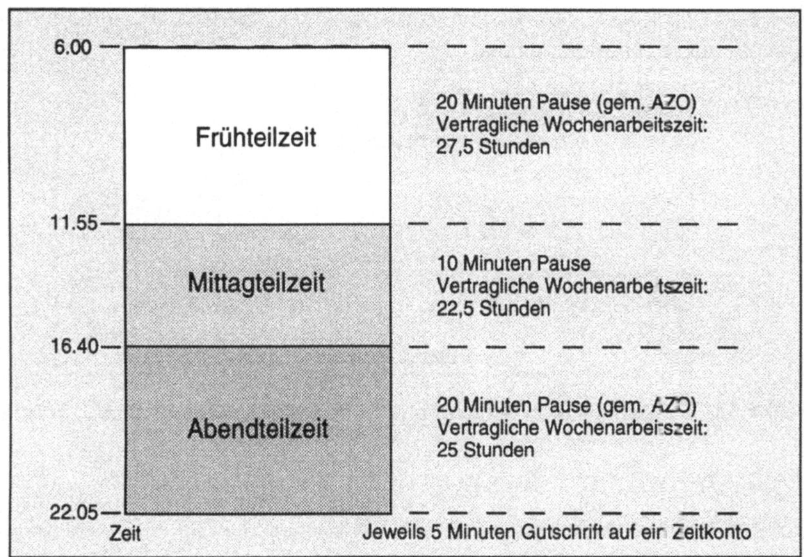

Bild 6.51 Dreischichtiges Teilzeitmodell mit differenzierten Zeitvolumina
(Bundesministerium für Arbeit und Sozialordnung 1994)

Fallbeispiel 2:

In einem weiteren Fallbeispiel aus dem Abfüll- und Verpackungsbereich eines Pharmaunternehmens arbeiten Mitarbeiterinnen in einem sogenannten teilflexiblen Arbeitszeitsystem. Ihre vertragliche Arbeitszeit beträgt insgesamt 22,5 Wochenstunden, aufgeteilt in 5 Teilzeitschichten zu je 4,5 Stunden. Tatsächlich wird montags bis freitags von 15.00 bis 20.00 Uhr einschließlich einer 20-minütigen Pause gearbeitet. Die überschüssige 10-minütige Arbeitszeit wird auf einem Zeitkonto gutgeschrieben und kann in Absprache mit dem Vorgesetzten ausgeglichen werden (vgl. Bundesministerium für Arbeit und Sozialordnung 1994).

Fallbeispiel 3:

Nachfolgendes Fallbeispiel zeigt Teilzeitarbeit im Schichtbetrieb bei der Mercedes-Benz AG im Werk Wörth (vgl. Arbeitgeberverband Gesamtmetall 1993). Im Bereich Kunststoffteile-Fertigung standen für die dort beschäftigten Mitarbeiterinnen die in Bild 6.52 gezeigten zwei Modelle zur Auswahl:

Modell 1: 5-Tage-Woche mit je 4 Stunden.
Modell 2: Wechselweise 2- und 3-Tage-Woche mit je 8 Stunden.

Hierbei entschieden sich alle Mitarbeiterinnen für das Modell 2 und berichteten von überaus positiven Erfahrungen.

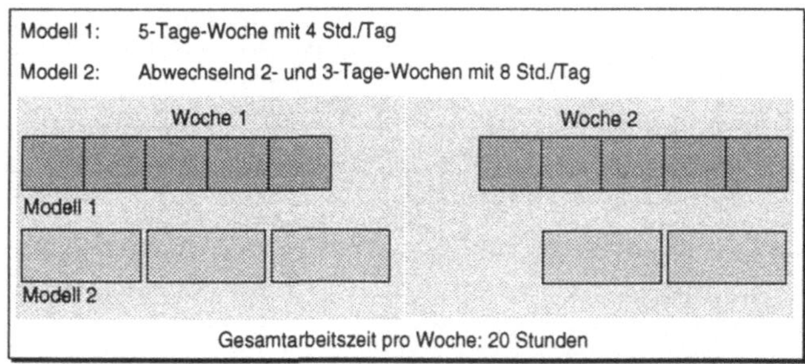

Bild 6.52   Teilzeitarbeit im Schichtbetrieb bei der Mercedes-Benz AG, Wörth

Teilzeitarbeit für Führungskräfte

Relativ unproblematisch ist eine kleine Verkürzung der täglichen Arbeitszeit um z. B. eine Stunde. Problematischer ist hingegen eine stärkere Verkürzung der täglichen Arbeitszeit, da durch einen notwendigen Stellvertreter der Abstimmungsaufwand erhöht wird.

Fallbeispiel zur Teilzeitarbeit für Führungskräfte:
Das im nachfolgenden Bild 6.53 dargestellte Arbeitszeitmodell stellt ein mehrfach bewährtes Modell einer wochenweisen Arbeitsplatzteilung dar (vgl. Bundesministerium für Arbeit und Sozialordnung 1994). Die beiden Führungskräfte arbeiten pro Woche jeweils drei Tage, wobei sie den Mittwoch als gemeinsamen Arbeits- und Übergabetag nutzen. Bei der Darstellung der Modelle der Teilzeitarbeit für Führungskräfte sei allerdings auch auf die damit verbundene Problematik hingewiesen. Für Positionen des gehobenen Managements gilt z. T. immer noch, daß ein hohes zeitliches Engagement als Beweis für das Interesse am Aufstieg und am Betrieb betrachtet wird. Dies muß bei Teilzeitmodellen für Führungskräfte beachtet werden.

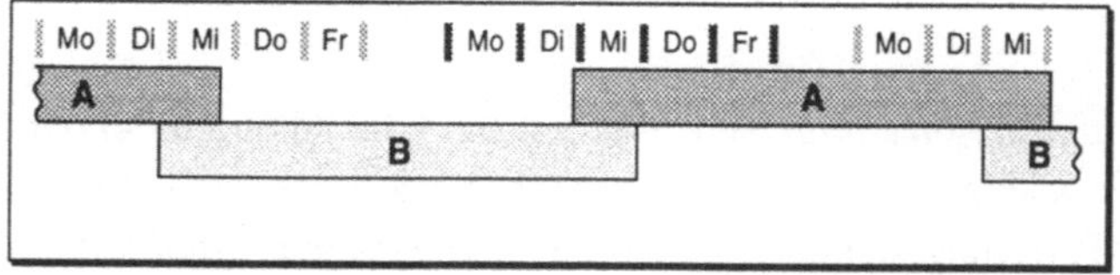

Bild 6.53   Teilzeitmodell für Führungskräfte
          mit einem wöchentlichen Wechsel der beiden Arbeitsplatzpartner
(nach Bundesministerium für Arbeit und Sozialordnung 1994)

Fallbeispiel zur Teilzeitarbeit für Führungskräfte bei der Bahlsen KG:
Aufgrund des Trends zur Flexibilisierung der Arbeitszeit arbeitete die Bahlsen KG ein Arbeitszeitkonzept für Teilzeitarbeitskräfte aus. Probleme vor der Einführung des

flexiblen Arbeitszeitmodells waren niedrige Anlagenlaufzeiten, kostenintensive Mehrarbeit und langwierige Verhandlungen mit dem Betriebsrat. Es bestanden Anforderungen bzgl. der Verbesserung der Arbeitskosten, der Abkopplung der Anlagenlaufzeit von der Arbeitszeit und der flexiblen Reaktion auf Kapazitätsschwankungen. Ziele der Bahlsen KG bei der Entwicklung des Teilzeitmodells waren die Optimierung des Personaleinsatzes, die Unternehmensanbindung qualifizierter Mitarbeiter, die nicht mehr in Vollzeit arbeiten können oder wollen und die Erlangung von Wettbewerbsvorteilen auf schwierigen Arbeitsmarktsektoren.

Der flexible Jahresarbeitszeitvertrag besteht aus vier wesentlichen Elementen: Jahresstundensumme, Teilzeitprozentsatz, monatliches Einkommen und Verteilung der Jahresstunden mit Arbeitsrhytmus. Dies ist nachfolgend verdeutlicht (vgl. Welters 1993).

Beispiel zum flexiblen Jahresarbeitszeitvertrag:
Jahresstundensumme: 1452 Stunden pro Jahr.

Teilzeitprozentsatz: Bei einer Vollzeitarbeitszeit von 2074 Stunden pro Jahr ergibt sich ein Teilzeitprozentsatz von 70 %.

Monatliche Einkommen: Bei dem monatliche Einkommen einer Vollzeitkraft von 4000.- DM ergibt sich für die Teilzeitkraft ein Einkommen von 2800.- DM.

Persönliche Situation:	**Aufgaben-Situation:**
❑ Vorher Vollzeit.	❑ Regelmäßige Tätigkeit:
❑ Vollzeit nicht mehr möglich wegen Kinderbetreuung.	- Betreuung der internen Personalförderung;
❑ Teilzeitwunsch.	- Traineebetreuung;
❑ starre Teilzeit nicht möglich, da:	- Durchführung ganztägiger Assessment-Center für Bewerber und Förderungskandidaten.
- langer Anreiseweg;	❑ Aufgaben mit stark schwankendem Arbeitsanfall.
- Kinderbetreungshilfe nicht an jedem Tag verfügbar;	❑ teilweise Vollzeitverfügbarkeit erforderlich.
- Aufgabenstellung.	

Vereinbarung über die Arbeitszeit:

❑ Regelarbeitszeit: Fixe Vollzeit an Dienstagen und Donnerstagen.
❑ Verpflichtung zur Arbeitsleistung an 12 Tagen im Monat.
❑ gemäß Regelarbeitszeit sind 8-9 Tage pro Monat fix; 3-4 Tage pro Monat werden nach Bedarf eingesetzt (können auch über mehrere Monate angesammelt werden).
❑ kontinuierliches Entgelt von 55 % des Vollzeitentgeltes.

**Bild 6.54 Teilzeitmodell für die Verwaltung am Beispiel
der Leiterin der Personalentwicklung bei der Bahlsen KG**

Verteilung der Jahresstundensumme: Die Jahresstundensumme wird in einen fixen und einen variablen Block aufgeteilt. Die Vereinbarung einer fixen Regelarbeitszeit von 8.00 bis 12.30 Uhr an 261 Tagen ergibt 1175 Stunden jährlich. Für den variablen Anteil verbleiben 277 Stunden, für den ein variabler Arbeitsrhythmus vereinbart wird, z. B. eine fixe tägliche Arbeitszeit von 8.00 bis 13.00 Uhr bei einer Option bis 3 Stunden täglich oder eine fixe 3-Tage-Woche mit einem zusätzlichen variablen Tag.

Das flexible Teilzeitmodell für die Verwaltung ist am Beispiel der Leiterin der Personalentwicklung in Bild 6.54 dargestellt.

Praxisbeispiel zur Teilzeitarbeit für Fachkräfte bei Philips:
Nachfolgend sind drei Beispiele zur Teilzeitarbeit für Fachkräfte bei der Firma Philips kurz dargestellt. Nach organisatorischen Anlaufschwierigkeiten war die Akzeptanz bei Vorgesetzten, Kollegen und Kunden durchaus positiv (vgl. Arbeitgeberverband Gesamtmetall 1993).

Modell 1: Eine Ingenieurin im Bereich Entwicklungssoftware, Support und Tools der Funkkommunikation arbeitet drei Tage pro Woche, von Dienstag bis Donnerstag.

Modell 2: Ein Ingenieur der Elektrotechnik im Bereich Produktmarketing für Spezialhalbleiter arbeitet drei Tage im Betrieb und zusätzlich zwei Tage zu Hause, insgesamt 33 Stunden pro Woche. Dies ermöglicht ihm die Betreuung seiner zwei Kleinkinder und den Berufseinstieg der Ehefrau.

Modell 3: Eine Entwicklungsingenieurin verkürzt ihren Erziehungsurlaub und wird mit reduzierter Sundenzahl beschäftigt. Dadurch verlängert sich ihr Anspruch auf Teilzeitbeschäftigung während des Erziehungsurlaubs. Ein Ingenieur aus dem Bereich Strahlentherapie arbeitet während des gewählten viermonatigen Erziehungsurlaubs konstant 19 Stunden pro Woche.

6.6.2 Merkmale von Teilzeitmodellen

Die Vor- und Nachteile von Teilzeitarbeit zeigt Bild 6.55.

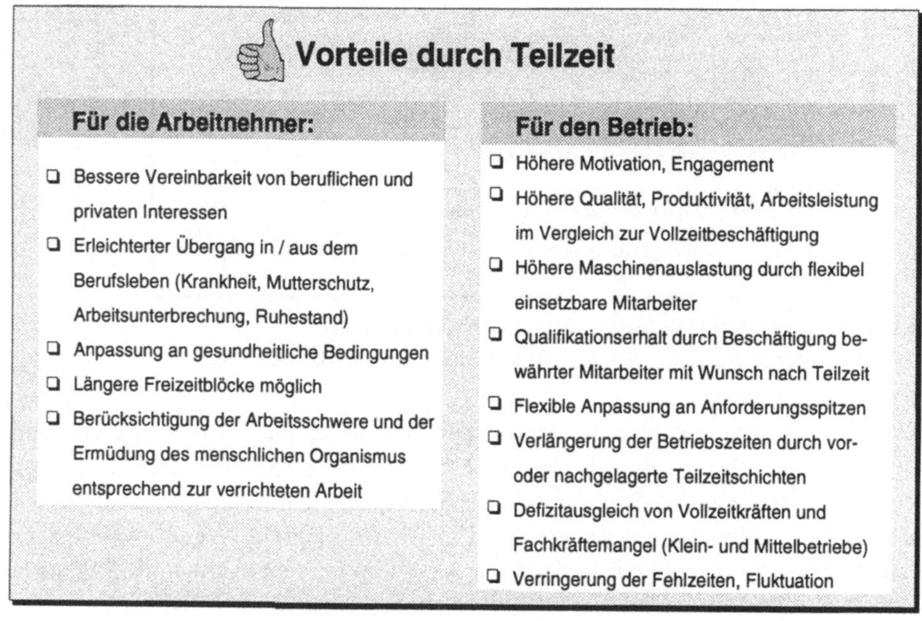

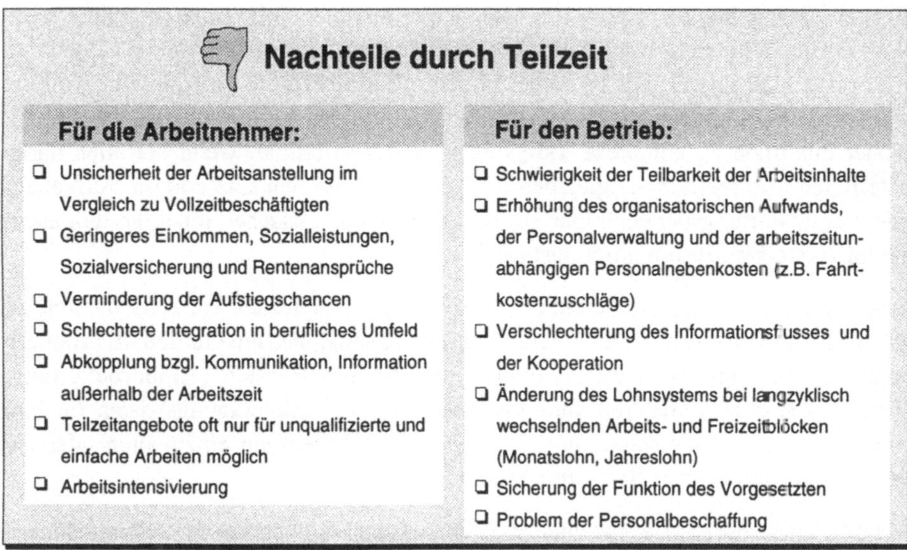

Bild 6.55   Vorteile und Nachteile von Teilzeitmodellen

Problematik bei Teilzeitarbeit

Bei der Festlegung von Teilzeitmodellen sind zur Erhaltung der sozialen Absicherung gesetzliche Regelungen zu beachten. Teilzeitbeschäftigte werden entsprechend der Arbeitszeitdauer in drei Gruppen eingeteilt, die jeweils einen unterschiedlichen Versicherungsstatus beinhalten. Dieser Zusammenhang von Arbeitszeitdauer, Verdienst und Versicherungspflicht ist in Bild 6.56 erläutert. Dies gilt einheitlich in ganz Deutschland und branchenunabhängig für alle Teilzeitbeschäftigten. Es besteht die Tendenz, daß sich der Freibetrag, von derzeit 580 DM, im Laufe der Zeit erhöht, und sich die Grenze von 18 Stunden pro Woche zur Arbeitslosenversicherungspflicht absenkt.

Zusammenhang von Arbeitszeitdauer, Verdienst und Versicherungspflicht				
Arbeitszeit (AZ) Stunden/Woche	**Verdienst pro Monat**	**Kranken-**	**Renten-** versicherungspflichtig	**Arbeitslosen-**
AZ < 15	$\leq$ 580 DM*			
15 $\leq$ AZ < 18	beliebig	X	X	
AZ $\geq$ 18	beliebig	X	X	X
* Neue Bundesländer: $\leq$ 470 DM				

Bild 6.56   Zusammenhang von Arbeitszeitdauer, Verdienst und Versicherungspflicht (Stand 1994)

Bei der Umwandlung von Vollzeitarbeitsplätzen in Teilzeitarbeitsplätze stellt sich das Problem der Teilbarkeit von Arbeitsaufgaben. Unqualifizierte und einfache Tätigkeiten sind prinzipiell immer teilbar, wobei im Einzelfall überprüft wird, ob eine Teilung sinnvoll ist. Es kommt zu einem zusätzlichen Organisations- und Koordinationsaufwand. Höher qualifizierte, komplexe Tätigkeiten sind dann teilbar, wenn bei allen daran beteiligten Mitarbeitern die gleichen Fähigkeiten vorhanden sind und die Aufgaben- und Verantwortungsbereiche klar abgegrenzt werden. Zwischen ihnen kommt es zu einem verstärkten Informationsaustausch.

Eine weitere Problematik beinhaltet ein Wechsel von festen Teilzeitschichten zu wechselnden Teilzeitschichten. Hier kommt es zu Kollisionen mit von den Mitarbeitern bisher eingegangenen Verpflichtungen im privaten Bereich (Kinderbetreuung, Vereinsaktivitäten). Generell sind ausreichend lange Ankündigungsfristen im Fall einer notwendigen Veränderung der individuellen Arbeitszeit einzuhalten oder ein Wechsel auf freiwilliger Basis durchzuführen.

Auch zu verbessern ist die Akzeptanz von Teilzeitarbeit sowohl bei den Arbeitnehmern als auch bei den Arbeitgebern, denn es muß klar werden, daß Teilzeitarbeit für alle Kapital bringt. Auch die McKinsey-Studie von 1994 belegt, daß Teilzeitarbeit Fehlzeiten, Fluktuation und Überlastung verringert, daß sie saisonal bedingte Personalkosten reduziert, Kapitalbindungskosten minimiert und die Produktivität erhöht. Zusätzliche organisatorische Aufwendungen machen sich innerhalb eines Jahrs bezahlt. Aufgabe des Managements ist es, den Status von Teilzeitarbeit aufzuwerten und die Unternehmenskultur bzgl. Teilzeitarbeit zu verändern. Teilzeitbereitschaft muß gefördert werden.

Entwicklung von Teilzeitarbeit

Bereits in den letzten 20 Jahren erfolgte eine Verdopplung der Teilzeitquote. Dieser Trend zur weiteren Flexibilisierung und Ausweitung von Teilzeitmodellen wird sich fortsetzen. So werden sowohl Teilzeitmodelle mit flexibler Lage und Dauer der Arbeitszeiten als auch der Frauenanteil in Teilzeitbeschäftigung trotz des bereits hohen Anteils weiter zunehmen.

Zu der weiteren Zunahme von Teilzeitarbeit kommt es durch folgende Sachverhalte:

❑ Aufwertung des Teilzeitstatus;
❑ Das Lohnsteuerklassensystem mit der Einstufung des schlechter verdienenden Ehepartners in eine schlechtere Lohnsteuerklasse bewirkt eine nicht der Leistung entsprechende, zu geringe Vergütung und ist daher als Vollzeitbeschäftigung unrentabel. Eine Teilzeitarbeit reicht als Zweitverdienst zur Existenzsicherung aus;
❑ Verstärktes Streben nach mehr Freizeit;
❑ Trend zu höher qualifizierten Teilzeittätigkeiten;

❑ Job-Sharing-Modelle;
❑ Teilzeitschichtmodelle.

Sonderformen flexibler Teilzeitmodelle sind Job-Sharing-Modelle, Arbeit auf Abruf und Jahresarbeitszeitverträge.

Bei ›*Arbeit auf Abruf*‹ oder ›KAPOVAZ‹ (kapazitätsorientierte variable Arbeitszeit) legt der Betrieb die Dauer und Lage der Arbeitszeit fest. Diese Form der Arbeitsflexibilisierung bedeutet für den Mitarbeiter, daß er zu Hause auf seinen Arbeitseinsatz wartet. Die Dauer und Lage erfährt er kurz vor Antritt der Arbeit. Das Beschäftigungsförderungsgesetz sieht, falls nicht anders vereinbart, eine Mindestarbeitszeit von drei Stunden und eine viertägige Ankündigungsfrist vor. Die Dauer der Arbeitszeit muß nach Maßgabe des Gesetzgebers vertraglich festgelegt werden. Ansonsten gilt eine wöchentliche Arbeitszeit von 10 Stunden als vereinbart. Das Unternehmen erzielt so einen flexiblen Personaleinsatz. Dieser kann nach Dauer und Lage der Auftragslage variabel angepaßt werden.

Beim *Jahresarbeitszeitvertrag* wird ein jährliches Arbeitszeitvolumen pro Arbeitnehmer festgelegt sowie die vorläufige Arbeitsverteilung im groben Rahmen vereinbart. Die Verteilung der Arbeitszeit erfolgt unter Berücksichtigung der Mitarbeiterwünsche durch den Arbeitgeber. Bei gleichem Monatseinkommen können pro Monat einmal mehr, einmal weniger Stunden gearbeitet werden. Überstunden werden erst nach Überschreitung der Jahresstundenzahl vergütet.

Im Fall eines Teilzeitmodells mit Ergebnisorientierung legen die Mitarbeiter autonom ihre jeweilige Arbeitszeitdauer und -lage fest. Diese Modelle sind bekannt aus dem öffentlichen Dienst und bei selbständigen Handelsvertretern, bei denen eine starke Ergebnisorientierung bzgl. der geleisteten Arbeit besteht. Dabei lassen sich betriebliche Erfordernisse auf die Wünsche der Mitarbeiter abstimmen.

6.7   Job-Sharing

Job-Sharing (*Arbeitsplatzteilung*) ist eine Sonderform der Teilzeitarbeit, bei der ein Vollzeitarbeitsplatz geteilt wird. Dabei unterscheidet man zwischen funktionaler und temporaler Arbeitsplatzteilung (vgl. Bittelmeyer 1987) (vgl. Bild 6.57). Bei dem funktionalen Job-Sharing teilen die Partner mit unterschiedlichem Anforderungsprofil die Aufgabengebiete zwischen sich auf. Bei dem temporalen Job-Sharing teilen die Partner mit gleichem Anforderungsprofil den zeitlichen Rahmen beliebig zwischen sich auf. Im Gegensatz zur Teilzeitarbeit stehen hier die davon betroffenen Mitarbeiter in einer engeren vertraglichen Verbindung. Diese kann mehr Freiheiten, jedoch auch mehr Verpflichtungen mit sich bringen. Eine generelle Vertretungspflicht bei Urlaub oder Krankheit besteht allerdings nicht. Wie wichtige Einflußgrößen geregelt sind, zeigt Bild 6.58.

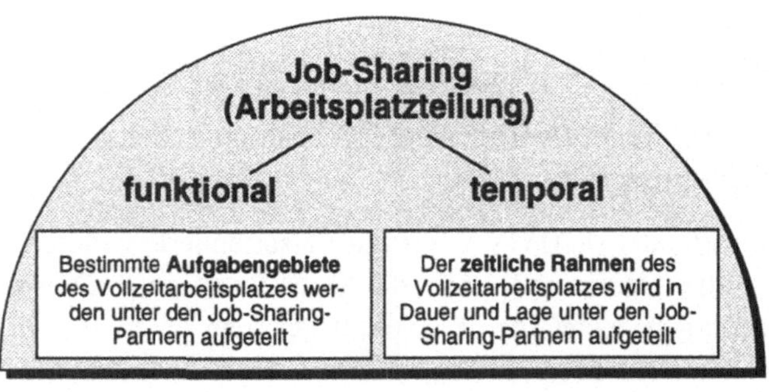

Bild 6.57   Definition und Klassifizierung von Job-Sharing

Einflußfaktoren auf Job-Sharing-Modelle	
Zeitlicher Rahmen	Entspricht in der Gesamtheit dem eines Vollzeitarbeitsplatzes.
Arbeitszeit Arbeitsleistung	Wird von mindestens zwei Mitarbeitern gemeinsam und solidarisch erbracht.
Arbeitsplan, Dauer und Lage der Arbeitszeit	Wird im Rahmen der Betriebszeit entweder: ❑ individuell von den Partnern eigenverantwortlich, entsprechend den Neigungen und Fähigkeiten variabel festgelegt oder ❑ bereits vertraglich fixiert
Vertretungspflicht	Gilt nicht im voraus allgemein für alle Fälle der Arbeitsver-hinderung, sondern wird für jeden Vertretungsfall gesondert vereinbart.
Ausscheiden eines Partners	Bewirkt nicht automatisch die Kündigung des anderen Partners. Es gibt mehrere Möglichkeiten: ❑ Ein neuer Partner wird gefunden; ❑ Wechsel zu Vollzeitarbeitsplatz; ❑ Versetzung in anderes Arbeitsgebiet; ❑ Arbeitsorganisatorische Umstellung.

Bild 6.58   Einflußfaktoren beim Job-Sharing

Es ergeben sich je nach Ausprägung der Einflußgrößen unterschiedlich flexible Modelle. Die Flexibilität steigt mit dem Verantwortungsbewußtsein unter den Job-Sharing-Partnern. Wird eine Arbeitszeit von z. B. 40 Stunden pro Woche auf zwei Partner mit je 20 Stunden pro Woche aufgeteilt und herrscht zwischen ihnen eine gut funktionierende gegenseitige Vertretung, dann kann bei Ausfall eines Partners entsprechend dem aktuellen Arbeitsanfall ein Teil der Arbeit durch den Partner übernommen werden. In Verbindung mit einem Arbeitszeitkonto wird diese zusätzliche Arbeitszeit bei geringerem Arbeitsanfall abgeglitten (vgl. Fraunhofer-Institut 1992).

Bild 6.59 zeigt anhand drei verschiedener Modelle die häufig angewandte Möglichkeit zur Arbeitszeitflexibilisierung durch Job-Sharing. Eine weitere Flexibilisierung erfolgt durch die Kombination mit Gleitzeit.

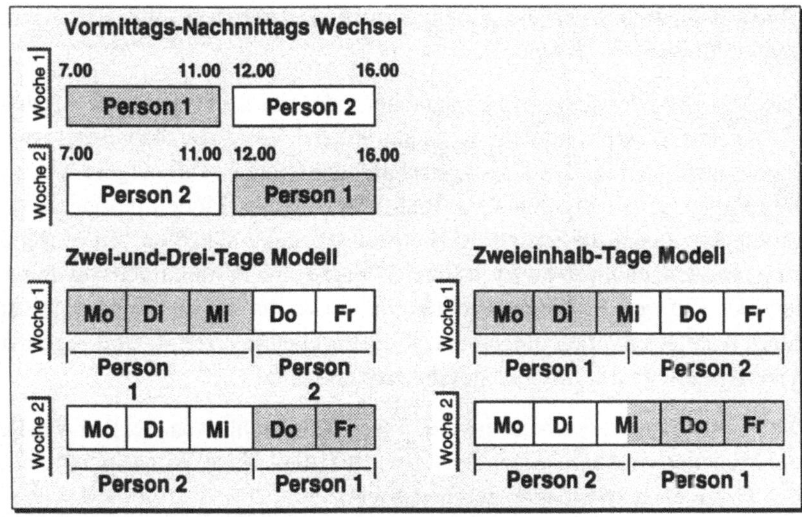

Bild 6.59 Häufige angewandte Job-Sharing-Modelle

6.8 Fallbeispiele

6.8.1 4-Tage-Woche ohne Lohnausgleich bei VW

Bei VW wurden gemeinsam von der Unternehmensführung und der Gewerkschaft neue Arbeitszeitmodelle entwickelt, die auf drei Grundmodellen basieren:

- ❑ 4-Tage-Woche für Technik und Mensch;
- ❑ 4-Tage-Woche mit fünf Arbeitstagen für die Technik und vier Arbeitstagen und einem freien Tag für die Mitarbeiter;
- ❑ Tägliche Arbeitszeitverkürzung.

Es bestand das Bestreben, durch Arbeitszeitverkürzung Arbeitsplätze zu erhalten und gleichzeitig Lohnkosten einzusparen. Das VW-Modell sieht im Gegensatz zur Kurzarbeit, die vom Unternehmen und der Bundesanstalt für Arbeit finanziert würde, eine Arbeitszeitverkürzung bei gleichzeitigem Lohnverzicht vor. Seit 01.01.1994 beträgt die Arbeitszeit für ca. 100.000 VW-Mitarbeiter 28,8 Stunden verteilt auf 4 Tage pro Woche. Dabei gibt es eine Vielzahl von Arbeitszeit-Modellen, die sich in der Dauer und Lage der Arbeitszeit unterscheiden. So gibt es z. B.

❑ zwischen 7.00 – 20.30 Uhr zwei voneinander entkoppelte, zeitlich versetzte Schichten,

❑ eine 3. Schicht von 19.00 – 1.00 Uhr und

❑ eine 4. Schicht von 1.00 – 7.00 Uhr.

Die Betriebszeit ist von der Arbeitszeit entkoppelt und beträgt in der Regel weiterhin 5 Tage pro Woche. Im Gegenzug erhält der Arbeitnehmer eine zunächst auf 2 Jahre (bis 1996) befristete Beschäftigungsgarantie. Betriebsbedingte Kündigungen sind ausgeschlossen.

Das Monatstarifentgelt wird entsprechend der um 20 % geringeren Arbeitszeit um 20 % gekürzt. Dafür werden die bisher üblicherweise zum Jahresende ausbezahlten Sonderzahlungen (z. B. 14. Monatsgehalt oder Urlaubsgeld) aufgeteilt in zwölf Raten dem Monatsgehalt zugeschlagen. Laut VW ist dieses Modell besonders geeignet für Großunternehmen, die in kürzester Zeit große Produktivitätsfortschritte machen müssen. Im indirekten, nichtproduktiven Bereich wurde eine Produktivitätszunahme von 20 % bewirkt. Ein vergleichbarer Produktivitätszuwachs wurde im produktiven Bereich durch Arbeitszeitverkürzungen und KVP-Ergebnisse erziehlt. Dort regeln detaillierte Arbeitszeitpläne das Miteinander der Arbeitskräfte.

Die IG-Bergbau hat sich diesem Modell bereits angeschlossen. Bei BMW in Regensburg und München wird bereits seit 1988 bzw. 1990 die 4-Tage-Woche praktiziert, wobei an vier Tagen etwa 36 Stunden gearbeitet wird.

Im Bild 6.60 sind drei Arbeitszeitmodelle dargestellt. In Bild 6.61 sind die wichtigsten Regelungen des ab 1994 realisierten Arbeitszeitmodells der 4-Tage-Woche bei VW zusammengefaßt.

Arbeitszeitmodellvorschläge bei VW

Modell ›Alle‹

Die wöchentliche Arbeitszeit beträgt 4 Tage, die wöchentliche Betriebszeit beträgt 5 Tage.
Die monatlichen Lohneinbußen betragen 12 bis 13 % netto; zur Abfederung des Verlusts werden Sonderzahlungen und Weihnachtsgeld auf das Jahr verteilt.

Modell ›Blockwahl‹

Die gleiche Arbeitszeitverkürzung wird durch Umschichtung der Jahresarbeitszeit erreicht:
z. B. Beschäftigung an wöchentlich 5 Tagen über 9 Monate und freier Block von 3 Monaten. Der freie Block wird zur Qualifizierung genutzt.

Modell ›Stafette‹

4-Tage-Woche für Auslernende (Beschäftigte, die gerade ausgelernt haben) und über 50-jährige:
Die Auslernenden arbeiten im
   1. Jahr 18 Stunden pro Woche
   2. Jahr 20 Stunden pro Woche
   3. Jahr 24 Stunden pro Woche
   4. Jahr 28 Stunden pro Woche

Zugleich verringern über 50-jährige ihre Arbeitszeit, je näher sie an die Rente kommen:
   3 Jahre vorher: 24 Stunden pro Woche
   2 Jahre vorher: 20 Stunden pro Woche
   1 Jahre vorher: 18 Stunden pro Woche

Bild 6.60   Vorschläge für Arbeitszeitmodelle bei VW

4-Tage-Woche bei VW

Statt bisher: 36 Arbeitsstungen an fünf Tagen
gilt ab 1994: 28,8 Arbeitsstunden an vier Tagen

- ❑ VW verzichtet auf betriebsbedingte Kündigungen
- ❑ 30000 Arbeitsplätze werden erhalten
- ❑ Keine Kürzung beim Monatslohn
- ⇨ Jährliche Kostenreduzierung bei VW: 20 % Lohnkosten (1,8 Milliarden DM)
- ❑ Jahresendzahlungen werden auf die Monatslöhne verteilt
- ❑ Kürzung des Urlaubsgelds
- ❑ Vereinbarte Lohnerhöhung von 3,5 % wird verrechnet
- ⇨ Jahreseinkommen um ca. 10 % niedriger

Bild 6.61 Arbeitszeitmodell der 4-Tage-Woche bei VW

6.8.2 Flexible Arbeitszeitmodelle bei einer mittelständischen Firma

Es handelt sich bei dem dargestellten Beispiel um eine metallverarbeitende mittelständische Firma. Die in den verschiedenen Bereichen angewandten Arbeitszeitmodelle sind in Bild 6.62 dargestellt.

In der Produktion wird Schichtarbeit mit *Arbeitszeitdifferenzierung* folgendermaßen realisiert:

1.) Ausgedünnte Mannschaft mit halber Besetzung in der 1. Stunde der Montagsfrühschicht sowie in der letzten Stunde der Freitagsnachtschicht zum Anlauf bzw. Auslauf der Produktion.
2.) Vorarbeiter und Meister sind durch die Arbeitszeitdifferenzierung weiterhin 40 Stunden pro Woche beschäftigt und helfen dadurch im Notfall der ausgedünnten Mannschaft aus.

Bei der Arbeitszeitdifferenzierung gibt es eine Bandbreite von 36,5 bis 39 Stunden und eine Durchschnittswochenarbeitszeit von 37 Stunden (Metallindustrie).

Für die CAD- und CAM-Anlage wurden versetzte, überlappende Arbeitszeiten mit Gleitzeitregelung zur Verbesserung der Auslastung kapitalintensiver Arbeitsplätze eingesetzt. Die Mitarbeiter wählen dabei zwischen den beiden Alternativen nach Absprache.

Das Wachpersonal arbeitet aufgrund des 24-stündigen Dienstes in Teilzeitschichten. In der Entwicklung und Konstruktion, dem Rechnungswesen und Personalwesen gibt es eine gruppenbezogene Gleitzeitregelung.

Für das Lager, den Versand und die Verwaltung gelten versetzte Arbeitszeiten mit Arbeitszeitdifferenzierung.

Die ausgedünnte Freitagsbesetzung im 2-Wochen-Rhythmus

❏ bewirkt gesicherte Ansprechzeiten an Freitagen und
❏ entspricht dem geringeren Arbeitsanfall an Freitagen.

Zu Schwierigkeiten kam es, als bei der Einführung der Gleichbehandlungsgrundsatz verletzt wurde, d.h.:

❏ verschiedene Modelle für verschiedene Bereiche;
❏ nur Teilbereiche mit flexiblen Arbeitszeitmodellen.

Um Engpässe zu vermeiden, mußte die Synchronisation der Arbeitszeiten mit angrenzenden, abhängigen Bereichen beachtet werden. Zusätzlich wurde eine umfangreiche Information und Schulung im Vorfeld durchgeführt, um vorhandene Ängste abzubauen und im Gegenzug die Akzeptanz und die Motivation der Beteiligten zu steigern. Gruppenabsprachen werden regelmäßig abgehalten, damit die Zusammenarbeit in den Überlappungszeiten verbessert wird.

Der Einsatz flexibler Arbeitszeitmodelle in Verbindung mit einer Umstrukturierung der Arbeitsorganisationsform zu dezentralen Verantwortungsbereichen, die planende, steuernde und überwachende Tätigkeiten kombinieren, führte zu einer Abnahme kurzzyklischer Routinetätigkeiten. Dadurch kam es zur erheblichen Steigerung des Handlungsspielraums für alle am Arbeitsprozeß Beteiligten. Die sich daraus ergebenden Effekte waren

❏ eine hohe Einsatzflexibilität der Mitarbeiter bezüglich Aufgaben und Maschinen,
❏ eine weitgehende Entkopplung der Maschinennutzungszeit von der Bedienzeit,
❏ entkoppelte Arbeitsgänge und
❏ zeitliche Unabhängigkeit von vor- und nachgelagerten Bereichen.

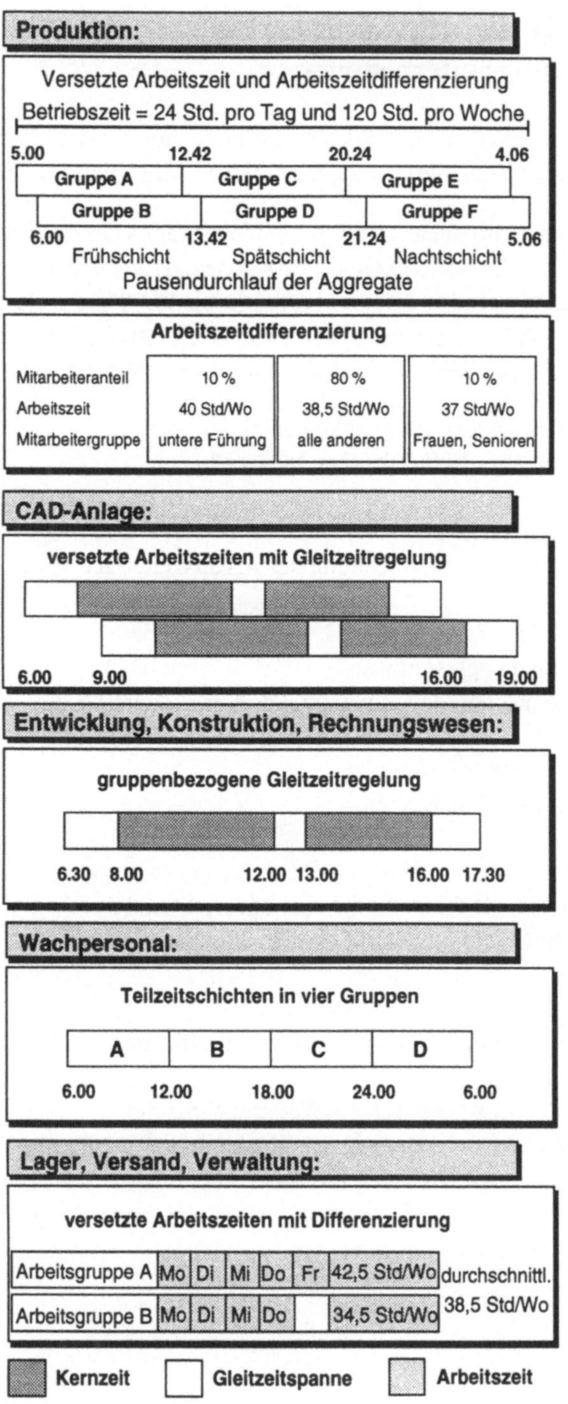

Bild 6.62   Arbeitszeitmodelle in der Anwendung

6.8.3   Flexible Arbeitszeitmodelle bei einem Versicherungsunternehmen

Die Continentale Versicherung als Dienstleistungsunternehmen beschäftigt neben der Belegschaft im Innendienst eine große hauptberufliche Belegschaft im Außendienst.

Bei der Implementierung der neuen Arbeitszeitmodelle war es ein wesentliches Ziel, die Servicebereitschaft und Erreichbarkeit für den Kunden zu sichern und zu verbessern. Die EDV-Anlage sollte während er Zeit von 10.00 Uhr bis 15.00 Uhr entlastet werden. Weiter sollte die Vereinbarkeit von Familie und Beruf erleichtert werden. Nachfolgend sind einige Arbeitszeitregelungen des Unternehmens dargestellt (Hempel 1994).

Kennzeichen der flexiblen Arbeitszeitregelungen:
- ❑ Arbeitszeitrahmen 6.45 – 19.00 (freitags 18.00) Uhr;
- ❑ Keine Kernzeit;
- ❑ Keine Mindestarbeitszeit;
- ❑ Jederzeit Möglichkeit zur Unterbrechung der Arbeitszeit (nach Abstimmung mit den Vorgesetzten);
- ❑ Servicebereitschaft bis 17.00 Uhr;
- ❑ Zeitsaldo bis 20 Stunden plus/minus;
- ❑ Bis zu 12 Gleittage im Jahr, davon maximal drei pro Monat.

Kennzeichen flexibler *Teilzeitregelungen*:
- ❑ Täglich eine bestimmte Stundenzahl;
- ❑ 2 1/2 Tage in der Woche;
- ❑ 2, 3 oder 4 Tage in der Woche Vollzeit (7,6 Stunden pro Tag);
- ❑ 4 Tage pro Woche jeweils 5 1/2, 6 oder eine andere Stundenzahl;
- ❑ 17 1/2, 20 oder eine andere Stundenzahl wöchentlich;

Kennzeichen flexibler Job-Sharing Regelungen:
- ❑ Jeder Partner arbeitet täglich 50 % (im wöchentlichen Wechsel vor- oder nachmittags);
- ❑ Jeder Partner arbeitet im wöchentlichen Wechsel Vollzeit;
- ❑ Jeder Partner arbeitet 2 bzw. 3 Tage in der Woche im wöchentlichen Wechsel;
- ❑ Jeder Partner arbeitet 2 1/2 Tage in der Woche;
- ❑ Ein Partner arbeitet Dienstag, Donnerstag und Freitag vormittags, der andere Montag, Mittwoch und Freitag nachmittags.

6.9   Wiederholungsfragen

1. Wie sehen die gesetzlichen und tariflichen Rahmenbedingungen zur Flexibilisierung der Arbeitszeit aus?
2. Wodurch ergeben sich Einschränkungen? Wo ergeben sich Freiräume?
3. Wie unterscheiden sich tarifliche und gesetzliche Instrumente?
4. Welche Flexibilisierungsmöglichkeiten bieten Tarifverträge?
5. Welche Ziele gibt es bei der Einführung flexibler Arbeitszeitmodelle?
6. Wodurch werden flexible Arbeitszeitmodelle bestimmt? Wie werden sie eingeteilt?
7. Welche Merkmale haben flexible Arbeitszeitmodelle?
8. Welche flexiblen Arbeitszeitmodelle kennen Sie?
9. Was sind Mehrfachbesetzungssysteme?
10. Welche Auswirkungen ergeben sich durch Gleitzeitmodelle?

7   Personalqualifizierung

Der Begriff *Qualifikation* wird in unterschiedlichen Bedeutungen verwendet, die außerdem einem zeitlichen Wandel unterliegen. Eine einheitliche Definition ist daher nur schwer möglich.

Unter Qualifikation im ›klassischen‹ Sinne wird die Summe der Fähigkeiten, Fertigkeiten und Kenntnisse verstanden, die zur erfolgreichen Bewältigung von bestimmten Arbeitstätigkeiten erforderlich ist. Im arbeitspsychologischen Kontext handelt es sich dabei um die physischen, psychischen und intellektuellen Fähigkeiten und Fertigkeiten zur Erzielung eines gewünschten Leistungsniveaus bei einer zu lösenden Arbeitsaufgabe.

Dieser traditionell geprägte Qualifikationsbegriff orientiert sich ausschließlich an der geforderten Tätigkeits- bzw. Leistungsfunktionalität. Als Qualifikation wird nur das gewertet, was auf Grundlage tätigkeitsspezifischer Anforderungen für die entsprechende Leistungserstellung im Rahmen einer funktionalen Betrachtungsperspektive als solche erkannt wird.

In der Gegenwart hat sich ein von dieser einseitig ›ökonomischen‹ Begriffsfassung abweichender ›umfassenderer‹ Qualifikationsbegriff durchgesetzt, der neben den fachlichen Qualifikationen auch soziale und methodische Komponenten beinhaltet.

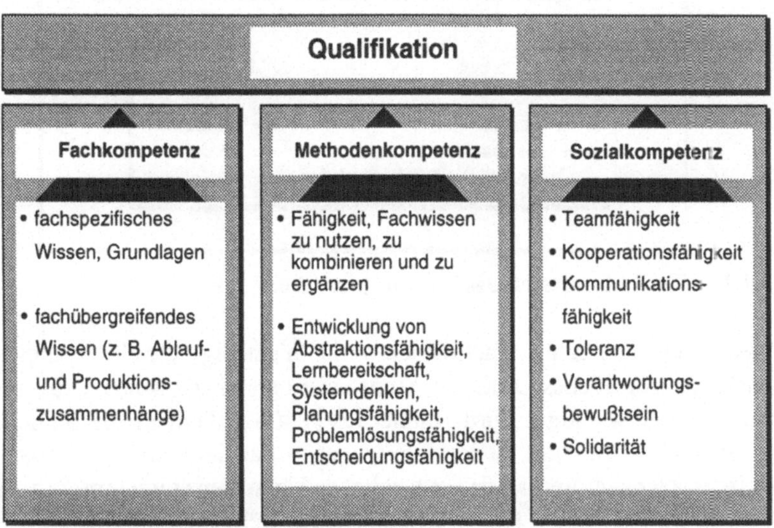

Bild 7.1   Die drei Säulen der Qualifikation

Die Arbeitspädagogik versucht, die Gesamtsicht von Fähigkeiten, Fertigkeiten und Kenntnissen analytisch in einzelne Bereiche zu trennen, um gezielt Bildungsmaßnahmen durchführen zu können. Weil sich die nachfolgenden Begriffe in der Aus- und Weiterbildungspraxis durchgesetzt haben, soll Qualifikation in die in Bild 7.1 dargestellten drei Bereiche gegliedert werden. Qualifikation im Sinne von Handlungskompetenz stellt das Resultat von Fach-, Methoden- und Sozialkompetenz dar.

Der Ausdruck ›*Halbwertszeit des Wissens*‹ gibt die Größenordnung wieder, wie lange einmal erlerntes Wissen Gültigkeit hat oder im umgekehrten Sinne, wie schnell vermitteltes Wissen und erlerntes Können an Aktualität verliert (vgl. Bild 7.2).

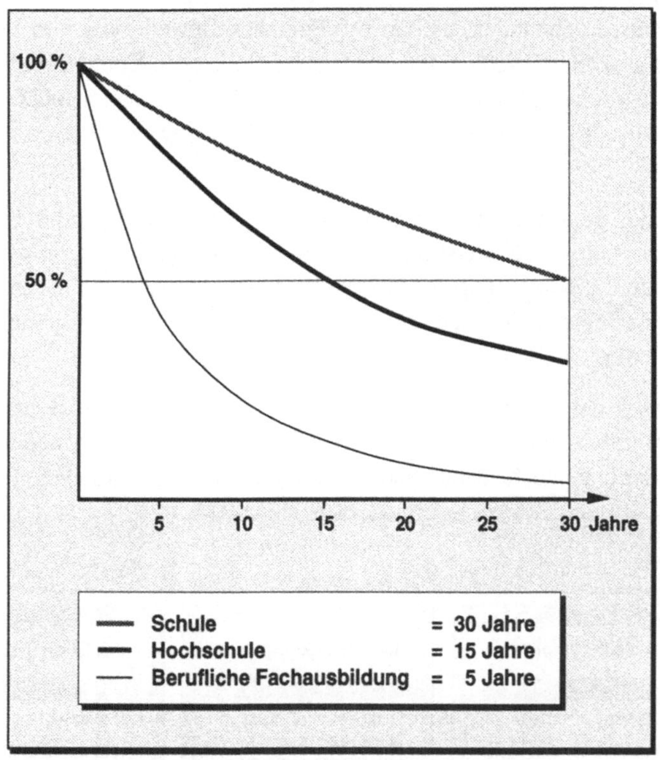

Bild 7.2   Die Halbwertszeit des Wissens (nach Stulle 1991)

Es zeigt sich, daß reines Fachwissen verhältnismäßig schnell veraltet und somit lebenslanges berufliches Lernen im Sinne einer berufsbegleitenden Aus- und Weiterbildung immer wichtiger wird (Stulle 1991). Da außerdem die Komplexität der Arbeitsaufgaben zunimmt, ist davon auszugehen, daß der Erwerb von Methoden- und Sozialkompetenz im Verhältnis zur fachlichen Kompetenz immer mehr an Bedeutung gewinnen wird (Leibing 1991). Zeitabhängige fachliche Qualifikationen verlieren schnell an Aktualität und sind zudem für die Zukunft nur sehr schwer prognostizierbar.

Der in diesem Zusammenhang oft benutzte Begriff ›*Schlüsselqualifikationen*‹ beschreibt diejenigen Anteile der Fach-, Methoden- und Sozialkompetenz, die als weitgehend zeitunabhängig gewertet werden können. Für die Zukunft kann davon ausgegangen werden, daß die Bedeutung dieser qualifikatorischen Bereiche weiter zunehmen wird.

7.1 Motive für Qualifizierungsmaßnahmen

Um die Wettbewerbs- und Innovationsfähigkeit der Unternehmen zu sichern, werden gegenwärtig arbeitsorientierte Organisationskonzepte eingesetzt, die klassische arbeitsteilige, tayloristische Arbeitsabläufe ablösen. Es sollen verstärkt Humanressourcen genutzt werden, um die inner- und außerbetriebliche Leistungsfähigkeit zu erhöhen. Dabei sollen die sich gegenseitig beeinflussenden Faktoren Technik, Organisation und Qualifikation gemeinsam optimiert werden (Bullinger 1992 und Weck 1991).

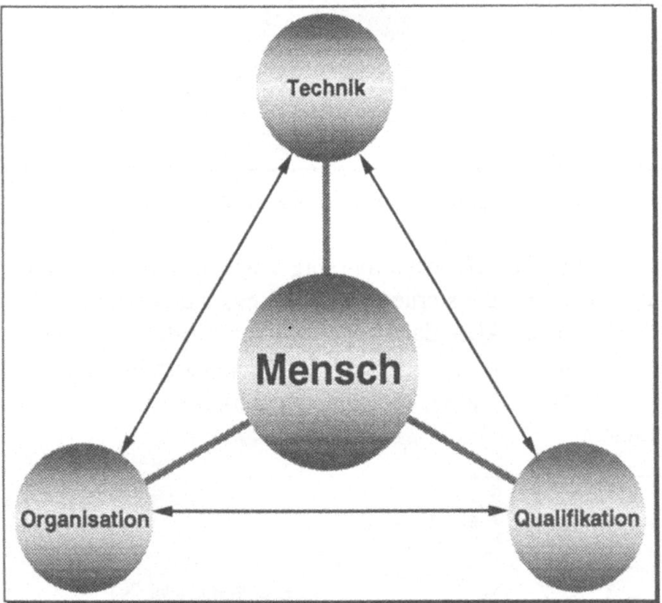

Bild 7.3 **Interaktionsmechanismus der drei Faktoren Technik, Organisation und Qualifikation**

Bild 7.3 stellt die gegenseitigen Abhängigkeiten der drei Unternehmensgrößen Technik, Organisation und Qualifikation und deren Einfluß auf den Mitarbeiter grafisch dar. Die daraus resultierenden Veränderungen in der Tätigkeitsstruktur haben unmittelbare Auswirkungen auf das benötigte Qualifikations- und Bildungsniveau der Arbeitskräfte.

Tendenziell werden die Qualifikationsanforderungen in der Zukunft weiter ansteigen (vgl. Bild 7.4):

❑ Der Anteil der Arbeitsplätze für An- und Ungelernte an der Gesamtzahl der Arbeitsplätze wird weiter abnehmen.

❑ Die Anzahl der Arbeitsplätze mit Fachkräfteausbildung und Hochschulausbildung wird künftig zunehmen.

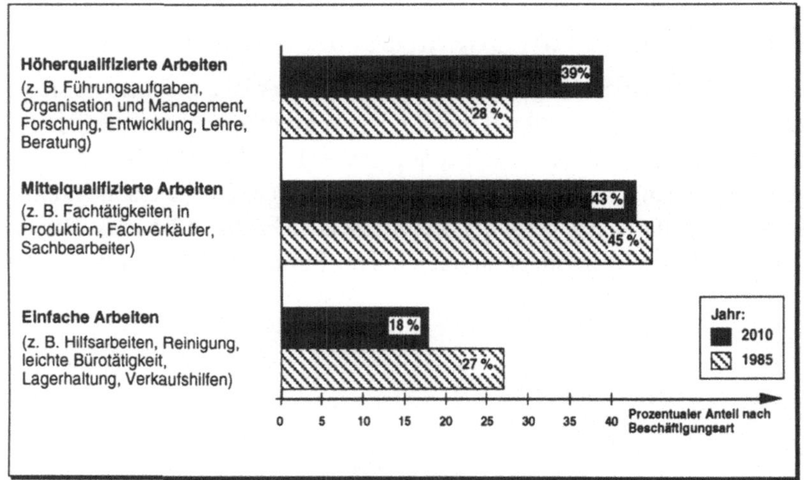

Bild 7.4   Entwicklung der Qualifikationsanforderungen (Quelle: Prognos AG)

In Bild 7.5 werden einige Handlungsmotive aufgezeigt, die die Unternehmen veranlassen, unternehmensinterne und -externe Qualifizierungsmaßnahmen durchzuführen. Es soll an dieser Stelle ausdrücklich darauf hingewiesen werden, daß sich in der Praxis vielfach nicht nur eine auslösende Ursache für Personalqualifizierungsmaßnahmen ausmachen läßt, sondern sich in vielen Fällen mehrere der nachfolgend aufgeführten Ursachen überlagern.

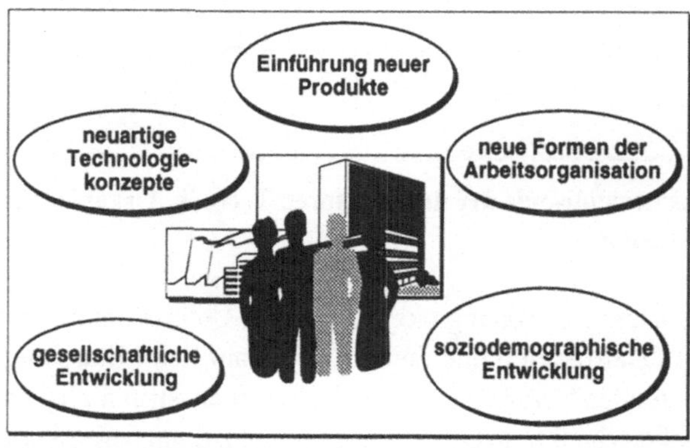

Bild 7.5   Motive für Personalqualifizierungsmaßnahmen

7.1.1 Neue Formen der Arbeitsorganisation

Während in der Vergangenheit vorwiegend der Faktor Technologie optimiert wurde, haben die Erfahrungen gezeigt, daß neuartige Technologien in engem Zusammenhang mit organisatorischen Entwicklungen zu sehen sind.

Die gegenwärtig häufig praktizierte Abkehr von tayloristisch geprägten, verrichtungsorientierten Produktionsstrukturen zugunsten humanzentrierter, mitarbeiterorientierter Arbeitssysteme, wie z. B. die Einführung von Gruppenarbeit in Fertigungsinseln, soll eine Reintegration motivationssteigernder Tätigkeiten bewirken. Es soll eine Erweiterung der Handlungs- und Dispositionsspielräume durch Schaffung ganzheitlicher Arbeitsabläufe erreicht werden. Angestrebt wird eine Einheit aus planenden, ausführenden und kontrollierenden Tätigkeiten, beispielsweise in Form einer qualifizierten *Gruppenarbeit* in Fertigungsinseln. Dabei werden von den Teammitgliedern zunehmend Mehrfachqualifikationen gefordert. Methodische und soziale Kompetenz ist besonders wichtig, wenn solche dezentralen Gruppen, die in einem bestimmten Rahmen Entscheidungskompetenz besitzen, in das Betriebsgeschehen integriert werden.

Derartige organisatorische Entwicklungen sind nur dann sinnvoll durchführbar, wenn bei der Belegschaft die erforderlichen qualifikatorischen Voraussetzungen vorhanden sind. Organisationsentwicklung muß in solchen Fällen durch entsprechende Personalentwicklungsmaßnahmen begleitet werden.

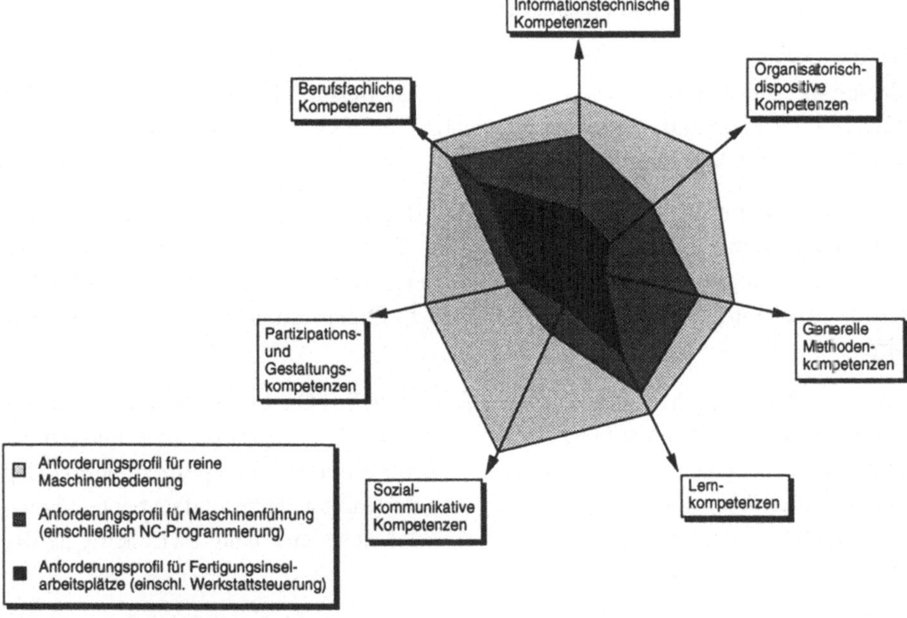

Bild 7.6   Qualifikationsprofile in Abhängigkeit vom Grad der Aufgabenintegration

Bild 7.6 zeigt, inwieweit die Einführung neuer Formen der Arbeitsorganisation erhöhte Anforderungen an die obengenannten Kompetenzen der Mitarbeiter stellt. Die Abbildung veranschaulicht am Beispiel eines Maschinenbedieners die unterschiedlichen Anforderungsprofile in Abhängigkeit vom Grad der Aufgabenintegration. Ausgehend vom Anforderungsprofil ›reine Maschinenbedienung‹ wird der Grad der Aufgabenintegration in zwei Stufen erhöht. Das Anforderungsprofil ›Maschinenführung‹ beinhaltet die NC-Programmierung. Im Anforderungsprofil ›Fertigungsinselarbeitsplätze‹ sind Werkstattsteuerungsaufgaben enthalten (Maschinenbau 1994).

7.1.2   Anwendung neuartiger Technologiekonzepte

Jeder technische Wandel hat immer auch grundlegende Veränderungen im Leben des Menschen zur Folge. Historisch gesehen kann der technische Wandel als dynamischer Vorgang beschrieben werden. Auf der Grundlage des Erkenntnisfortschritts erweitert er dadurch in den Wissenschaften die Möglichkeiten der Produkt- und Prozeßinnovation, wobei eine permanente Interaktion zwischen beiden Faktoren deutlich wird.

Der Einstieg in neue Technologiekonzepte wird von unterschiedlichsten, nicht nur technischen Problemen begleitet. So verändern sich mit der Einführung neuer Technologien die Tätigkeitsprofile und damit auch die Qualifikationserfordernisse an die Beschäftigten (Mählck und Panskus 1989).

Der verstärkte Einsatz der Mikroelektronik wird vielfach als Instrument und Motor der ›dritten industriellen Revolution‹ angesehen. Als Beispiel für den sich einstellenden Wandel seien hier nur die Bereiche Informations-, Kommunikations-, Regelungs- und Steuerungstechnik genannt.

In der Produktionstechnik wird unter dem Begriff ›CIM‹ die Leitidee für einen rechnerintegrierten Fabrikbetrieb propagiert. Eine erfolgreiche Umsetzung dieser neuen Technologieform kann jedoch nur erreicht werden, wenn ein ganzheitlicher Ansatz unter Integration der Faktoren Mensch, Organisation und Technik verfolgt wird.

Sowohl in den fachlichen als auch in den überfachlichen Qualifikationsanforderungen ergeben sich erhebliche Veränderungen, wenn eine möglichst umfassende und fehlerfreie Inanspruchnahme des vorhandenen Nutzungspotentials angestrebt wird. Der Faktor ›Qualifikation‹ gewinnt zunehmend an Bedeutung, da besonders bei technologisch hochwertigen Arbeitssystemen ein direkter Zusammenhang zwischen Qualifikationsgrad und Leistungseffizienz erkennbar ist.

7.1.3 Einführung neuer Produkte

Viele Produkte sind in der Gegenwart zu technisch hochkomplexen Systemen herangereift. Die Einführung neuer Produkte oder die Neuauflage bestehender Produktbaureihen kann einen umfangreichen Informations- und damit auch Qualifikationsbedarf in technisch-fachlicher Hinsicht hervorrufen. Werden komplexe Produkte in arbeitsteiligen Produktionsstrukturen hergestellt, kann der Gesamtüberblick über die einzelnen Komponenten des Produkts kaum gewährleistet werden. In diesem Fall entsteht der Bedarf zur Vermittlung von Kenntnissen über den betrieblichen Zusammenhang, wenn man die betroffenen Mitarbeiter ganzheitlich informieren und teilhaben lassen will.

Dies soll ein Beispiel aus der Automobilindustrie veranschaulichen:

Die Mercedes-Benz AG hat anläßlich der Einführung der sogenannten ›C-Klasse‹ (Baureihe 202) ein umfangreiches Mitarbeiter-Informations- und Trainingsprogramm (MIT 202) durchgeführt. Während des Programms wurden 24 000 Mitarbeiter aus den Werken Sindelfingen und Bremen auf den Serienanlauf der neuen Baureihe vorbereitet. Übergeordnetes Ziel dieser Maßnahme war die Verbesserung der Zusammenarbeit, der Identifikation mit dem Produkt und der Motivation der Mitarbeiter. Auf diese Weise konnte schon in der Anlaufphase eine Steigerung und Sicherung der Qualität erreicht werden. Bild 7.7 stellt die wichtigsten Merkmale des Qualifizierungsprogramms im Überblick dar.

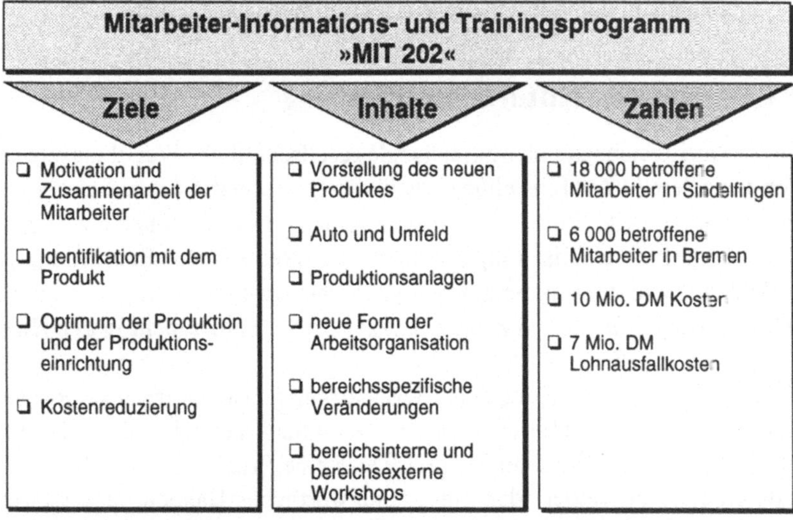

Bild 7.7 Mitarbeiter-Informations- und Trainingsprogramm (MIT 202)

Nach Abschluß des Programms wurden die Ergebnisse in einer Fragebogenaktion analysiert. 62 % der Mitarbeiter und 30 % der Führungskräfte waren der Meinunug, daß sich die Zusammenarbeit innerhalb ihres Bereichs verbessert habe, die überwiegende

Mehrheit fühlte sich auf den Anlauf gut vorbereitet. 99 % der Befragten wollten das Programm bei Folgeanläufen wieder durchführen (Schönberger und Wörz 1993).

7.1.4   Soziodemographische Entwicklung

In absehbarer Zukunft wird die Bevölkerungsentwicklung in den westlichen Industrienationen durch eine weiter fortschreitende Überalterung geprägt sein. Für Baden-Württemberg ermittelte ein Arbeitskreis die folgenden Zahlen (Leibing 1991):

❑ Der Anteil der unter 30jährigen an den Erwerbspersonen wird von 32 % (1990) drastisch auf 23 % (2000) zurückgehen, während sich der Anteil der über 50jährigen deutlich erhöhen wird.

❑ Die sinkende Zahl der Schulabgänger geht einher mit der Tendenz zu höherwertigen Schulabschlüssen.

Es ergeben sich neue Alters- und Bildungsstrukturen, die von den Unternehmen in ihrer langfristigen Personalplanung berücksichtigt werden müssen.

Für Unternehmen, die auch zukünftig den quantitativen und qualitativen Personalbedarf an Fach- und Führungskräften abdecken wollen, bedeutet dies konkret:

❑ Kontinuierliche Personalqualifizierungsmaßnahmen auch für ältere Mitarbeiter durch geeignete Weiterbildung;

❑ Akquisition von Nachwuchskräften in Verbindung mit ergänzenden Qualifizierungsmaßnahmen, um individuelle Wissensdefizite auszugleichen.

7.1.5   Gesellschaftliche Entwicklung

Gegenwärtig zeichnen sich weitreichende gesellschaftliche Wandlungsprozesse ab, die sich vor allem in der Einstellung der jüngeren Generation zum Berufsleben ablesen lassen. Individuelle Werte wie Selbstentfaltung gewinnen zunehmend an Bedeutung. Es wird eine Individualisierung der Arbeit angestrebt, die von Begriffen wie Selbstverwirklichung und -bestimmung, Kreativität, Partizipation und Eigenverantwortlichkeit getragen wird. Pflicht- und Akzeptanzwerte treten immer mehr in den Hintergrund.

Unter geeigneten Bedingungen (z. B. Schaffung günstiger organisatorischer Verhältnisse) lassen sich diese Entwicklungen sowohl für Arbeitgeber als auch für Arbeitnehmer positiv nutzen. So kann beispielsweise eine Erhöhung der Arbeitszufriedenheit dadurch erreicht werden, daß eigenverantwortliches Handeln in verstärktem Maße gefördert wird. Bei Einführung eines derartigen humanzentrierten Organisationsmodells treten, verglichen mit traditionellen Organisationsstrukturen, in der Regel verstärkt methodische und soziale Fähigkeiten in den Vordergrund. Diese sind zu bewerten und Defizite durch entsprechende qualifikatorische Maßnahmen zu beheben.

7.2   Personalqualifizierung im Überblick

Der in jedem mittleren und größeren Unternehmen vorhandene Funktionsbereich
›Personalwesen‹ hat u. a. auch die zentrale Aufgabe der Personalplanung. Daher soll
das Personalwesen Vorschläge zur Sicherstellung des qualitativen und quantitativen
Personalbedarfs entsprechend der technisch-wirtschaftlichen Unternehmenspolitik
unterbreiten.

Veränderte Marktsituationen, neue Technologien in Produktion und Verwaltung, der
Wertewandel bei den Mitarbeitern sowie weitere Veränderungen im Unternehmens-
umfeld stellen insbesondere für den Personalbereich eine Herausforderung dar. Eine
Hauptaufgabe der betrieblichen Personalarbeit besteht darin, diese Einflüsse frühzeitig
zu erkennen und in Abstimmung mit den Unternehmensgrundsätzen und -zielen in
personalpolitische Maßnahmen umzusetzen. Um diesen Anforderungen gerecht zu
werden, versteht sich die Personalabteilung immer mehr als ein wichtiger Servicebereich
zur Steigerung von Qualifikation und Motivation der Mitarbeiter im Unternehmen.

Die Anwendung neuartiger Technologien und Arbeitsorganisationsmodelle hat viele
Unternehmen erkennen lassen, daß gerade die Mitarbeiterqualifikation als kritischer
Erfolgsfaktor für ein Unternehmen gewertet werden muß, da Wettbewerbs- und
Innovationsfähigkeit unmittelbar von diesem Faktor abhängen.

Der erste Schritt für die systematische und konsequente Umsetzung einer gezielten
Personalpolitik mit angepaßten Personalentwicklungsmaßnahmen stellt die Ermittlung
des Qualifizierungsbedarfs dar.

Bild 7.8 zeigt ein *Personalentwicklungskonzept* in Regelkreisform. Man unterscheidet
einerseits den quantitativen und qualitativen Personalbedarf der Unternehmung, während
andererseits die individuelle Eignung des Mitarbeiters dargestellt ist. Die aktuelle
Leistungsbeurteilung dokumentiert den Ist-Stand, wogegen die nachfolgende Potential-
beurteilung eine in die Zukunft gerichtete Abschätzung des zur Verfügung stehenden
Qualifizierungspotentials ist.

Die Mitarbeiterbefragung bildet einen weiteren Ausgangspunkt für das dargestellte
Personalentwicklungskonzept. Hierbei läßt sich eine Vielzahl von Informationen zu
unternehmensrelevanten Themenbereichen gewinnen. Besonders wichtig erscheint an
dieser Stelle eine gezielte Befragung nach den individuellen Qualifizierungswünschen
und betrieblichen Einsatzgebieten des einzelnen Arbeitnehmers. Das individuelle
Bildungsbedürfnis ist in jedem Fall ein nicht zu vernachlässigender Faktor, der den
Erfolg einer Bildungsmaßnahme in entscheidendem Maße mitbestimmt. Die Personalentwicklung hat dabei die Aufgabe, vorhandene Fähigkeiten, Neigungen und Bildungs-
interessen zu erkennen, diese weiterzuentwickeln und dann mit den jeweiligen Erfordernissen des Unternehmens in Einklang zu bringen.

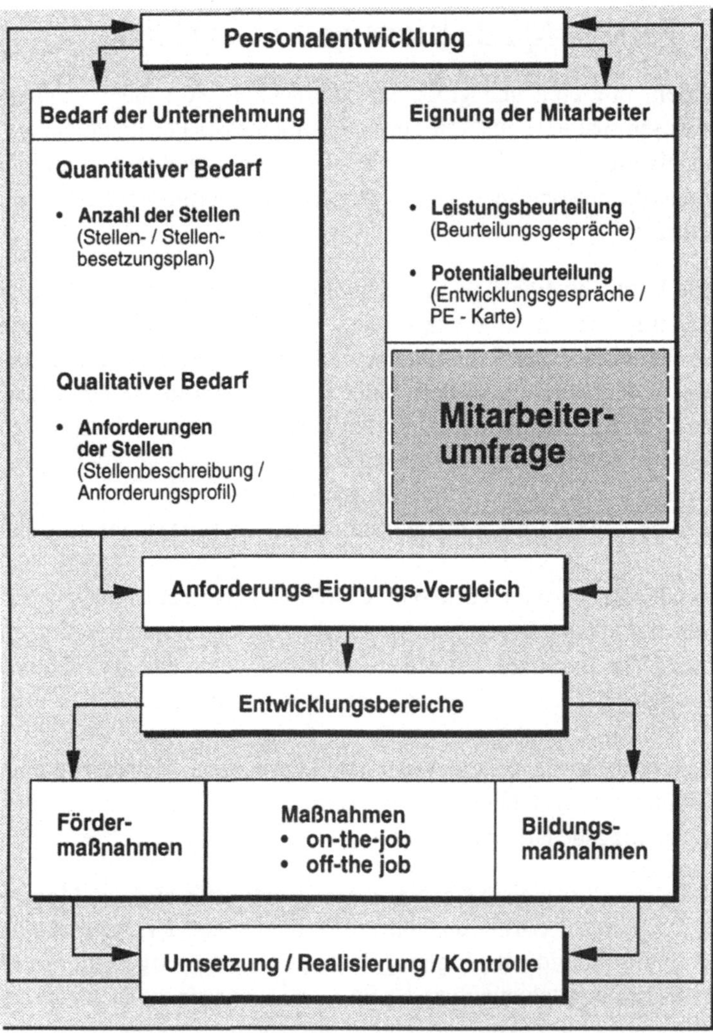

Bild 7.8   Der Regelkreis der Personalentwicklung (nach Koeder 1990)

Die Festsetzung des tatsächlichen *Qualifizierungsbedarfs* erfolgt durch einen *Anforderungs-Eignungs-Vergleich*. Diesem Bedarf werden dann geeignete Qualifizierungsmaßnahmen durch entsprechende Bildungs-, Schulungs- oder sonstige Fördermaßnahmen zugeordnet. Mit der Umsetzung bzw. Realisierung dieser Maßnahmen schließt sich der Regelkreis.

Neben diesem ›klassischen‹ technokratischen Planungsmodell der Personalentwicklung soll an dieser Stelle erwähnt werden, daß neuere Ansätze versuchen, der notwendigen Änderungsdynamik von Personalentwicklungsprozessen gerecht zu werden (Staudt 1989). Dazu werden beispielsweise in Verbindung mit dezentralen Organisationsstrukturen einzelne Qualifizierungsaufgaben innerhalb von Gruppen teilautonom wahrgenommen.

Nach dieser überblickartigen Darstellung von Personalentwicklungsmaßnahmen erfolgt eine detailliertere Erläuterung der beschriebenen Schritte.

7.3 Ermittlung des Qualifizierungsbedarfs

Die Ermittlung des *Qualifizierungsbedarfs* soll Informationen darüber liefern, wem welche Bildungs- bzw. Qualifizierungsmaßnahmen nutzen. Sie bildet die Grundlage für eine angemessene Planung der betrieblichen Personalentwicklungsstrategie, die auf die Unternehmenserfordernisse und auf die Bedürfnisse der Mitarbeiter zugeschnitten sein sollte.

Der nachfolgende Abschnitt soll einen Einblick in die praktische Vorgehensweise zur Ermittlung des Qualifizierungsbedarfs geben.

7.3.1 Analytische Verfahren

Der Personalbedarf einer Unternehmung läßt sich in einen quantitativen und einen qualitativen Bedarf untergliedern.

Der quantitative Bedarf ergibt sich aus der Anzahl der zur Leistungserstellung benötigten Stellen und ist im Stellenbesetzungsplan festgeschrieben. Der qualitative Bedarf wird durch eine Anforderungsanalyse der zu betrachtenden Stellen bestimmt. Die Stellenbeschreibung zeigt Aufgaben und Zielsetzung einer Stelle, wodurch sich das Anforderungsprofil bestimmen läßt. Damit sind im Sinne eines breiteren Qualifikationsbegriffs die fachlichen, methodischen und sozialen Kompetenzen eines potentiellen Stelleninhabers festgesetzt.

Um konkrete und handhabbare Aussagen über die Qualifizierungserfordernisse zu erhalten, sollten in der Stellenbeschreibung neben detaillierten fachlichen Anforderungen auch das methodische und soziale Kompetenzprofil – beispielsweise im Rahmen einer arbeitspsychologischen Analyse der Arbeitsbedingungen – beschrieben werden. Dies kann zum Beispiel durch eine VERA- oder RHIA-Analyse geschehen, die alle Tätigkeiten einer Stelle im Hinblick auf die Regulations- und Kommunikationserfordernisse bewerten. Dabei werden unabhängig von der konkreten Tätigkeitsart die allgemeinen Denkanforderungen (Planungs-, Entscheidungs- und Problemlösungsanforderungen) ermittelt.

Wird nun sowohl der Soll-Zustand als auch der Ist-Zustand dokumentiert und miteinander verglichen, kann der Qualifizierungsbedarf systematisch und nachvollziehbar abgeleitet werden.

7.3.2 Grafische Verfahren

In den Bereichen Personalplanung und -controlling stellen Portfolio-Modelle ein integratives Instrument für die strategische Humanressourcenentwicklung eines Unternehmens dar.

Nachfolgend werden zwei Portfolio-Modelle vorgestellt:

- ❑ Das Personalportfolio;
- ❑ Das Mitarbeiterportfolio.

7.3.2.1 Das Personalportfolio

Ein Personalportfolio stellt das derzeitige und das geplante Mitarbeiterpotential grafisch gegenüber, wobei die Personalressourcen im Raster einer zweidimensionalen Matrix positioniert werden.

Ziel dieser *Portfoliomethodik* ist es, aufgrund einer systematischen Analyse von Mitarbeitergruppen den Ist-Zustand mit Hilfe von Beurteilungskriterien festzuhalten und daraus geeignete Maßnahmen abzuleiten, um ein in der Zukunft ausgewogenes Personalportfolio zur Verwirklichung der Unternehmensziele und -strategien zu erhalten.

Personalportfolios veranschaulichen das Humankapital eines Unternehmens und ermöglichen eine Identifikation von Stärken und Schwächen in der Mitarbeiterstruktur. Sie ermöglichen eine Entwicklung zielgerichteter Strategien und personalpolitischer Maßnahmen für einzelne Mitarbeiter, Abteilungen oder Geschäftsbereiche.

Im folgenden sollen die vier Phasen einer Personal-Portfolioanalyse dargestellt werden (Heinrich 1990).

Phase 1: Auswahl der Planungs- bzw. Analyseeinheiten

Als Planungs- bzw. Analyseeinheiten eignen sich einzelne Geschäfts- und Funktionsbereiche, die je nach der gewünschten Absicht von Unternehmensebene über Abteilungsebenen bis auf Mitarbeiterebene detailliert werden können.

Phase 2: Erstellung des Ist-Portfolios

Die personelle Unternehmenssituation wird im Portfolio aufgezeigt. Bild 7.9 zeigt ein Beispiel, in dem einzelne Geschäftsbereiche als Analyseeinheiten dienen. Auf der horizontalen Achse der Portfoliomatrix ist die gegenwärtig vorhandene Qualität des Personals bezüglich der zukünftigen Anforderungsmerkmale in dem Analysebereich aufgetragen.

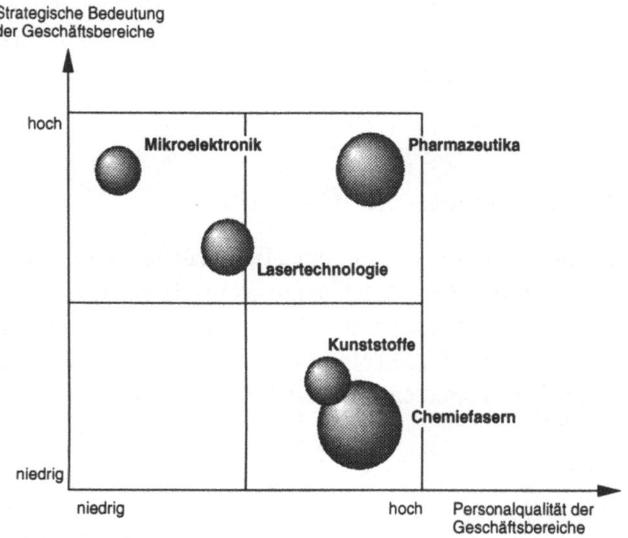

Bild 7.9   Ist-Personalportfolio

Die Wahl der Bewertungskriterien soll so getroffen werden, daß eine möglichst exakte Beurteilung der Humanressourcen erfolgen kann.

Als geeignete Kriterien zur Beurteilung der *Personalqualität* können die nachfolgenden Faktoren dienen:

❑ Know-how im Technologiebereich;

❑ Know-how im Bereich des Marketings;

❑ Kreativität;

❑ Flexibilität;

❑ Teamfähigkeit;

❑ Motivation;

❑ Führungspotential;

❑ Anzahl der Mitarbeiter;

❑ Altersstruktur.

Da in den meisten Fällen mehrere der o. g. Bewertungskriterien verwendet werden und diese vielfach von unterschiedlicher Bedeutung sind, empfiehlt sich die Gewichtung der Bewertungskriterien.

Die Aufnahme des Ist-Zustandes kann durch eine Expertenbefragung erfolgen. Um eine möglichst objektive Beurteilung der Mitarbeiter zu gewährleisten, sollten die Experten in keiner organisatorischen Beziehung zu den Befragten stehen.

Die vertikale Achse des Portfolios gibt die zukünftige strategische Bedeutung der dargestellten Geschäftsbereiche wieder, in denen die Mitarbeiter tätig sind oder in Zukunft tätig sein werden.

Die Berechnung der Gesamtwerte für beide Dimensionen erfolgt durch Addition der gewichteten Einzelpunktwerte. Der Durchmesser des in die Matrix einzutragenden Werts für ein Geschäftsfeld kann beispielsweise die momentane Personalstärke kennzeichnen.

Phase 3: Bestimmung eines Ziel-Portfolios

Ausgehend von der im Ist-Portfolio aufgezeigten Personalsituation erfolgt die Planung des Ziel-Portfolios. Dabei sind die unternehmensspezifische Bedeutung der betrachteten Analysebereiche, das personelle Entwicklungspotential sowie die finanziellen Ressourcen zu berücksichtigen. Es soll eine Konstellation des Ziel-Portfolios entwikkelt werden, die den Erfordernissen der mittel- und langfristigen Unternehmensstrategien gerecht wird.

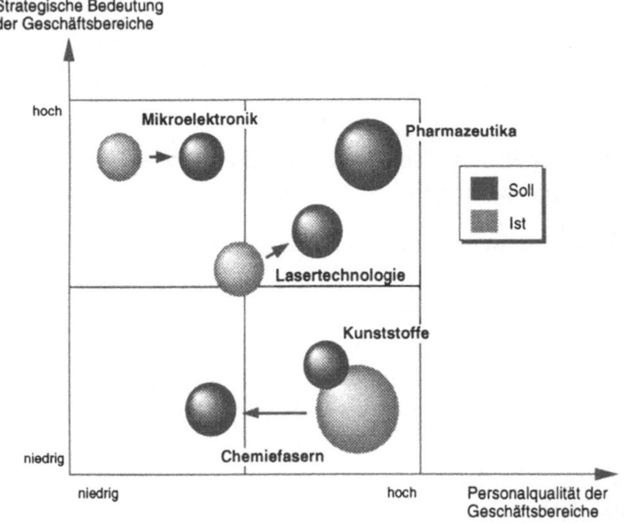

Bild 7.10   Ziel-Personalportfolio

Bild 7.10 stellt ein Ziel-Personalportfolio dar. Zur besseren Kennzeichnung der einzelnen Entwicklungsbereiche wurde hier ein Vergleich der Ist- und Soll-Konstellationen durchgeführt. Darin enthaltene Abweichungen einzelner Analysebereiche sind durch Pfeile gekennzeichnet.

Phase 4: Strategiefindung und -formulierung

Der Vergleich des Ziel-Portfolios mit dem Ist-Portfolio gibt Aufschluß darüber, inwieweit die Realisierung der Unternehmensziele und Unternehmensstrategien durch die personelle Situation gefährdet ist. In diesem Zusammenhang bietet sich ein direkter

Vergleich des Personalportfolios mit dem Unternehmensportfolio an. Die Portfolioanalyse kann dabei die Funktion eines Früherkennungssystems personeller Problembereiche einnehmen.

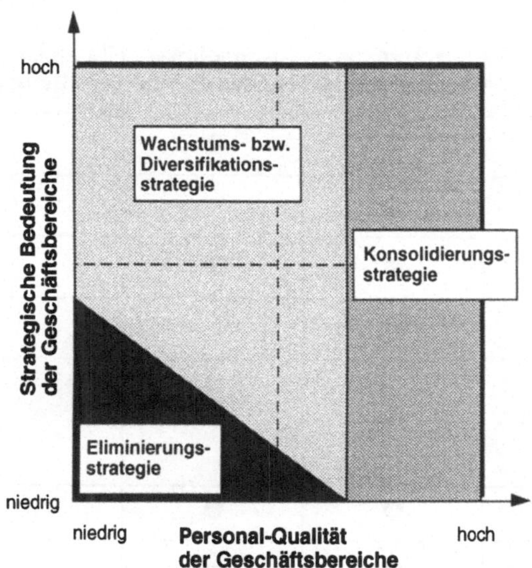

Bild 7.11 Normstrategien im Rahmen einer Personalportfolio-Analyse
(nach Heinrich 1990)

Aufgrund der Positionierung eines Analysebereichs in der Portfoliomatrix lassen sich Normstrategien ableiten (vgl. Bild 7.11). Diese sollen nur die grundsätzliche strategische Richtung zur optimalen Planung der Humanressourcen aufzeigen. Es lassen sich vier Normstrategien benennen:

❑ *Wachstumsstrategie*:
  Erhöhung von Qualität und Quantität des Personals in den analysierten Tätigkeitsfeldern.
❑ *Diversifikationsstrategie*:
  Aufbau eines Personalstamms in den neu zu erschließenden Tätigkeitsfeldern.
❑ *Konsolidierungsstrategie*:
  Beibehaltung der Personalqualität bei gleichzeitiger Suche nach Rationalisierungspotentialen.
❑ *Eliminierungsstrategie*:
  Abbau des gesamten Personals beziehungsweise von Teilen des Personals in dem betrachteten Analysebereich.

Auf der Grundlage dieser Normstrategien legt die Personalplanung unter Berücksichtigung unternehmensin- und externer Einflußfaktoren (beispielsweise Unternehmensphilosophie, Arbeitsmarktverhältnisse, Gesetzgebung) konkrete operative Maßnahmen fest (vgl. Bild 7.12).

Sind die geplanten Personalentwicklungsmaßnahmen durchgeführt, kann am Ende des Planungszeitraums ein Ist-Portfolio erstellt werden. Dieses wird dann zur Kontrolle der Zielerreichung mit dem Ziel-Portfolio verglichen.

Personalstrategische Maßnahmen	Wachstumsstrategie	Diversifikationsstrategie	Konsolidierungsstrategie	Eliminierungsstrategie
interne Rekrutierung	●	●	●	
externe Rekrutierung	●	●		
interne Schulung	●	●	●	
externe Schulung	●	●		
Akquisition von Know-how (Lizenznahme, Kooperation, Kauf)	●	●		
Anreizsysteme	●	●	●	
Job rotation	●	●	●	
Job enlargement	●	●		
Veräußerung von Geschäftsbereichen	●	●		●
Entlassung		●		●
Versetzung	●	●	●	●
Änderung der Stellenbeschreibung	●	●	●	●
Anbahnung von Hochschulkontakten	●	●		
Einschaltung von Personalberatungen	●	●		●
Kreativitätsförderung (z. B. Quality Circles)	●	●		
Bildung von Projektteams	●	●		

Bild 7.12 Personalstrategische Maßnahmen in Abhängigkeit von Normstrategien (nach Heinrich 1990)

7.3.2.2 Das Mitarbeiterportfolio

Das Mitarbeiterportfolio stellt eine weitere Portfoliovariante dar. Die herkömmlichen Methoden der Mitarbeiterbeurteilung sind vorwiegend vergangenheitsorientiert und stellen somit lediglich eine aktuelle Bewertung eines Mitarbeiters aufgrund bisheriger Leistungen dar. Es werden keine Aussagen über das zukünftige Leistungspotential eines Mitarbeiters gemacht.

Das Mitarbeiterportfolio vermeidet diesen Nachteil, da sowohl die aktuelle als auch die zukünftige Leistungsfähigkeit grafisch dargestellt wird und somit wichtige personalstrategische Informationen gewonnen werden (Heinrich 1990).

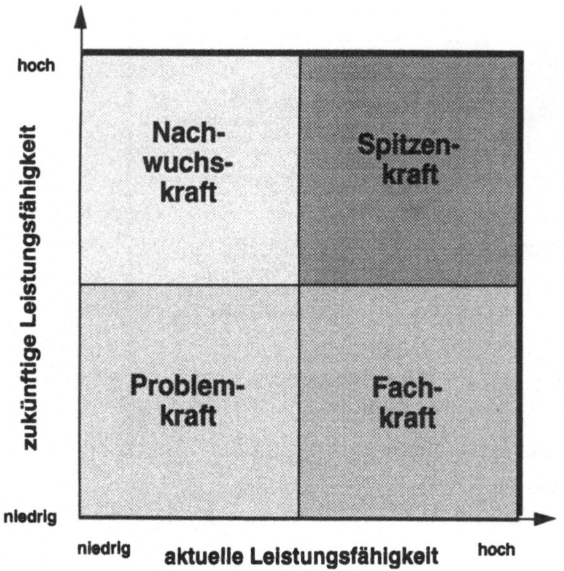

Bild 7.13 Das Mitarbeiterportfolio (nach Heinrich 1990)

Bild 7.13 stellt ein Mitarbeiterportfolio für Führungskräfte dar. Die Einstufung auf der Abszisse erfolgt aufgrund der aktuellen Leistungsbewertung. Als Kriterien können hierbei der Grad der Zielerreichung vorgegebener Aufgaben oder die Erfüllung der Stellenbeschreibung dienen.

An der Ordinate ist die zukünftige Leistungsfähigkeit aufgetragen. Die hierbei verwendeten Bewertungskriterien sind vielfach auch unternehmens- und branchenspezifisch festzulegen. Als Beispiel hierfür können Kriterien wie Flexibilität, Teamfähigkeit, Kreativität, Beherrschung moderner Managementtechniken und Sprachkenntnisse genannt werden.

Die Analyse der Ist-Situation wird mit der Plazierung der einzelnen Mitarbeiter in der Portfoliomatrix abgeschlossen. Mit Hilfe des Ist-Portfolios lassen sich Aussagen über die Ausgewogenheit personeller Ressourcen in der Gegenwart und in der Zukunft machen.

In Bild 7.13 wird die Portfoliomatrix in 4 Bereiche unterteilt, für die sich wiederum entsprechende Normstrategien ableiten lassen. Diese Normstrategien sollen nur als grundsätzliche Entscheidungshilfen zur Planung geeigneter personeller Strategien dienen (vgl. Bild 7.14). In der praktischen Anwendung muß vielfach eine unternehmens- und situationsspezifische Anpassung der abzuleitenden Maßnahmen erfolgen.

Nachwuchskraft	**Aufbauen:** Systematische Einführung in die Unternehmenspraxis und gezielte Fachschulung im Sinne von job enlargement.
Spitzenkraft	**Ausbauen:** Beförderung einplanen und Erfahrungshintergrund im Sinne von job rotation verbreiten.
Fachkraft	**Ernten:** Vorhandene Fähigkeiten voll ausnützen und überlegen, ob eine Führungsschulung angebracht wäre.
Problemkraft	**Abbauen:** Arbeitsplatzwechsel einleiten, gegebenenfalls Kündigung veranlassen.

Bild 7.14   Normstrategien für bestimmte Mitarbeiterkategorien

7.4   Arbeitspädagogik

7.4.1   Arbeitspädagogik als System

Jede Art von Pädagogik soll eine gezielte Erziehung und Bildung des Menschen unterstützen. In der Arbeitspädagogik soll eine Bildung des Menschen für Arbeit und Beruf erreicht werden. Arbeitspädagogik wird in der Praxis wie folgt definiert (REFA 1987):

Arbeitspädagogik in der Praxis ist das konkrete Lehren und Lernen des Arbeitens.

Im folgenden wird Arbeitspädagogik als ›System‹ betrachtet. Die Systemelemente, in diesem Fall Personen und Sachen, sind durch Beziehungen (Verbindungen, Wirkungen und Zusammenhänge) miteinander verknüpft.

Das Gesamtsystem der Arbeitspädagogik soll in Bild 7.15 veranschaulicht werden. Es besteht ein Beziehungsgeflecht zwischen den Zielen und den Prozessen des arbeitsbetonten Lernens und deren personalen und sachlichen Bedingungen. Die Ergebnisse der Arbeitspädagogik lassen sich in formelle und informelle Qualifikationen gliedern. Formelle Qualifikationen werden nach offiziellen amtlichen Prüfungen attestiert, während informelle Qualifikationen im Betrieb vermittelt und gegebenenfalls mit einem betrieblichen Zertifikat bestätigt werden.

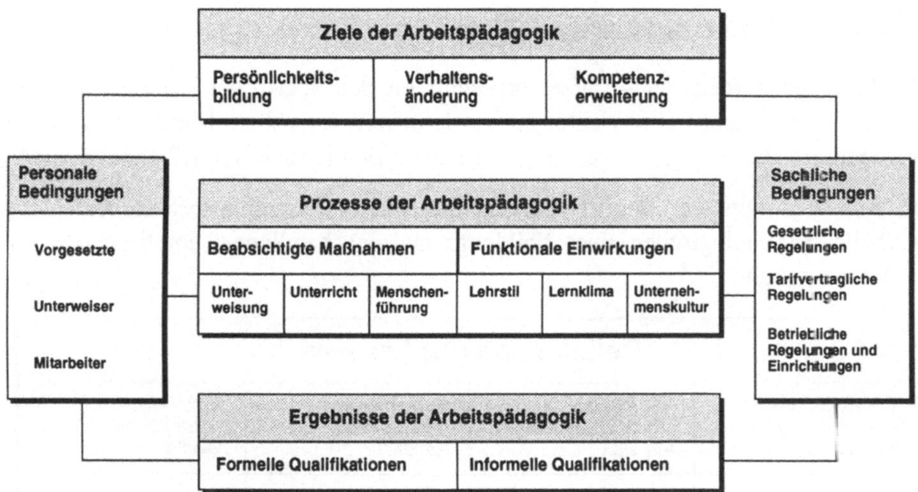

Bild 7.15   Arbeitspädagogik als System (nach REFA 1987)

7.4.2   Ziele der Arbeitspädagogik

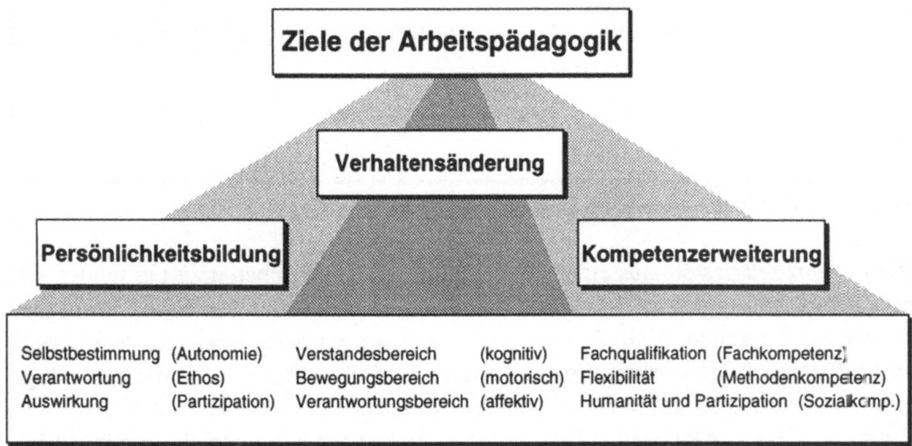

Bild 7.16   Ziele der Arbeitspädagogik

Als Ziele der Arbeitspädagogik sind die drei Bereiche Persönlichkeitsbildung, Verhaltensänderung und Kompetenzerweiterung festzuhalten. An dieser Stelle sei darauf hingewiesen, daß die genannten Bereiche oftmals situationsspezifisch voneinander abhängen.

Eine explizite Darstellung der Zielsetzung arbeitspädagogischer Maßnahmen erfolgt in Bild 7.16.

7.4.3   Lernen und Lernprozesse

Nachfolgend werden vier Ansätze vorgestellt, die den Begriff des ›Lernens‹ jeweils aus unterschiedlichen Blickrichtungen zu definieren versuchen. Dieser Sachverhalt verdeutlicht, daß es keine allgemeingültige Definition für den Begriff ›Lernen‹ gibt.

In Bild 7.17 wird der Begriff ›Lernen‹ aus einer informationstechnischen, einer verhaltenspsychologischen, einer abbildungs- und einer handlungstheoretischen Sichtweise betrachtet.

Definitionen des Lernens			
Informations- theoretischer Aspekt	**Verhaltens- psychologischer Aspekt**	**Abbildungs- theoretischer Aspekt**	**Handlungs- theoretischer Aspekt**
Lernen unter informationstheoretischem Aspekt kann als die Aufnahme, Speicherung und Verarbeitung von Informationen verstanden werden.	Lernen unter verhaltenspsychologischem Aspekt kann als Veränderung des Verhaltens auf Grund von Erfahrungen verstanden werden.	Lernen unter abbildungstheoretischem Aspekt geht davon aus, daß von der auszuführenden Handlung eine Vorstellung - ein Abbild - besteht.	Lernen unter handlungstheoretischem Aspekt ist spontanes und aktives Wahrnehmen, Denken und Tun, ist die Verbindung von Theorie und Praxis, von Planung und Ausführung, von Entscheiden und Selbstüberprüfung.

Bild 7.17   Vier Definitionen des Lernens (nach REFA 1987)

Der *Lernprozeß* besteht aus einem Bedingungsgefüge zwischen dem Lernenden und der Lernstruktur (vgl. Bild 7.18). Will man die lern- und leistungsmäßigen Voraussetzungen des Lernenden beeinflussen, sind vorwiegend arbeitspädagogische Maßnahmen erforderlich. Eine arbeitsorganisatorische Einflußnahme zielt auf die technologischen und strukturellen Bedingungen der Arbeit ab. Eine arbeitswissenschaftliche Optimierung des entstehenden Bedingungsgefüges kann nicht isoliert arbeitspädagogisch oder arbeitsorganisatorisch erfolgen. Beide Faktoren müssen aufeinander abgestimmt werden.

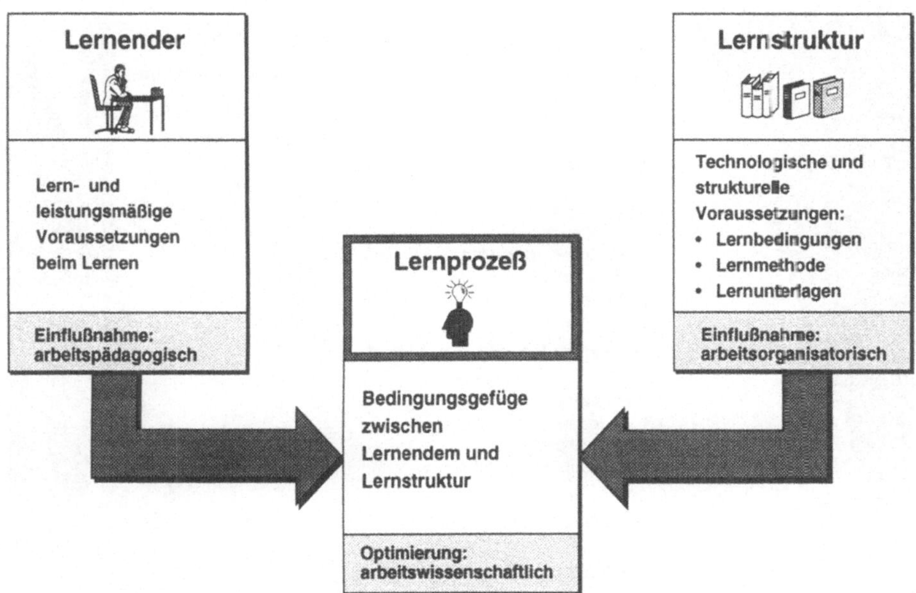

Bild 7.18   Der Lernprozeß (nach REFA 1987)

7.4.4   Grundformen des Lernens am Arbeitsplatz

Bild 7.19 stellt die drei *Grundformen* des Lernens am Arbeitsplatz dar.

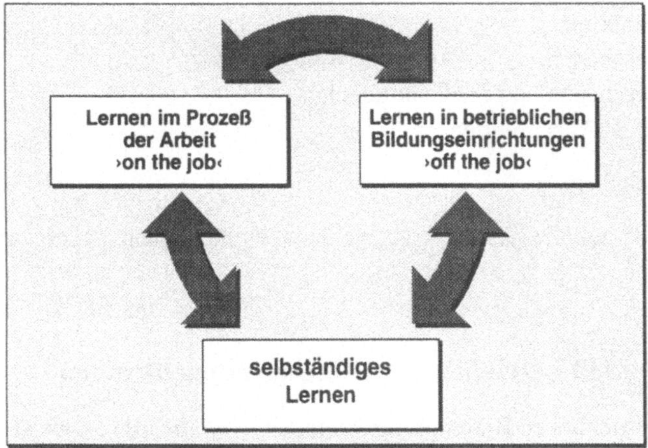

Bild 7.19   Grundformen des Lernens am Arbeitsplatz

Diese Grundformen können nach der Aktivität des Lehrenden und nach der Aktivität des Lernenden gegliedert werden (vgl. Bild 7.20).

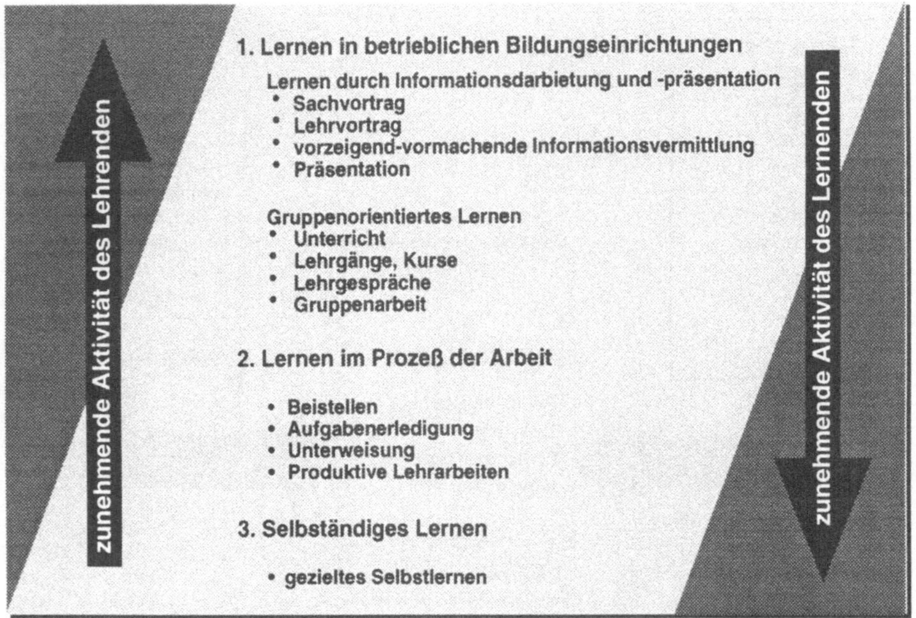

Bild 7.20   Aktivität beim Lernen am Arbeitsplatz (nach Decker 1985)

In diesem Zusammenhang ist zu überlegen, ob und gegebenenfalls welche Hilfsmittel eingesetzt werden, um die Lerninhalte besser vermitteln zu können.

Es kann davon ausgegangen werden, daß Lernende

❑   20 % des Gehörten,
❑   30 % des Gesehenen,
❑   50 % des Gesehenen und des Gehörten und
❑   90 % des selbst Ausgeführten

im Gedächnis behalten.

Nachfolgend soll auf die beiden erstgenannten Grundformen näher eingegangen werden.

7.4.4.1 Lernen in betrieblichen Bildungseinrichtungen

Das Lernen in betrieblichen Bildungseinrichtungen – ›*off the job*‹ – weist eine lange Tradition auf. Das Lehren und Lernen geht zielstrebig, organisiert und planmäßig im Betrieb vonstatten. Das zu vermittelnde Wissen wird in konzentrierter Form abseits des eigentlichen Arbeitsprozesses vermittelt. Bild 7.21 gibt einen Überblick über die Vor- und Nachteile eines derart gestalteten Lernprozesses.

Vorteile 👍	Nachteile 👎
❑ Theorie besser zu erlernen ❑ gute Informationsdarbietung durch Einsatz geeigneter Medien ❑ hohe Qualifikation des Lehrenden	❑ Umsetzung der Kenntnisse bleibt meist dem Einzelnen überlassen ❑ prinzipbedingt weniger teilnehmerzentriert ❑ Teilnehmer passiv

Bild 7.21   Vor- und Nachteile des Lernens in betrieblichen Bildungseinrichtungen

Es lassen sich die Bereiche ›Lernen durch Informationsdarbietung und -präsentation‹ und ›gruppenorientiertes Lernen‹ unterscheiden. Dabei ist das unterschiedliche Ausmaß der Aktivität des Lehrenden und des Lernenden zu beachten.

1. Lernen durch Informationsdarbietung und -präsentation

Bei dieser Art der Informationsvermittlung werden vom Lehrenden bzw. Vortragenden fertige Informationen unter Zuhilfenahme verschiedener Lernmethoden und -medien präsentiert. Der Lernende nimmt dabei äußerlich eine passive Haltung ein.

Während in der Vergangenheit Informationen vorwiegend durch einen anschaulichen Lehrvortrag oder durch geeignete Lehrbücher vermittelt wurden, bedient man sich heute auch zunehmend technischer Medien, die eine audiovisuelle Informationsdarbietung ermöglichen. Als Beispiele sollen Videofilme oder Multimediasysteme genannt werden.

Bild 7.22   Grundregeln für eine wirkungsvolle Informationsdarbietung
          (nach Decker 1985)

An dieser Stelle erscheint die Frage angebracht, wie eine verständliche und wirkungsvolle Informationsvermittlung und -darbietung aussehen soll. Bild 7.22 zeigt einige Punkte, die die Grundvoraussetzung für ein verständliches und wirkungsvolles Informieren bilden.

2. Gruppenorientiertes Lernen

Das Lernen in Gruppen z. B. mit Auszubildenden in Schulungsräumen oder in Lernecken ist eine verbreitete Form der Informationsvermittlung, wobei eine gruppenorientierte Bildungsarbeit im Mittelpunkt steht.

7.4.4.2 Lernen im Prozeß der Arbeit

Das ›Lernen im Prozeß der Arbeit‹ stellt den Kern des arbeitsorientierten Lernens dar. Diese Art des Lernens vollzieht sich in Erfüllung einer Lehr- oder Arbeitsaufgabe im Prozeß der Arbeit – ›*on the job*‹. Dabei werden meist motorische und geistige Fähigkeiten erlangt.

Das Lernen ist dabei nicht nur an formale Bildungssituationen gebunden. Es verläßt den Rahmen des Schulungsraums, der Lehrwerkstatt, des Seminars und vollzieht sich beispielsweise in Sitzungszimmern, in Arbeitsgruppenräumen, in der stehenden Gruppe am Arbeitsplatz, d. h. überall dort, wo Dialog und Meinungsbildung stattfinden.

Das Lernen im Prozeß der Arbeit kann funktional (zufälliges Begegnen oder in Form von offenen Gesprächen) oder intentional (zielgerichtete Mitarbeiterbesprechung) stattfinden.

Die Vor- und Nachteile einer solchen Vorgehensweise werden in Bild 7.23 dargestellt.

Vorteile	Nachteile
❑ unnötige Theorie wird vermieden ❑ stark teilnehmerzentriert ❑ Lernerfolge werden schnell sichtbar, Erfolgserlebnisse steigern Motivation ❑ Auftretende Fehler werden schnell erkannt	❑ Einsichten und Zusammenhänge sind nur schwer zu erlangen. Nur Anlernen möglich ❑ Systematisches Erarbeiten nicht immer möglich ❑ Trainer besitzt nicht immer die notwendige Qualifikation

Bild 7.23 Vor- und Nachteile des Lernens im Prozeß der Arbeit (nach Decker 1985)

7.4.5 Lernen mit dem Multiplikatorenkonzept

Das Multiplikatoren- oder ›*Train-the-trainer*‹-*Konzept* macht sich für das Lernen den Multiplikatoreneffekt zunutze, bei dem die Weitergabe von Wissen in zwei Stufen erfolgt. In einer ersten Stufe, der Pilotschulung, werden Referenten von einem betriebsinternen oder -externen Berater in die Lage versetzt, eigenständig Schulungen zu wiederholen oder neu zu konzipieren (vgl. Bild 7.24). Neben der gemeinsamen Aufbereitung der Lehrinhalte und der Konzeption der Unterrichtseinheiten steht auch die Vermittlung des pädagogischen Rüstzeugs zur Weitergabe des Erlernten im Mittelpunkt.

In einer zweiten Stufe wird das erworbene Wissen weitergegeben, indem die neu ausgebildeten Trainer wiederum andere Mitarbeiter unterrichten. Hierbei ist eine lose Begleitung durch einen Arbeitspädagogen vorgesehen.

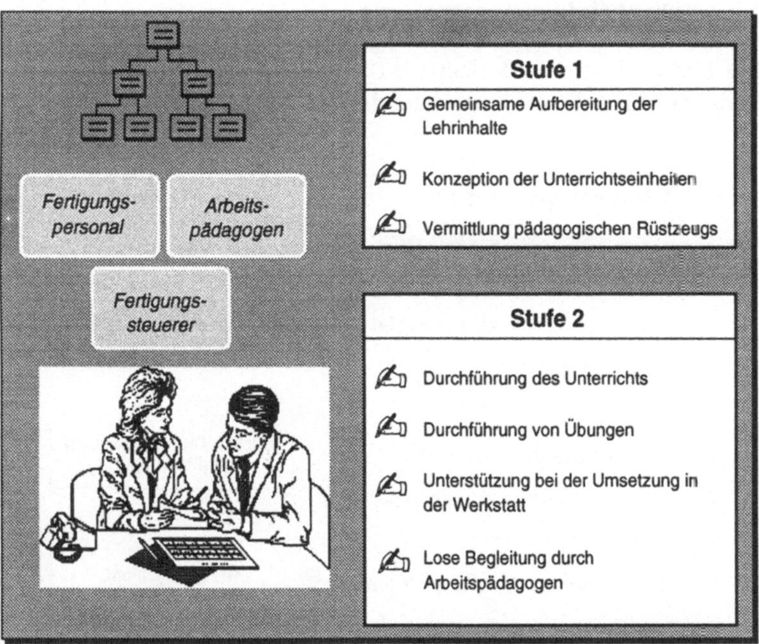

Bild 7.24 Das Multiplikatorenkonzept (›Train-the-trainer‹-Konzept)

Innerhalb der Kurse werden die Bereiche Arbeitsaufgabe/Problem (Sache), der Mitarbeiter als Individuum (Ich) und das Team (Wir) angesprochen und reflektiert.

7.5   Erstellung einer Qualifizierungsstrategie

7.5.1   Schulung und Weiterbildung

Schulung ist die Vermittlung von Basiswissen, während in einer Weiterbildung vorwiegend Ergänzungswissen erworben wird. Diese beiden Begriffe sollten im Rahmen einer permanenten Wissensaneignung nicht mehr isoliert voneinander betrachtet werden. Vielmehr stellt deren Verbindung eine Voraussetzung für den effizienten Umgang mit technisch-organisatorischen Nutzungspotentialen dar.

Qualifizierungsstrategien sollten von einem ganzheitlichen Ansatz geprägt sein, wobei grundsätzlich eine bedürfnisorientierte Sichtweise des einzelnen in den Mittelpunkt zu stellen ist. Diese Notwendigkeit ergibt sich zwingend aus der Tatsache, daß der zu schulende und weiterzubildende Mitarbeiter mit seinen erworbenen Kenntnissen eine effiziente Nutzungsleistung erbringen soll.

7.5.2 Vorgehensweise bei einer prozeßorientierten Qualifizierungsstrategie

In Bild 7.25 wird ein prozeßorientiertes Schulungs- und Weiterbildungsmodell vorgestellt, das sich in sieben Schritte untergliedern läßt (nach Weck 1991).

Bild 7.25   Strategie für ein Schulungs- und Weiterbildungsmodell

Schritt 1: Vorinformation geben

Der zu qualifizierende Personenkreis sollte möglichst frühzeitig erfahren, welche Erwartungen im Rahmen der Qualifizierung an ihn gestellt werden und welche Konsequenzen sich daraus ergeben. Aus psychologischer Sicht ist dieser Schritt außerordentlich wichtig, denn hier kann schon im Vorfeld Motivation und Akzeptanz gesteigert werden.

Schritt 2: Aufmerksamkeit erzeugen

In dieser Phase soll die Bedeutung der Wissensvermittlung dargestellt werden. Der Benutzer wird sich darüber Gedanken machen, inwieweit er das im Qualifizierungsprozeß vermittelte Wissen nutzen kann. Dabei sollte das Gefühl erweckt werden: »Das kann ich gut gebrauchen«.

Im besonderen kommt es in dieser Phase darauf an, daß der Benutzer sich mit der Fragestellung auseinandersetzt, wie die zu erwerbenden Kenntnisse an seinem Arbeitsplatz und seinem speziellen Aufgabenbereich eingesetzt werden können.

Schritt 3: Basiswissen vermitteln

Die Vermittlung von Basiswissen soll dem Benutzer einen grundlegenden Einstieg in das zu erlernende Wissensgebiet ermöglichen. Sind zu diesem Zeitpunkt unterschiedliche Vorkenntnisse vorhanden, empfiehlt sich eine Differenzierung nach einzelnen Nutzergruppen. Auf diese Weise wird eine individuelle Möglichkeit der Differenzierung des Lernprozesses geschaffen.

Bezüglich der Zusammensetzung der Schulungs- und Weiterbildungsgruppen wird weitgehend die Ansicht vertreten, daß diese homogen zusammengesetzt sein sollten. Diese Homogenität kann beispielsweise durch ein gleiches Vorkenntnisniveau oder durch eine hierarchisch gleichgestaltete Gruppenstruktur erreicht werden. Die Festlegung von Gruppengröße und Schulungsdauer sollte fallspezifisch erfolgen, da keine allgemeinen Empfehlungen gegeben werden können.

Die methodische Vorgehensweise bei der Wissensvermittlung sollte motivationsorientiert stattfinden. Das Lernen wird erleichtert, wenn ein deutlich erkennbarer Problem- oder Praxisbezug hergestellt wird.

Schritt 4: Wissensumfang dokumentieren

In dieser Phase steht die praxisorientierte und verständliche Dokumentation des vermittelten Wissens im Vordergrund. Um dieses Wissen in der Zukunft präsent zu haben, ist es notwendig, den Wissensumfang zu dokumentieren. Dies kann beispielsweise in Form eines übersichtlichen und verständlichen Handbuchs geschehen. Um Transparenz und Verständlichkeit zu erhöhen, sollte dabei unbedingt die ›Sprache des Anwenders‹ verwendet werden.

Schritt 5: Spezialwissen vermitteln

In dieser Schulungs- oder Weiterbildungsphase geht es darum, dem Benutzer Spezial- und Ergänzungswissen zu vermitteln. Es sollen individuell definierte Arbeitsabläufe unter Nutzung eines speziellen Wissensumfangs noch effizienter gestaltet werden können.

Schritt 6: Anwendung am Arbeitsplatz

Eine Umsetzung der erworbenen Fähigkeiten rundet die hier vorgestellte Qualifizierungs- strategie ab. Dabei wird der Übergang von der Schulungs- und Weiterbildungs- veranstaltung in die alltäglichen Aufgabenbereiche entscheidend erleichtert.

Schritt 7: Erfahrungsaustausch initiieren

Der Lernprozeß ist abgeschlossen und es wurden bereits erste Erfahrungen mit dem neu erworbenen Wissenspotential gemacht. Der Benutzer sollte den Qualifizierungsvor- gang für sich noch einmal reflektieren und eine Bewertung des individuell erreichten Lernerfolgs vornehmen.

Zusätzlich kann ein Erfahrungsaustausch mit Dritten initiiert werden, um Solidarität und positive Einschätzungen des Lerninhalts zu fördern. Gemeinsame Erfolgserlebnis- se sind in dieser Phase als Basis für weitere Maßnahmenkonzeptionen zu sehen. Ein konstruktives Feedback kann Anregungen zu Verbesserungen für nachfolgende Schulungs- und Weiterbildungsmaßnahmen geben.

7.5.3   Qualifizierungspraxis im deutschen Maschinenbau

Anhand einer Studie des Sonderforschungsbereichs 187 der Ruhruniversität Bochum soll aufgezeigt werden, in welchen Themenbereichen im deutschen Maschinenbau Qualifizierungsmaßnahmen durchgeführt werden (Huppertz und Saurwein 1994). Dazu wurden Betriebe, die im Jahre 1991 Qualifizierungsmaßnahmen für ihre Mitarbeiter unterstützt haben, hinsichtlich der inhaltlichen Zielsetzung befragt. Alle Angaben wurden in vier verschiedene *Qualifikationstypen* klassifiziert:

- ❑ Qualifikationstyp I: Weiterbildung für direkt-produktive Tätigkeiten;
- ❑ Qualifikationstyp II: Weiterbildung für indirekt-produktive Aufgaben;
- ❑ Qualifikationstyp III: Weiterbildung im Bereich Planung und Organisation;
- ❑ Qualifikationstyp IV: Sozial-kommunikative Kompetenzen.

Dem ersten Qualifikationstyp wurden solche Inhalte zugeordnet, die sich auf Tätigkeiten im direkt-produktiven Bereich der Fertigung beziehen. Hierzu gehören die Bedienung von CNC-gesteuerten und anderen Maschinen, die Roboterhandhabung, Schweißlehrgänge, Montagekenntnisse sowie Kenntnisse unterschiedlicher Fertigungsverfahren (z. B. Beschichtung, Kurvenmeßtechnik, Plasmaschneiden, Zerspanung).

Der zweite Qualifikationstyp umfaßt Weiterbildungsmaßnahmen für indirekt-produktive Aufgaben, die jedoch nicht steuernde und verwaltende Tätigkeiten beinhalten. Hierzu zählt die Weiterbildung in den Bereichen Programmierung, Maschinensteuerung, Konstruktion, Qualitätssicherung, Instandhaltung, Arbeitssicherheit, Umwelt sowie die Meister- und Technikerfortbildung. In der Regel werden diese Aufgabenbereiche von Fachpersonal in den der Fertigung vor-, neben- oder nachgelagerten Bereichen bearbeitet.

Der Qualifikationstyp III beinhaltet Weiterbildungsmaßnahmen für die den direkten und indirekten Produktionsbereichen übergeordneten Planungs- und Organisationsaufgaben. Darunter fallen Aufgaben wie Produktionsplanung und -steuerung, Arbeitsvorbereitung, der Einsatz elektronischer Datenverarbeitung sowie betriebswirtschaftliche Erkenntnisse.

Dem Qualifikationstyp IV werden schließlich sozial-kommunikative Weiterbildungsthemen zugeordnet. Hierzu zählen beispielsweise das Führen von Teams, Menschenführung, Rhetorik, gruppendynamische Prozesse oder Problemlösungstraining.

Im Rahmen der Studie wurden die Angaben von 1679 Unternehmen ausgewertet, von denen

- ❑ 639 (38.1 %)   zwischen 20 und 49,
- ❑ 405 (24.1 %)   zwischen 50 und 99,
- ❑ 274 (16.3 %)   zwischen 100 und 199,
- ❑ 229 (13.6 %)   zwischen 200 und 499,
- ❑ 67 (4.0 %)   zwischen 500 und 999 und
- ❑ 65 (3.9 %)   über 999 Mitarbeiter beschäftigen.

Wie aus Bild 7.26 hervorgeht, liegt der Schwerpunkt der im deutschen Maschinenbau durchgeführten oder unterstützten Qualifizierungsmaßnahmen eindeutig im Bereich der direkt-produktiven und indirekt-produktiven Tätigkeiten.

Bei allen vier Qualifikationstypen läßt sich feststellen, daß größere Unternehmen häufiger Qualifizierungsmaßnahmen durchführen bzw. ihre Mitarbeiter für solche Maßnahmen freistellen. Dies liegt darin begründet, daß kleinen und mittleren Unternehmen in der Regel nur eine knapp bemessene Ressource ›Belegschaft‹ zur Bewältigung des Tagesgeschäfts zur Verfügung steht. Größere Unternehmen haben dagegen aufgrund ihres Personalvolumens eher die Möglichkeit, Mitarbeiter für Aufgaben freizustellen, die über das Tagesgeschäft hinausgehen.

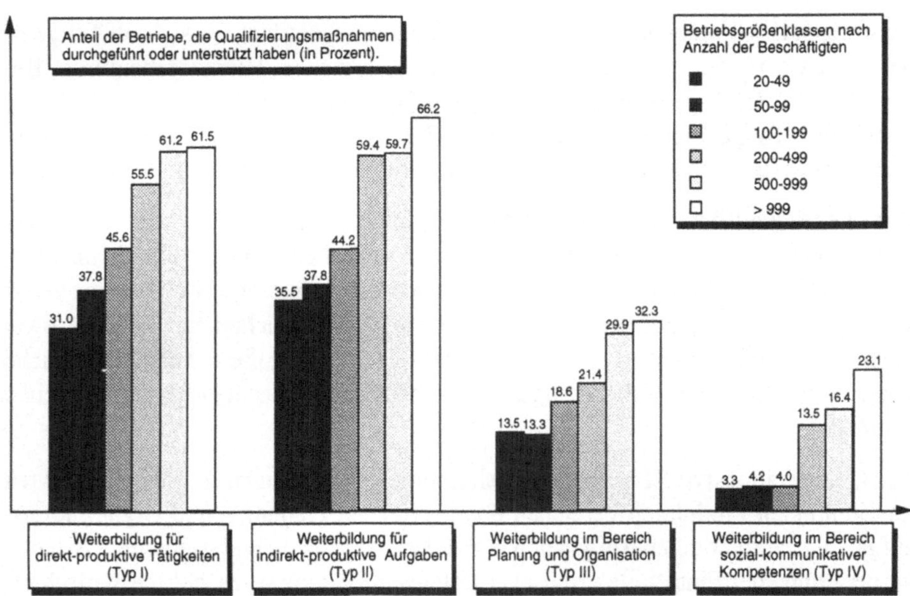

Bild 7.26 Qualifizierungspraxis im deutschen Maschinenbau

7.6 Fallbeispiel für die Erstellung eines Qualifizierungskonzepts

Die Erstellung eines Qualifizierungskonzepts sollte in jedem Fall auf die Anwendungssituation zugeschnitten sein. Diese situationsgeprägte Betrachtungsweise bewirkt, daß nur in begrenztem Umfang allgemeingültige Aussagen getroffen werden können.

Um trotzdem konkrete und handhabbare Aussagen machen zu können, wird im folgenden ein Praxisbeispiel dargestellt. Dabei soll ein am Fraunhofer-Institut für Arbeitswirtschaft und Organisation (IAO) durchgeführtes Projekt beispielhaft aufzeigen, wie derartige Qualifizierungsmaßnahmen bei der Einführung von Fertigungsinseln gestaltet werden können.

7.6.1 Ausgangssituation und Sollkonzeption

In einem Großbetrieb des elektrotechnischen Gerätebaus wurde die Blechteilefertigung umstrukturiert. Man entschied sich in diesem Fall für die Einführung von Fertigungsinseln. Die neu gesetzten Ziele dieser Suborganisation waren:

❏ Verbesserung der Termintreue;
❏ Erhöhung der Flexibilität;
❏ Verbesserung der Qualität der Produkte.

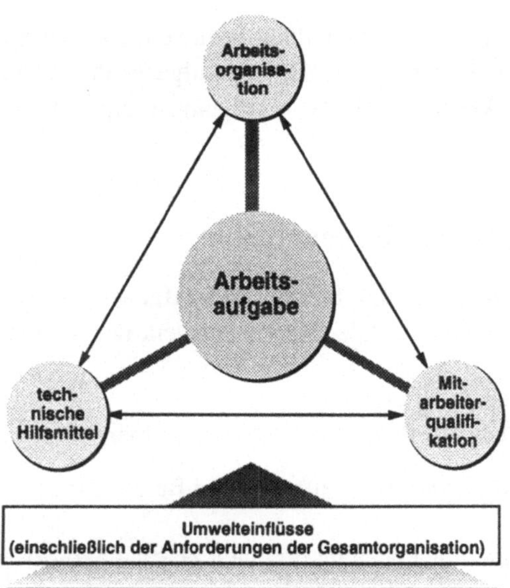

**Bild 7.27 Die Arbeitsaufgabe als Zielsystem einer dynamischen
Entwicklung der Suborganisation Fertigungsinsel**

Die 14 Mitarbeiter in dieser neu gestalteten Fertigungsinsel sollten weiterhin im
Zweischichtbetrieb mit je sieben Mitarbeitern arbeiten. Alle Mitarbeiter sollten alle
Maschinen des Produktionsbereichs bedienen können und zusätzlich dispositive und
planerische Aufgaben übernehmen. Parallel zu den wachsenden Tätigkeitsbereichen
der Mitarbeiter sollte die Entlohnung steigen.

Diese teilautonome Gruppe ließ sich als Suborganisation mit teilweise vorgegebenen
Zielen betrachten. Die ›Gesamtheit der Arbeitsaufgaben‹ wurde damit zum Zielsystem
für diese Suborganisation (vgl. Bild 7.27).

7.6.1.1 Qualifizierung im technisch-fachlichen Bereich
der Fertigungsinsel

Die Umstrukturierung in diesem Unternehmensbereich hatte mehrere und verschieden-
artige Schulungen notwendig gemacht. Alle Mitarbeiter mußten in der Bedienung
sämtlicher Einzelmaschinen geschult werden:

❑ CNC-Laserschneidemaschine;
❑ CNC-Stanz/Nibbelmaschine;
❑ CNC-Biegemaschinen (zwei, mit unterschiedlich großen Biegekräften);
❑ Entgratmaschine;
❑ Richtmaschine;
❑ ›Pemserter‹ (zum Einpressen von Schraubenmuttern in ausgestanzte Löcher).

Es mußten einerseits technisch-fachliche Qualifikationen vermittelt werden, andererseits in der sogenannten ›Qualifizierung für die Kernaufgabe‹ die Ausführung von dispositiv-planerischen Tätigkeiten durch das Fertigungsinselpersonal vorbereitet werden.

7.6.1.2 Qualifizierung für die Kernaufgabe

Einen Sonderfall stellte die Qualifizierung für die ›Kernaufgabe‹ dar. Mit ›Kernaufgabe‹ waren die gemeinsam zu bewältigenden Aufgabenanteile der Arbeitenden in der Fertigungsinsel gemeint.

Die Kernaufgabe setzte sich aus den folgenden Teilen zusammen:

❑ Vorausschauende Wochenplanung der Auftrags- und Bearbeitungsreihenfolge;
❑ Tagesgenaue Auftragsreihenfolgeplanung für einen Zeitraum von zwei Tagen;
❑ Auftragsverfolgung;
❑ Arbeitsverteilung;
❑ Benennung von Vertretern zur Teilnahme an den Sitzungen des (übergeordneten) Werkstatt-Lenkungs-Kreises;
❑ Rückmeldung über erreichte Einzel- und Gruppenergebnisse.

Insbesondere mußten Spielregeln für die täglichen Gruppenaufgaben gefunden werden. Neue Gruppenmitglieder sollten möglichst effektiv auf ein kompetentes Mitarbeiten in der Gruppe vorbereitet werden.

Um diese Ziele zu erreichen, wurden folgende Schulungsbedingungen mit dem Betrieb vereinbart:

❑ Die Schulungen werden mit den vorhandenen Produktionsmaschinen bzw. im Rahmen der üblichen Arbeitsabläufe durchgeführt.
❑ Die Schulungen werden gemeinsam mit zunächst zwei Mitarbeitern (Facharbeitern) erarbeitet, die die Arbeitsaufgaben an den jeweiligen Maschinen beherrschen (Experten).
❑ Die Mitarbeiter, die an der Ausarbeitung beteiligt sind, führen auch die Pilotschulungen durch.
❑ Der Betrieb stellt eine Person aus der Abteilung ›Zentrale Aus- und Weiterbildung‹ bereit, die die kontinuierliche Vor-Ort-Betreuung (Moderator) übernimmt.

7.6.2 Gestaltung der Schulungen

Im genannten Beispiel wurde jede Schulung in den in Bild 7.28 dargestellten Schritten realisiert.

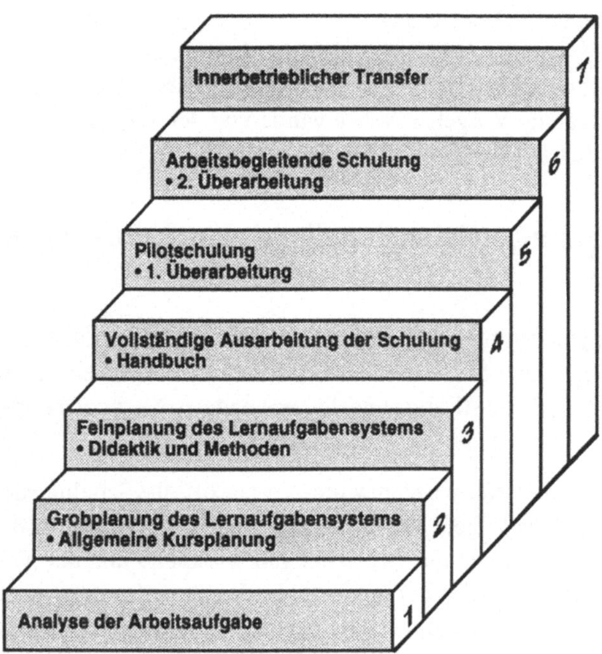

Bild 7.28 Die sieben Stufen der Schulungsgestaltung am Beispiel
eines Großbetriebes im elektrotechnischen Gerätebau

Stufe 1: Analyse der Arbeitsaufgabe

Im ersten Schritt wurde die Arbeitsaufgabe an der Einzelmaschine erfaßt und beschrieben. Dabei arbeiteten ein Facharbeiter der Fertigungsinsel, der die Maschine beherrscht, und ein Arbeitswissenschaftler zusammen.

Stufe 2: Grobplanung bei der Erstellung eines Lernaufgabensystems

An dieser Stelle sollte eine Definition der Gesamtlernaufgabe erfolgen. Der Qualifizierungsexperte und der Experte für die Arbeitsaufgabe (Facharbeiter der Fertigungsinsel) gingen anhand der Aufgabenbeschreibung eine typische und vollständige Auftragsbearbeitung durch. Dabei wurde insbesondere nach subjektiv besonders schwierig empfundenen Aufgabenteilen gefragt. So fand bereits hier Erfahrungswissen, das über ›subjektivierendes Arbeitshandeln‹ im Arbeitssystem erworben wurde, bei der Gestaltung der Schulungsmaterialien Berücksichtigung. Die Analyse der Arbeitsaufgabe erbrachte eine typische, aber noch allgemeine, nicht ausgefüllte Abfolge von Teilschritten.

Anschließend sollte eine Grobstufung der Lernaufgaben erfolgen. Die Lernenden sollten über eine Reihe realer Arbeitsaufgaben aus der Produktion des Unternehmens mit steigendem Schwierigkeitsgrad zur Erledigung dieses vollständigen Auftrags gelangen. Die prinzipielle Vorgehensweise wurde von der aufgaben- und tätigkeitsorientierten Methode CLAUS (Krogoll 1992) abgeleitet.

Stufe 3: Feinplanung bei der Erstellung eines Lernaufgabensystems

In dieser Phase ging es darum, gemeinsam mit dem Facharbeiter der Fertigungsinsel den Kursverlauf möglichst präzise in allen Feinheiten zu entwickeln. Es wurden die Lehrinhalte des Kurses, deren Abfolge und die verwendeten Methoden und Hilfsmittel festgelegt.

Das ausformulierte Lernaufgabensystem wurde um spezifische Schulungsanteile (Orientierung über Ablauf und Ziele der Schulung, Tagesrückblicke, Ausblick, u. ä.) ergänzt. Gemeinsam überlegten der Arbeitsaufgaben-Experte und der pädagogische Experte, welche Information der Lernende außer den Arbeitsaufträgen braucht, an welchen Lernorten die Bestandteile des Lernaufgabensystems bearbeitet werden sollen und welche Zeit hierfür notwendig sein wird.

Stufe 4: Vollständige Ausarbeitung der Schulung

Auf der Basis der nun vorliegenden Lernaufgabenstruktur stellte der Facharbeiter der Fertigungsinsel ein Schulungshandbuch zusammen. Hierzu wurden Bilder und Texte aus Bedienungsanleitungen, Kopien von Auftragspapieren und Werkstückzeichnungen sowie selbst erstellte Arbeitsblätter verwendet. Das Handbuch wurde mit den pädagogischen Experten besprochen und diente danach dem Facharbeiter als Grundlage zur Schulung.

Stufe 5: Erste Überarbeitung: Durchführung einer Pilotschulung

Der Mitarbeiter, der das Handbuch erarbeitete (Erstmultiplikator), schulte einen anderen Mitarbeiter der Gruppe. Ein pädagogischer Experte begleitete diesen Prozeß nach Absprache. Notwendige Änderungen oder Ergänzungen wurden dokumentiert und eingearbeitet. Nach dem Ende der Pilotdurchführung lag ein erprobtes Kurshandbuch vor, das in der Gruppe verblieb.

Stufe 6: Zweite Überarbeitung: Arbeitsbegleitende Schulung

An die Schulung schloß sich eine 12-wöchige Begleitung des Lernenden bei seiner nunmehr selbständigen Arbeit an. Die Ergebnisse aus der Begleitung der Pilotschulung und der ersten Phase der Produktionsarbeit gingen in eine letztmalige Überarbeitung des Kurshandbuchs ein.

Stufe 7: Innerbetrieblicher Transfer

Die Inselgruppe hatte Interesse daran, auch ausbilderische Tätigkeiten möglichst breit zu streuen. Hier kam das ›Train-the-trainer-Konzept‹ zur Anwendung.

Deshalb wurde der erfolgreich erprobte Kurs nunmehr einem weiteren Multiplikator (Facharbeiter der Gruppe) übergeben. Bei der Übergabe erläuterte der Erstmultiplikator die Lernaufgabenstruktur, das wesentliche der einzelnen Stufen und das Handbuch. Dabei wurden auch die problematischen Stellen benannt, die Problemgruppen definiert und prinzipielle Lösungsansätze hierfür vorgestellt. Die Übergabe wurde von den pädagogischen Experten organisiert und begleitet. Aufgrund dieses Vorgehens war und ist auch in Zukunft eine Nutzung der ausgearbeiteten Handbücher durch verschiedene Gruppenmitglieder möglich.

7.7   Lernende Organisationsstrukturen

Unternehmen sind hochkomplexe Systeme, die sich in einem ständig wandelnden, nicht mehr vorhersehbaren Umfeld bewegen. Der Prozeß des permanenten Wandels wird zusehends beschleunigt, so daß starre Unternehmens- bzw. Organisationsstrukturen nicht mehr in der Lage sind, die vorhandene Umfelddynamik zu bewältigen. Das Unternehmen ist jedoch gezwungen, auf diese Veränderungen zu reagieren. Erfolgreiche Unternehmen zeichnen sich vor allem dadurch aus, daß sie diesen Wandel schneller und qualitativ besser bewältigen.

W. R. Ashby (1970) unterstreicht dies mit der These:
›Nur Varietät kann Varietät absorbieren.‹

Die Fähigkeit, als Individuum und als Organisation zu lernen, sich zu verändern und immer wieder neu zu orientieren, kann eine wirksame Strategie darstellen, um die vorhandene strukturelle Komplexität und Dynamik beherrschbar zu machen (vgl. Speck 1994). Wenn es gelingt, dezentrale lernende Organisationsstrukturen zu bilden, kann eine Adaption an geänderte Umgebungsbedingungen schnell und wirksam erfolgen. Der daraus resultierende Konkurrenzvorteil kann für ein Unternehmen einen wettbewerbsentscheidenden, strategischen Erfolgsfaktor darstellen. Zudem kann die Implementation lernender Organisationsmodelle als eine Strukturinnovation gewertet werden, die einen langandauernden Vorsprung auch in Bezug auf Nutzung von Innovations- und Verbesserungspotentialen bieten kann.

7.7.1   Kreativität als Beschleunigungsfaktor für Lernprozesse

Die Idee des Lernunternehmens will das bei den Mitarbeitern vorhandene Kreativitätspotential in den Leistungserstellungsprozeß konstruktiv mit einbeziehen. Durch systematische Nutzung innerbetrieblicher Lernvorgänge sollen Veränderungen aller Art erzeugt werden, die den Leistungserstellungsprozeß verbessern.

Ein hoher Anteil der Humanressourcen innerhalb der vorhandenen konventionellen Organisationsstrukturen kann vielfach nicht genutzt werden. Hoch arbeitsteilige Strukturen lassen keinen Spielraum für kreative Gestaltung zu. Die Trennung zwischen Planung, Ausführung und Kontrolle der Arbeit, unflexible Kontrollmechanismen vom Controlling bis zur Qualitätssicherung hemmen die Entfaltung eigener Ideen. Kreativität muß folglich nicht nur gefordert sondern auch gefördert werden.

Oftmals ist die Erschließung von Kreativitätspotentialen mit dem Vorgang gleichzusetzen, implizit vorhandenes Wissen in explizites Wissen zu transformieren. Implizites Wissen kann verbal meist nicht präzise ausgedrückt werden und ist dennoch vorhanden. Gleichzeitig hat implizites Wissen eine wichtige kognitive Dimension, weil es in Gestalt von mentalen Bildern oder Modellen, Überzeugungen oder Perspektiven vorliegt. Es kann als ›stilles Wissen‹ bezeichnet werden und ist in vielen Fällen sehr persönlich. Explizites Wissen ist methodisch und systematisch verfügbar und liegt meist in einer niedergeschriebenen Form vor. Es ist leicht zu vermitteln und kann daher ohne große Schwierigkeiten weiterverbreitet werden. Beispiele hierfür findet man in Lexika, in Produktbeschreibungen, in wissenschaftlichen Formeln oder in Rechnerprogrammen (nach Nonaka 1992).

Ein lernendes Unternehmen fördert Kreativität bewußt, indem die organisatorischstrukturellen Voraussetzungen geschaffen werden, um implizites Wissen transferieren zu können. Dabei wächst die Fähigkeit, in neuen, ungewohnten Beziehungsmustern zu denken, Lernprozesse zu initiieren, zu beschleunigen und systematisch ein ›subjektivierendes Arbeitshandeln‹ (Böhle und Milkau 1988) zu ermöglichen.

7.7.2   Der zielgerichtete Lernprozeß

Sowohl in der Wissenschaft als auch in der betrieblichen Praxis hat sich keine allgemeingültige Vorgehensweise durchgesetzt, wie Lernprozesse initiiert, an betrieblichen Zielen ausgerichtet und bewertet, mit anderen Worten, wie lernende Organisationsstrukturen erfolgreich eingeführt werden können. Gegenwärtig existieren deshalb eine Vielzahl von Definitionen des Begriffs ›*Lernende Organisation*‹ bzw. ›*Organizational Learning*‹ (vgl. Bild 7.29).

Zentral erscheint der Gedanke, daß lernende Organisationsstrukturen die Fähigkeiten besitzen

❑ das Kreativitätspotential der Mitarbeiter zu nutzen,

❑ dieses in zielgerichtete Lernprozesse zu transformieren,

❑ neues Wissen zu gewinnen und

❑ in der betrieblichen Praxis umzusetzen.

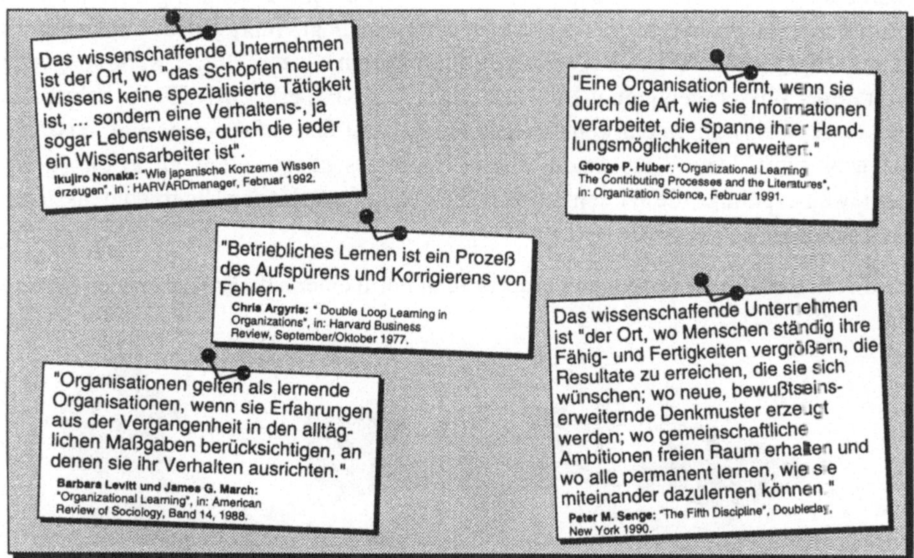

Bild 7.29   Lernen in/von Organisationen – Organizational Learning

Die Quelle ›neuer Ideen‹ ist oftmals der eigene Erfahrungsschatz. Ebenso kann die Nutzung interner und externer Informationen dazu dienen, ›neue Ideen‹ zu generieren. Um ›neue Ideen‹ in der betrieblichen Praxis umzusetzen, ist neben einem entsprechenden Handlungsspielraum eine fachliche und methodische Befähigung zur Durchführung eines Experiments notwendig. In diesem Zusammenhang ist kritisch zu überprüfen, ob die qualifikatorischen Voraussetzungen bei den Beteiligten vorhanden sind oder durch geeignete Aus- und Weiterbildungsmaßnahmen verbessert bzw. geschaffen werden können.

Nach Abschluß des Experiments erfolgt eine Evaluierungsphase mit dem entsprechenden Zielsystem des Unternehmens. Diese kann durch geeignete Techniken der Informationsverarbeitung und -aufbereitung sowie mittels wissenschaftlicher Hilfsmittel methodisch unterstützt werden. Dabei genügt es oft schon, einfache Verfahren wie Ursache-Wirkungs-Diagramme, Zeitreihen, Korrelationsanalysen, Pareto-Kurven u. ä. anzuwenden. Ziel ist es, in der betrieblichen Praxis ein Instrumentarium zu schaffen, das ein systematisches, ergebnisorientiertes Experimentieren ermöglicht.

Um den Lernprozeß nicht zu unterbrechen, soll die Evaluierungsphase zu einem möglichst frühen Zeitpunkt abgeschlossen werden. Für den einzelnen oder die beteiligte Personengruppe ist die Transparenz dieser Bewertungsphase besonders wichtig, damit sich ein geschlossener ›Feedback‹-Kreislauf bildet und aus den Versuchsergebnissen neues Wissen gewonnen werden kann.

Bei positiven Versuchsergebnissen folgt die Umsetzungsphase, in der die ermittelten Verbesserungspotentiale in die Praxis übertragen werden. Unabhängig davon, ob ein positives oder ein negatives Versuchsergebnis vorliegt, führt jedes durchgeführte Experiment zu einer Wissenserweiterung auf höherem Niveau. Die aufwärts steigende Spirale der Wissensgewinnung kann dann ein erneutes Experiment zur Folge haben, das auf diese Weise zu einem kontinuierlichen Ausbau des Erfahrungs- und Wissensschatzes führt. Der Wirkungsgrad dieses Prozesses hängt entscheidend davon ab, inwieweit es gelingt, die Wissensgewinnung zielkonform mit den Unternehmenszielen zu gestalten.

Bild 7.30 stellt einen derartigen Lernprozeß in Form einer aufwärtssteigenden Spirale dar.

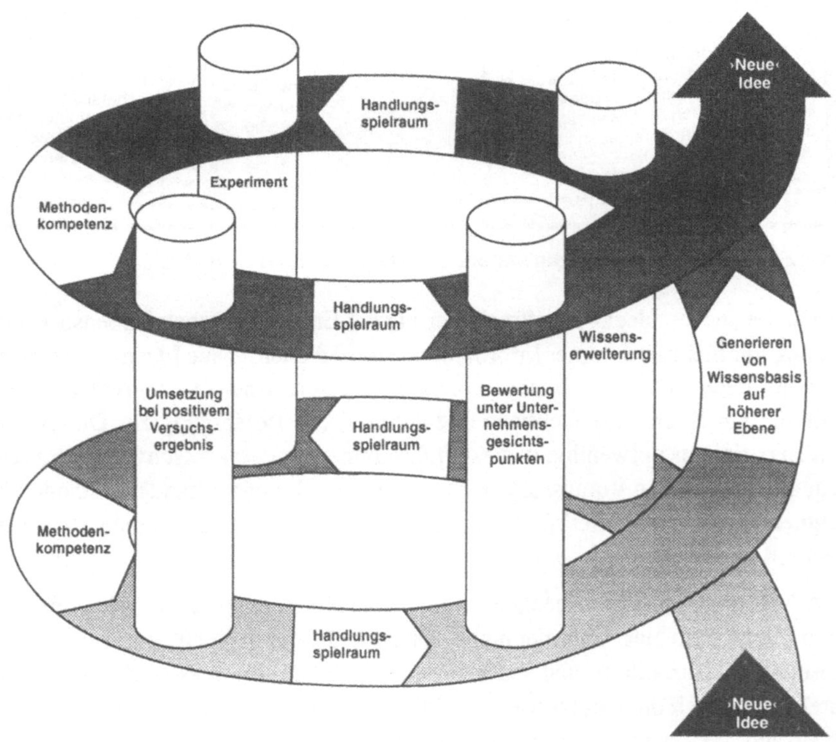

Bild 7.30   Die Spirale des Lernens

7.7.3 Realisierungsschritte auf dem Weg zu lernenden Organisationsstrukturen

Am Beispiel der Firma Festo werden im folgenden Realisierungsschritte auf dem Weg zu lernenden Organisationsstrukturen aufgezeigt. Das Unternehmen hat sich schon frühzeitig mit dem Themenkomplex ›Lernunternehmen‹ beschäftigt. Ziel ist es, ein selbstorganisierendes, selbststeuerndes und sich ständig selbsterneuerndes Unternehmenssystem zu schaffen, das in der gesamten Belegschaft breite Akzeptanz findet. Die Unternehmensleitung bekennt sich ausdrücklich zu den Grundsätzen des ›Lernenden Unternehmens‹, da nur auf diese Weise dem wachsenden Veränderungsdruck von außen Rechnung getragen werden kann.

Innerhalb der Unternehmensphilosophie sind die nachfolgenden vier Elemente von entscheidender Bedeutung (Speck 1994):

Idee des Lernunternehmens:
Alle Mitarbeiter müssen die Idee des Lernunternehmens kennen, verstehen und weiterentwickeln.

Organisation:

❑ Flexible Gestaltung der Strukturen;
❑ Kontinuierliche Weiterentwicklung;
❑ Duale Entscheidungsstruktur:
    1. Hierarchie im Sinne einer Über- und Unterordnung;
    2. Laterale Vernetzungen durch ›integrative‹ Rollen.

Praxis:
Umsetzung von Ideen in die tägliche Praxis durch

❑ offene Kommunikation,
❑ Teamarbeit und
❑ Methoden der Problemlösung/Chancenrealisierung, Konfliktbewältigung.

Menschenbild:
Einbeziehung von Emotionen, Gefühle und Werte durch

❑ offene Persönlichkeitsstruktur,
❑ Fähigkeit zur Selbstreflexion,
❑ Fähigkeit zur Selbstmotivation und
❑ Verantwortungsbewußtsein.

Das Festo-Werk in Rohrbach wurde im Rahmen eines Pilotprojekts ausgewählt, um die Idee des ›*Lernunternehmens*‹ in der Praxis zu realisieren. Die bereits vorgestellte

Unternehmensphilosophie wurde durch zahlreiche organisatorisch-strukturelle Anpassungsmaßnahmen unterstützt. Beispielsweise wurden die Arbeitsstrukturen verändert, Gruppenarbeit und Inselfertigung eingeführt, Entlohnungsmodelle und Koordinationskreise gebildet.

Die Erfahrungen haben gezeigt, daß die Verwirklichung der Vision ›Lernunternehmen‹ ein langer und schwieriger Weg ist. Wichtige Erfolgsfaktoren in der Einführungsphase sind die innere Überzeugung und Identifikation aller Beteiligten, einschließlich der Führungskräfte. Ein möglichst offener, reibungsarmer Kommunikationsfluß stellt eine wesentliche Grundvoraussetzung für den freien Austausch von Ideen dar. Auf diese Weise kann die Gewinnung von ›neuem Wissen‹ unterstützt und Veränderungsprozesse gefördert werden (nach Speck 1994).

7.8   Wiederholungsfragen

1. Welche Bereiche umfaßt der Begriff ›Qualifikation‹ im Sinne einer neuzeitlichen Begriffsdefinition?
2. Aus welchen Gründen werden Personalqualifizierungsmaßnahmen durchgeführt?
3. Welche Bedeutung kommt der Mitarbeiterbefragung bei der Erarbeitung einer Personalentwicklungsstrategie zu?
4. Wie wird der Qualifizierungsbedarf ermittelt?
5. Welche grafischen Analyseverfahren werden in der Personalplanung angewendet?
6. Wie wird eine Personalportfolioanalyse durchgeführt?
7. Wie läßt sich der Begriff Arbeitspädagogik definieren?
8. Welche Ziele sollen durch Arbeitspädagogik erreicht werden?
9. Welche Grundformen des Lernens am Arbeitsplatz gibt es?
10. Welche Grundregeln für eine wirkungsvolle Informationsdarbietung gibt es?
11. Wodurch ist das Multiplikatorenkonzept charakterisiert?
12. Wie kann eine Strategie für ein Schulungs- und Weiterbildungsmodell aussehen?
13. Warum führen größere Unternehmen in der Regel eher Qualifizierungsmaßnahmen durch, als kleinere und mittlere Unternehmen?
14. Wodurch unterscheidet sich implizites von explizitem Wissen?

Literaturverzeichnis

Kapitel 1

Bullinger, H.-J. u. a. (1991): Neue Wege der Kundenauftragsabwicklung. ZfO (1991) Nr. 5, S. 306 – 313.

Imai, M. (1993): Kaizen. München: Wirtschaftsverlag Langen Müller/Herbig, 1993.

Institut für Arbeitswirtschaft und Organisation (IAO) (1990): F&E–heute. Industrielle Forschung und Entwicklung in der Bundesrepublik. IAO–Studie 1990.

Fix-Stern, J. u. a. (1986): Stand und Entwicklungstendenzen flexibler Fertigungssysteme und -zellen in der Bundesrepublik Deutschland. In: Kommission der Europäischen Gemeinschaft, FAST Nr. 89D, 1986.

Fuhrberg-Baumann, J.; Müller, R. (1991): Neugestaltung der Auftragsabwicklung – Beispiel: Mittelständischer Sondermaschinenhersteller. VDI-Z, Düsseldorf 1991, Nr. 7, S. 52 – 57.

Heller (o. J.): Nutzungszeiten von Maschinen, Material und Mensch. Unveröffentlichte Firmenunterlagen.

Hammer, M.; Champy, J. (1994): Business Reengineering. Frankfurt/New York: Verlag, 1994.

Lang, R.; Hellpach, W. (1922): Gruppenfabrikation. Berlin,1922.

Lentes, H.-P. (1988): Fertigungsinseln. Tagungsband zur AWF-Fachtagung Fertigungsinseln. Eschborn 1988, S. 9 – 68.

Milberg, J. (1985): Entwicklungsstufen flexibel automatisierter Produktionssysteme. In: Kolloquium automatischer Produktionssysteme, München, 14./15.2.1985.

Müller, R.; Hallwachs, U.; Schaal, H.; Schlund, M. (1992): Fertigungsinseln – Strukturierung der Produktion in dezentrale Verantwortungsbereiche. Ehningen: Expert, 1992.

Richter, M. (1992): Integrierte Produktentwicklung und Montageplanung. REFA-Nachrichten (1992) Nr. 2, S. 10 – 21.

Steinhilper, R.; Kazmaier, H. (1985): Erfahrungen mit flexiblen Fertigungssystemen. In: VDI-Z 127 (1985) Nr. 15/16, S. 583 – 589.

366   *Literaturverzeichnis*

Kühnle, H.; Spengler, G. (1993): Wege zur fraktalen Fabrik. In: Io Management Zeitschrift 62 (1993) Nr. 4, S. 66 – 71.

Schiltknecht, R. (1992): Total Quality Management: Konzeption und State of the Art. Frankfurt/New York: Campus, 1992.

Siemens AG (1992): Mitarbeiter im Unternehmen. ZP-Information. München, 1992.

Warnecke, H.-J. (1993): Revolution der Unternehmenskultur – Das Fraktale Unternehmen. 2. Aufl., Berlin u. a.: Springer, 1993.

Warnecke, H.-J. (1993): Der Produktionsbetrieb, Bd. 1, 2, 3. 2. Aufl., Berlin u. a.: Springer, 1993.

Womack, J. P. (1991): Die zweite Revolution in der Automobilindustrie: Konsequenzen aus der weltweiten Studie aus dem Massachusetts Institute of Technology, Frankfurt, 1991.

Womack, J. P.; Jones, D. T.; Roos, D. (1992): Die zweite Revolution in der Autoindustrie. Frankfurt/New York: Campus, 1992.

Kapitel 2

Auch, M. (1989): Fertigungsstrukturierung auf der Basis von Teilefamilien. Berlin u. a.: Springer, 1989.

Auch, M. (1985): Menschengerechte Arbeitsplätze sind wirtschaftlich. Eschborn: RKW, 1985.

Auch, M; Hallwachs, U.; Schaal H. (1988): Höhere Lieferbereitschaft durch kürzere Durchlaufzeiten. In: FhG-Berichte 2 – 88, S. 71 – 76.

AWF (Hrsg.) (1984): Flexible Fertigungsorganisation am Beispiel von Fertigungsinseln. Eschborn, 1984.

Bauer, S. (1992): Wirtschaftlichkeitsbetrachtung in der flexibel automatisierten Serienmontage, Fortschr.-Ber. VDI Reihe 2 Nr. 264. Düsseldorf: VDI-Verlag, 1992.

Bender, M.; Schweizer, W. (1993): Lean Production auf dem Prüfstand – Integrierte Montage- und Logistiksysteme. In: Produktion (1993) Nr. 43, S. 6.

Brinkelmann, P.; Braczyk, H.-J.; Seltz, R.: Entwicklung der Gruppenarbeit in Deutschland. Frankfurt/New York: Campus, 1993.

Brödner, P. (1987): Das Verbundprojekt Fertigungsinseln - Vorgaben und Erwartungen an die Projektpartner, Perspektiven für die industrielle Fertigung. In: Tagungsband zur AWF-Fachtagung Fertigungsinseln, Eschborn 1987.

Bullinger, H.-J.; Lung, M. M. (1994a): Planung der Materialbereitstellung in der Montage. Stuttgart: Teubner, 1994.

Bullinger, H.-J. (1994b): Ergonomie: Produkt- und Arbeitsplatzgestaltung. Unter Mitarbeit von Rolf Ilg und Martin Schmauder. (Reihe Technologiemanagement). Stuttgart: Teubner, 1994.

Bullinger, H.-J. (Hrsg.) (1994c): Integrative Gestaltung wettbewerbsfähiger Montagesysteme; IAO-Forum, 27.10.1994 in Stuttgart. Berlin u.a.: Springer, 1994.

Bullinger, H.-J. (1993a): Entwicklungstendenzen in der Montage: Neue Konzepte und Ressourcen, In: Integrative Gestaltung Innovativer Montagesysteme; IAO-Forum, 18.2.1993 in Stuttgart/ Hrsg. von H. -J. Bullinger. Berlin u. a.: Springer, 1993, S. 10 – 61. (IPA-IAO Forschung und Praxis: T; 36)

Bullinger, H.-J.; Rieth, D.; Euler, H. P. (1993b): Planung entkoppelter Montagesysteme: Puffer in der Montage. Stuttgart: Teubner, 1993.

Bullinger, H.-J.; Warnecke H.-J. (1993c): Planungsleitlinien zur Arbeitsstrukturierung. In: Ergonomie/ Hrsg. von H. Schmidtke. 3. neubearbeitete und erweiterte Auflage. München/Wien: Hanser, 1993, S. 615 – 628.

Bullinger, H.-J. (1993d): Montagetechnik mit hohem Aktualitätsgrad. In: Technische Rundschau (1993) Nr. 21, S. 28 – 34.

Bullinger, H.-J. (Hrsg.) (1986): Systematische Montageplanung: Handbuch für die Praxis / (REFA). München/Wien: Hanser, 1986.

Bullinger, H.-J.; Auch, M. (1985): Menschengerechte Arbeitsplätze sind wirtschaftlich. Wirtschaftlichkeitsvergleich und Arbeitssystemwertermittlung – ein erweitertes Bewertungsverfahren, RKW, Bonn: Eschborn, 1985.

Bullinger, H.-J. (Hrsg.) (1983): Vorgehensweise zur Planung und Realisierung von Fertigungssystemen. In: Wettbewerbsfähige Arbeitssysteme, Vorträge der 2. IAO-Arbeitstagung vom 22./23.11.1983, Stuttgart: FpF, 1983.

Enderlein, H. u. a.: Autonome fertigungsstrukturen unter den Bedingungen des Strukturwandels. Dortmund: GfAH Selbstverlag, 1993.

Engroff, B. (1987): Realisierte Fertigungsinseln im deutschsprachigen Raum - Ergebnisse einer Fallstudie. In: Tagungsband zur AWF-Fachtagung Fertigungsinseln, Eschborn, 1987.

Fertigungsinsel-Informationsstelle im AWF (Hrsg.): Integrierte Fertigung von Teilefamilien. 2 Bände, Köln, 1990.

Fraunhofer-Institut für Arbeitswirtschaft und Organisation; Fremerey, F.; Rieth, D. (1990): Erarbeitung von Strukturtypen für die Montage einer Einziehanlage, Abschlußbericht. Stuttgart: 1990.

Fremerey, F., Fuhrberg-Baumann J. (1993): (C)lean Production – Der Weg zu dynamischen und dezentralen Produktionsstrukturen. In: Maschinenbau (1993) Nr. 5, S. 11 – 19.

Frese, E. (Hrsg.) (1992): Handwörterbuch der Organisation, (Enzyklopädie der Betriebswirtschaftslehre Bd. 2), 3. Auflage. Stuttgart: Poeschel, 1992.

Grob, R. (1982): Planungsleitlinien Arbeitsstrukturierung, Berlin/München: Siemens AG, 1982.

Hallwachs, U. (1988): Planungswerkzeuge zur Reorganisation der Fertigung nach der Fertigungsinselstruktur – Das Fertigungsinselplanungssystem FIPS. In: Tagungsband zur AWF-Fachtagung Fertigungsinseln, Eschborn, 1988, S. 203 – 227.

Harvard Manager: Produktion. Band 1. Hamburg: manager magazin (o. J).

Heger, R.; Rößler, A. (1994a): Virtuelle Montageplanung. In: Fertigung (1994) Nr. 6, S. 30 – 32.

Heger, R. (1994b): Use of simulation in a concurrent engineering scenario; European Simulation Symposium, Okt. 1994 in Istanbul.

Heinz, K.; Burkhardt M. (1985): Partialgruppen – ein Konzept zur ablauforientierten Strukturierung der Einzel- und Kleinserienfertigung. In: VDI-Zeitschrift 127 (1985) Nr. 18, S. 733 – 739.

Institut für angewandte Arbeitswissenschaft e. V. (1989): Arbeitsgestaltung in Produktion und Verwaltung. Köln: Wirtschaftsverlag Bachem, 1989.

Institut für angewandte Arbeitswissenschaft (IfaA) e. V.: Arbeitsorganisation in Klein- und Mittelbetrieben. Köln: Wirtschaftsverlag Bachem, 1993.

Kidd, P. T.; Karwowski, W.: Advances in Agile Manufacturing, Integrating Technology, Organization and People. Amsterdam u. a.: IOS Press, 1994.

Konold, P.; Weller, B. (1985): Flexible Montagesysteme – Konzeption und Feinplanung durch Kombination von Elementen. Berlin: Springer, 1985.
Zugl. Stuttgart, Universität, Diss., 1985.

Künzer, F.-V.; Meyer, U.; Wegner, K.: Moderne Arbeits- und Produktionskonzepte. Köln: Verlag TÜV Rheinland, 1993.

Lederer, K. G. (1980): Arbeitsstrukturierung, AEG-Telefunken. Frankfurt, 1980.

Lentes, H.-P. (1988): Fertigungsinseln. In: Tagungsband zur AWF-Fachtagung Fertigungsinseln, S. 9 – 68, Eschborn, 1988.

Lentes, H.-P.; Bender, M.; Rieth, D. (1992): Gestaltung und Beurteilung flexibler Montagesysteme, Seminarunterlagen, Technische Akademie Esslingen, 1992.

Lotter, B. (1986): Wirtschaftliche Montage – Ein Handbuch für Elektrogerätebau und Feinwerktechnik. Düsseldorf: VDI-Verlag, 1986.

Ludwig, J. (1989): Der Nachweis der Wirtschaftlichkeit. In: Tagungsband zur AWF-Fachtagung Fertigungsinseln, Eschborn, 1989, S. 423 – 440,

Malle, K. (1993): Montagewerkstatt für morgen. In: VDI-Zeitschrift 135 (1993) Nr. 5, S. 6 – 8.

Martin, J. (1989): Gruppentechnologische Fertigungsstrukturen. Köln: Verlag TÜV Rheinland, 1989.

Masswerg, W. (Band-Hrsg): Fertigungsinseln in CIM-Strukturen. Köln: Verlag TÜV Rheinland, 1993.

Metzger, H. (1977): Planung und Bewertung von Arbeitssystemen in der Montage. Stuttgart, Universität, Diss., 1977.

Müller, R.; Hallwachs, U.; Schaal, H.; Schlund, M. (1992): Fertigungsinseln, Strukturierung der Produktion in dezentrale Verantwortungsbereiche. Ehningen: Expert,1992.

Nespeta, H. (1989): Ein Beitrag zur Planung und Bewertung neuer Arbeitsstrukturen in NE-Metallgießereien – Dargestellt am Beispiel der Fertigungsinsel. Berlin u. a.: Springer, 1989. Zugl. Stuttgart, Univ., Diss., 1989.

Pack, J.; Buck, H. (1992): Arbeitssystemgestaltung in der Serienmontage, Bestandsaufnahme und Gestaltungsmöglichkeiten, Fortsschritt-Bericht VDI Reihe 2 Nr. 261. Düsseldorf: VDI-Verlag, 1992.

Pieper, A.; Strötgen, J.: Produktive Arbeitsorganisation. Köln: Deutscher Instituts Verlag, 1990.

Pütz, H. (1989): Die Strukturvorbereitung stellt die Weichen für den späteren Erfolg. In: Tagungsband zur AWF-Fachtagung Fertigungsinseln, Eschborn 1989, S. 29 – 83.

REFA (1993): Lexikon der Betriebsorganisation In: Methodenlehre der Betriebsorganisation, Herausgeber: REFA – Verband für Arbeitsstudien und Betriebsorganisation e. V., 1. Auflage. München: Hanser, 1993.

REFA (1990): Planung und Gestaltung komplexer Produktionssysteme In: Methodenlehre der Betriebsorganisation/ Hrsg. von REFA – Verband für Arbeitsstudien und Betriebsorganisation e. V., 2. Auflage. München: Hanser, 1990.

Robert Bosch GmbH (1980): Entkopplung von Fließarbeit-Techniken in der teilautomatisierten Montage. In: Schriftenreihe ›Humanisierung des Arbeitslebens‹ / Hrsg. von dem Bundesminister für Forschung und Technologie, Band 2. Frankfurt: 1980.

Schaal, H. (1990): Alternative Formen der Arbeitsorganisation am Beispiel der Fertigungsinsel. In: Tagungsband zur Techno Congress Fachtagung Gruppenarbeit '90, 6./7.12.1990, Sindelfingen, 1990.

Schaal, H. (1993): Erschließung technischer und organisatorischer Potentiale durch die Komplettbearbeitung auf Drehmaschinen mit Hilfe der Teileanalyse. Berlin u. a.: Springer, 1993.

Schad, G. (1984): Entwicklung eines Informationssystems zur interaktiven Leistungsabstimmung von Montagesystemen der Serienfertigung. Stuttgart: Forschungsbericht der Deutschen Forschungsgemeinschaft, 1984.

Schweizer, W. (1994): Simulation of team work in assembly systems; Proceedings of Worksims, Nov. 1994/ Hrsg. von W. Kuehn, Bangkok, Asian Institut of Technologies.

Seidel, U. A. (1989): Rechnerunterstütze Montageablaufplanung, AV 26 (1989) Nr. 2. München: Hanser, 1989.

Warnecke, H.-J.; Bullinger, H.-J.; Hichert, R. (1990a): Kostenrechnung für Ingenieure. München/Wien: Hanser,1990.

Warnecke, H.-J.; Bullinger, H.-J.; Hichert, R. (1990b): Wirtschaftlichkeitsrechnung für Ingenieure. München/Wien: Hanser,1990.

Warnecke, H.-J. (1984a): Der Produktionsbetrieb. Berlin u. a.: Springer, 1984.

Zangemeister, C. (1994): Erweiterte Wirtschaftlichkeitsanalyse (EWA). In: FB/IE 43 (1994) S. 63 – 71.

o. V.: Montage in der Modellfabrik: Institut stellt Lösungen für verbesserte Montage und Logistik vor. In: Fertigung (1993) Nr. 5, S. 44 – 46.

Kapitel 3

Balck, H. (1989): Projektmanagement im Wandel – Wandel im Projektmanagement. In: Zeitschrift für Organisation zfo 6 (1989) S. 396 – 404.

Bullinger, H.-J. (1990): IAO Studie F&E-heute. Industrielle Forschung und Entwicklung in der Bundesrepublik Deutschland. München: gfmt-Verlag KG, 1990.

Bullinger, H.-J.; Stetten, J. von (1987): Projektplanung mit Netzplantechnik. Manuskript zur Vorlesung ›Methoden des Projektmanagements‹ an der Universität Stuttgart, 1987.

Bullinger, H.-J.; Wasserloos, G. (1993): Projektmanagement und Simultaneous Engineering. Manuskript zur Vorlesung ›Projektmanagement und Simultaneous Engineering‹ an der Universität Stuttgart, 1993.

Eiff, W. von (1991): Prozeß optimieren – Nutzen erschließen. In: IBM-Nachrichten 41 (1991) Heft 305, S. 23 – 27.

Fraunhofer-Gesellschaft (Hrsg.) (1994): Handbuch ›Qualitätssichernder Projektablauf‹, 1994.

Frese, E. (1991): Grundlagen der Organisation. 5. Auflage. Wiesbaden, 1991.

Friedrich, R. P. (1986): Prozeßorientierter Entwurf einer allgemeinen Datenbasis für ein rechnergestütztes Projektmanagementsystem. Diplomarbeit am Institut für Industrielle Fertigung und Fabrikbetrieb, Universität Stuttgart, 1986.

GPM/RKW, Gesellschaft für Projektmanagement/Rationalisierungs-Kuratorium der Deutschen Wirtschaft (1990): Lehrgang Projektmanagement-Fachmann. Unveröffentlicht, Gesellschaft für Projektmanagement, 1990.

Jong, H. de (1990): Warum Simultaneous Engineering? In: Fördertechnik (1990) Nr.7, S. 13 – 15.

Niemayer, G. (1987): Projekt- und Prozeßplanung auf dem PC. München/ Wien, 1987.

Pantele, E. F.; Lacey, C. (1989): Mit SE die Entwicklungszeiten kürzen. In: io Management Zeitschrift, 58 (1989) Nr. 11, S. 56 – 58.

Philips o. V. (o. J.): Handbuch Projektmanagement. Hrsg. Philips, unveröffentlicht.

Platz, J.; Schmelzer, H. J. (1986): Projektmanagement in der industriellen Forschung und Entwicklung. Springer, 1986.

Projektmanagement (1990): Handbuch der Mercedes Benz AG/ Hrsg. von Mercedes Benz AG, unveröffentlicht, 1990.

Rinza, P. (1985): Projektmanagement: Planung, Überwachung und Steuerung von technischen und nichttechnischen Vorhaben. 2. neubearbeitete und erweiterte Auflage, Düsseldorf: VDI-Verlag, 1985.

Ulrich, P.; Fluri, E. (1986): Management. 4. verb. Auflage. Bern/Stuttgart: UTB, 1986.

Witte, K.-W. (1989): Marktgerechte Produkte und kostengünstige Produktion durch Simultaneous Engineering. In: VDI Berichte 758 (1989).

Kapitel 4

Frei, F.; Ulich, E. (1981): Beiträge zur psychologischen Arbeitsanalyse. Stuttgart/ Wien: Hans Huber, 1981.

Frieling, E. (1975): Psychologische Arbeitsanalyse. Stuttgart: W. Kohlhammer, 1975.

Frieling, E.; Hoyos, Carl Graf (1978): Fragebogen zur Arbeitsanalyse (FAA). Bern/ Stuttgart: Hans Huber, 1978.

Hacker, W. (1984): Psychologische Bewertung von Arbeitsgestaltungsmaßnahmen. Berlin/Heidelberg/New York/Tokio: Springer, 1984.

Hacker, W.; Rudolph, E. (1987): Tätigkeitsbewertungssystem. Berlin (Ost): Psychodiagnostisches Zentrum, 1987.

Hackstein, R. (1977): Arbeitswissenschaft im Umriß 2. Essen: Girardet, 1977.

Harlander, N. u. a. (1985): Praktisches Lehrbuch Personalwirtschaft. Landsberg am Lech: Moderne Industrie, 1985.

Landau, K.; Rohmert, W. (1981): Fallbeispiele zur Tätigkeitsanalyse. Bern: Hans Huber, 1981.

Maier, W. (1988): Arbeitsanalyse und Lohngestaltung. Stuttgart: Ferdinand Enke Verlag, 1988.

Matern, B. (1984):Psychologische Arbeitsanalyse. Berlin/Heidelberg/New York/Tokio: Springer, 1984.

Nespeta, H. (1989): Ein Beitrag zur Planung und Bewertung neuer Arbeitsstrukturen in NE-Metallgießereien: Dargestellt am Beispiel der Fertigungsinsel. Berlin u. a.: Springer, 1989. Zugl. Stuttgart, Univ., Diss., 1989.

Oechsler, W. A. (1994): Personal und Arbeit. Einführung in die Personalwirtschaft unter Einbeziehung des Arbeitsrechts. München: Oldenbourg, 1994.

Rohmert, W.; Landau, K. (1979): Das Arbeitswissenschaftliche Erhebungsverfahren zur Tätigkeitsanalyse (AET), Handbuch. Bern: Hans Huber, 1979.

Rohmert, W.; Landau, K. (1979): Das Arbeitswissenschaftliche Erhebungsverfahren zur Tätigkeitsanalyse (AET), Merkmalheft. Bern: Hans Huber, 1979.

Volpert, W. u. a. (1983): Verfahren zur Ermittlung von Regulationserfordernissen in der Arbeitstätigkeit (VERA). Köln: Verlag TÜV Rheinland, 1983.

Kapitel 5

Bartölke, K., u. a. (1981): Konfliktfeld Arbeitsbewertung. Frankfurt/New York: Campus, 1981.

Bea, F. X.; Dichtl, E.; Schweitzer, M. (1991): Allgemeine Betriebswirtschaftslehre, Band 3: Leistungsprozeß. Stuttgart: G. Fischer, 1991.

Bieding, F.; Weidler, F. (1971): Analytische Arbeitsbewertung von Angestelltentätigkeiten. Köln: Bund-Verlag, 1971.

Brede, G. (1991): Arbeitsrecht. Herne. Berlin: Verl. Neue Wirtschafts-Briefe, 1991.

Gaul, D. (1981): Die Arbeitsbewertung und ihre rechtliche Bedeutung. Berlin/Köln: Beuth, 1981.

Gewerkschaft Holz und Kunststoff (Hrsg.) (1989): Manteltarifvertrag für die Holzindustrie und Kunststoffverarbeitung in Baden-Württemberg, 1989.

Der neue Entgeltrahmentarif. In: Pro Magazin (1994) Nr. 2/ Hrsg. von der Industriegewerkschaft Metall Bezirk Stuttgart, S. 1 – 12.

Industriegewerkschaft Metall (Hrsg.) (1988): Lohn- und Gehaltsrahmentarifvertrag I der Metallindustrie Nordwürttemberg/Nordbaden, 1988.

Industriegewerkschaft Metall (Hrsg.) (1988): Lohn- und Gehaltsrahmentarifvertrag I Metallindustrie Südwürttemberg/Hohenzollern, 1988.

Institut für angew. Arbeitswissenschaft (Hrsg.) (1991): Arbeit: Gestaltung – Organisation – Entgelt, Schriftenreihe des IfaA Bd. 25. Köln: Bachem, 1991.

Maier, W. (1988): Arbeitsanalyse und Lohngestaltung. Stuttgart: Ferdinand Enke, 1988.

Möller, W. (1974): Arbeitsbewertung in Industrieunternehmungen. München: Wilhelm Goldmann, 1974.

Müller, E.-P. (1980): Die Sozialpartner: Verbandsorganisationen, Verbandsstrukturen. Köln: Deutscher Instituts-Verlag, 1980.

Oechsler, W. (1992): Personal und Arbeit. München/Wien: Oldenbourg, 1992.

Paasche, J. (1953): Aus der Praxis der Arbeitsbewertung. Kassel: Karl Basch, 1953.

Paasche, J. (1981): Zeitgemäße Lohngestaltung. Essen: Girardet, 1981.

REFA (Hrsg.) (1993): Methodenlehre der Betriebsorganisation. Grundlagen der Arbeitsgestaltung. München: Carl Hanser, 1993.

REFA (Hrsg.) (1991a): Methodenlehre der Betriebsorganisation. Anforderungsermittlung (Arbeitsbewertung). München: Carl Hanser, 1991a.

REFA (Hrsg.) (1991b): Methodenlehre der Betriebsorganisation, Entgeltdifferenzierung. München: Carl Hanser, 1991b.

Siemens (Hrsg.) (1989): Siemens-Arbeitsbewertung, Allgemeiner Teil, 1989.

Stopp, U. (1992): Betriebliche Personalwirtschaft. Stuttgart: Taylorix Fachverlag, 1992.

Theis, E. (1983): Arbeitswissenschaftliche Analyse der Entwicklung der tarifvertraglichen Entgeltbestimmungen in der Metallindustrie. Köln: O. Schmidt, 1983.

Wibbe, J. (1966): Arbeitsbewertung, Entwicklung, Verfahren und Probleme. München: Carl Hanser, 1966.

Wöhe, G. (1993): Einführung in die Allgemeine Betriebswirtschaftslehre. München: Franz Vahlen, 1993.

Kapitel 6

Arbeitgeberverband Gesamtmetall (Hrsg.) (1993): Mehr Chancen für Frauen in der M+E-Industrie, Köln, 1993.

Bihl, G. (1989): Vier Tage Arbeit – Drei Tage Freizeit – Das Arbeitszeitmodell BMW Werk Regensburg, Referat am 15.4.1989. Stuttgart-Hohenheim: 1989.

Bundesministerium für Arbeit und Sozialordnung (Hrsg.) (1994): Teilzeitarbeit, ein Leitfaden für Arbeitnehmer und Arbeitgeber. Bonn, 1994.

Bundesministerium für Wirtschaft (1993): Arbeitszeitgesetz und Arbeitszeitflexibilisierung, Position des Bundesministeriums für Wirtschaft, 2. AWF-AV-Kolloquium, 15.11.1993.

Bittelmeyer, G.; Hegner, F.; Kramer, U. (1987): Bewegliche Zeitgestaltung im Betrieb, Gesamtverband der metallindustriellen Arbeitgeberverbände – Gesamtmetall, Köln, 1987.

Bullinger, H.-J. (1989): Arbeitszeitflexibilisierung als Bestandteil der Fertigungsorganisation, Schriftenreihe des Verbands der Metallindustrie Baden-Württemberg, Stuttgart: 1989.

Bullinger, H.-J., Weber, G. (1982): Job-Sharing und flexible Arbeitszeitformen aus der Sicht der Produktion. In: Job-Sharing – flexible Arbeitszeit durch Arbeitsplatzteilung. Hrsg. von H. Heymann; I. Seiwert. Grafenau: Expert, 1982.

Bundesanstalt für Arbeitsschutz (1991): Nacht- und Schichtarbeit. Dortmund; 1991.

Bundesminister für Arbeit und Sozialordnung (1994): Das Arbeitszeitgesetz ArbZG. Bonn, 1994.

Fraunhofer-Institut für Arbeitswirtschaft und Organisation (IAO) Stuttgart (1992): Flexible Arbeitszeiten im Trend, Forschungsbericht/ Hrsg. vom Ministerium für Arbeit, Gesundheit, Familie und Frauen Baden-Württemberg, 1992.

Hegner, F.; Heim, F.; Kramer, U.; van Bruggen, W. (1989a): Bewegliche Zeitgestaltung, Warum?, Gesamtverband der metallindustriellen Arbeitgeberverbände – Gesamtmetall. Köln, 1989.

Hegner, F.; Heim, F.; Kramer, U.; van Bruggen, W. (1989b): Schritte zur beweglichen Zeitgestaltung, Gesamtverband der metallindustriellen Arbeitgeberverbände – Gesamtmetall. Köln, 1989.

Hegner, F.; Kramer, U. (1988): Neue Erfahrungen mit beweglichen Arbeitszeiten, Gesamtverband der metallindustriellen Arbeitgeberverbände – Gesamtmetall. Köln: 1988.

Hempel, V. (1994): Flexible Arbeitszeitregelung problemlos umgesetzt. In: Personalführung (1994) Nr. 9, S. 802 – 809.

Industriegewerkschaft Metall (Hrsg.) (1990): Manteltarifvertrag für Arbeiter und Angestellte Nordwürttemberg/Nordbaden, 1990.

Institut der deutschen Wirtschaft (IW) Hrsg.) (1994): Industriestandort Deutschland, ein graphisches Portrait, 1994.

Müller-Hagen, D. (1990): Mehr Phantasie und Initiative sind gefragt. In: Der Arbeitgeber (1990) Nr. 20/42, S. 838 – 840.

Münstermann, J.; Preiser, K. (1978): Schichtarbeit in der Bundesrepublik Deutschland. Bonn: 1978.

Rutenfranz, J.; Knauth, P. (1989): Schichtarbeit und Nachtarbeit, Bayerisches Staatsministerium für Arbeit und Sozialordnung, 3. Auflage. München, 1989.

Welters, Ralf (1993): Euroforum Konferenz ›Flexibilisierung der Arbeitszeiten‹ am 8./9.02.1993. Köln.

Wildemann, H. (1991): Flexible Arbeits- und Betriebszeiten – wettbewerbs- und mitarbeiterorientiert!, Bayerisches Staatsministerium für Arbeit, Familie und Sozialordnung. München, 1991.

Wirtschaftsministerium Baden-Württemberg (Hrsg.) (1994): Frauen- und familienfreundliche Betriebe in Baden-Württemberg. Stuttgart, 1994.

o. V. (1994): Das Produktivitätswunder. In: Automobil-Produktion (1994) Juni, S. 26 – 29.

o. V. (1988): Verkürzung der Wochenarbeitszeit – historische Entwicklung und internationaler Vergleich. Der Überblick (1988) H. 6, S. 6 –7.

Kapitel 7

Ashby, W. R. (1970): An Introduction to Cybernetics. Methuen, 1970.

Böhle, F.; Milkau, B. (1988): Vom Handrad zum Bildschirm. Frankfurt/New York: Campus, 1988.

Bullinger, H.-J. (1992): Integrationsmanagement – Herausforderungen und Chancen bei der Entwicklung neuer Unternehmensstrukturen. In: Mensch – Arbeit – Technik; M + E Forum 1992, (Dokumentation der Veranstaltungsbeiträge) / Hrsg. Arbeitgeberverband in Köln, 1992, S. 30 – 66.

Decker, F. (1985): Aus- und Weiterbildung am Arbeitsplatz: Neue Ansätze und erprobte berufspädagogische Programme. München: Lexika Verlag, 1985.

Dybowski, G.; Herzer, H.; Sonntag, K. (1989): Strategien qualitativer Bildungsplanung bei technisch-organisatorischen Innovationen. Neuwied/Frankfurt (Main): Kommentator-Verlag, 1989.

Gohde, H.-E.; Kötter, W. (1990): Gruppenarbeit in Fertigungsinseln. Nur Schönheitsfehler oder mehr? In: Technische Rundschau (1990) Nr. 44, S. 66 – 69.

Heinrich, D. (1990): Personal-Portfolio-Analyse. In: Personal (1990) Nr. 6, S. 228 – 231.

Huppertz M.; Saurwein R. G. (1994): Neue Informationstechnologien und flexible Arbeitssysteme: Entwicklung und Bewertung von CIM-Systemen auf der Basis teilautonomer flexibler Fertigungsstrukturen: Strukturen betrieblicher Weiterbildung im deutschen Maschinenbau/ Hrsg. vom Sonderforschungsbereich 187 der Ruhr-Universität Bochum, 1994.

Koeder, K. W. (1990): Personalentwicklung in einem mittelständischen Unternehmen. In: Personal (1990) Nr. 6, S. 224 – 226.

Krogoll, T. (1992): CNC mit CLAUS . Aufgabenorientiertes Lernen für die Arbeit. CNC-Grundlagenkurs (Handbuch und Materialien). Anleitung für die Entwicklung eigener Kurse (Handbuch). Köln: Verlag TÜV Rheinland, 1992.

Krogoll, T.; Pohl, W. (1989): Qualifizierungskonzepte für neue Technologien und veränderte Anforderungen an die Ingenieurwissenschaften und die Weiterbildung. In: GfA Jahresdokumentation 1989/ Hrsg. von der Gesellschaft für Arbeitswissenschaft. Köln: Schmidt, 1989.

Krogoll, T.; Wilke-Schnaufer, J. (1991): Die Arbeitsaufgabe als Referenzpunkt für Konzepte der betrieblichen Qualifizierung und Beteiligung. In: Qualifikation – Schlüssel für eine soziale Innovation, Tagungsband/ Hrsg. vom Institut für Technik und Bildung, Universität Bremen, 1991.

Leibing, E. (1991): Qualifikationsbedarf 2000 Ergebnisse eines Arbeitskreises beim Wirtschaftsministerium Baden-Württemberg. In: Office Management (1991) Nr. 9, S. 24 – 27.

Mählck, H.; Panskus, G. (1989): Bildungskonzepte für den rechnerintegrierten Fabrikbetrieb. In: ZwF 84 (1989) Nr. 12, S. 710 – 713.

Speck, P. (1994): Auf dem Weg zum Lernunternehmen. In: Neue Impulse für eine erfolgreiche Unternehmensführung, 13. IAO-Arbeitstagung, 13. bis 15.4.1994, Stuttgart/ Hrsg. von H.-J. Bullinger, Berlin u. a.: Springer-Verlag, 1994, S. 241 – 252.

Staudt, E. (1989): Unternehmensplanung und Personalentwicklung – Defizite, Widersprüche und Lösungsansätze. In: Mitteilungen aus der Arbeitsmarkt- und Berufsforschung (1989) Nr. 3, S. 374 – 387.

Stulle, P. K. (1991): Die Aus- und Weiterbildungssituation der 90er Jahre. In: Office Management (1991) Nr. 9, S. 16 – 22.

Weck, R. J. (1991): Qualifikationsgrad und Leistungseffizienz; Der Weg zu einem wirtschaftlichen Technikeinsatz in Organisationen. In: Office Management (1991) Nr. 12, S. 36 – 40.

Mählck, H.; Panskus, G. (1989): Bildungskonzepte für den rechnerintegrierten Fabrikbetrieb. In: ZwF 84 (1989) Nr. 12, S. 710 – 713.

Maschinenbau (1994): Qualifikationsstrukturen und Qualifizierungspraxis. In: Mitteilungen für den Maschinenbau (1994) Nr. 6/ Hrsg. vom Sonderforschungsbereich 187 der Ruhr-Universität Bochum in Zusammenarbeit mit der ICON Wirtschaftsforschung in Nürnberg.

REFA (1987): Methodenlehre der Betriebsorganisation/REFA, Verband für Arbeitsstudien und Betriebsorganisation e.V.: Arbeitspädagogik. München: Hanser, 1987.

Schlund, M. (1991): Erfolgsfaktor Teamqualifizierung: Optimierung von Fertigungsinseln durch qualifizierte Produktionsarbeit. Köln: Verlag TÜV Rheinland, 1991.

Schönberger, J.; Wörz, H. (1993): Wir machen MIT. In: Automobilproduktion (1993) Nr. 7, S. 56 – 59.

Stichwortverzeichnis

Technologiemanagement –
Wettbewerbsfähige Technologieentwicklung und
Arbeitsgestaltung

Herausgegeben von
Univ.-Prof. Dr.-Ing. habil. Prof. e.h. Dr. h.c.
Hans-Jörg Bullinger, Stuttgart

Einführung in das Technologiemanagement
Modelle, Methoden, Praxisbeispiele
Von Prof. Dr.-Ing. habil. **H.-J. Bullinger,** Stuttgart
unter Mitarbeit von Prof. Dipl.-Ing. **U. A. Seidel,** Rosenheim
1994. XIII, 329 Seiten mit 141 Bildern.
Geb. DM 62,– / ÖS 484,– / SFr 62,–   ISBN 3-519-06367-0

Technikfolgenabschätzung
Herausgegeben von
Prof. Dr.-Ing. habil. **H.-J. Bullinger,** Stuttgart
1994. XIII, 501 Seiten mit 114 Bildern.
Geb. DM 79,– / ÖS 616,– / SFr 79,–   ISBN 3-519-06368-9

Ergonomie
Produkt- und Arbeitsplatzgestaltung
Von Prof. Dr.-Ing. habil. **H.-J. Bullinger,** Stuttgart
unter Mitarbeit von Dipl.-Ing. **R. Ilg** und
Dipl.-Ing. **M. Schmauder,** Stuttgart
1994. XIV, 417 Seiten mit 342 Bildern.
Geb. DM 68,– / ÖS 531,– / SFr 68,–   ISBN 3-519-06366-2

Arbeitsgestaltung
Personalorientierte Gestaltung marktgerechter Arbeitssysteme
Von Prof. Dr.-Ing. habil. **H.-J. Bullinger,** Stuttgart
unter Mitarbeit von Dipl.-Ing. **M. Gommel,** Dipl-Ing. **C.-U. Lott**
und Dipl.-Ing. **M. Schmauder,** Stuttgart
1995. XIII, 385 Seiten mit 353 Bildern.
Geb. DM 68,– / ÖS 531,– / SFr 68,–   ISBN 3-519-06369-7

Die Reihe wird fortgesetzt.

Preisänderungen vorbehalten.

Springer Fachmedien Wiesbaden GmbH